北大社“十三五”职业教育规划教材
高职高专土建专业“互联网+”创新规划教材

# 建筑工程施工图识读实训

主　编　张　卉
副主编　高子珺
主　审　吴祖咸

北京大学出版社
PEKING UNIVERSITY PRESS

# 内容简介

本书根据建筑行业对高职高专层次建筑技术人才的要求，按照“立足标准规范、遵循认知规律、突出工程实例”的原则，根据我国建筑行业的现行标准和规范，通过简练的文字、真实的工程案例、翔实的内容，介绍了识读图纸的基本原则和基本知识，重点介绍了建筑施工图平、立、剖面图的相关性，以及建筑施工图与结构施工图的相关性，阐述了建筑工程图纸识读的基本方法。优选典型工程实例施工图，详细阐述建筑构件在施工图中的具体表达内容，注重对学生识图基本知识的传授和基本技能的培养。

本书共分为三个典型工程案例，分别介绍了仓库、宿舍楼、高层住宅的建筑施工图和结构施工图及相关构造，并结合规范对建筑抗震、建筑防火等知识点进行了延伸拓展，每个工程案例都配套有针对识图知识的习题。

本书可作为高职高专、成人教育等的建筑工程类专业的教材和教学参考书，也可供从事土木建筑设计和施工的专业人员参考。

**图书在版编目(CIP)数据**

建筑工程施工图识读实训/张卉主编. —北京：北京大学出版社，2021.1

高职高专土建专业“互联网+”创新规划教材

ISBN 978-7-301-31888-1

Ⅰ. ①建… Ⅱ. ①张… Ⅲ. ①建筑制图—识图—高等职业教育—教材 Ⅳ. ①TU204.21

中国版本图书馆 CIP 数据核字(2020)第 248302 号

**书　　名**　建筑工程施工图识读实训
　　　　　　JIANZHU GONGCHENG SHIGONGTU SHIDU SHIXUN

**著作责任者**　张　卉　主编

**策划编辑**　杨星璐

**责任编辑**　范超奕　杨星璐

**数字编辑**　范超奕　蒙俞材

**标准书号**　ISBN 978-7-301-31888-1

**出版发行**　北京大学出版社

**地　　址**　北京市海淀区成府路 205 号　100871

**网　　址**　http://www.pup.cn　新浪微博：@北京大学出版社

**电子邮箱**　编辑部 pup6@pup.cn　总编室 zpup@pup.cn

**电　　话**　邮购部 010-62752015　发行部 010-62750672　编辑部 010-62750667

**印 刷 者**　三河市博文印刷有限公司

**经 销 者**　新华书店

787 毫米×1092 毫米　8 开本　25.25 印张　606 千字

2021 年 1 月第 1 版　2024 年 6 月第 4 次印刷

**定　　价**　59.00 元

# 前言

Preface

建筑工程施工图识读实训是土建类专业的专业基础课程的应用，其特点是与工程实践有十分紧密的联系。本书编写过程中，立足现行标准和规范，通过仓库、宿舍楼、高层住宅的典型工程实例，重点介绍了建筑施工图平、立、剖面图的相关性，以及建筑施工图与结构施工图的相关性，阐述了工程图纸识读的基本方法。

针对“建筑工程施工图识读实训”课程的特点，为了使学生更加直观地理解建筑工程施工图，也方便教师教学讲解，我们以“互联网＋”教材的模式开发了本书配套的App客户端，App客户端通过增强现实的技术手段，采用智能识别技术，将书中的二维图纸转化为应用Revit工具制作的三维模型。

本书突破已有相关教材的知识框架，注重理论与实践相结合，内容丰富，案例翔实，并附有多种类型的习题供读者练习。同时，为方便读者了解更多建筑工程设计与施工的有关知识，更好地掌握建筑工程识图相关知识，我们还基于工程实例，对建筑抗震、建筑防火等知识点进行了延伸拓展。

本书应用三个典型工程案例分为四个项目，讲解了仓库、宿舍楼、高层住宅建筑施工图与结构施工图的识读。本书内容可按照40～50学时安排教学，推荐学时分配：项目1，6～8学时；项目2，6～8学时；项目3，14～18学时；项目4，14～16学时。书中附有大量延伸拓展知识点，教师可选择性地进行讲解。

本书由浙江同济科技职业学院张卉任主编，杭州市居住区发展中心有限公司高子珺任副主编，浙江华云电力工程设计咨询有限公司吴祖咸任主审。本书在编写过程中，参考和借鉴了有关书籍、图纸资料，对相关书籍、图纸资料的作者及提供书中工程实例资料的设计院，一并致以衷心的谢意。

由于编者水平有限，书中难免存在疏漏和不足之处，敬请读者批评指正。

编　者

2020年3月

# 目录
Contents

# 绪论　建筑工程施工图基本知识

建筑工程施工图是指导施工、审批建筑工程项目的依据，是编制工程概算、预算和决算及审核工程造价的依据，也是竣工验收和工程质量评价的依据。施工图不仅是指导施工的重要技术文件，也是进行技术交流的重要工具，图纸被称为“工程师的语言”。

建筑工程施工图是表示工程项目总体布局，建（构）筑物的外部形状、内部布置、结构构造、内外装修、材料做法及设备施工等要求的图纸。

建筑工程施工图按专业分工，主要分为建筑施工图、结构施工图和设备施工图三部分。

（1）建筑施工图。

建筑施工图（简称建施）是主要用来表示建筑物的规划位置、外部造型、内部各房间的布置、内外装修、细部构造及施工要求的图纸，包括总平面图、施工图首页、平面图、立面图、剖面图和详图等。

（2）结构施工图。

结构施工图（简称结施）是主要表示建筑物的各承重构件（如基础、承重墙、柱、梁、板、屋架、屋面板等）结构类型，结构布置，构件种类、数量、大小及材料做法的图纸，包括结构设计说明、结构平法施工图及构件详图等。

（3）设备施工图。

设备施工图（简称设施）是给排水、采暖通风和电气施工图合在一起的统称，主要表示各种设备、管道、线路的布置和走向，以及安装施工要求等内容的图纸，包括平面布置图、系统图和详图等。

# 项目 1 仓库建筑施工图识读

## 学习目标

通过学习本项目应掌握识读建筑施工图的基本能力，了解建筑施工图统一识读的知识，理解仓库建筑施工图首页图的图示内容，掌握仓库建筑平面图的图示内容和仓库建筑平面图的识读方法，掌握仓库建筑立面图的图示内容和仓库建筑立面图的识读方法，掌握仓库建筑剖面图的图示内容和仓库建筑剖面图的识读方法，掌握仓库建筑详图的图示内容和仓库建筑详图的识读方法。

## 学习要求

| 能力目标 | 知识要点 | 权　重 |
|---|---|---|
| 理解仓库建筑施工图首页图的图示内容 | 仓库建筑施工图首页图 | 10% |
| 掌握仓库建筑平面图的识读方法 | 仓库建筑平面图 | 30% |
| 掌握仓库建筑立面图的识读方法 | 仓库建筑立面图 | 20% |
| 掌握仓库建筑剖面图的识读方法 | 仓库建筑剖面图 | 20% |
| 掌握仓库建筑详图的识读方法 | 仓库建筑详图 | 20% |

## 应用实例

本项目应用实例为××小企业仓库建筑施工图，图 1.1 所示为应用 BIM 技术建立的该建筑的三维模型。通过 BIM 技术还可以根据设置好的漫游路线导出漫游动画，直观了解建筑的外部与内部情况。

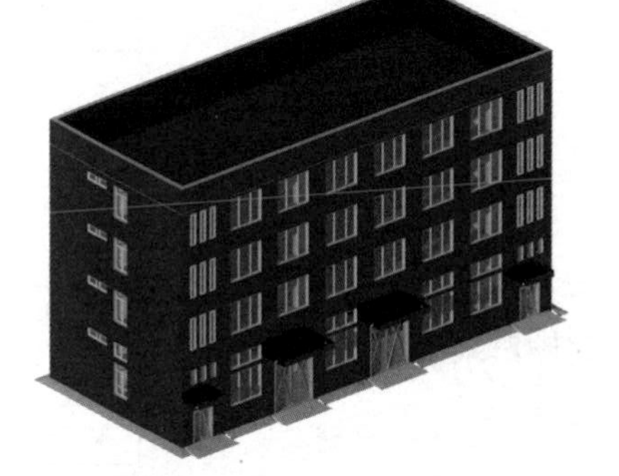

图 1.1　仓库三维模型

# 1.1 识读仓库建筑施工图首页图

## 1.1.1 识读仓库建筑施工图图纸目录

图纸目录用于了解建筑设计整体情况，从中可以知道设计单位，明确工程名称、工程号等信息及图纸数量、图幅大小，了解建筑物的主要功能。

图纸目录一般分专业编写，如将建筑、结构、采暖通风、电气等专业施工图分别编为建施-××、结施-××、暖施-××、电施-××等，目录模式大致相同，这里重点介绍建筑施工图的图纸目录，如图 1.2 所示。

图纸目录内容包括设计单位信息、工程项目信息、专业类别、图号、图名、图幅等。通过图纸目录可以快速找到需要的图纸名称及其编号。通过图纸目录还可以看出本项目是由××工程设计有限公司设计的仓库，建筑施工图共 22 张。如果想查阅二层平面图，可以快速查找到其在建施-04 中，图幅为 A3。

| ××工程设计有限公司 | | 图纸目录 | 工程名称 | ××小企业仓库 | |
|---|---|---|---|---|---|
| | | | 工程号 | | |
| | | | 子程名称 | 仓库 | |
| | | | 子项号 | | |
| | | | 修改版次 | 共1页 | 第1页 |
| 序号 | 图号 | 图名 | | 图幅 | 备注 |
| 1 | 建施-00 | 图纸目录 | | A4 | |
| 2 | 建施-01 | 建筑设计总说明 | | A3 | |
| 3 | 建施-02 | 工程做法表 | | A3 | |
| 4 | 建施-03 | 一层平面图 | | A3 | |
| 5 | 建施-04 | 二层平面图 | | A3 | |
| 6 | 建施-05 | 三层平面图 | | A3 | |
| 7 | 建施-06 | 四层平面图 | | A3 | |
| 8 | 建施-07 | 屋顶层平面图 | | A3 | |
| 9 | 建施-08 | ①~⑨轴立面图 | | A3 | |
| 10 | 建施-09 | ⑨~①轴立面图 | | A3 | |
| 11 | 建施-10 | Ⓐ~Ⓒ轴立面图 | | A3 | |
| 12 | 建施-11 | Ⓒ~Ⓐ轴立面图 | | A3 | |
| 13 | 建施-12 | 1-1剖面图 | | A3 | |
| 14 | 建施-13 | 1#楼梯一层平面图、1#楼梯标高3.400m平面图 | | A3 | |
| 15 | 建施-14 | 1#楼梯二层平面图、1#楼梯三层平面图 | | A3 | |
| 16 | 建施-15 | 1#楼梯四层平面图、2#楼梯一层平面图 | | A3 | |
| 17 | 建施-16 | 2#楼梯标高3.400m平面图、2#楼梯二层平面图 | | A3 | |
| 18 | 建施-17 | 2#楼梯三层平面图、2#楼梯四层平面图 | | A3 | |
| 19 | 建施-18 | A—A剖面图 | | A3 | |
| 20 | 建施-19 | B—B剖面图 | | A3 | |
| 21 | 建施-20 | 墙身大样图(一) | | A3 | |
| 22 | 建施-21 | 墙身大样图(二) | | A3 | |
| 23 | 建施-22 | 卫生间详图 | | A3 | |
| | | | | | |
| | | | | | |
| 专业 | 建筑 | 盖章 | | | |
| 专业负责 | | | | | |
| 制表 | | | | | |
| 日期 | | | | | |

图 1.2 仓库建筑施工图图纸目录

## 1.1.2 识读仓库建筑设计总说明

建筑设计总说明是一份关于建筑设计的说明书，主要用于说明该工程设计依据，工程概况，各部位构造做法、用料、施工要求及注意事项等。仓库建筑设计总说明见附图 1.1。

（1）本项目设计依据。

① 建设单位所提供的相关资料及甲方所确认的建筑方案。

② 相关单位审核通过的方案文本。

③ 本工程设计主要依据以下国家建筑设计规范。

《建筑设计防火规范》（GB 50016—2014）；

《民用建筑设计通则》（GB 50352—2005）。

④ 其他国家及地方相关建筑设计规范、规定、规程及标准。

### 知识链接 1-1

*住房和城乡建设部颁布国家标准《民用建筑设计统一标准》（GB 50352—2019），自 2019 年 10 月 1 起实施，原国家标准《民用建筑设计通则》（GB 50352—2005）同时废止。本项目案例设计施工于新标准实施之前。*

（2）本项目工程概况。

① 总建筑面积 2949.4m²，建筑占地面积 737.3m²。

② 混凝土框架结构。建筑层数为四层，建筑高度为 16.55m（室外地坪至女儿墙），建筑耐火等级为二级，建筑设计使用年限为 50 年。

## 知识链接 1－2

1. 建筑高度

平顶房屋的建筑高度，按室外地坪至建筑女儿墙高度计算。坡顶房屋的建筑高度按室外地坪至建筑屋檐或屋脊的平均高度计算。屋顶上的附属物，如电梯间、楼梯间、水箱、烟囱等，其总面积不超过屋顶面积的25%、高度不超过4m的不计入高度之内。

2. 建筑耐火等级

建筑耐火等级的划分是建筑防火技术措施中最基本的措施之一，我国的建筑设计规范把建筑物的耐火等级分为一、二、三、四级。一级最高，耐火能力最强；四级最低，耐火能力最弱。建筑物的耐火等级取决于组成该建筑物的建筑构件的燃烧性能和耐火极限。

3. 设计使用年限

设计使用年限是在设计阶段人为规定的一个期限，在该期限内，房屋建筑在正常设计与施工、使用与维护条件下，不需要进行大修就能按设计目的正常使用。建筑的设计使用年限分类见表1-1，一般为50年。当住宅达到设计使用年限并需要继续使用时，应对其进行鉴定，并根据鉴定结论做相应处理。重大灾害（火灾、风灾、地震等）会对住宅的结构安全和使用安全造成严重影响或潜在危害。遭遇重大灾害后的住宅需要继续使用时，也应进行鉴定，并做相应处理。

**表1－1　建筑的设计使用年限分类**

| 类别 | 设计使用年限（年） | 示　　例 |
|---|---|---|
| 1 | 5 | 临时性建筑 |
| 2 | 25 | 易于替换结构构件的建筑 |
| 3 | 50 | 普通建筑和构筑物 |
| 4 | 100 | 纪念性建筑和特别重要的建筑 |

（3）本地区地震基本烈度为6度。屋面防水等级为Ⅱ级。

## 知识链接 1－3

1. 地震烈度

地震烈度表示地震对地表及工程建筑物影响的强弱程度。一般来讲，一次地震发生后，震中区的破坏最严重，烈度最高；这个烈度称为震中烈度。从震中向四周扩展，地震烈度逐渐减小，如图1.3所示。所以，一次地震只有一个震级，但它所造成的破坏，在不同的地区是不同的。也就是说，一次地震，可以划分出好几个烈度不同的地区。这与一颗炸弹爆后，近处与远处破坏程度不同道理一样。炸弹的炸药量，好比是震级；炸弹对不同地点的破坏程度，好比是烈度。

我国把烈度划分为12度，不同烈度的地震，其影响和破坏大体如下。

Ⅰ度：无感，仅仪器能记录到。

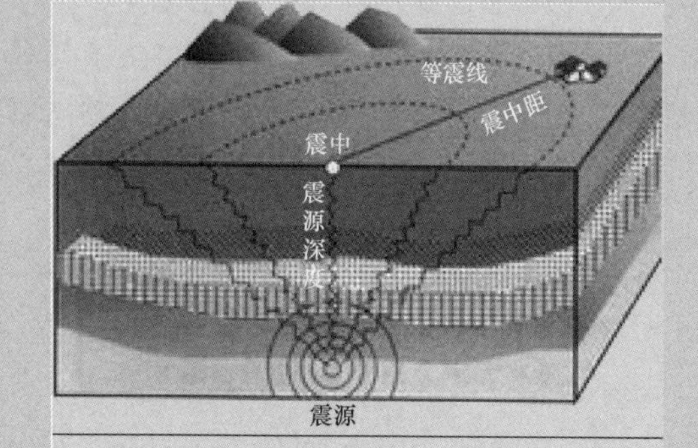


**图1.3　地震构造示意**

Ⅱ度：个别敏感的人在完全静止中有感。

Ⅲ度：室内少数人在静止中有感，悬挂物轻微摆动。

Ⅳ度：室内大多数人、室外少数人有感，悬挂物摆动，不稳器皿作响。

Ⅴ度：室外大多数人有感，家畜不宁，门窗作响，墙壁表面出现裂纹。

Ⅵ度：人站立不稳，家畜外逃，器皿翻落，简陋棚舍损坏，陡坎滑坡。

Ⅶ度：房屋轻微损坏，牌坊、烟囱损坏，地表出现裂缝及喷沙冒水。

Ⅷ度：房屋多有损坏，少数破坏路基塌方，地下管道破裂。

Ⅸ度：房屋大多数破坏，少数倾倒，牌坊、烟囱等崩塌，铁轨弯曲。

Ⅹ度：房屋倾倒，道路毁坏，山石大量崩塌，水面大浪扑岸。

Ⅺ度：房屋大量倒塌，路基堤岸大段崩毁，地表产生很大变化。

Ⅻ度：一切建筑物普遍毁坏，地形剧烈变化，动植物遭毁灭。

2. 地震等级

地震等级简称震级，用来表示地震的强弱。地震等级分为九级，一般用字母“M”表示。

M<1级为超微震。

1级≤M<3级为弱震或微震，如果震源不是很浅，这种地震人们一般不易察觉。

3级≤M<4.5级为有感地震，这种地震人们能够感觉到，但一般不会造成破坏。

4.5级≤M<6级为中强震，属于可造成破坏的地震，但破坏轻重与震源深度、震中距等多种因素有关。

6级≤M<7级为强震。

7级≤M<8级为大地震。

M≥8级为巨大地震。

3. 抗震设防烈度

抗震设防烈度一般情况下取基本烈度。但还须根据建筑物所在城市的大小，建筑物的类别、高度以及当地的抗震设防规划确定。按国家规定的权限批准作为一个地区抗震设防的地震烈度称为抗震设防烈度。一般情况下，抗震设防烈度可采用中国地震参数区划图的地震基本烈度。

抗震设防烈度是人为规定某个地区的属性，每个地区都不一样。通过查阅《建筑抗震设计规范（2016年版）》(GB 50011—2010）附录A我国主要城镇抗震设防烈度、设计基本地震加速度和设计地震分组，可知工程所在地区抗震设防烈度。例如，北京的抗震设防烈度是8度，上海的抗震设防烈度是7度。

4. 抗震等级

抗震等级是设计部门依据国家有关规定，按建筑物重要性分类与设防标准，根据设防类别、烈度、结构类型和房屋高度四个因素确定。应对采用不同抗震等级的建筑物进行具体的设计。结构抗震等级的确定影响着建筑的安全。抗震等级是建筑物的属性，越重要、越容易受地震袭击、越需要保护的建筑物，对抗震能力的要求越高，抗震等级越高。

5. 屋面防水等级

根据《屋面工程技术规范》(GB 50345—2012）3.0.5，屋面防水等级对应的建筑类别和设防要求应符合表1-2规定。

**表1-2　屋面防水等级**

| 防水等级 | 建筑类别 | 设防要求 |
|---|---|---|
| Ⅰ级 | 重要建筑和高层建筑 | 两道防水设防 |
| Ⅱ级 | 一般建筑 | 一道防水设防 |

(4）本工程标高±0.000m相当于黄海高程20.5m。室内外高差150mm。

## 知识链接1-4

1. 相对标高

以建筑物室内首层主要地面高度作为标高的起点，所计算的标高称为相对标高。

2. 绝对标高

我国是把黄海平均海平面定为绝对标高的零点，其他各地标高以此为基准。任何一地点相对于黄海的平均海平面的高差，称为绝对标高。

3. 高差

高差是两点间的高程之差。

4. 建筑标高

在相对标高中，包括装饰层厚度的标高，称为建筑标高。建筑标高一般注写在构件的装饰层面上。

5. 结构标高

在相对标高中，不包括装饰层厚度的标高，称为结构标高。

(5）墙身水平防潮层设于标高－0.060m处。

## 知识链接1-5

1. 基础防潮层

当室内地面垫层为不透水层时，通常在标高－0.060m处设置基础防潮层，且至少高于室外地坪150mm，以防雨水溅湿墙身。当室内地面垫层为透水层（如碎石、炉渣等）时，通常在标高＋0.060m处设置基础防潮层。当两相邻房间之间室内地面有高差时，应在墙身内设置高低两道水平防潮层，并在靠土壤一层设置垂直防潮层。

2. 垫层

垫层是设于基层以下的结构层，主要作用是隔水、排水、防冻以改善基层和土基的工作条件。

3. 变形缝

变形缝可分为伸缩缝、沉降缝、抗震缝三种。

(1）伸缩缝。

为防止建筑构件因温度变化、热胀冷缩使房屋出现裂缝或破坏，在沿建筑物长度方向相隔一定距离预留垂直缝隙，这种因温度变化而设置的缝叫做伸缩缝。做法是从基础顶面开始，将墙体、楼板、屋顶全部断开使其分成若干段。伸缩缝间距为60m左右，宽度为20～30mm。

(2）沉降缝。

为防止建筑物各部分由于地基不均匀沉降引起房屋破坏所设置的垂直缝称为沉降缝。做法是从基础底部断开，并贯穿建筑物全高，使两侧各为独立的单元，可以自由地垂直沉降。

(3）抗震缝。

在抗震设防烈度超过8度的地区，为防止建筑物各部分由于地震引起房屋破坏所设置的垂直缝称为抗震缝。做法是从基础顶面断开，并贯穿建筑物全高。最小缝隙尺寸为50～100mm。缝的两侧应有墙，将建筑物分为若干体型简单、结构刚度均匀的独立单元。

(6）本单体建筑每层为1个防火分区，共4个防火分区。

## 知识链接1-6

防火分区

防火分区按其作用可分为水平防火分区和竖向防火分区。水平防火分区用以防止火灾在水平方向扩大蔓延。水平防火分隔措施有防火墙、防火门、防火窗、防火卷帘、防火水幕等，建筑物的墙体客观上也发挥着防火分隔的作用。竖向防火分区用以防止多层或高层建筑物层与层之间竖向发生火灾蔓延。竖向防火分隔措施有楼板、避难层、防火挑檐、功能转换层等。

### 1.1.3　识读仓库工程做法表

工程做法表用于介绍建筑物各部位的具体做法和施工要求。本项目实例工程做法表包括地面、楼面、屋面、外墙、内墙、顶棚、踢脚部位的构造做法及材料要求，见附图1.2。若工程做法选自标准图集，则应注写图集代号。除了表格形式，也可采用文字说明的形式。通常工程做法中还包括楼梯、门窗、散水、建筑装修、建筑节能、建筑防火等方面的具体要求。

# 1.2 识读仓库建筑平面图

## 1.2.1 建筑平面图

假想用一个水平剖切面沿略高于窗台的位置将房屋剖切，移去上半部分，对剖切面以下部分做水平投影，这样形成的图形就是建筑平面图。

**1. 建筑平面图的主要内容**

建筑平面图表达的内容比较丰富，主要包括以下内容。

（1）建筑物平面的形状、总长度及总宽度尺寸，房间的位置、形状、大小、用途及相互关系。

（2）墙、柱的布置及断面尺寸。

（3）门、窗的位置及宽度。

（4）楼梯、台阶、阳台等构件的布置和尺寸。

（5）定位轴线及编号。

（6）剖切符号、索引符号等。

识读建筑平面图应掌握方法，一般按照由外向内、由大到小、先粗后细、逐步深入的原则识读。

**2. 建筑平面图的识读顺序**

建筑平面图的内容按以下顺序识读。

（1）识读图幅大小，图纸中标题栏内的信息，包括工程名称、子项名称、图名、图号、比例、日期等。

（2）识读图名、绘图比例、指北针、图纸说明。

（3）识读主出入口朝向，散水、台阶、无障碍坡道位置，室内外的高差、卫生间与楼面的高差。

（4）识读房间大致布局、内外墙厚。

（5）识读图中定位轴线的编号及其间距尺寸，从中了解各承重墙或柱的位置及房间大小。先了解大致的内容，以便施工时定位放线和查阅图样。

（6）识读尺寸标注，包括建筑物总尺寸、轴线间间距、门窗细部尺寸。

（7）识读房间的开间和进深。

（8）识读门窗类型和数量。

（9）识读剖切位置符号和索引符号。

## 1.2.2 识读仓库一层平面图

仓库一层平面图见附图 1.3。识读图纸，一般先看图纸标题栏的相关信息，包括工程名称、子项名称、图名、图号、比例、日期等，其中比例是指图中图形与其实物相应要素的线性尺寸之比。此图纸的图名是一层平面图，比例是 1∶100。

图纸的左上角标示的有指北针，指北针用细实线绘制，圆的直径为 24mm。指针指尖为北向，一般注明“北”或“N”。指针尾部宽度宜为 3mm。若需绘制较大直径指北针，则指针尾部宽度宜为直径的 1/8。指北针一般在建筑施工图中的一层平面图中标示。

在一层平面图表达的除了指北方向以外还有散水位置和出入口位置。此仓库建筑有四个出入口，均设置在北面，室内外通过混凝土坡道进行连接。室外的标高为“−0.150”，室内的标高为“±0.000”，表示室内外高差为 150mm。

通过识读仓库一层平面图可以看出仓库建筑一层的大致布局。整个仓库一层有两个办公室、两个楼梯间、两个卫生间。一层平面图中没有标注墙体厚度，通过附图 1.1 建筑设计总说明的第五项第一条，“图中未注明墙厚者均为 240mm 厚，轴线居墙中”，我们可以知道仓库的内墙和外墙厚度均为 240mm。柱子的定位尺寸也没有表达在一层平面图中，查阅后续的结构施工图，基础顶～标高 5.070m 柱配筋图（附图 2.8）可以清楚一层平面中柱子的定位尺寸情况。

识读图中定位轴线的编号及其间距尺寸，横向轴线按从左至右的顺序编为①～⑨轴线；竖向轴线按从下至上的顺序编为Ⓐ～Ⓒ轴线。Ⓐ、Ⓑ两条轴线间添加有一条附加轴线，编为 1/A 轴线。

### 知识链接 1-7

1. 定位轴线

（1）定位轴线应用细单点长画线绘制。

（2）定位轴线应编号，编号应注写在轴线端部的圆内。圆应用细实线绘制，直径为 8～10mm，圆心应在定位轴线的延长线或延长线的折线上。

（3）一般平面上定位轴线的编号宜标注在图样的下方或左侧。横向编号应用阿拉伯数字从左至右顺序编写；竖向编号应用大写英文字母从下至上顺序编写。注意英文字母的 I、O、Z 不得用作轴线编号。

（4）两条轴线的附加轴线，应以分母表示前一轴线的编号，分子表示附加轴线的编号。编号宜用阿拉伯数字顺序编写。

可以直接从图中读取仓库总长为 28.625m、总宽为 12.24m。①、②轴线间距为 3000mm，Ⓑ、Ⓒ轴线间距为 6200mm。一号楼梯间开间为 3000mm、进深为 6200mm。④、⑤轴线之间门的宽度为 3000mm，⑤、⑥轴线之间窗的宽度为 2400mm。“上 C-2”表示上窗类型编号为 C-2，“下 C-1”表示下窗类型编号为 C-1，从立面图可以看出它们的上下对应位置关系。

2. 尺寸线

第一道尺寸线（最外一道）表示外轮廓的总尺寸，即建筑物的总长度或总宽度（从一端外墙边到另一端外墙边）尺寸。第二道尺寸线表示轴线间距，即房间的开间（相邻横向两轴线之间的距离）及进深（相邻纵向两轴线之间的距离）的尺寸，反映房间的大小及各承重构件的位置。第三道尺寸线（最里面一道）表示各细部信息，如门、窗、洞口宽度，墙垛、墙柱的尺寸和位置，窗间墙宽度等。

3. 剖切符号

剖切符号是指平面图中用以表示剖切面剖切位置的符号。剖切位置线与剖视方向线共同构成了剖切符号。剖切符号用粗实线表示，剖切位置线的长度为6～10mm；投射方向线应垂直于剖切位置线，长度为4～6mm。即长边的方向表示切的方向，短边的方向表示看的方向。

4. 索引符号

索引符号的圆和引出线均应以细实线绘制，圆直径为8～10mm。引出线应对准圆心，圆内过圆心画一水平线，上半圆中用阿拉伯数字注明该详图的编号，下半圆中用阿拉伯数字注明该详图所在图纸的图纸号，如果详图与被索引的图样在同一张图纸内，则在下半圆中间画一水平细实线。索引出的详图如采用标准图，应在索引符号水平直径的延长线上加注该标准图的编号。当索引符号用于索引剖面详图时，应在被剖切的部位绘制剖切粗实线，引出线所在一侧为投射方向。

### 1.2.3 识读仓库二层平面图、三层平面图和四层平面图

其他楼层平面图包括标准层平面图和屋顶层平面图，为了简化作图，已在首层平面图表示过的内容不再表示。识读标准层平面图时，重点应与首层平面图对照异同。本项目仓库建筑的二层、三层、四层为标准层。

仓库二层平面图见附图1.4，首先识读图名和比例，识读方法与一层平面图相同。二层平面图的标高符号上标示“5.100”，说明二层的建筑标高是5.100m，同时表达了一层的层高是5.1m。需要注意的是，根据建筑设计总说明（附图1.1）的第七项第三条，“卫生间标高均比楼层标高低50mm”，适用于所有楼层卫生间标高。

注意编号为C-7的窗中间的两道线是用虚线表示的。结合Ⓐ～Ⓒ轴立面图（附图1.10），可知C-7是卫生间的高窗，二层平面图水平剖切线其实是没有切到C-7窗的，水平剖切面以下部分向下投影看不到这个窗，因此C-7窗用虚线绘制。平面图中只能表示窗的长和宽，不能表示窗的高度。如需表示高窗、洞口、通气孔、槽及地沟等不可见部分，应以虚线进行绘制。

识读附图1.4中④、⑤轴线之间和⑥、⑦轴线之间的构造。通过索引符号找到详图在建施-21（附图1.21）的3号节点详图，可以看出对应的构造是雨篷。

仓库三层平面图见附图1.5，四层平面图见附图1.6，三层平面图和四层平面图的识读方法参照二层平面图，注意标高和楼梯平面表示的区别。

### 1.2.4 识读仓库屋顶层平面图

仓库屋顶层平面图见附图1.7，同时要注意建筑设计总说明（附图1.1）中关于屋面的说明部分，“本工程屋面为非上人钢筋混凝土屋面”。屋面外围标注标高为“16.400”，屋面中心标注标高为“15.000”。结合1—1剖面图（附图1.12），可知“16.400”表示的是女儿墙的顶标高为16.400m，“15.000”表示的是屋面的顶标高为15.000m。

在屋顶层平面图中除了表达女儿墙高度和屋面高度，还需要表达屋顶排水坡度，结合1—1剖面图可以看出中间部分（Ⓑ轴处）是最高的，分别向Ⓐ轴和Ⓒ轴有2%的找坡。

在①、②轴之间及⑧、⑨轴之间有两个屋面上人孔。为方便在屋顶上安装设备和对屋顶进行维修，在屋顶上留置的供工作人员上到屋顶上的孔道称为屋面上人孔。

## 1.3 识读仓库建筑立面图

### 1.3.1 建筑立面图

建筑立面图是对房屋前、后、左、右各个方向所作的正立面投影图。

**1. 建筑立面图的主要内容**

建筑立面图主要表达以下内容。

（1）房屋的外形特征。

（2）主要出入口、台阶、雨篷、阳台的形式、位置及有关尺寸。

（3）门窗的大小、形状及排列方式。

（4）檐口的形式及雨水管的布置。

（5）勒脚和外墙的装修材料及色调。

（6）竖向尺寸和标高。

**2. 建筑立面图的识图顺序**

建筑立面图的内容按以下顺序识读。

（1）识读图名和比例。

（2）识读首尾轴线及编号，了解立面图和平面图的对应关系。

（3）识读层数及各标高。

（4）识读外装修做法。

（5）识读各构配件。

### 1.3.2 识读仓库①～⑨轴立面图

①～⑨轴立面图见附图1.8，绘图比例为1∶100，与平面图绘图比例一致。依据指北针

方向，①～⑨轴立面图也可称为南立面图。室外地坪标高为－0.150m。立面图中表达房屋外围轮廓线，根据立面图中各层标高，可计算得一层层高 5.1m，二层、三层和四层层高均为 3.3m。立面图中还标注了外墙各部分装修涂料颜色。

识读①～⑨轴立面图中最内侧一道尺寸标注可知道一层上窗和下窗的高度，再与一层平面图（附图 1.3）中分布于Ⓐ轴线的上窗和下窗结合起来，可准确知道窗户的大小和定位尺寸。

### 1.3.3　识读仓库⑨～①轴立面图

⑨～①轴立面图见附图 1.9，绘图比例为 1∶100，⑨～①轴立面图也可称为北立面图。

⑨～①轴立面图中一层的门、窗和雨篷与一层平面图（附图 1.3）中分布于Ⓒ轴线的门、窗和雨篷对应识读。通过识读立面图读取门、窗的高度和雨篷的标高，通过平面图识读门、窗、雨篷的尺寸和定位。

⑨～①轴立面图中二层、三层和四层的窗与分布于二层平面图（附图 1.4）、三层平面图（附图 1.5）和四层平面图（附图 1.6）中Ⓒ轴线的窗对应识读。

### 1.3.4　识读仓库Ⓐ～Ⓒ轴立面图和Ⓒ～Ⓐ轴立面图

Ⓐ～Ⓒ轴立面图见附图 1.10，绘图比例为 1∶100，Ⓐ～Ⓒ轴立面图也可称为东立面图。Ⓐ～Ⓒ轴立面图中一层的上窗、下窗和左侧的高窗与一层平面图（附图 1.3）分布于中⑨轴线的上窗、下窗和男卫生间的高窗对应识读。

Ⓒ～Ⓐ轴立面图见附图 1.11，绘图比例为 1∶100，Ⓒ～Ⓐ轴立面图也可称为西立面图。Ⓒ～Ⓐ轴立面图中一层的上窗、下窗和右侧的高窗与一层平面图中分布于①轴线的上窗、下窗和男卫生间的高窗对应识读。

## 1.4　识读仓库建筑剖面图

### 1.4.1　建筑剖面图

假想用一垂直于外墙的平面将房屋剖切开，移去一部分，对剩余的部分作正投影图，这样形成的图形就是建筑剖面图。

**1. 建筑剖面图的主要内容**

建筑剖面图主要表达以下内容。

（1）建筑内部空间的分隔与组合关系。

（2）建筑的结构形式及分层情况。

（3）建筑门窗洞口的高度。

（4）楼梯的结构形式。

（5）竖向尺寸与标高。

**2. 建筑剖面图的识读顺序**

建筑剖面图的内容按以下顺序识读。

（1）了解图名及比例。

（2）分析剖面图与平面图的对应关系。

（3）识读建筑的内部空间分隔与组合、结构形式、分层，以及墙、柱、梁、板之间关系。

（4）识读剖切到的部位及未剖切到但在投影时可见的部分。

（5）识读房屋尺寸和标高。

### 1.4.2　识读仓库剖面图

仓库 1—1 剖面图见附图 1.12，比例为 1∶100，与平面图、立面图相同。将剖面图图名和轴线与一层平面图（附图 1.3）的剖切符号和轴网对照，可知 1—1 剖面图是通过④、⑤轴线之间，分别剖切到一层的办公室、其余各层的仓库，向左投影所得到的剖面图，剖面图轴线编号为Ⓐ～Ⓒ轴。

识读剖切到的屋面、楼面、框架梁、墙体、室内外地面（包括坡道、散水等）、雨篷、门窗。该仓库的层数为 4 层，结构形式为框架结构。楼板、屋面板等承重构件均采用钢筋混凝土材料，墙体用砖砌筑。剖切到的墙体分别为Ⓐ、Ⓒ轴线外墙，剖切到的门 M－1 高 3600mm、窗 C－1 高 2000mm、窗 C－2 高 900mm、女儿墙高 1400mm。注意各层的楼梯间和男、女卫生间的门在剖面图中均没有标注高度。

识读剖面图中的建筑尺寸和标高标注。水平方向标注出了主要承重构件的轴线间距。

在外侧竖直方向一般标注细部、层高及总高三道尺寸，其中细部尺寸包括室内外地坪、楼层、门窗洞口上下边缘、女儿墙顶面等房屋主要部位在高度方向的尺寸。

## 1.5　识读仓库建筑详图

### 1.5.1　建筑详图

建筑平、立、剖面图所用的绘图比例比较小，难以清楚表达房屋某些局部的详细情况，为满足建筑施工的需要，必须绘制比例较大的图样，用于详细表达局部构造的形状、大小、材料及做法，这些图样就是建筑详图。建筑详图是建筑平、立、剖面图的补充和深化，是建筑施工的重要依据。建筑详图的内容由房屋细部和构件的表达需要而定，通常有楼梯详图、墙身详图等。

## 1.5.2 楼梯详图

楼梯详图主要表达楼梯的类型、各部位的尺寸及装修做法等，是楼梯施工的主要依据。楼梯详图包括楼梯平面图和楼梯剖面图。

**1. 楼梯平面图**

楼梯平面图是用假想的水平剖切面把房屋每层向上的第一个梯段中部剖开，向下投影所得到的平面图。楼梯平面图实际上是各层楼梯的水平剖面图。楼梯平面图一般包括底层楼梯平面图、标准层楼梯平面图和顶层楼梯平面图。

(1) 楼梯平面图的主要内容。

楼梯平面图主要表达以下内容。

① 楼梯间的平面布置情况，开间和进深尺寸等。

② 梯段的长度和宽度。

③ 梯段上行和下行方向，踏步数和踏步宽。

④ 休息平台的长度和宽度。

⑤ 栏杆扶手的位置和高度，梯井的宽度等。

(2) 楼梯平面图的识读顺序。

楼梯平面图的内容按以下顺序识读。

① 了解楼梯在建筑平面图中的位置及定位轴线号。

② 了解楼梯间的开间、进深、墙体厚度等。

③ 识读楼梯平面形式、楼梯的走向。

④ 识读楼梯平台宽度、梯段投影长度。

⑤ 识读楼梯平台长度、梯段宽度和梯井宽度等。

⑥ 识读楼梯平台标高。

识读楼梯平面图时，注意掌握楼梯各层平面图的特点。在底层平面图（本项目的一层平面图）中，只有一个被剖到的梯段，该梯段为上行梯段，画有一个注有“上”的长箭头；中间层楼梯经剖切向下投影时，不仅能看到本层向上的部分梯段，还能看到本层向下的一个完整梯段及中间休息平台和再向下的部分梯段，向上和向下的梯段的投影重合，以倾斜折断线为界，并在两个梯段处分别画上注有“上”和“下”的长剪头，标注从本层到达上层和下层的踏步总数；顶层楼梯未剖到任何梯段，因而平面图中能看两段完整的下行梯段和中间休息平台，在梯段处只有一个注有“下”的长剪头，标注从顶层到达下一层的踏步总数。

**2. 楼梯剖面图**

楼梯剖面图是用假想的垂直剖切平面把楼梯间一侧梯段垂直剖开，向另一侧未剖到的梯段方向作的投影图。

(1) 楼梯剖面图的主要内容。

楼梯剖面图主要表达以下内容。

① 楼梯的竖向分层情况。

② 楼梯的结构形式。

③ 梯段和休息平台的布置及连接关系。

④ 踏步、栏杆扶手的构造等。

⑤ 竖向尺寸及标高。

(2) 楼梯剖面图的识读顺序。

楼梯剖面图的内容按以下顺序识读。

① 了解楼梯剖面图在楼梯底层平面图的剖切位置。

② 了解楼梯在竖向和进深方向的有关尺寸。

③ 识读楼梯段、平台、栏杆扶手等构造。

④ 识读被剖切楼梯的踏步数及踏步高度等。

⑤ 识读楼梯竖向标高。

楼梯剖面图中，每一梯段踏步数与踏步高度的乘积即为该梯段的垂直高度。

## 1.5.3 识读仓库楼梯详图

1#楼梯一层平面图和1#楼梯标高3.400m平面图见附图1.13，1#楼梯二层平面图和1#楼梯三层平面图见附图1.14，1#楼梯四层平面图见附图1.15，A—A剖面图见附图1.18。

1#楼梯位于①、②轴线和Ⓑ、Ⓒ轴线之间，楼梯间开间为3000mm、进深为6200mm。一层平面图中标示有A—A的剖切位置线和剖切方向线，从而确定A—A剖面图的竖向轴线为Ⓒ、Ⓑ。平面图中第一跑梯段在剖面图投影中是剖切到的，第二跑梯段在剖面图投影中是可以被看到的。楼梯平面图中要标注出对应的楼层平台和休息平台标高。在1#楼梯一层平面图和1#楼梯二层平面图中间有个1#楼梯标高3.400m平面图，结合A—A剖面图中楼层位置标高，二层标高5.100m以下有三个梯段，可知一层楼梯是三跑楼梯。从平面图中也可看出，两个休息平台标高分别是1.700m和3.400m。

由1#楼梯平面图可知，梯段宽度为1300mm，梯井宽度为160mm，梯段投影长度为2600mm，踏步宽度为260mm，休息平台和楼层平台的长度为2760mm，宽度为1680mm。A—A剖面图也可以读取出平台宽度和梯段投影长度。

从附图1.18可看出，一层3个梯段的高度均为1700mm，踏步高度为154.5mm，每个梯段踏步个数为11个。二层和三层的梯段的高度均为1650mm，踏步高度为150mm，每个梯段踏步个数为11个。

2#楼梯一层平面图见附图1.15，2#楼梯标高3.400m平面图和2#楼梯二层平面图见附图1.16，2#楼梯三层平面图和2#楼梯四层平面图见附图1.17，B—B剖面图见附图1.19。

## 1.5.4 墙身详图

墙身详图是建筑剖面图中墙身部位的放大图，用来表达屋面、檐口、楼地面、门窗顶、窗台、勒脚、散水的构造形式，外墙与地面、楼面、屋面的构造连接，是房屋建筑施工中砌墙、安装门窗等的重要依据。

**1. 墙身详图的主要内容**

墙身详图主要表达以下内容。

（1）墙身的定位轴线，墙身详图一般是平面图中标注索引符号处索引的详图。
（2）底层室内外地面处的节点做法，包括室内外地坪、明沟、散水和坡道等的做法。
（3）楼层处的节点做法，包括相邻两层间下层顶窗至上层窗台范围内的做法。
（4）顶层处的节点做法，包括顶层窗顶至女儿墙顶范围内的做法。
（5）细部及楼层的竖向标高。

**2. 墙身详图的识读顺序**

墙身详图内容按以下顺序识读。
（1）了解墙身详图的图名和比例。
（2）明确墙身详图的具体位置。
（3）识读底层墙脚节点构造。
（4）识读中间层节点构造。
（5）识读顶层节点构造。

## 1.5.5 识读仓库墙身详图

墙身详图也称墙身大样图，见附图 1.20 和附图 1.21。墙身详图一般需要和其他图纸联系识读，1 号墙身节点详图是由附图 1.3 中①、②轴线之间索引符号所指示的详图，2 号墙身节点详图是由附图 1.3 中⑥、⑦轴线之间索引符号所指示的详图。各层构造基本相同时，可只画出底层、顶层加一个中间层的几个节点详图组合。1 号墙身节点详图和 2 号墙身节点详图区别在于墙体构造做法不同，注意仔细观察区别。为节省图幅，墙身详图常采用折断画法，一般在窗洞口中间断开。

各楼层节点构造包括窗台、窗及门窗过梁，其中梁高度应和结构施工图中的梁平法施工图对应位置的梁进行校核。

1 号墙身节点详图和 2 号墙身节点详图均标示出室外标高为－0.150m，散水宽度为 700mm。

附图 1.21 中的 3 号节点详图和 4 号节点详图分别是附图 1.4 中④、⑤轴线和①、②轴线之间的索引符号所指示的详图，其中 3 号节点详图表示出室内外标高、坡道构造做法、雨篷的外挑宽度、雨篷顶底标高及排水坡度。4 号节点详图表示出屋面泛水构造做法。

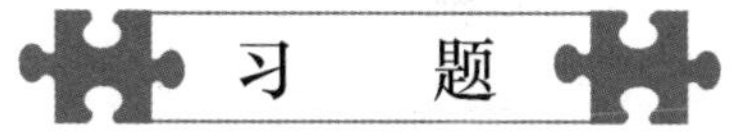

## 习　题

依据项目 1 的图纸完成下列习题。

**单选题**

1. 本工程的建筑高度为（　　）。
A. 15m　　B. 16.4m　　C. 16.55m　　D. 17m
2. 本工程的耐久年限为（　　）。
A. 20 年　　B. 50 年　　C. 70 年　　D. 100 年
3. 本工程卫生间墙体防水做法是（　　）。
A. 其墙体须在墙根部浇筑 200mm 高 C20 混凝土
B. 其墙体须在墙根部浇筑 300mm 高 C30 混凝土
C. 不需在墙根部浇筑混凝土
D. 直接铺设多孔砖墙体，然后做防水涂料
4. 卫生间建筑标高比楼层建筑标高（　　）。
A. 低 50mm　　B. 低 30mm
C. 高 50mm　　D. 高 30mm
5. 卫生间闭水试验时间（　　）。
A. 不低于 48h　　B. 不低于 24h
C. 不低于 12h　　D. 不低于 6h
6. 本工程防火分区共（　　）个。
A. 4　　B. 3　　C. 2　　D. 1
7. 本工程滴水线做法为（　　）。
A. 圆形滴水　　B. 半圆滴水
C. 不需要滴水　　D. 黑色线状滴水
8. 本工程屋面保温层做法为（　　）。
A. 干铺聚酯无纺布
B. 40mm 厚挤塑聚苯乙烯泡沫塑料板
C. 4mm 厚 SBS 聚脂胎改性沥青
D. 编织钢丝网片一层
9. 本工程混凝土坡道做法详图参见（　　）。
A. 12J003 图集的第 A5 页
B. 12J003 图集的第 B 页
C. 02J003 图集的第 31 页
B. 02J003 图集的第 8 页
10. 本工程的散水宽度为（　　）。
A. 800mm　　B. 700mm　　C. 600mm　　D. 500mm
11. M－1 门上方的雨篷底标高为（　　）m。
A. 3.700　　B. 3.600　　C. 2.200　　D. 2.100
12. C－7 窗底标高为（　　）m。
A. 1.200　　B. 3.200　　C. 3.600　　D. 3.900
13. 本工程屋面是（　　）。
A. 非上人平屋顶　　B. 非上人坡屋顶
C. 上人平屋顶　　D. 上人坡屋顶
14. 本工程外墙面做法有（　　）种。
A. 1　　B. 2　　C. 3　　D. 4
15. Ⓐ～Ⓒ轴立面是（　　）立面。
A. 东　　B. 西　　C. 南　　D. 北
16. 1＃楼梯一层是（　　）跑楼梯。
A. 一　　B. 双　　C. 三　　D. 四

17. 1#楼梯梯段宽（　　）mm。

A. 1300　　B. 1680　　C. 2600　　D. 2760

18. 1#楼梯梯井宽（　　）mm。

A. 160　　B. 1300　　C. 1680　　D. 3000

19. 1#楼梯梯段板厚（　　）mm。

A. 50　　B. 100　　C. 120　　D. 未标注

20. 2#楼梯踏步宽（　　）mm。

A. 100　　B. 154.5　　C. 260　　D. 1300

21. 本工程楼梯间的门是（　　）。

A. 单开门　　B. 双开门　　C. 防火门　　D. 未标注

22. 2#楼梯一层的休息平台标高为（　　）m。

A. 0.000　　B. 1.700　　C. 3.400　　D. 两个标高

23. 本工程泛水在防水层与垂直面交接处要（　　）。

A. 相互搭接好　　B. 做成刮弧形

C. 45°斜面　　D. 未标注

24. 本工程屋面泛水高度为（　　）。

A. 50～100mm　　B. 100～200mm

C. 大于 250mm　　D. 大于 500mm

25. 本工程中 1%的坡度用（　　）找坡。

A. 20mm 厚 1∶3 水泥砂浆

B. 1∶6 水泥焦渣

C. 20mm 厚 1∶2 水泥砂浆

D. 25mm 厚 1∶3 水泥砂浆

26. 如图 1.4 所示，索引符号用于索引剖视详图，下图中的剖视方向为（　　）。

A. 左　　B. 右　　C. 上　　D. 下

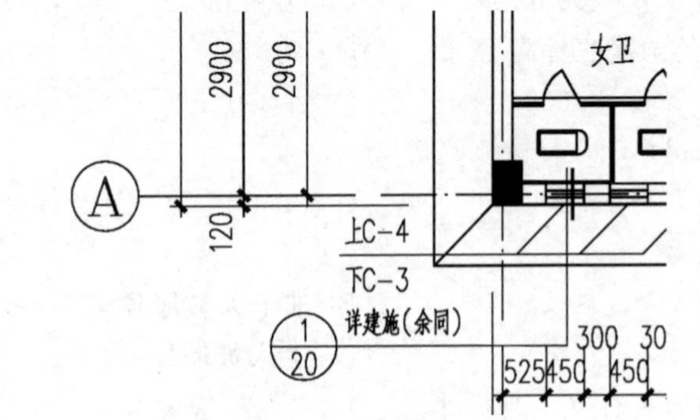


图 1.4　索引符号

27. 本工程雨篷的环境类别为（　　）。

A. 一类　　B. 二 a 类　　C. 二 b 类　　D. 三类



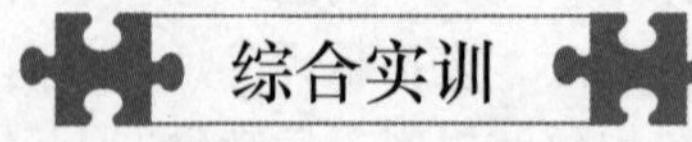


依据下列任务要求完成绘图题。

**任务　基本条件设置**

1. 样板文件设置及图框绘制

图层设置要求如图 1.5 所示。

| 序列 | 图层名称 | 颜色 | 线型 | 线宽/mm |
|---|---|---|---|---|
| 1 | 轴线 | 1 | CENTER | 0.15 |
| 2 | 墙体 | 2 | CONTINUOUS | 0.50 |
| 3 | 门窗 | 4 | CONTINUOUS | 0.15 |
| 4 | 标注、标高 | 3 | CONTINUOUS | 0.15 |
| 5 | 楼梯 | 6 | CONTINUOUS | 0.15 |
| 6 | 文字 | 7 | CONTINUOUS | 0.15 |
| 7 | 其他 | 5 | CONTINUOUS | 0.15 |

图 1.5　图层设置要求

2. 设置两种文字样式（汉字和非汉字）

（1）汉字：样式名为“汉字”，字体名为“仿宋”，宽高比为 0.7。

（2）非汉字：样式名为“非汉字”，字体名为“Tssdeng. shx”，大字体为“Tssdchn. shx”，宽高比为 0.7。

3. 绘制 A3 横式图框（无装订边样式）

创建尺寸标注样式，主要参数：文字高度 3mm，箭头大小 1.0mm，基线间距 8mm。根据绘制要求设置相应的全局比例因子或测量单位比例因子。标注样式命名：以所绘图形比例命名。如图形比例为 1∶100，标注样式名称为“100”。

# 项目2 仓库结构施工图识读

## 学习目标

通过学习本项目应掌握识读结构施工图图纸的基本能力，了解结构施工图统一识读的知识。理解仓库结构设计总说明内容；掌握仓库基础图的图示内容和仓库基础图的识读方法；掌握仓库柱平法施工图的图示内容和仓库柱平法施工图的识读方法；掌握仓库梁平法施工图的图示内容和仓库梁平法施工图的识读方法；掌握仓库板平法施工图的图示内容和仓库板平法施工图的识读方法；掌握仓库构件结构详图的图示内容和仓库构件结构详图的识读方法。

## 学习要求

| 能力目标 | 知识要点 | 权重 |
|---|---|---|
| 理解仓库结构设计总说明内容 | 仓库结构设计总说明 | 10% |
| 掌握仓库基础图的识读方法 | 仓库基础图 | 15% |
| 掌握仓库柱平法施工图的识读方法 | 仓库柱平法施工图 | 15% |
| 掌握仓库梁平法施工图的识读方法 | 仓库梁平法施工图 | 20% |
| 掌握仓库板平法施工图的识读方法 | 仓库板平法施工图 | 20% |
| 掌握仓库构件结构详图的识读方法 | 仓库构件结构详图 | 20% |

## 2.1 结构施工图

房屋的建筑施工图是房屋的外部造型、内部布置、建筑构造等内容的表达，而结构施工图则是结构设计结果的表达，包括结构选型、构件布置及结构计算确定房屋各承重构件（如基础、承重墙、梁、板、柱及其他结构构件）的尺寸、结构构造等内容。结构施工图内容见表2-1。

表2-1 结构施工图内容

| 名称 | 主要内容 |
|---|---|
| 结构设计说明 | 结构设计说明是带全局性的文字说明，主要包括：抗震设计、材料选用、结构构造、施工注意事项等 |
| 结构平法施工图 | 结构平法施工图包括：基础平法施工图、柱平法施工图、梁平法施工图、板配筋图等 |
| 构件详图 | 构件详图包括：楼梯结构详图、屋架结构详图和节点详图等 |

本项目为应用实例××小企业仓库结构施工图，需要与项目1建筑施工图配合识读，图纸目录见图2.1。

| ××工程设计有限公司 | | 图纸目录 | 工程名称 | ××小企业仓库 | |
|---|---|---|---|---|---|
| | | | 子程名称 | 仓库 | |
| | | | 子项号 | | |
| | | | 修改版次 | 共1页 第1页 | |
| 序号 | 图号 | 图名 | | 图幅 | 备注 |
| 1 | 结施-00 | 图纸目录 | | A4 | |
| 2 | 结施-01 | 结构设计总说明(一) | | A3 | |
| 3 | 结施-02 | 结构设计总说明(二) | | A3 | |
| 4 | 结施-03 | 桩位平面布置图 | | A3 | |
| 5 | 结施-04 | 基础平面布置图 | | A3 | |
| 6 | 结施-05 | 基础详图(一) | | A3 | |
| 7 | 结施-06 | 基础详图(二) | | A3 | |
| 8 | 结施-07 | 基础详图(三) | | A3 | |
| 9 | 结施-08 | 基础项～标高5.070m柱配筋图 | | A3 | |
| 10 | 结施-09 | 标高5.070～14.970m柱配筋图 | | A3 | |
| 11 | 结施-10 | 标高5.070m梁平法施工图 | | A3 | |
| 12 | 结施-11 | 标高8.370m梁平法施工图 | | A3 | |
| 13 | 结施-12 | 标高11.670m梁平法施工图 | | A3 | |
| 14 | 结施-13 | 标高14.970m梁平法施工图 | | A3 | |
| 15 | 结施-14 | 标高5.070m板配筋图 | | A3 | |
| 16 | 结施-15 | 标高8.370m板配筋图 | | A3 | |
| 17 | 结施-16 | 标高11.670m板配筋图 | | A3 | |
| 18 | 结施-17 | 标高14.970m板配筋图 | | A3 | |
| 19 | 结施-18 | 1#楼梯标高-0.030m平面图、1#楼梯标高1.670～3.370m平面图 | | A3 | |
| 20 | 结施-19 | 1#楼梯标准层平面图、1#楼梯顶层平面图 | | A3 | |
| 21 | 结施-20 | A—A剖面图 | | A3 | |
| 22 | 结施-21 | 2#楼梯标高-0.030m平面图、2#楼梯标高1.670～3.370m平面图 | | A3 | |
| 23 | 结施-22 | 2#楼梯标准层平面图、2#楼梯顶层平面图 | | A3 | |
| 24 | 结施-23 | B—B剖面图 | | A3 | |
| 25 | 结施-24 | 节点详图 | | A3 | |
| 专业 | 结构 | 盖章 | | | |
| 专业负责 | | | | | |
| 制表 | | | | | |
| 日期 | | | | | |

图2.1 仓库结构施工图图纸目录

## 2.2 识读仓库结构设计总说明

对每一单项工程应编写一份结构设计总说明，对多子项工程应编写统一的结构设计总说明。当工程以钢结构为主或包含较多的钢结构时，应单独编写钢结构设计总说明。本项目仓库结构设计总说明见附图2.1和附图2.2。

**1. 本项目工程概述**

(1) 本工程结构的设计使用年限为50年，上部结构的安全等级为二级，地基基础设计等级为丙级。

(2) 本工程所在地区地震基本烈度为6度。

**2. 设计依据**

(1)《建筑结构可靠度设计统一标准》(GB 50068—2001)。

(2)《建筑结构荷载规范》(GB 50009—2012)。

(3)《混凝土结构设计规范（2015年版）》(GB 50010—2010)。

(4)《砌体结构设计规范》(GB 50003—2011)。

(5)《多孔砖砌体结构技术规范》(JGJ 137—2001)。

(6)《建筑地基基础设计规范》(GB 50007—2011)。

(7)《建筑地基处理技术规范》(JGJ 79—2012)。

## 知识链接 2－1

1. 建筑结构安全等级

住房和城乡建设部颁布国家标准《建筑结构可靠性设计统一标准》（GB 50068—2018），自 2019 年 4 月 1 日起实施，原标准《建筑结构可靠度设计统一标准》（GB 50068—2001）同时废止。本项目案例设计施工于新标准实施之前。

《建筑结构可靠度设计统一标准》规定，建筑结构设计时，应根据结构破坏可能产生的后果（危及人的生命、造成经济损失、产生社会影响等）的严重性，采用不同的安全等级。建筑结构安全等级划分为三个等级，见表 2－2。

表 2－2 建筑结构的安全等级

| 安全等级 | 破坏后果 | 建筑物类型 |
| --- | --- | --- |
| 一级 | 很严重 | 重要的房屋 |
| 二级 | 严重 | 一般的房屋 |
| 三级 | 不严重 | 次要的房屋 |

注：1. 对特殊的建筑物，其安全等级应根据具体情况另行确定。
2. 地基基础设计安全等级及按抗震要求设计时建筑结构的安全等级，尚应符合国家现行有关规范的规定。

2. 地基基础设计等级

《建筑地基基础设计规范》（GB 50007—2011）规定，地基基础设计应根据地基复杂程度、建筑物规模和功能特征，以及由于地基问题可能造成建筑物破坏或影响正常使用的程度分为三个设计等级，设计时应根据具体情况按表 2－3 选用。

表 2－3 地基基础设计等级

| 设计等级 | 建筑和地基类型 |
| --- | --- |
| 甲级 | 重要的工业与民用建筑物<br>30 层以上的高层建筑<br>体型复杂，层数相差超过 10 层的高低层连成一体建筑物<br>大面积的多层地下建筑物（如地下车库、商场、运动场等）<br>对地基变形有特殊要求的建筑物<br>复杂地质条件下的坡上建筑物（包括高边坡）<br>对原有工程影响较大的新建建筑物<br>场地和地基条件复杂的一般建筑物<br>位于复杂地质条件及软土地区的二层及二层以上地下室的基坑工程<br>开挖深度大于 15m 的基坑工程<br>周边环境条件复杂、环境保护要求高的基坑工程 |
| 乙级 | 除甲级、丙级以外的工业与民用建筑物<br>除甲级、丙级以外的基坑工程 |
| 丙级 | 场地和地基条件简单、荷载分布均匀的七层及七层以下民用建筑及一般工业建筑；次要的轻型建筑物<br>非软土地区且场地地质条件简单、基坑周边环境条件简单、环境保护要求不高且开挖深度小于 5.0m 的基坑工程 |

续表

### 3. 设计条件

基本风压值：$W_0=0.65\text{kN/m}^2$（地面粗糙度为 B 类）。

## 知识链接 2－2

1. 基本风压值

《建筑结构荷载规范》（GB 50009—2012）中表 E.5 附有全国各城市的基本雪压、风压和气温值。

2. 地面粗糙度

《建筑结构荷载规范》（GB 50009—2012）8.2.1 规定，地面粗糙度分为 A、B、C、D 四类：A 类指近海海面和海岛、海岸、湖岸及沙漠地区；B 类指田野、乡村、丛林、丘陵以及房屋比较稀疏的乡镇地区；C 类指有密集建筑群的城市市区；D 类指有密集建筑群且房屋较高的城市市区。

### 4. 结构形式

（1）本工程采用钢筋混凝土框架结构。

（2）本工程采用柱下独立基础，基础部分说明详见有关图纸。

## 知识链接 2－3

1. 混凝土结构形式

混凝土结构形式主要有钢筋混凝土框架结构、剪力墙结构、框架-剪力墙结构、框架筒体结构和筒体结构。其中框架筒体结构和筒体结构应用于超高层建筑。

2. 基础

基础埋置深度不大于 5m 时称为浅基础，大于 5m 时称为深基础。浅基础包括独立基础、条形基础、板式基础、筏形基础、箱形基础等；深基础包括桩基础、墩基础、沉井基础、地下连续墙等。

# 2.3 识读仓库基础图

## 2.3.1 基础图

基础图是表示建筑物室内地面以下的基础部分平面布置和详细构造的图样，是在地基上放灰线、开挖基坑和基础施工的依据。基础图通常包括基础平面图和基础详图，本工程还包括桩位平面布置图。

## 2.3.2 识读仓库桩位平面布置图

桩基础一般由具有资质的设计院根据地质勘探报告及施工图纸进行设计，设计主要确定混凝土强度等级、桩的直径、桩的深度、桩的间距及是否进行配筋。桩位平面布置图主要表达成桩间距及钻孔位置。

仓库桩位平面布置图见附图 2.3，本工程所用直径 500mm 的水泥搅拌桩，桩的有效长度为 12m，桩顶标高为－1.450m，水泥搅拌桩应伸入褥垫层 50mm，施工桩长 12.3m，后凿除桩顶 300mm 长度。

单桩竖向承载力特征值为 100kN，复合地基承载力特征值 $f_{spk}=120kPa$。在地基设计里，大多采用特征值，而不是设计值或标准值，因为特征值同时具备了设计值和标准值的含义。地基承载力特征值，指由载荷试验测定的地基土压力-变形曲线上线性变形段内某一规定变形所对应的压力值，其最大值为压力-变形曲线比例界限值。

水泥搅拌桩的施工及质量检验按《建筑地基处理技术规范》（JGJ 79—2012）的有关规定进行。水泥搅拌桩应在成桩后 3d 内，用轻型动力触探仪检查桩身均匀性，检查数量为总桩数的 1%，且≥3 根。水泥搅拌桩地基验收时，承载力检验采用复合地基静载荷试验和单桩静载荷试验，检查数量为总桩数的 1%，复合地基静载荷试验数量≥3 台。

## 2.3.3 识读仓库基础平面布置图

假想用一个水平剖切面在房屋的底层地面与基础之间把整幢房屋剖开，移去上部的房屋和基础周围的泥土后向下投影所得到的水平剖面图称为基础平面布置图。

**1. 基础平面布置图的主要内容**

基础平面布置图主要表示以下内容。

（1）图名、比例。

（2）纵横定位轴线、尺寸及编号。

（3）基础的平面布置，基础梁、柱的平面布置。

（4）基础的编号、尺寸大小和轴线的位置关系，基础梁的位置、编号。

（5）施工说明。

**2. 基础平面布置图的识读顺序**

基础平面布置图的内容按以下顺序识读。

（1）识读图名、比例。

（2）对照基础平面图和建筑平面图，定位轴线编号和尺寸应一致。

（3）识读基础平面图中外部尺寸标注和内部尺寸标注。外部尺寸标注定位轴线间距和总尺寸；内部尺寸标注通过轴线进行定位，标注基础外轮廓的长度和宽度。

（4）依据图纸说明对基础平面图进一步识读。

**3. 识读仓库基础平面布置图**

仓库基础平面布置图见附图 2.4。绘图比例为 1∶100，和建筑平面图比例保持一致，轴线编号也和建筑平面图一致。

仓库工程采用柱下独立基础，图中黑色的长方块是钢筋混凝土柱，柱外围方框表示柱下基础的外轮廓线。基础沿定位轴线布置，尺寸一致的编为同一个编号，如Ⓐ、Ⓒ轴线和③、④、⑤、⑥、⑦轴线相交处的基础尺寸大小均为 2800mm×3500mm，因此编号均为 J－1。上方有墙体时，基础与基础之间设置地梁，以细线画出，地梁的编号标注在附近，截面尺寸及配筋在图纸右下角以详图方式表达。

建筑物应在四个角点位置处分别设置沉降观察点，并按规范要求做好沉降观测。

## 2.3.4 识读仓库基础详图

基础详图是在基础平面图上的某一处用垂直剖切面切开基础所得到的剖面图，主要表达基础的断面形状、尺寸大小和配筋等内容。

**1. 基础详图的主要内容**

基础详图主要表达以下内容。

（1）图名、比例。

（2）基础详图平面图、尺寸及编号等。

（3）基础剖面形状、尺寸大小、材料、配筋及基础底面标高。

（4）垫层尺寸，基础梁的剖面形状、尺寸大小等。

（5）施工说明。

**2. 基础详图的识读顺序**

基础详图的内容按以下顺序识读。

（1）识读图名、比例。

（2）识读基础详图中某一编号基础的平面图。

（3）识读基础详图剖面形状、尺寸、配筋及基础底面标高。

（4）识读垫层尺寸。

（5）识读施工说明。

**3. 识读仓库基础详图**

仓库基础详图（一）见附图 2.5，基础详图（二）见附图 2.6，基础详图（三）见附图 2.7。基础详图应和基础平面布置图对照识读。

以编号为“J-1”的基础为例，基础平面布置图中可以识读出J-1所在的位置，基础详图中绘制出J-1平面图，并在平面图中用局部剖面表达底面配筋，在剖切位置标注出剖面符号，对应1—1详图。1—1详图中标注有定位轴线、尺寸和钢筋配置，识读可知J-1是坡形独立基础，基础竖向坡面和平面高度均为300mm，基础底板总高度为600mm，基础底面标高−1.200m，基础底板配筋 $X$ 方向和 $Y$ 方向均为 ⌀12@200。基础底部浇筑100mm厚素混凝土垫层，四周超出基础边缘尺寸均为100mm，垫层下方有200mm厚中砂褥垫层。

## 2.4 识读仓库柱平法施工图

### 2.4.1 柱平法施工图

假想从楼层中部将建筑物水平剖开，向下投影即可得到柱平面布置图。柱平法施工图是在柱平面布置图上采用列表注写方式或截面注写方式表达柱截面尺寸及配筋等信息。在柱平法施工图中，应注明各结构层的楼面标高、结构层高及相应的结构层号。在单项工程中，楼面标高和结构层高必须统一，以保证地基与基础、柱、梁、板、楼梯等构件按照统一的竖向定位尺寸进行标注。

**1. 柱平法施工图的主要内容**

柱平法施工图主要表达以下内容。

（1）图名、比例（柱平法施工图的比例应与建筑平面图相同）。

（2）定位轴线及其尺寸、编号等。

（3）柱的平面布置及编号，柱与轴线的定位关系。

（4）每个编号柱的标高、截面尺寸、纵向钢筋和箍筋的配置情况。

（5）施工说明。

**2. 柱平法施工图的识读顺序**

柱平法施工图的内容按以下顺序识读。

（1）识读图名、比例。

（2）与基础平面布置图对比，校核柱平面布置的定位轴线编号及尺寸。

（3）与建筑平面图对比，明确柱的编号、数量和位置。

（4）根据图中截面标注或柱表，识读每种编号柱的标高、截面尺寸、纵向钢筋和箍筋的配置情况。

（5）识读施工说明。

### 2.4.2 识读仓库柱配筋图

结构层楼面标高是指将建筑图中的各层楼面标高扣除建筑面层及垫层厚度后的标高，结构层号应与建筑楼层号一致。建筑图中一层顶建筑标高为5.100m，结构施工图中一层顶结构标高为5.070m，具体结构层楼面标高及结构层高见图2.2。仓库基础顶～标高5.070m柱配筋图见附图2.8，标高5.070～14.970m柱配筋图见附图2.9。

| 屋面 | 14.970m | |
|---|---|---|
| 4 | 11.670m | 3.3m |
| 3 | 8.370m | 3.3m |
| 2 | 5.070m | 3.3m |
| 1 | 基础顶 | 5.57m |
| 层号 | 楼面标高 | 层高 |

**图2.2 结构层楼面标高和结构层高**

与建筑平面图中的柱进行比对，柱定位及尺寸以结构施工图中柱配筋图为准，依据柱的尺寸大小和配筋对柱进行编号，附图2.8有四种柱，分别编号为“KZ1”“KZ2”“KZ3”和“KZ4”，柱的起止标高见图名，“基础顶～标高5.070m”，也可以识读图2.2中的楼面标高。

附图2.8和附图2.9采用的是截面注写方式，分别在同一编号的柱中选择一个截面，将此截面在原位放大并绘制钢筋，以直接注写截面尺寸和配筋具体数值的方式来表达柱平法施工图。例如附图2.8中的KZ3：截面尺寸 $b \times h$ 为450mm×500mm，与轴线的定位关系 $b_1$、$b_2$ 分别为225mm、225mm，$h_1$、$h_2$ 分别为375mm、125mm；“4⌀25”表示柱四个角筋型号均为HRB400，直径均为25mm；“⌀8@100/200”表示箍筋型号为HRB400，直径为8mm，加密区间距为100mm，非加密区间距为200mm；图中还标注了 $b$ 边一侧中部纵筋2⌀25，$h$ 边一侧中部纵筋2⌀18。

识读图纸说明可知：柱混凝土强度等级为C25；柱纵筋搭接长度范围内箍筋加密，间距为100mm。

## 2.5 识读仓库梁平法施工图

### 2.5.1 梁平法施工图

假想从楼层中部将建筑物水平剖开，梁边线向下投影，可以被直接看到的用细实线表示，不能被直接看到的用虚线表示，得到梁平面布置图。梁平法施工图是在梁平面布置图上采用平面注写方式表达梁的截面尺寸及配筋等信息。在梁平法施工图中，按规定注明各结构层的顶面标高及相应的结构层号。

**1. 梁平法施工图主要内容**

梁平法施工图主要表达以下内容。

（1）图名、比例（梁平法施工图的比例应与建筑平面图相同）。

（2）定位轴线及其编号、尺寸等。

（3）梁的平面布置及编号。

（4）每个编号梁截面尺寸、标高和配筋情况。

（5）图纸说明。

**2. 梁平法施工图的识读顺序**

梁平法施工图内容按以下顺序识读。

(1) 识读图名、比例。

(2) 与建筑平面图、柱施工图对比，校核梁平面布置的定位轴线编号及尺寸。

(3) 与建筑平面图对比，明确梁的编号、数量和位置。

(4) 根据图中集中标注与原位标注，识读每个编号梁的截面尺寸、标高和配筋情况。

(5) 根据结构设计总说明确定纵向钢筋、箍筋和吊筋的构造要求。

(6) 识读图纸说明。

### 2.5.2 识读仓库梁平法施工图

仓库标高 5.070m 梁平法施工图见附图 2.10，标高 8.370m 梁平法施工图见附图 2.11，标高 11.670m 梁平法施工图见附图 2.12，标高 14.970m 梁平法施工图见附图 2.13。图名中的结构楼面标高表示梁顶标高，与表 2-5 中楼面标高保持一致。

梁平法施工图中梁轮廓的虚实表示梁在平面图投影的可见性，需与建筑平面图配合识读。其中外围梁线、楼梯间部分梁线、卫生间降板（见板配筋图）梁线可见，用实线表示，其余部分梁不可见，用虚线表示。

根据图纸说明，未注明位置的梁，梁边与柱边齐平或居轴线中对齐。当梁中线偏位时需标注具体定位尺寸，如过Ⓐ轴线的梁两边分别距轴线 185mm 和 65mm。

仓库梁平法施工图均采用平面注写方式表达，平面注写包括集中标注与原位标注，集中标注表达梁的通用参数，原位标注表达梁的特殊参数。当集中标注中的某项参数不适用于梁的某部位时，则将该参数值原位标注，施工时原位标注参数优先。

以附图 2.10 为例，集中标注“KL3 (2) 250×570”表示标高 5.070m 处编号为第 3 号的框架梁，2 跨，截面尺寸 $b\times h$ 为 250mm×570mm；“⌀8@100/200 (2)”表示箍筋型号为 HRB400，直径为 8mm，加密区间距为 100mm，非加密区间距为 200mm，两肢箍；“2⌀22；3⌀18”表示梁的上部通长筋为 2 根直径为 22mm 的 HRB400 钢筋，下部通长筋为 3 根直径为 18mm 的 HRB400 钢筋。

Ⓐ、Ⓑ和Ⓒ轴线支座处有原位标注“2⌀22+2⌀20”，表示支座处上部筋除了 2⌀22 外还要附加 2 根直径为 20mm 的 HRB400 钢筋。Ⓑ～Ⓒ轴线间梁下方有原位标注“N4⌀12，⌀10@100/200 (2)”，表示此跨梁有受扭钢筋 4⌀12，箍筋为 ⌀10@100/200 (2)，而不是 ⌀8@100/200 (2)。

根据图纸说明可知：梁平法施工图需配合国标图集 16G101—1 识读；梁混凝土强度等级为 C25；主次梁相交处，在主梁上次梁两侧均设置 3 根主梁箍筋，间距 50mm。

## 2.6 识读仓库板平法施工图

### 2.6.1 板平法施工图

在板平法施工图中，按规定注明各结构层的顶面标高及相应的结构层号。有梁楼盖板平法施工图，是在楼面板和屋面板布置图上，采用平面注写的方式表达楼板布置和配筋等信息，包括板块集中标注和板支座原位标注两种注写方式。

**1. 板平法施工图主要内容**

板平法施工图主要表达以下内容。

(1) 图名、比例。

(2) 定位轴线及其编号（尺寸与梁平法施工图一致）。

(3) 现浇板的厚度和标高。

(4) 现浇板的配筋情况。

(5) 图纸说明。

**2. 板平法施工图的识读顺序**

板平法施工图的内容按以下顺序识读。

(1) 识读图名、比例。

(2) 与建筑平面图、梁平法施工图对比，校核板平面布置的定位轴线编号及尺寸。

(3) 图面内容结合图纸说明，识读现浇板的厚度和标高。

(4) 识读现浇板的配筋情况，结合图纸说明，了解未标注的板配筋情况。

### 2.6.2 识读仓库板配筋图

仓库标高 5.070m 板配筋图见附图 2.14，标高 8.370m 板配筋图见附图 2.15，标高 11.670m 板配筋图见附图 2.16，标高 14.970m 板配筋图见附图 2.17。板配筋图图名中结构楼面标高表达板顶标高，与图 2.2 中楼面标高保持一致，同时与梁顶标高保持一致。通过阅读图纸说明可知，部分特殊房间根据使用需求采用降板构造。根据附图 2.14 图纸说明可知，图中卫生间部分的板面标高为 5.000m，相比较于楼面标高 5.070m 降低了 70mm，其余各楼层的卫生间地面均降板 70mm。

板配筋图中的轴线编号，梁、柱定位及布置均和相应楼层的柱配筋图、梁平法施工图中的轴线编号，梁、柱定位及布置一致。附图 2.14 中板的混凝土强度等级为 C25，未注明板厚为 110mm，②～⑧轴线和Ⓐ～Ⓒ轴线围成的区域由多块板组成。

识读板配筋图时，应注意现浇板钢筋的弯钩方向和形状，以便确定是板的上部钢筋还是下部钢筋。X 方向和 Y 方向上部钢筋均注有“⌀10@150”板面负筋，表示直径为 10mm 的 HRB400 钢筋平行铺设在板的上部，钢筋间距为 150mm；X 方向下部钢筋注有“⌀10@200”板底钢筋，表示直径为 10mm 的 HRB400 钢筋平行铺设在板的下部，钢筋间距为 200mm；Y 方向下部钢筋注有“⌀10@150”板底钢筋，表示直径为 10mm 的 HRB400 钢筋平行铺设在板的下部，钢筋间距为 150mm。楼梯间位置板配筋见楼梯结构详图。根据图纸说明，卫生间的楼板板厚 110mm，上部和下部、X 方向和 Y 方向均配置直径为 8mm 的 HRB400 钢筋，非加密区箍筋间距 200mm，加密区箍筋间距 100mm。

图 2.17 中屋面楼板有开孔，洞口周边设置 2⌀12 附加钢筋。

## 2.7 识读仓库构件结构详图

本工程构件详图包括楼梯结构详图和节点详图，其中楼梯结构详图由各层楼梯结构平面图和楼梯剖面图组成。现浇混凝土板式楼梯平法施工图有平面注写、剖面注写和列表注写三种表达方式。

## 2.7.1 楼梯结构详图

**1. 识读楼梯结构平面图**

1＃楼梯标高－0.030m平面图和1＃楼梯标高1.670～3.370m平面图见附图2.18，1＃楼梯标准层平面图和1＃楼梯顶层平面图见附图2.19。楼梯结构平面图一般包括底层楼梯结构平面图、标准层楼梯结构平面图和顶层楼梯结构平面图，因一层楼梯是三跑楼梯需要补充标高1.670～3.370m结构平面图，1.670m和3.370m是1＃楼梯一层两个休息平台的结构标高。

楼梯结构平面图采用平面注写，如附图2.18所示，1＃楼梯标高－0.030m平面图中梯段板处标注有："AT－1，$h$＝100"，含义是此编号为1号的梯板类型为AT型，梯段板厚100mm；"154.5×11＝1700"，表示此梯段由11个154.5mm高的踏步组成，梯段高1700mm；"Φ10@150"，表示板上部纵筋和下部纵筋均为直径10mm的HRB335钢筋，间距150mm。

附图2.19中1＃楼梯标准层平面图，梯板有两个编号，分别是AT－1和AT－2，注意区别。平台板上标注有所在标准层的平台板结构标高，平台板标注有："PTB－1，$h$＝100"，含义是此编号为1号的平台板，板厚100mm；"Φ8@150双层双向"，表示平台板的上层和下层、横向和纵向均配置直径为8mm的HRB335钢筋。

**2. 识读楼梯结构剖面图**

楼梯结构剖面图是表示楼梯间和各种构件竖向布置情况的图样。通过附图2.20中A—A剖面图可以清楚识读各层休息平台与楼层平台结构层的标高及楼梯的竖向承重构件的布置情况。结合楼梯结构平面图进行识读，一层楼梯的三个梯段板均为AT－1，二层和三层楼梯的梯段板均为AT－2。梯段板两边搭在梯梁TL1和TL2上，两者的区别可以由图纸下方的详图对比得知。平台板两边搭在梯梁TL2和TL3上，梯梁TL2承受的力传递给梯柱TZ1。楼梯主要承重构件有梯梁、梯柱和平台板。

2＃楼梯标高－0.030m平面图和2＃楼梯标高1.670～3.370m平面图见附图2.21，2＃楼梯标准层平面图和2＃楼梯顶层平面图见附图2.22。B—B剖面图见附图2.23。

## 2.7.2 节点详图

节点详图见附图2.24，依据平面布置图索引符号的标注位置，可知1号节点详图、2号节点详图和3号节点详图均索引自附图2.14，4号节点详图索引自附图2.17。其中1号节点详图和2号节点详图表达的是雨篷节点钢筋的布置情况，通过识读图纸可知雨篷梁和雨篷板通过内部钢筋连接成整体。

## 习　题

依据项目2的图纸完成下列习题。

**单选题**

1. 本工程按照建筑工程抗震设防类别为（　　）。
A. 甲类　　B. 乙类　　C. 丙类　　D. 丁类
2. 一层卫生间的柱保护层厚度为（　　）。
A. 20mm　　B. 25mm　　C. 30mm　　D. 40mm
3. 标高5.070m梁平法施工图中梁KL6（2）模板应起拱，起拱高度为跨度的（　　）。
A. 1/200　　B. 1/300　　C. 1/400　　D. 1/500
4. 下列说法错误的是（　　）。
A. 填充墙长度超过层高2倍时，宜设置钢筋混凝土构造柱
B. 底层填充墙高度超过4m，应在墙体半高处设置与混凝土柱连接且沿墙全长贯通的现浇混凝土水平连梁
C. 屋顶女儿墙采用砌体时应设置构造柱与屋面梁连接
D. 对钢筋的材料代换时，只需满足等强度代换原则
5. 本工程桩的检查数量为（　　）。
A. 2根　　B. 3根　　C. 4根　　D. 5根
6. 施工降水保持降水面在最深基底以下（　　）m。
A. 2　　B. 1　　C. 0.5　　D. －0.5
7. 本工程卫生间墙体采用（　　）砌筑。
A. M10水泥砂浆　　B. M5.0混合砂浆
C. MU15水泥砂浆　　D. 水泥砖
8. 标高14.970m板配筋图中楼板开洞，洞边加强筋均为（　　）。
A. 2Φ8　　B. 2Φ10　　C. 2Φ12　　D. 2Φ14
9. 关于1＃楼梯的表述错误的是（　　）。
A. 梯板为支承在平台梁上的单向板　　B. 中间休息平台为双向板
C. 梯板分布筋均为Φ8@150　　D. 该楼梯为板式
10. 标高11.670m板配筋图板顶配筋（　　）。
A. Φ10@150　　B. Φ10@200　　C. Φ8@100　　D. Φ8@200
11. 二层卫生间结构面标高（　　）m。
A. 5.000　　B. 5.070　　C. 5.100　　D. 5.120
12. 二层梁平法配筋图中，① 轴交Ⓑ～Ⓒ轴处集中标注出现N4Φ12，表示（　　）。
A. 梁侧面构造钢筋　B. 梁侧面受扭钢筋　C. 分布钢筋　　D. 架立钢筋
13. 构造柱做法正确的是（　　）。
A. 与主体结构同步施工
B. 先砌墙后浇柱
C. 先浇柱后砌墙

D. 柱顶与梁结合处采用膨胀混凝土浇筑

14. 基础平面布置图中，①～②轴交⑭轴间地梁为（　　）。

A. DL1　　B. DL2

C. 未注明　　D. DL1 或者 DL2

15. 基础底标高为（　　）m。

A. －1.300　　B. －1.200　　C. －0.600　　D. －0.700

16. 柱配筋图中下列哪根柱子不是变截面柱（　　）。

A. KZ1　　B. KZ2　　C. KZ3　　D. KZ4

17. 下列说法错误的是（　　）。

A. 嵌固部位的非连接区长度≥$H_n$/3

B. 机械连接的相邻纵筋交错距离≥35$d$ 且≥500mm

C. 焊接连接的相邻纵筋交错距离≥35$d$ 且≥500mm

D. 当某层连接区的高度小于纵筋分两批搭接所需要的高度时，应改为机械连接或焊接连接

18. 下列说法错误的是（　　）。

A. 柱净高与柱截面长边尺寸的比值 $H_n/h_c$≥4 时，箍筋沿柱全高加密

B. 矩形小墙肢的厚度不大于 300mm 时，箍筋全高加密

C. 底层柱根加密≥$H_n$/3

D. 柱在两个不同标高的底层刚性地面应分别上下各加密 500mm

19. 下列说法错误的是（　　）。

A. 墙上起柱，在墙顶面标高以下锚固范围内的柱箍筋按上柱非加密区箍筋要求配置

B. $H_n$为所在楼层的柱净高

C. 梁上起柱，在梁内设两道柱箍筋

D. $h_c$为柱截面长边尺寸（圆柱为截面直径）

20. 楼面设计活荷载标准值采用（　　）。

A. 3.5kN/m²　　B. 2.0kN/m²　　C. 0.5kN/m²　　D. 2.5kN/m²

21. 标高 5.070m 梁平法施工图中 KL2（5）支座两排负筋的间距是（　　）mm。

A. 20　　B. 22　　C. 25　　D. 30

22. KZ1 纵筋间距要求为（　　）。

A. ≥35mm　　B. ≥1.5$d$　　C. ≥50mm　　D. ≥75mm

23. KZ2 中标高 5.070m 处上柱和下柱间钢筋间的连接应该放在（　　）。

A. 上柱部位　　B. 下柱部位

C. 都可以　　D. 不明确

24. 下列说法正确的是（　　）。

A. 梁纵向受力钢筋搭接区内箍筋直径≥$d$/4（$d$ 为搭接钢筋最小直径）

B. 受压钢筋直径＞25mm 时，不宜采用绑扎搭接

C. 大偏心受拉构件中纵向受力钢筋不应采用绑扎搭接

D. 纵向受力钢筋在梁端连接时，应采用机械连接或焊接

25. 本工程柱混凝土保护层的最小厚度为（　　）mm。

A. 20　　B. 25　　C. 30　　D. 35

26. J－3 基础底面钢筋的保护层厚度为（　　）mm。

A. 70　　B. 50　　C. 40　　D. 30

27. J－1 中的 1－1 断面图应为（　　）。

1—1　1:50

A

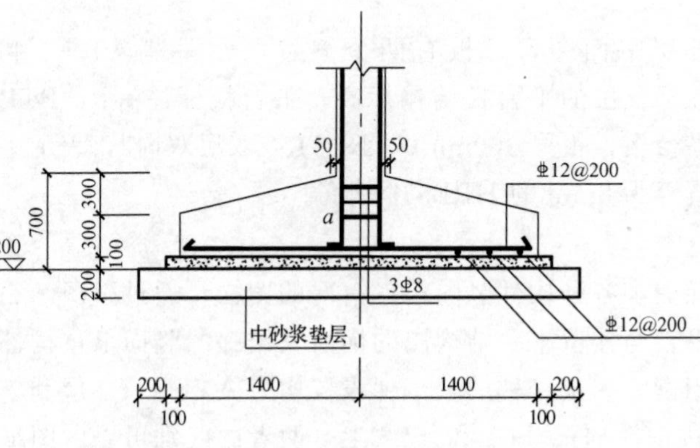


1—1　1:50

B

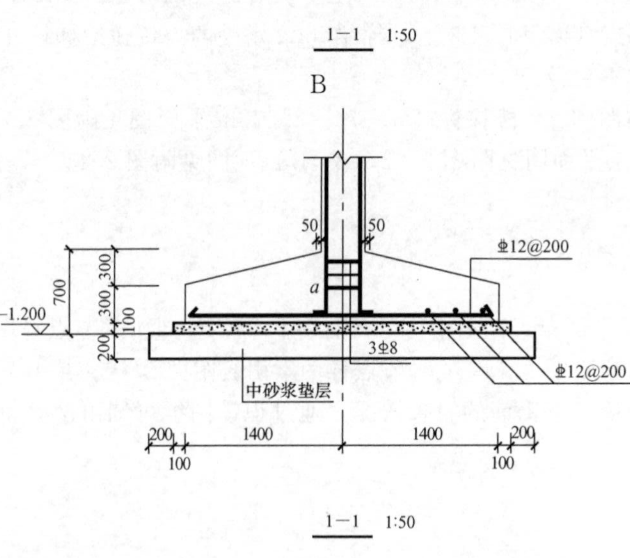


1—1　1:50

C

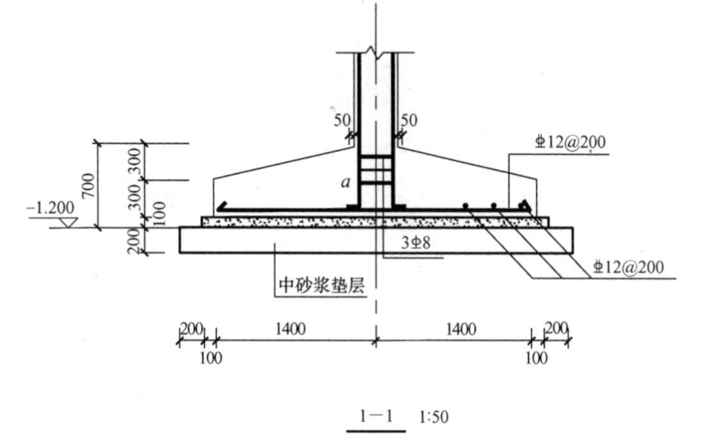


D

28. KZ3 二层梁柱节点区箍筋设置正确的是（　　）。

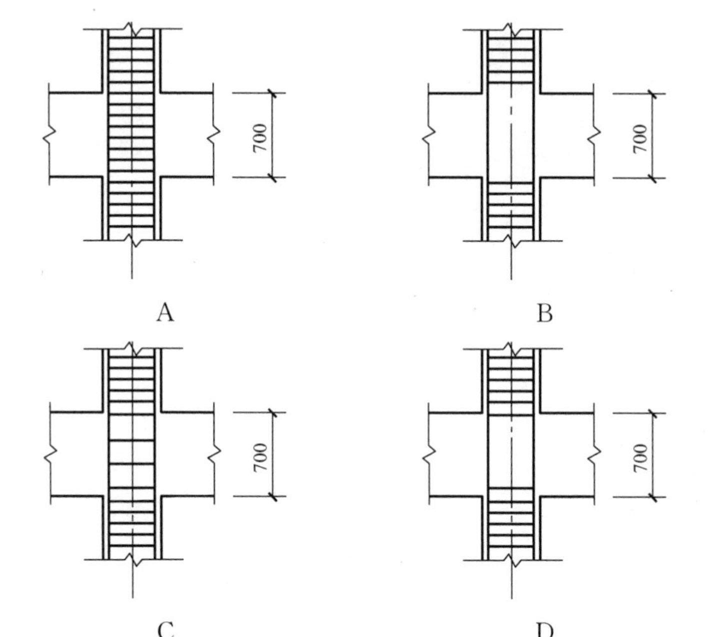
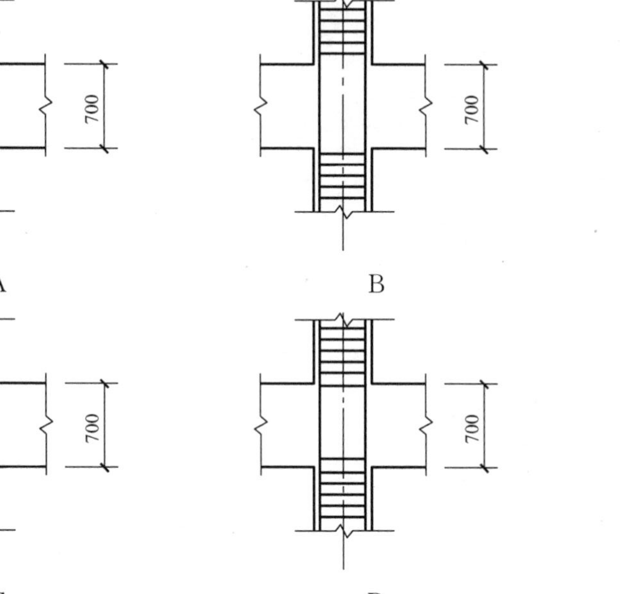
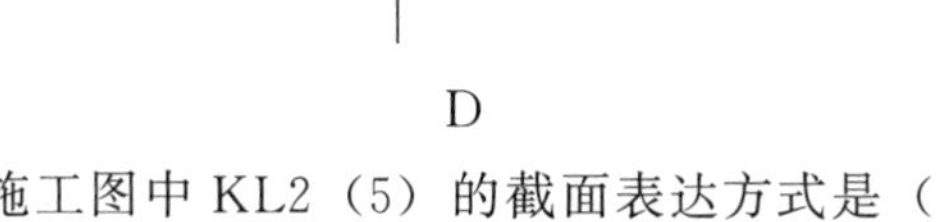


29. 标高 5.070m 梁平法施工图中 KL2（5）的截面表达方式是（　　）。

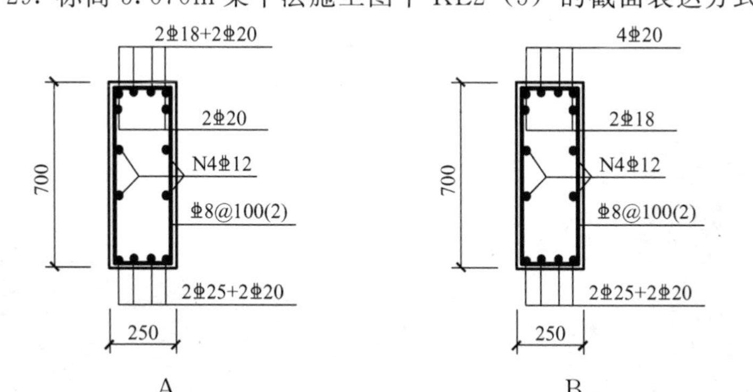


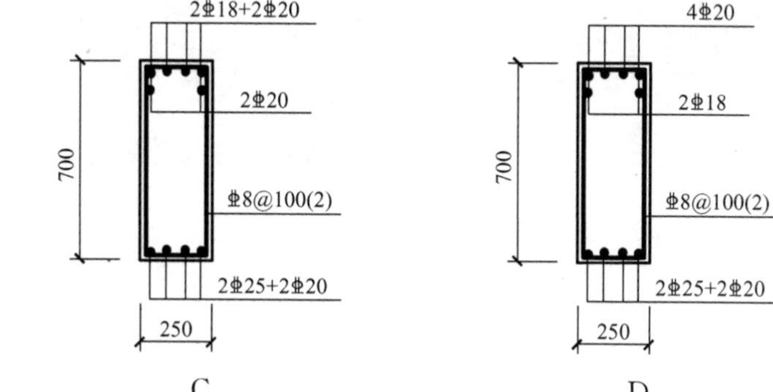
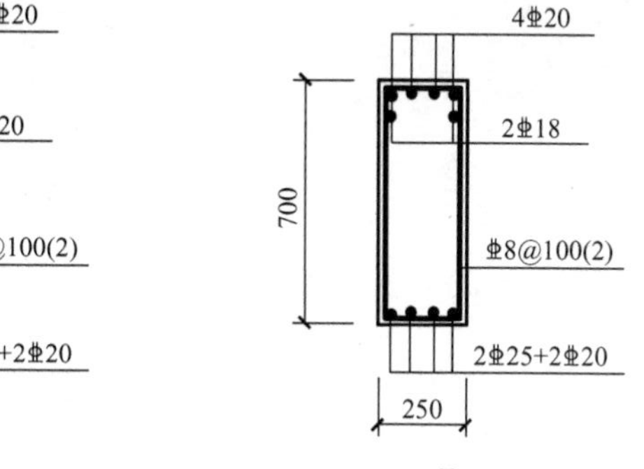


30. 标高 11.670m 梁平法施工图中梁 KL1（8）箍筋加密区范围是（　　）。

A. ≥500mm　　B. ≥555mm　　C. ≥740mm　　D. 可不设加密区

31. 第一根箍筋距离柱边缘线（　　）mm。

A. 200　　B. 100　　C. 50　　D. 30

32. 标高 11.670m 梁平法施工图中 KL3（2）的说法正确的是（　　）。

A. 梁的侧面应配置纵向构造钢筋

B. 纵向构造钢筋间距 $a$ 不大于 200mm

C. 梁拉筋直径为 8mm

D. 不需要配置纵向构造钢筋

33. 本工程采用（　　）基础。

A. 柱下独立基础　　B. 采用水泥土搅拌桩复合地基

C. 桩基　　D. 两者都有

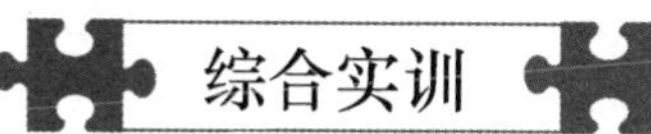

## 综合实训

依据下列任务要求完成绘图题。

**任务**　绘制 KZ2 基础顶～标高 14.970m 纵剖面图，满足以下要求。

（1）本工程采用焊接连接方式，柱纵剖面图必须绘制柱轮廓、柱钢筋（角筋、箍筋、钢筋连接点必须绘制，其余纵筋构造无须绘制），梁翼缘应绘制示意。

（2）标注柱截面尺寸、梁顶标高、上部箍筋加密区范围、连接点间距及箍筋规格等。

（3）出图比例设置为 1∶50，图层要求按项目 1 综合实训设置。

# 项目3 宿舍楼建筑和结构施工图识读

## 学习目标

通过学习本项目应熟练掌握识读建筑施工图和结构施工图图纸的基本能力，能够将建筑施工图和结构施工图联系识读。准确识读宿舍楼建筑施工图图示内容，掌握建筑平面图、立面图、剖面图和详图之间的联系；准确识读宿舍楼结构施工图图示内容，掌握结构梁平法施工图、板平法施工图、柱平法施工图和结构详图之间的联系；掌握建筑施工图和结构施工图之间的关联。

## 学习要求

| 能力目标 | 知识要点 | 权重 |
|---|---|---|
| 掌握宿舍楼建筑施工图识读方法 | 平面图、立面图、剖面图和详图图示内容 | 35% |
| 掌握建筑施工图之间的联系 | 建筑平面图、立面图、剖面图和详图之间的联系 | 15% |
| 掌握宿舍楼结构施工图识读方法 | 梁平法施工图、板平法施工图、柱平法施工图和结构详图图示内容 | 35% |
| 掌握结构施工图之间的联系 | 梁平法施工图、板平法施工图、柱平法施工图和结构详图之间的联系 | 15% |

## 应用实例

本项目应用实例为××学院宿舍楼扩展工程施工图，图3.1为使用Revit软件建立的该建筑三维模型。应用BIM技术还可以导出漫游动画，直观了解该建筑的外部环境、建筑造型、立面效果及内部布置等情况。

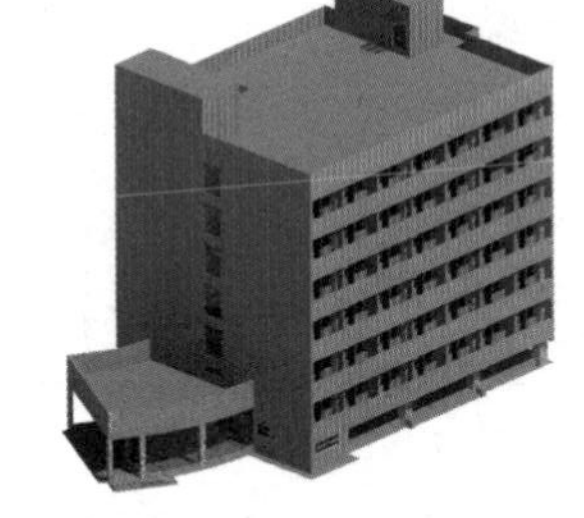

图3.1 宿舍楼三维模型

# 3.1 识读宿舍楼建筑施工图首页图

## 3.1.1 识读宿舍楼建筑施工图图纸目录

宿舍楼建筑施工图图纸目录见图 3.2，通过查阅图纸目录可以大致了解整套图纸包含的内容及相关信息。

## 3.1.2 识读宿舍楼建筑施工图设计说明

宿舍楼建筑施工图设计说明（一）见附图 3.1，宿舍楼建筑施工图设计说明（二）见附图 3.2。设计说明中以文字的形式阐述图纸中统一要求或者不方便表达的内容，在识读图纸前需要通过阅读设计说明来了解本工程的基本概况和工程做法。本项目需要特别关注以下内容。

（1）设计说明中第六项说明的墙体所用材料及构造做法。

（2）设计说明中第九项第 3 条，“除图纸特别注明者外，本工程凡卫生间等遇有水的房间，楼地面完成面均比同层地面降低 30mm”。

（3）设计说明中第九项第 4 条，“凡上述各房间或平台设有地漏者，地面均应向地漏方向做出≥0.5%的排水坡”。

（4）设计说明中第九项第 5 条，“凡上述各房间的墙采用砖墙、砌块墙者，均应在墙体位置（门口除外）用 C20 混凝土做出厚度同墙厚，高度 200mm 的墙槛，并在其楼板面上增设防水涂料层，以防止渗水”。

## 3.1.3 识读宿舍楼工程做法表

宿舍楼工程做法表见附图 3.3。工程做法表介绍了屋面、楼面、地面等各部位相关构造做法、装修做法等。例如，室内楼梯间的楼面装修层厚度为 40mm；其他室内楼面装修层厚度均为 30mm；室外走廊、台阶、室外楼梯及残疾人坡道装修层厚度为 70mm。

## 3.1.4 识读宿舍楼节能设计专篇

宿舍楼节能设计专篇见附图 3.4，需要了解以下内容。

（1）节能设计专篇中第一项第 4 条，建筑类型为居住建筑。

（2）节能设计专篇中第三项第 3 条，体形系数为 0.33。

（3）节能设计专篇中第五项节能设计表，该表给出了四个方位的遮阳系数限值和实际窗墙比。

| ××工程设计有限公司<br>设计证书编号(甲级) | 图纸目录 | 工程名称 | ××学院校区扩建工程 | |
|---|---|---|---|---|
| | | 工程号 | | |
| | | 子程名称 | 宿舍楼 | |
| | | 子项号 | | |
| | | 修改版次 | | 共2页　第1页 |

| 序号 | 图号 | 图　名 | 图幅 | 备　注 |
|---|---|---|---|---|
| 1 | 建施-00 | 图纸目录 | A4 | |
| 2 | 建施-01 | 建筑施工图设计说明(一) | A3 | |
| 3 | 建施-02 | 建筑施工图设计说明(二) | A3 | |
| 4 | 建施-03 | 工程做法表 | A3 | |
| 5 | 建施-04 | 节能设计专篇 | A3 | |
| 6 | 建施-05 | 宿舍楼架空层平面图 | A3 | |
| 7 | 建施-06 | 宿舍楼一层平面图 | A3 | |
| 8 | 建施-07 | 宿舍楼二层平面图 | A3 | |
| 9 | 建施-08 | 宿舍楼三层平面图 | A3 | |
| 10 | 建施-09 | 宿舍楼四层平面图 | A3 | |
| 11 | 建施-10 | 宿舍楼五层平面图 | A3 | |
| 12 | 建施-11 | 宿舍楼六层平面图 | A3 | |
| 13 | 建施-12 | 宿舍楼屋顶层平面图、楼梯间顶层平面图 | A3 | |
| 14 | 建施-13 | 宿舍楼①～⑩轴立面图 | A3 | |
| 15 | 建施-14 | 宿舍楼⑩～①轴立面图 | A3 | |
| 16 | 建施-15 | 宿舍楼Ⓐ～Ⓗ轴立面图 | A3 | |
| 17 | 建施-16 | 宿舍楼Ⓗ～Ⓐ轴立面图 | A3 | |
| 18 | 建施-17 | 宿舍楼1－1剖面图 | A3 | |
| 19 | 建施-18 | 1#楼梯架空层平面图、1#楼梯一层平面图 | A3 | |
| 20 | 建施-19 | 1#楼梯二～六层平面图、1#楼梯屋顶层平面图 | A3 | |
| 21 | 建施-20 | 2#楼梯架空层平面图、2#楼梯一层平面图 | A3 | |
| 22 | 建施-21 | 2#楼梯二～六层平面图、2#楼梯屋顶层平面图 | A3 | |
| 23 | 建施-22 | 1#楼梯A－A剖面图、2#楼梯B－B剖面图 | A2 | |
| 24 | 建施-23 | 楼梯节点详图 | A3 | |
| 专　业 | 建　筑 | 盖章 | | |
| 专业负责 | | | | |
| 制　表 | | | | |
| 日　期 | | | | |

(a) 第 1 页

图 3.2　宿舍楼建筑施工图图纸目录

<table>
<tr><td colspan="2" rowspan="5">××工程设计有限公司<br>设计证书编号(甲级)</td><td rowspan="5">图纸目录</td><td>工程名称</td><td colspan="3">××学院校区扩建工程</td></tr>
<tr><td>工程号</td><td colspan="3"></td></tr>
<tr><td>子程名称</td><td colspan="3">宿舍楼</td></tr>
<tr><td>子项号</td><td colspan="3"></td></tr>
<tr><td>修改版次</td><td></td><td colspan="2">共2页 第2页</td></tr>
<tr><td>序号</td><td>图号</td><td colspan="3">图 名</td><td>图幅</td><td>备 注</td></tr>
<tr><td>25</td><td>建施-24</td><td colspan="3">阳台平面图，宿舍内部、传达室、公共卫生间平面图</td><td>A3</td><td></td></tr>
<tr><td>26</td><td>建施-25</td><td colspan="3">节点详图(一)</td><td>A3</td><td></td></tr>
<tr><td>27</td><td>建施-26</td><td colspan="3">节点详图(二)</td><td>A3</td><td></td></tr>
<tr><td>28</td><td>建施-27</td><td colspan="3">门窗表、门窗详图(一)</td><td>A3</td><td></td></tr>
<tr><td>29</td><td>建施-28</td><td colspan="3">门窗详图(二)</td><td>A3</td><td></td></tr>
<tr><td>专 业</td><td>建 筑</td><td rowspan="4">盖<br>章</td><td colspan="4" rowspan="4"></td></tr>
<tr><td>专业负责</td><td></td></tr>
<tr><td>制 表</td><td></td></tr>
<tr><td>日 期</td><td></td></tr>
</table>

(b) 第 2 页

**图 3.2 宿舍楼建筑施工图图纸目录（续）**

## 知识链接 3-1

1. 建筑物体形系数

建筑物体形系数是建筑物与室外大气接触的外表面积与其所包围的体积的比值。外表面积中，不包括地面、不采暖楼梯间隔墙和户门的面积，也不包括女儿墙、屋面层的楼梯间与设备用房等墙体的面积。突出墙面的构件如空调板在计算时忽略，按完整的墙体计算即可。一般来讲，体形系数越小，建筑物节能效果越好。

2. 遮阳系数

遮阳系数体现玻璃遮挡或抵御太阳光能的能力。遮阳系数越小，阻挡阳光热量向室内辐射的性能越好。

3. 窗墙比

窗墙比即窗墙面积比，是建筑和建筑热工节能设计中常用到的一种指标。窗墙比中的墙是指一层室内地坪线至屋面高度线（不包括女儿墙和勒脚高度）的围护结构。窗墙面积比指的是窗户洞口面积与房间立面单元面积（即建筑层高与开间定位线围成的面积）之比。《严寒和寒冷地区居住建筑节能设计标准》（JGJ 26—2018）4.1.4 规定，窗面面积比不应大于表 3-1 中的限值。

**表 3-1 窗墙面积比限值**

| 朝 向 | 窗墙面积比 | |
|---|---|---|
| | 严寒地区（1d） | 寒冷地区（2d） |
| 北 | 0.25 | 0.30 |
| 东、西 | 0.30 | 0.35 |
| 南 | 0.45 | 0.50 |

注：1. 敞开式阳台的阳台门上部透光部分应计入窗户面积，下部不透光部分不应计入窗户面积。
2. 表中的窗墙面积比应按开间计算。表中的“北”代表从北偏东小于 60°至北偏西小于 60°的范围；“东、西”代表从东或西偏北小于等于 30°至偏南小于 60°的范围；“南”代表从南偏东小于等于 30°至偏西小于等于 30°的范围。

# 3.2 识读宿舍楼建筑平面图

宿舍楼架空层平面图见附图 3.5，宿舍楼一层平面图见附图 3.6，宿舍楼二层平面图见附图 3.7，宿舍楼三层平面图见附图 3.8，宿舍楼四层平面图见附图 3.9，宿舍楼五层平面图见附图 3.10，宿舍楼六层平面图见附图 3.11，宿舍楼顶层平面图、楼梯间顶层平面图见附图 3.12。识读图纸，首先看图纸的标题栏的相关信息。标题栏里的信息包括工程名称、子项名称、图名、图号、比例、日期等。

宿舍楼平面图的绘图比例均为 1∶100。宿舍楼架空层由门厅、楼梯间、传达室、值班室和架空空间组成。附属门厅部分呈扇形，主体建筑部分呈矩形。室外地坪标高为－0.600m。各部分室内地坪标高有差异，门厅和楼梯间室内地坪标高为－0.300m，配电间室内地坪标高－0.500m，架空层室内地坪标高为±0.000m。架空层主体部分通过南北两个台阶通向室外，门厅部分由台阶和无障碍坡道通向室外。门厅和楼梯间均设有玻璃幕墙，具体尺寸见门窗表（附图3.27）。

宿舍楼一层平面图中门厅部分标有屋面排水坡度及屋面和女儿墙顶标高，结合立面图进一步确定门厅仅有一层。主体部分由宿舍、学习室、辅导员工作室、盥洗室、心理室和两个楼梯间组成。楼梯间玻璃幕墙详图根据索引符号见节点详图（一）（附图3.25）中的2号节点详图。

宿舍楼二层、四层和六层仅楼面标高不同，建筑平面图布局基本相同；宿舍楼三层和五层仅楼面标高不同，建筑平面图布局基本相同。宿舍阳台排水坡均为0.5%的排水坡，通过阳台部分的索引符号查阅节点详图（一）中的1号节点详图，阳台的标高均比室内标高降低50mm，例如一层地面标高为2.190m，阳台标高为2.140m。与前面设计说明，“除图纸特别注明者外，本工程凡卫生间等遇有水的房间，楼地面完成面均比同层地面降低30mm”矛盾，应以节点详图为准。

附图3.12宿舍楼顶层平面图主要表达屋面的排水布置。楼梯间部分表达的是楼梯的室内平面，结合楼梯间顶层平面图中楼梯间顶标高为23.890m，可以确定楼梯间是凸出屋面的。根据各个方向的立面图也可以看出屋顶有凸出屋面的部分。同时可以查询附图3.12中楼梯间部分的索引符号对应节点详图（一）中的2号节点详图，楼梯间屋顶标高为23.890m，而屋顶其余部分对应的节点详图（一）中的1、3、5号节点详图和节点详图（二）（附图3.26）中的7号节点详图，屋顶标高均为20.790m。

楼梯间顶层平面图分别表达了两个楼梯间屋面排水及雨篷位置，结合节点详图（二）中的6号节点详图识读楼梯间女儿墙高度及泛水构造做法，节点详图（二）中的8号节点详图识读楼梯间的雨篷尺寸及标高。

## 3.3 识读宿舍楼建筑立面图

宿舍楼①～⑩轴立面图见附图3.13，宿舍楼⑩～①轴立面图见附图3.14，宿舍楼Ⓐ～Ⓗ轴立面图见附图3.15，宿舍楼Ⓗ～Ⓐ轴立面图见附图3.16。附图3.13～附图3.16的绘图比例均为1∶100，与平面图的绘图比例保持一致。

依据指北针方向，宿舍楼①～⑩轴立面图也可称为南立面图。从整体上看左边是附属门厅，右边是屋面有凸出部分的主体建筑。室外地坪标高为－0.600m，门厅部分外部走廊标高为－0.330m，屋面标高为3.400m，女儿墙顶标高为4.900m，结合平面图进行识读，这些数据与架空层平面图和一层平面图的相关数据一致。从竖向标注可以识读出主体建筑层高，包括架空层、六层宿舍及屋面层楼梯间，其中架空层层高2.19m，六层宿舍层高均为3.1m，屋面层楼梯间高3.1m。屋面标高为20.790m，女儿墙顶标高为22.290m，可知屋面的女儿墙高为1.5m；楼梯间屋面标高为23.890m，女儿墙顶标高为24.890m，可知楼梯间的女儿墙高为1m。这些数据可结合平面图及附图3.25和附图3.26的节点详图进行对比识读。附图3.13中可见南向的台阶及架空层的柱，架空层没有墙体的部分用孔洞图例◸表示。立面的门窗标示出顶、底标高。阳台立面的栅格板奇数层和偶数层布置不同，结合图每一层平面图中宿舍阳台的索引符号，查看附图3.25的1号节点详图可知，同一竖向位置处奇数层是彩色铝合金百叶，偶数层是阳台栏板，相邻楼层交错布置。

宿舍楼⑩～①轴立面图也可称为北立面图。识读过程和南立面图基本一致，图中可以看到两个楼梯间的玻璃幕墙，根据平面图中的楼梯间的索引位置查找附图3.25的2号节点详图的相应位置和构造做法，结合门窗详图（二）（附图3.28）幕墙MQ-1每一层的尺寸和分格方式进行识读。

宿舍楼Ⓐ～Ⓗ轴立面图中竖向标注与另外几个立面图保持一致，主要表达东立面的立面效果，图面标注了东面的窗顶、底标高。因架空层部分位置设有外部维护墙体，注意区分有墙体的部分和没有墙体的部分。立面图中标注的外墙面做法有真石漆和灰色花岗岩加黑色压条。

## 3.4 识读宿舍楼1—1剖面图

宿舍楼1—1剖面图见附图3.17，绘图比例为1∶100。1—1剖切符号标注在附图3.5宿舍楼架空层平面图②～④轴线之间，表示将宿舍楼剖切后向左投影。与架空层平面图的剖切位置和方向对照可知，剖面图轴线编号为Ⓐ～Ⓗ轴。

通过剖面图识读宿舍楼的分层及内部空间组合，一层剖切到阳台、宿舍、走廊、学习室和阳台，二～六层剖切到阳台、宿舍、走廊、宿舍和阳台。具体剖切到的阳台栏板、门、墙体等构件需结合各层平面图进行对比识图。屋面之上可以看到的凸出屋面的1#楼梯间顶层楼梯间，结合附图3.12宿舍楼顶层平面图可知楼梯间通向屋面的门编号为“M1521”。剖切图竖向分层及标高尺寸与立面图数据一致。

## 3.5 识读宿舍楼详图

### 3.5.1 识读宿舍楼1#楼梯详图

1#楼梯架空层平面图和1#楼梯一层平面图见附图3.18，1#楼梯二～六层平面图和1#楼梯屋顶层平面图见附图3.19，1#楼梯A—A剖面图见附图3.22，1#楼梯节点详图见附图3.23。

1#楼梯位于①～②轴线和Ⓔ～Ⓗ轴线之间，楼梯间开间为3600mm，进深为8400mm。1#楼梯架空层平面图中标示有A—A的剖切位置线和剖切方向线，从而确定第一跑梯段是被剖切到的，第二跑梯段是被直接看到的。1#楼梯架空层平面图的室内地坪标高为－0.300m，在A—A剖面图中的竖向标高中可以直接读取架空层层高为2.49m。附图3.18中可以识读梯段宽1605mm，梯井宽150mm，第一个踏步距离Ⓔ轴线4240mm，第一个梯段和第二个梯段各有8个踏步，结合附图3.22可知第一个梯段最后一个踏步与第二个梯段第一个踏步错开，梯梁到第二个梯段第一个踏步之间有一段楼板。识读附图3.19标准层平面图和顶层平面图可知标准层和顶层楼梯是双跑楼梯，每个梯段10个踏步，踏步宽280mm，高155mm。标准层平面图中标有各标准层的楼层标高和休息平台标高，顶层平面图中标有顶层的楼层标高和休息平台标高，注意顶层楼面绘有水平段栏杆。

附图3.22的1#楼梯A—A剖面图轴线号为Ⓔ～Ⓗ，水平标注的楼梯间的进深方向尺寸为8400mm，细部尺寸有三段，分别为第一个踏步到墙边的距离4100mm、第一个梯段水平投影长度 1960mm、休息平台宽度 2100mm；竖向标注为各楼层的高度，除架空层层高 2.49m 外，其他楼层层高 3.1m，楼梯间女儿墙高 1m，细部尺寸为梯段高度。图中用有无钢筋混凝土图例填充来区别切到的梯段和看到的梯段。图中的栏杆扶手节点、踏步节点和顶层水平段扶手节点分别由索引符号定位到建施-23 楼梯节点详图（附图 3.23）中。

2＃楼梯架空层平面图和 2＃楼梯一层平面图见附图 3.20，2＃楼梯二～六层平面图和 2＃楼梯屋顶层平面图见附图 3.21，2＃楼梯 A—A 剖面图见附图 3.22，2＃楼梯节点详图与 1＃楼梯相同，见附图 3.23。

### 3.5.2　识读宿舍楼细部详图

阳台平面图，宿舍内部、传达室、公共卫生间平面图见附图 3.24，节点详图（一）和（二）分别见附图 3.25 和附图 3.26。

卫生间详图主要表达以下内容。

（1）绘图比例，一般选用较大的比例，如 1∶50、1∶25 等。

（2）卫生间详图，表达卫生间内各种设备的位置、形状及安装做法。

（3）墙身轴线编号、轴线间距和卫生间的开间、进深尺寸等。

（4）各卫生设备的定型、定位尺寸和其他必要的尺寸，以及各地面的标高等。

（5）平面图上还应标注剖切符号及设备详图的索引符号等。

宿舍楼的一层、二层、四层和六层均设有公共卫生间，位于⑤～⑥轴线和Ⓔ～Ⓗ轴线之间，附图 3.24 中Ⓔ～Ⓕ轴线之间区域作为储藏室；Ⓕ～Ⓗ轴线之间的区域作为盥洗室和卫生间，楼面比储藏间低 30mm，地面向地漏方向做 0.5%的排水坡。图中详细标注了蹲便器、小便器和洗涤池等细部尺寸，方便施工。本页图纸没有表达清楚的节点根据索引符号查询标准图集。

附图 3.24 对宿舍内部的卫生间和阳台进行了细部标注，绘图比例为 1∶50。卫生间室内外高差 30mm，地面向地漏方向做 0.5%的排水坡。阳台内外高差 50mm，与附图 3.25 中 1 号详图的阳台标高相对应。阳台地面向地漏方向做 0.5%的排水坡，与平面图中的阳台排水坡一致。在图纸识读过程中，将多张图纸进行联系识读，方便我们准确找到相关信息。

## 3.6　识读宿舍楼门窗表

门窗表和门窗详图（一）见附图 3.27，门窗详图（二）见附图 3.28。

门窗表和门窗详图包括门窗编号、门窗尺寸及做法，与各层平面图和各方向立面图联系识读。

## 3.7　识读宿舍楼结构首页图

### 3.7.1　识读宿舍楼结构施工图图纸目录

宿舍楼结构施工图图纸目录见图 3.3，通过查阅图纸目录可以大致了解整套结构施工图纸包含的内容及相关信息。

| ××工程设计有限公司<br>设计证书编号(甲级) | | 图纸目录 | 工程名称 | ××学院校区扩建工程 | |
|---|---|---|---|---|---|
| | | | 工程号 | | |
| | | | 子项名称 | 宿舍楼 | |
| | | | 子项号 | | |
| | | | 修改版次 | 共2页　第1页 | |
| 序号 | 图号 | 图名 | | 图幅 | 备注 |
| 1 | 结施-00 | 图纸目录 | | A3 | |
| 2 | 结施-01 | 结构设计总说明(一) | | A3 | |
| 3 | 结施-02 | 结构设计总说明(二) | | A3 | |
| 4 | 结施-03 | 结构设计总说明(三) | | A3 | |
| 5 | 结施-04 | 结构设计总说明(四) | | A3 | |
| 6 | 结施-05 | 桩基础设计说明及承台详图 | | A3 | |
| 7 | 结施-06 | 宿舍楼桩位平面布置图 | | A3 | |
| 8 | 结施-07 | 宿舍楼承台平面布置图 | | A3 | |
| 9 | 结施-08 | 地梁详图 | | A3 | |
| 10 | 结施-09 | 宿舍楼基础～标高2.160m柱平面布置图 | | A3 | |
| 11 | 结施-10 | 宿舍楼基础～标高2.160m柱详图 | | A3 | |
| 12 | 结施-11 | 宿舍楼标高2.160～20.790m柱平面布置图 | | A3 | |
| 13 | 结施-12 | 宿舍楼标高20.790～23.890m楼梯间柱平面布置图 | | A3 | |
| 14 | 结施-13 | 宿舍楼一层结构平面布置图 | | A3 | |
| 15 | 结施-14 | 宿舍楼一层梁平法施工图 | | A3 | |
| 16 | 结施-15 | 宿舍楼二、四、六层结构平面布置图 | | A3 | |
| 17 | 结施-16 | 宿舍楼二、四、六层梁平法施工图 | | A3 | |
| 18 | 结施-17 | 宿舍楼三、五层结构平面布置图 | | A3 | |
| 19 | 结施-18 | 宿舍楼三、五层梁平法施工图 | | A3 | |
| 20 | 结施-19 | 宿舍楼屋顶层结构平面布置图 | | A3 | |
| 21 | 结施-20 | 宿舍楼屋顶层梁平法施工图 | | A3 | |
| 22 | 结施-21 | 楼梯屋面结构平面布置图，楼梯屋面梁平法施工图 | | A3 | |
| 23 | 结施-22 | 1#楼梯架空层平面图、1#楼梯一层平面图 | | A3 | |
| 24 | 结施-23 | 1#楼梯二～六层平面图、1#楼梯顶层平面图 | | A3 | |
| 专业 | 结构 | 盖章 | | | |
| 专业负责 | | | | | |
| 制表 | | | | | |
| 日期 | | | | | |

（a）第 1 页

图 3.3　宿舍楼结构施工图图纸目录

<table>
<tr><td colspan="3" rowspan="5">××工程设计有限公司<br>设计证书编号(甲级)</td><td rowspan="5">图纸目录</td><td>工程名称</td><td colspan="2">××学院校区扩建工程</td></tr>
<tr><td>工程号</td><td colspan="2"></td></tr>
<tr><td>子项名称</td><td colspan="2">宿舍楼</td></tr>
<tr><td>子项号</td><td colspan="2"></td></tr>
<tr><td>修改版次</td><td></td><td>共2页　第2页</td></tr>
<tr><td>序号</td><td>图号</td><td colspan="3">图　名</td><td>图幅</td><td>备　注</td></tr>
<tr><td>25</td><td>结施-24</td><td colspan="3">1#楼梯A－A剖面图</td><td>A3</td><td></td></tr>
<tr><td>26</td><td>结施-25</td><td colspan="3">2#楼梯架空层平面图、2#楼梯一层平面图</td><td>A3</td><td></td></tr>
<tr><td>27</td><td>结施-26</td><td colspan="3">2#楼梯二～六层平面图、2#楼梯顶层平面图</td><td>A3</td><td></td></tr>
<tr><td>28</td><td>结施-27</td><td colspan="3">2#楼梯B－B剖面图</td><td>A3</td><td></td></tr>
<tr><td>专　业</td><td>结　构</td><td rowspan="4">盖章</td><td colspan="4" rowspan="4"></td></tr>
<tr><td>专业负责</td><td></td></tr>
<tr><td>制　表</td><td></td></tr>
<tr><td>日　期</td><td></td></tr>
</table>

(b) 第 2 页

**图 3.3　宿舍楼结构施工图图纸目录（续）**

## 3.7.2　识读宿舍楼结构设计总说明

宿舍楼结构设计总说明见附图 3.29～附图 3.32。在识读结构施工图纸前需要了解本工程的基本概况和工程结构做法。需要特别关注以下内容。

(1) 结构设计总说明第一项第 8 条，“本工程结构安全等级为二级，结构重要性系数为 1.0；砌体结构施工质量控制等级为 B 级。”

(2) 结构设计总说明第一项第 10 条，“本工程的混凝土结构的环境类别：a. 室内正常环境为一类；b. 室内潮湿（如室内水池、水箱、卫生间）为二 a 类”。

(3) 结构设计总说明第二项第 2 条，“本工程所在地区的抗震设防烈度为 6 度，按抗震设计，场地类别为Ⅲ类”。

(4) 结构设计总说明第五项第 1 条，“双向板的板底筋中，短向筋放在底层，长向筋置于短向筋上；双向板的板面筋中，短向筋放在上层，长向筋置于短向筋下”。

### 知识链接 3－2

1. 施工质量控制等级

《砌体结构工程施工质量验收规范》(GB 50203—2011) 3.0.15 规定，砌体施工质量控制等级分为三级，并应按表 3－2 划分。

**表 3－2　施工质量控制等级**

| 项目 | 施工质量控制等级 | | |
|---|---|---|---|
| | A | B | C |
| 现场质量管理 | 监督检查制度健全，并能执行；施工方有在岗专业技术管理人员，人员齐全，并持证上岗 | 监督检查制度基本健全，并能执行；施工方有在岗专业技术管理人员，人员齐全，并持证上岗 | 有监督检查制度；施工方有在岗专业技术管理人员 |
| 砂浆、混凝土强度 | 试块按规定制作，强度满足验收规定，离散性小 | 试块按规定制作，强度满足验收规定，离散性较小 | 试块按规定制作，强度满足验收规定，离散性大 |
| 砂浆拌合 | 机械拌合；配合比计量控制严格 | 机械拌合；配合比计量控制一般 | 机械或人工拌合；配合比计量控制较差 |
| 砌筑工人 | 中级工以上，其中，高级工不少于 30% | 高、中级工不少于 70% | 初级工以上 |

注：1. 砂浆、混凝土强度离散性大小根据强度标准差确定。
2. 配筋砌体不得为 C 级施工。

2. 混凝土结构的环境类别

《混凝土结构设计规范（2015 版）》(GB 50010—2010) 3.5.1 规定，混凝土结构应根据设计使用年限和环境类别进行耐久性设计，耐久性设计包括下列内容。

(1) 确定结构所处的环境类别。

(2) 提出对混凝土材料的耐久性基本要求。

(3) 确定构件中钢筋的混凝土保护层厚度。

(4) 不同环境条件下的耐久性技术措施。

(5) 提出结构使用阶段的检测与维护要求。

注：对临时性的混凝土结构，可不考虑混凝土的耐久性要求。

《混凝土结构设计规范》3.5.2 规定混凝土结构暴露的环境类别应按表 3-3 的要求划分。

**表 3-3 混凝土结构的环境类别**

| 环境类别 | 条 件 |
|---|---|
| 一 | 室内干燥环境；<br>无侵蚀性静水浸没环境 |
| 二 a | 室内潮湿环境；<br>非严寒和非寒冷地区的露天环境；<br>非严寒和非寒冷地区与无侵蚀性的水或土壤直接接触的环境；<br>严寒和寒冷地区的冰冻线以下与无侵蚀性的水或土壤直接接触的环境 |
| 二 b | 干湿交替环境；<br>水位频繁变动环境；<br>严寒和寒冷地区的露天环境；<br>严寒和寒冷地区的冰冻线以上与无侵蚀性的水或土壤直接接触的环境 |
| 三 a | 严寒和寒冷地区冬季水位变动区环境；<br>受除冰盐影响环境；<br>海风环境 |
| 三 b | 盐渍土环境；<br>受除冰盐作用环境；<br>海岸环境 |
| 四 | 海水环境 |
| 五 | 受人为或自然的侵蚀性物质影响的环境 |

注：1. 室内潮湿环境是指构件表面经常处于结露或湿润状态的环境。
2. 严寒和寒冷地区的划分应符合现行国家标准《民用建筑热工设计规范》(GB 50176—2016) 的有关规定。
3. 海岸环境和海风环境宜根据当地情况，考虑主导风向及结构所处迎风、背风部位等因素的影响，由调查研究和工程经验确定。
4. 受除冰盐影响环境是指受到除冰盐盐雾影响的环境；受除冰盐作用环境是指除冰盐溶液溅射的环境及使用除冰盐地区的洗车房、停车楼等建筑。
5. 暴露的环境是指混凝土结构表面所处的环境。

3. 场地类别

根据《建筑抗震设计规范（2016 年版）》(GB 50011—2010) 4.1.6 规定，建筑的场地类别，应根据土层等效剪切波速和场地覆盖层厚度划分为Ⅰ类、Ⅱ类、Ⅲ类和Ⅳ类（其中Ⅰ类可分为$Ⅰ_0$、$Ⅰ_1$两个亚类）。

4. 单向板和双向板

《混凝土结构设计规范（2015 版）》(GB 50010—2010) 9.1.1 规定，混凝土板按下列原则进行计算。

(1) 两对边支承的板应按单向板计算。

(2) 四边支承的板应按下列规定计算。

① 当长边与短边长度之比不大于 2.0 时，应按双向板计算。

② 当长边与短边长度之比大于 2.0，但小于 3.0 时，宜按双向板计算。

③ 当长边与短边长度之比不小于 3.0 时，宜按沿短边方向受力的单向板计算，并应沿长边方向布置构造钢筋。

单向板板底短边方向的钢筋被称为短向筋，是受力筋，绑扎时放在下面；而长边方向的钢筋被称为长向筋，一般是分布筋，能将板的力均匀传给短向筋，绑扎在受力筋上。双向板两个方向的钢筋都是根据计算需要而配置的受力钢筋，由于板在中点的变形协调一致，所以短方向承受的力会比长方向大，施工图设计文件中都会要求板的上部及下部配筋，短方向钢筋在下，长方向钢筋在上。

# 3.8 识读宿舍楼桩基础平法施工图

## 3.8.1 识读桩基础平法施工图

桩位平法施工图是在桩位平面布置图上采用列表注写方式或平面注写方式进行表示。桩位平面布置图可采用适当比例单独绘制，并标注桩定位尺寸。

桩基承台施工图有平法注写与截面注写两种表达方式，可根据具体工程情况选择其中一种，也可将两种方式相结合进行桩基承台施工图绘制。当绘制桩基承台平面布置图时，应将承台下的桩位和承台所支承的柱、墙一起绘制。当基础设置基础联系梁时，可根据图面的疏密情况将基础联系梁与基础平面布置图一起绘制，或将基础联系梁布置图单独绘制。

## 3.8.2 识读宿舍楼桩基础平法施工图

桩基础设计说明及承台详图见附图 3.33，宿舍楼桩位平面图布置图见附图 3.34，宿舍楼承台平面布置图见附图 3.35。

宿舍楼工程采用钻孔灌注桩，直径为 600mm 时单桩竖向抗压承载力特征值为 1900kN；直径为 800mm 时单桩竖向抗压承载力特征值为 2900kN。附图 3.34 的绘图比例为 1∶100，与建筑图平面图绘图比例和定位轴线一致，⊕代表桩，矩形代表承台，标注有桩的定位尺寸。例如，②轴线和Ⓒ轴线相交位置处为承台 CT2a，两根直径 800mm 的桩 Y 轴定位在②轴线右侧 170mm 处，X 轴定位在Ⓒ轴线两侧，分别距离Ⓒ轴线 1430mm 和 970mm。

附图 3.35 的绘图比例为 1∶100，与桩位平面布置图的绘图比例和定位轴线一致，实心填充矩形框代表柱，一般将承台所支承的柱和地梁一起绘制，标注承台和地梁的定位尺寸。承台详图见附图 3.33，图中有四种承台编号，每种承台分别绘制有截面图，标注竖向尺寸及配筋，识读可知承台底标高均为－2.900m，承台底有 100mm 厚 C15 混凝土垫层。地梁详图见附图 3.36，图中有七种地梁编号，每种地梁编号分别绘制截面图，标注竖向尺寸及配筋，识读可知地梁底标高均为－2.900m，承台底有 100mm 厚 C15 混凝土垫层。

# 3.9 识读宿舍楼结构平面布置图和梁平法施工图

## 3.9.1 识读宿舍楼结构平面布置图

楼层结构平面布置图是用一假想的水平剖切面将建筑物水平剖开，向下投影得到的平面图，它主要用来表示房屋每层的梁、板、柱、墙等承重构件的平面位置，各构件在房屋中的位置以及它们的构造关系。附图 3.41 宿舍楼结构平面布置图实际上是平面布置图和板平法施工图的结合。

结构层楼面标高及结构层高见柱平面布置图（附图 3.37、附图 3.39 和附图 3.40），注意结构标高比建筑标高低 30mm，例如宿舍楼一层建筑标高为 2.190m，结构标高为 2.160m。根据图纸说明，宿舍楼一层结构平面图未注明的楼板厚均为 120mm；卫生间地面比楼面标高低 30mm，即一层卫生间板顶标高为 2.130m；阳台部分比楼面标高低 50mm，即一层阳台板顶标高为 2.110m。根据门厅部分的标注可知门厅屋面板板顶标高为 3.400m。

## 3.9.2 识读宿舍楼梁平法施工图

宿舍楼一层梁平法施工图见附图 3.42，梁 WKL4（1）梁顶标高同门厅结构板顶标高，均为 3.400m。结合附图 3.41 中同一位置标注的索引符号查找对应的节点详图可知，梁上设置 1500mm 高、150mm 宽的上翻板，具体配筋见附图 3.41 的 3 号节点详图。梁 WKL6（1）梁顶标高为 4.900m，梁高 2200mm，两处在建筑平面图中虽然都表现为屋面上方的女儿墙，但结构做法不同，一个是上翻板，另一个是梁兼做女儿墙，注意区别。

主体建筑①轴线位置处有两根梁，分别是 KL5（4B）和 KL5a（2），其中 KL5a（2）标注梁顶标高 3.400m，KL5（4B）没有标注梁顶标高。根据前面图纸的识读可知，KL5（4B）梁顶标高同主体建筑一层结构标高，均为 2.160m，KL5a（2）梁顶标高同门厅屋面标高，均为 3.400m。两根梁之间的柱子是短柱，箍筋应通长加密。阳台长边方向的梁 L1（4）和梁 L5（4）与阳台板顶标高保持一致，均降低 50mm。



# 3.10 识读宿舍楼楼梯结构详图

1＃楼梯架空层平面图和 1＃楼梯一层平面图见附图 3.50，1＃楼梯二～六层平面图和 1＃楼梯顶层平面图见附图 3.51，1＃楼梯 A—A 剖面图见附图 3.52。楼梯平法施工图有平面注写、剖面注写和列表注写三种表达方式。

宿舍楼楼梯详图采用剖面注写方式。剖面注写方式是在楼梯平法施工图中绘制楼梯平面布置图和楼梯剖面图，注写方式分平面注写、剖面注写两部分。楼梯平面布置图注写内容包括楼梯间的平面尺寸、楼层结构标高、层间结构标高、楼梯的上下方向、梯板的平面几何尺寸、梯板类型及编号、平台板配筋、梯梁及梯柱配筋等。楼梯剖面图注写内容包括梯板集中标注、梯梁和梯柱编号、梯板水平及竖向尺寸、楼层结构标高、层间结构标高等。

楼梯平面布置图中仅仅对梯板类型注明代号，楼梯剖面图中的楼板集中标注对梯板的类型和配筋进行了完整的标注。识读附图 3.52 中第一个梯段标注，“AT1，$h=100$”代表梯段类型及编号和梯板板厚；“⊕8@200”代表上部纵筋和下部纵筋；“F⊕8@200”代表梯板分布筋。AT 型楼梯的适用条件为，两梯梁之间的矩形梯板全部由踏步段构成，即踏步段两端均以梯梁为支座，如图 3.4（a）所示。

附图 3.52 中第二个梯段类型为 BT 型，BT 型楼梯的适用条件为，两梯梁之间的矩形梯板由低端平板和踏步段构成，两部分的一端各自以梯梁为支座，如图 3.4（b）所示。

附图 3.52 中第三个梯段类型为 CT 型，CT 型楼梯的适用条件为，两梯梁之间的矩形梯板由踏步段和高端平板构成，两部分的一端各自以梯梁为支座，如图 3.4（c）所示。

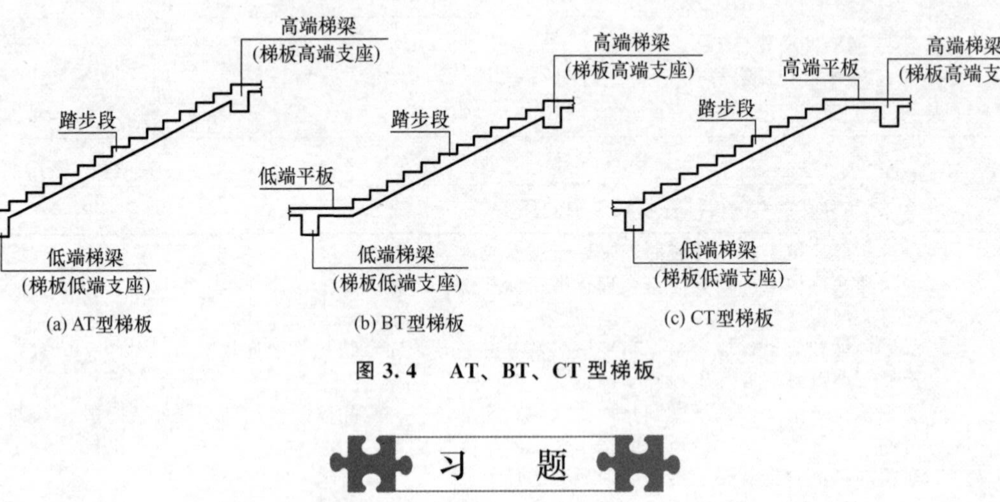


图 3.4　AT、BT、CT 型梯板

## 习　题

依据项目 3 图纸完成下列习题。

**单选题**

1. 本工程的建筑朝向为（　　）。

A. 西　　B. 西北　　C. 南　　D. 西南

2. 根据建筑施工图设计说明，内墙阳角部位的（　　）。

A. 阳角采用1∶2.5水泥砂浆　B. 护角高度1800mm
C. 护角高度同门洞高度　D. 护角每边宽度50mm

3. 本工程的外窗为（　）。
A. 铝合金窗　B. 塑钢窗　C. 百叶窗　D. A和C

4. 屋面挤塑聚苯板防火等级（　）。
A. A级　B. B1级　C. B2级　D. B3级

5. 本工程附属门厅层高（　）。
A. 2.7m　B. 3.4m　C. 3.7m　D. 4.9m

6. 本工程卫生间在地漏周围应向地漏做（　）的排水坡。
A. 0.5%　B. 1%　C. 1.2%　D. 2%

7. 本工程室外台阶每阶高度为（　）mm。
A. 90　B. 135　C. 150　D. 330

8. 本工程屋面的排水坡度为（　）。
A. 1%　B. 1.5%　C. 2%　D. 3%

9. 本工程宿舍开间为（　）。
A. 1.8m　B. 2.5m　C. 3m　D. 3.6m

10. 本工程标准层楼梯间栏杆高度为（　）。
A. 0.9m　B. 1m　C. 1.05m　D. 1.2m

11. 本工程屋面采用（　）防水。
A. 防水涂料　B. 防水卷材　C. 防水砂浆　D. 以上都不正确

12. 本工程卫生间采用（　）防水。
A. 防水涂料　B. 防水卷材　C. 防水混凝土　D. 以上都不正确

13. 本工程屋面为（　）。
A. 上人保温屋面　B. 非上人保温屋面　C. 上人不保温屋面　D. 非上人不保温屋面

14. 本工程乙级防火门的耐火时间为（　）。
A. 2.0h　B. 1.5h　C. 1.0h　D. 0.5h

15. 本工程外墙保温材料为（　）。
A. 岩棉保温板　B. 保温砂浆　C. 岩棉聚苯板　D. 挤塑聚苯板

16. 本工程三层的绝对标高为（　）m。
A. 7.600　B. 8.390　C. 11.490　D. 15.990

17. 本工程卫生间墙槛（　）。
A. 采用水泥砂浆　B. 厚度为120mm　C. 高度为120mm　D. 图中未明确

18. 建筑物内墙中采用的腻子主要作用为（　）。
A. 保温　B. 美白　C. 填充墙面空隙　D. 防水

19. 本工程1#楼梯架空层踏步高度为（　）mm。
A. 150　B. 155　C. 155.6　D. 155.62

20. 本工程的屋面排水方式为（　）。
A. 外檐沟排水　B. 内天沟排水　C. 内外均有　D. 无组织排水

21. 本工程墙体采用（　）。
A. MU15混凝土实心砖　B. Mb10混凝土多孔砖
C. M7.5水泥砂浆　D. B06级A3.5混凝土砌块

22. 本工程M1024为（　）。
A. 铝合金中空玻璃推拉门　B. 铝合金半玻单扇推拉门
C. 成品木门　D. 成品防盗门

23. 本工程屋面找坡为（　）。
A. 结构找坡　B. 材料找坡　C. 0.5%　D. 3%

24. 本工程外墙出挑部位均应做（　）滴水线。
A. 鹰嘴　B. 成品　C. 半圆　D. A或者B

25. 本工程墙体饰面材料有（　）种。
A. 1　B. 2　C. 3　D. 4

26. 1—1剖面图中投影可见的门编号为（　）。
A. M1521　B. M1024　C. M0918　D. MLC2525

27. 本建筑节能设计中，体形系数为（　），其计算方式为（　）。
A. 0.33，外表面积除以体积　B. 0.39，外表面积除以体积
C. 0.39，总建筑面积除以外表面积　D. 0.39，总建筑面积除以外表面积

28. 本工程室外地坪标高为（　）m。
A. −0.600　B. −0.330　C. −0.300　D. ±0.000

29. 建施-25中的1号节点详图索引自（　）。
A. 建施-23　B. 建施-22　C. 建施-12　D. 建施-24

30. 架空层平面图，附属门厅入口处大门内外地面高差为（　）。
A. 15mm　B. 150mm　C. 30mm　D. 300mm

31. 架空层C2509窗台高度为（　）。
A. 1000mm　B. 800mm　C. 700mm　D. 690mm

32. 本工程勒脚做法是（　）。
A. 花岗岩贴面　B. 黑色压条贴面
C. 灰色花岗岩加黑色压条贴面　D. 未注明

33. 下列关于轴线设置的说法不正确的是（　）。
A. 拉丁字母I、O、Z不得用作轴线标号
B. 当字母数量不够时可增用双字母加数字注脚
C. 1号轴线之前的附加轴线的分母应以01表示
D. 通用详图中的定位轴线应注写轴线编号

34. 本工程二层平面图中FM1521（乙）的开启方向为（　）。
A. 单扇内开　B. 双扇内开　C. 疏散逃生方向　D. 双扇外开

35. 2#楼梯梯井宽度为（　）。
A. 3300mm　B. 3600mm　C. 150mm　D. 未注明

36. 本工程一层盥洗室楼面建筑标高为（　）m。
A. 2.140　B. 2.160　C. 2.190　D. 未注明

37. 本工程框架抗震等级为（　）。

A. 一级　B. 二级　C. 三级　D. 四级

38. 关于本工程所注标高说法错误的是（　）。

A. 地面为自然地坪标高　B. 楼面为建筑完成面标高

C. 屋面为结构完成面标高　D. 窗洞口标高为结构留洞口标高

39. 宿舍楼桩位平面布置图中，承台 CT1 点顶标高为（　）m。

A. −1.800　B. −2.900　C. −2.300　D. −2.100

40. 宿舍楼承台平面布置图中，Ⓑ轴交①～②轴地梁为（　）。

A. DL1　B. DL2　C. DL5　D. DL6

41. 带蹲便卫生间楼面活荷载为（　）$kN/m^2$。

A. 1.5　B. 2.0　C. 2.5　D. 4.0

42. 抗震设防地区柱带箍筋加密范围，下列叙述中不符合规范的是（　）。

A. 嵌固端的柱根不应小于柱净高的 1/4

B. 刚性地面上下各 500mm

C. 剪跨比不大于 2 的柱和柱净高与柱截面高度之比不大于 4 的柱取全高加密

D. 柱端取截面高度（圆柱直径）、柱净高的 1/6 和 500mm 三者的最大值

43. 一层梁平法施工图中，④轴交Ⓑ～Ⓒ轴处集中标注出现 N4⌀12，表示（　）。

A. 梁侧面构造钢筋　B. 梁侧面受扭钢筋　C. 分布钢筋　D. 架立钢筋

44. 一层梁平法施工图中，⑨轴交Ⓓ轴处，附加箍筋为（　）。

A. 3⌀6@50　B. 3⌀8@50　C. 3⌀8@60　D. 未注明

45. 主出入口门厅屋面处标高为（　）m。

A. 2.700　B. 3.400　C. 3.600　D. 4.900

46. 现浇板钢筋在端支座的锚固构造要求描述错误的是（　）。

A. 板底筋伸入支座≥5$d$，并至少到支座（梁、剪力墙或圈梁）中心线

B. 板顶筋应伸至支座（梁、剪力墙或圈梁）外侧纵筋内侧后弯折，弯折长度为 15$d$

C. 板顶筋应伸至支座（梁、剪力墙或圈梁）水平直段长度≥$l_a$时，仍需向下弯折 15$d$

D. 现浇板端部支座为剪力墙时，板顶筋锚入支座水平段长度应满足≥0.4$l_{ab}$

47. 关于框架梁箍筋加密区长度的说法正确的是（　）。

A. 抗震等级为一级时，加密区长度≥2.0$h_b$且≥500

B. 抗震等级为一级时，加密区长度≥1.5$h_b$且≥500

C. 抗震等级为二级时，加密区长度≥1.5$h_b$且≥500

D. 抗震等级为二～四级时，加密区长度≥2.0$h_b$且≥500

48. 本工程采用钻孔灌注桩，桩顶嵌入承台（　）。

A. 50mm　B. 100mm　C. 150mm　D. 未注明

49. 本工程基础混凝土保护层厚度为（　）。

A. 20mm　B. 25mm　C. 30mm　D. 40mm

50. 关于梁内同一连接区段纵向受力钢筋搭接面积百分率的说法，错误的是（　）。

A. 焊接连接时，受拉区允许搭接面积百分率为 50%

B. 机械连接时，受拉区允许搭接面积百分率为 50%

C. 机械和焊接连接时，受压区允许搭接面积百分率不受限制

D. 绑扎连接时，受拉区允许搭接面积百分率为 50%

51. 本工程施工时，上人屋面栏杆顶部水平荷载为（　）。

A. 1.0kN/m　B. 1.5kN/m　C. 2.0kN/m　D. 2.5kN/m

52. 本工程桩位平面布置图中 CT1a 的桩顶绝对标高为（　）m。

A. 4.850　B. 7.600　C. 5.800　D. 4.750

53. 下列说法不正确的是（　）。

A. 建筑总平面图中应标明绝对标高

B. 剖切符号应在每层平面图中绘制

C. 建筑详图比例一般为 1∶50

D. 首层平面图应绘制指北针

54. 本工程构件混凝土强度等级说法错误的是（　）。

A. 承台为 C40　B. 底层柱为 C35　C. 屋面板为 C30　D. 框架梁为 C30

55. 框架梁竖向加腋构造，“300×500　GY450×200”表示（　）。

A. 加腋水平长度为 450mm，竖向长度为 200mm

B. 加腋水平长度为 200mm，竖向长度为 450mm

C. 加腋水平、竖向长度均为 450mm，箍筋加密区长度至加腋区以外 200mm

D. 加腋水平、竖向长度均为 200mm，箍筋加密区长度至加腋区以外 450mm

56. 本工程五层阳台板厚为（　）。

A. 120mm　B. 90mm　C. 70mm　D. 未注明

57. 下列叙述正确的是（　）。

A. 长短边之比≤2，按双向板计算

B. 长短边之比≤2，按单向板计算

C. 长短边之比≥3，按双向板计算

D. 长短边之比为 2.5，按单向板计算

58. 关于 1#楼梯的表述错误的是（　）。

A. 梯板为支承在平台梁上的双向板

B. 中间休息平台为双向板

C. 梯段板底筋均为 ⌀8@150

D. 该楼梯为梁板式楼梯

59. 按抗震要求，现浇框架节点内（　）。

A. 可不设置水平箍筋　B. 应设置竖向箍筋

C. 按梁端箍筋加密区要求设置竖向箍筋　D. 按柱端箍筋加密区要求设置水平箍筋

60. 关于梁中采用并筋的说法正确的是（　）。

A. 2 根直径 25mm 的钢筋并筋等效直径为 39mm

B. 2 根直径 25mm 的钢筋并筋，钢筋净距为 53mm

C. 直径 36mm 的钢筋的并筋数量可为 2 根

D. 直径 28mm 钢筋的并筋等效直径为 45mm

61. 三层梁平法施工图中，关于 L4（4）240×520 的表述错误的是（　）。

A. 截面尺寸为 240mm×520mm　B. 梁顶标高为 8.360m

C. 梁顶贯通筋为 2⌀16　　　　D. 箍筋为 ⌀8@200

62. 底层柱平面布置图 KZ6 柱中心线与轴线的定位关系是（　　）。

A. 重合　　　　B. Ⓒ轴与柱中心线间距 230mm

C. ①轴与柱中心线间距 80mm　　　　D. ①轴与柱中心线间距 120mm

63. 4⌀22 表示的含义表达正确的是（　　）。

A. 4 根直径为 22mm 的 HRB335 钢筋

B. 4 根直径为 22mm 的 HRBF335 钢筋

C. 4 根直径为 22mm 的 HPB335 钢筋

D. 4 根直径为 22mm 的 HRB400 钢筋

64. 本工程采用的基础形式为（　　）。

A. 独立基础　　B. 条形基础　　C. 筏板基础　　D. 桩基础

65. 梁内第一根箍筋位置为（　　）。

A. 自柱边起　　　　B. 自梁边起

C. 自柱边或自梁边 100mm 起　　　　D. 自柱边或自梁边 50mm 起

66. 底层柱平面布置图⑧轴交Ⓖ轴处 KZ2 柱下承台底标高为（　　）m。

A. −2.900　　B. −3.000　　C. −1.800　　D. −2.100

67. 本工程六层①～②轴交Ⓐ～Ⓑ轴板面受力钢筋间距为（　　）。

A. 200mm　　B. 250mm　　C. 100mm　　D. 150mm

68. 现浇板板底钢筋锚固长度应满足（　　）。

A. 受拉钢筋最小锚固长度

B. ≥5$d$，的为受力钢筋直径

C. 伸直梁中心线

D. 伸直梁中心线且≥5$d$，$d$ 为受力钢筋直径

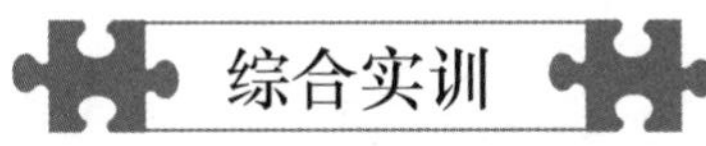

## 综合实训

依据下列任务要求完成绘图题。

**任务　修改图纸**

提供的建施-17 宿舍楼 1—1 剖面图中有错误，请修改并且抄绘图纸（基本条件设置参考项目 2 综合实训）。

# 项目 4 高层住宅建筑和结构施工图识读

## 学习目标

通过学习本项目拓展识读建筑施工图和结构施工图图纸的基本能力，能够将高层建筑施工图和结构施工图联系识读。准确识读高层住宅建筑施工图图示内容，掌握建筑平面图、立面图、剖面图和详图之间的联系；准确识读高层住宅结构施工图图示内容，掌握剪力墙平法施工图的识读方法。

## 学习要求

| 能力目标 | 知识要点 | 权重 |
|---|---|---|
| 掌握高层住宅建筑施工图识读方法 | 平面图、立面图、剖面图和详图图示内容 | 35% |
| 掌握高层住宅建筑施工图之间的联系 | 建筑平面图、立面图、剖面图和详图之间的联系 | 15% |
| 掌握高层住宅结构施工图识读方法 | 剪力墙结构剪力墙平法施工图图示内容 | 50% |

## 应用实例

本项目应用实例为××市××区××号地块高层住宅施工图，图 4.1 为使用 Revit 软件建立的该建筑三维模型，应用 BIM 技术还可以导出漫游动画，直观了解该建筑的外部环境、建筑造型、立面效果及内部布置等情况。

图 4.1 高层住宅三维模型

# 4.1 识读高层住宅建筑施工图首页图

## 4.1.1 识读高层住宅建筑施工图图纸目录

高层住宅工程建筑施工图图纸目录见图4.2，通过查阅图纸目录可以大致了解整套图纸包含的内容及相关信息。

| ××工程设计有限公司<br>设计证书编号(甲级) | 图纸目录 | 工程名称 | ××市××区××号地铁高层住宅 | |
|---|---|---|---|---|
| | | 工程号 | | |
| | | 子项名称 | 高层住宅 | |
| | | 子项号 | | |
| | | 修改版次 | 共2页 第1页 | |

| 序号 | 图号 | 图名 | 图幅 | 备注 |
|---|---|---|---|---|
| 1 | 建施-00 | 图纸目录 | A4 | |
| 2 | 建施-01 | 建筑设计施工说明(一) | A3 | |
| 3 | 建施-02 | 建筑设计施工说明(二) | A3 | |
| 4 | 建施-03 | 室内外装修一览表(一) | A3 | |
| 5 | 建施-04 | 室内外装修一览表(二) | A3 | |
| 6 | 建施-05 | 建筑节能设计说明 | A3 | |
| 7 | 建施-06 | 防坠落玻璃雨层放大图 | A3 | |
| 8 | 建施-07 | 一层平面图(跃层下层) | A3 | |
| 9 | 建施-08 | 夹层平面图(跃层上层) | A3 | |
| 10 | 建施-09 | 二～三层平面图 | A3 | |
| 11 | 建施-10 | 四层平面图 | A3 | |
| 12 | 建施-11 | 五～八层平面图 | A3 | |
| 13 | 建施-12 | 九～三十一层平面图 | A3 | |
| 14 | 建施-13 | 三十二层平面图 | A3 | |
| 专业 | 建筑 | 盖章 | | |
| 专业负责 | | | | |
| 制表 | | | | |
| 日期 | | | | |

(a) 第1页

| ××工程设计有限公司<br>设计证书编号(甲级) | 图纸目录 | 工程名称 | ××市××区××号地铁高层住宅 | |
|---|---|---|---|---|
| | | 工程号 | | |
| | | 子项名称 | 高层住宅 | |
| | | 子项号 | | |
| | | 修改版次 | 共2页 第2页 | |

| 序号 | 图号 | 图名 | 图幅 | 备注 |
|---|---|---|---|---|
| 15 | 建施-14 | 机房层平面图 | A3 | |
| 16 | 建施-15 | 屋顶层平面图 | A3 | |
| 17 | 建施-16 | ①～⑮轴立面图 | A2 | |
| 18 | 建施-17 | ⑮～①轴立面图 | A2 | |
| 19 | 建施-18 | Ⓐ～Ⓗ轴立面图 | A2 | |
| 20 | 建施-19 | Ⓗ～Ⓐ轴立面图 | A2 | |
| 21 | 建施-20 | 1—1剖面图 | A3 | |
| 22 | 建施-21 | 核心筒放大图(一) | A3 | |
| 23 | 建施-22 | 核心筒放大图(二) | A3 | |
| 24 | 建施-23 | 核心筒放大图(三) | A3 | |
| 25 | 建施-24 | 核心筒放大图(四) | A3 | |
| 26 | 建施-25 | 核心筒放大图(五) | A3 | |
| 27 | 建施-26 | 核心筒放大图(六) | A3 | |
| 28 | 建施-27 | 核心筒放大图(七) | A3 | |
| 29 | 建施-28 | 墙身大样图(一) | A3 | |
| 30 | 建施-29 | 墙身大样图(二) | A3 | |
| 31 | 建施-30 | 墙身大样图(三) | A2 | |
| 32 | 建施-31 | 墙身大样图(四) | A2 | |
| 33 | 建施-32 | 墙身大样图(五) | A2 | |
| 34 | 建施-33 | 墙身大样图(六) | A2 | |
| 35 | 建施-34 | 节点详图(一) | A2 | |
| 36 | 建施-35 | 节点详图(二) | A2 | |
| 专业 | 建筑 | 盖章 | | |
| 专业负责 | | | | |
| 制表 | | | | |
| 日期 | | | | |

(b) 第2页

图4.2　高层住宅建筑施工图图纸目录（续）

## 4.1.2 识读高层住宅建筑设计施工说明

高层住宅建筑设计施工说明（一）见附图 4.1，高层住宅建筑设计施工说明（二）见附图 4.2，室内外装修一览表（一）见附图 4.3，室内外装修一览表（二）见附图 4.4，建筑节能设计说明见附图 4.5，防坠落玻璃雨篷放大图见附图 4.6。建筑设计施工说明中需要关注以下内容。

（1）设计说明第二项第 6 条，“建筑工程等级：一级；消防类别：一类高层”。

（2）设计说明第二项第 8 条，“结构类型：剪力墙”。

（3）设计说明第二项第 10 条，“建筑耐火等级：一级”。

（4）设计说明第十一项第 5 条，“楼梯平台、外廊、内天井及上人屋面等临空处栏杆净高从可踏面起算不应低于 1100m，且下部 100mm 高处不应留空”。

（5）设计说明中第十二项第 5 条，“防火门在关闭后应能在任何一侧手动开启，用于疏散的走道、楼梯间和前室的门应具有自行关闭的功能”。

### 知识链接 4-1

1. 高层建筑

《建筑设计防火规范（2018 年版）》（GB 50016—2014）2.1.1 规定，高层建筑指建筑高度大于 27m 的住宅建筑和建筑高度大于 24m 的非单层厂房、仓库和其他民用建筑。

2. 建筑分类

根据《建筑设计防火规范（2018 年版）》5.1.1，民用建筑根据其建筑高度和层数可分为单层民用建筑、多层民用建筑和高层民用建筑。高层民用建筑根据其建筑高度、使用功能和楼层的建筑面积可分为一类和二类。民用建筑的分类应符合表 4-1 的规定。

3. 剪力墙结构

用钢筋混凝土墙板来代替框架结构中的梁柱，承担各类荷载引起的内力，并有效控制结构的水平力，这种用钢筋混凝土墙板来承受竖向和水平力的结构称为剪力墙结构。这种结构在高层房屋中被大量应用。

表 4-1 民用建筑的分类

| 名称 | 高层民用建筑 | | 单、多层民用建筑 |
|---|---|---|---|
| | 一类 | 二类 | |
| 住宅建筑 | 建筑高度大于 54m 的住宅建筑（包括设置商业服务网点的住宅建筑） | 建筑高度大于 27m，但不大于 54m 的住宅建筑（包括设置商业服务网点的住宅建筑） | 建筑高度不大于 27m 的住宅建筑（包括设置商业服务网点的住宅建筑） |
| 公共建筑 | （1）建筑高度大于 50m 的公共建筑；<br>（2）建筑高度 24m 以上部分任一楼层建筑面积大于 $1000m^2$ 的商店、展览、电信、邮政、财贸金融建筑和其他多种功能组合的建筑；<br>（3）医疗建筑、重要公共建筑、独立建造的老年人照料设施；<br>（4）省级及以上的广播电视和防灾指挥调度建筑、网局级和省级电力调度建筑；<br>（5）藏书超过 100 万册的图书馆、书库 | 除一类高层公共建筑外的其他高层公共建筑 | （1）建筑高度大于 24m 的单层公共建筑；<br>（2）建筑高度不大于 24m 的其他公共建筑 |

注：1. 表中未列入的建筑，其类别应根据本表类比确定。
2. 除本规范另有规定外，宿舍、公寓等非住宅类居住建筑的防火要求，应符合本规范有关公共建筑的规定。
3. 除本规范另有规定外，裙房的防火要求应符合本规范有关高层民用建筑的规定。

4. 耐火等级

《建筑设计防火规范（2018 年版）》5.1.3 规定，民用建筑的耐火等级应根据其建筑高度、使用功能、重要性和火灾扑救难度等确定，并应符合下列规定。

（1）地下或半地下建筑（室）和一类高层建筑的耐火等级不应低于一级。

（2）单、多层重要公共建筑和二类高层建筑的耐火等级不应低于二级。

（3）除木结构建筑外，老年人照料设施的耐火等级不应低于三级。

5. 栏杆净高

《住宅设计规范》（GB 50096—2011）6.1.3 规定，外廊、内天井及上人屋面等临空处栏杆净高，六层及六层以下建筑不应低于 1.05m；七层及七层以上建筑不应低于 1.10m。

6. 防火门

《建筑设计防火规范（2018 年版）》6.5.1 规定设置在建筑内经常有人通行处的防火门宜采用常开防火门。常开防火门应能在火灾时自行关闭，并应具有信号反馈的功能。除管井检修门和住宅的户门外，防火门应具有自行关闭功能。双扇防火门应具有按顺序自行关闭功能。防火门应能在其内外两侧手动开启。防火门关闭后应具有防烟性能。

## 4.2 识读高层住宅建筑平面图

高层住宅一层平面图（跃层下层）见附图 4.7，夹层平面图（跃层上层）见附图 4.8，二～三层平面图见附图 4.9，四层平面图见附图 4.10，五～八层平面图见附图 4.11，九～三十一层平面图见附图 4.12，三十二层平面图见附图 4.13，机房层平面图见附图 4.14，屋顶层平面图见附图 4.15。

一层平面图（跃层下层）和夹层平面图（跃层上层）要结合识读，了解一层的出入口及房屋布置，依据图名和开孔符号了解夹层楼板架空布置。跃层住宅内部通过 2＃楼梯连通上下层。二层和三层建筑布局为每层四户，并配有两部电梯和剪刀梯。注意仅二层设有防坠落玻璃雨篷，结合附图 4.6 防坠落玻璃雨篷放大详图识读，了解雨篷标高及布置。附图 4.10～附图 4.13 各层房屋部局基本相同，仅有细节差别，注意结合墙身大样图仔细识读。

附图 4.14 和附图 4.15 需结合立面图联系识读可知，上人屋面结构标高为 98.600m，女儿墙顶标高为 99.600m，可通过室外楼梯上到 100.700m 平台，通过门 FM1221 甲可以进入电梯机房，电梯机房顶标高为 103.900m，楼梯间顶标高为 101.600m。附图 4.14 中的屋顶构架投影虚线与附图 4.15 中表示屋顶构架的阴影部分对应，其标高为 104.250m。屋面上安全防护栏杆、天沟、排气道等构造需结合墙身大样图（附图 4.28～附图 4.33）和相应的标准图集进行细部识读。

二维的平面图图示内容有限，很多细节需通过立面图、剖面图和详图进行补充，因此图纸需要整套配合统一识读。

①～⑮轴立面图见附图 4.16，⑮～①轴立面图见附图 4.17，Ⓐ～Ⓗ轴立面图见附图 4.18，Ⓗ～Ⓐ轴立面图见附图 4.19，1—1 剖面图见附图 4.20。

## 4.3 识读高层住宅核心筒详图

高层住宅核心筒放大图见附图 4.21～附图 4.27。

核心筒放大图中的核心筒平面图实质上是平面布置图，包括电梯、电梯前室、剪刀梯和设备间等。依据平面图中楼梯的表示内容，在楼梯间的梯段为单跑直梯，且在同一楼梯间设置了两个楼梯，例如在高层住宅的九层通过两扇防火门均可经任一剪刀梯上到十层。剪刀梯的平面图和普通楼梯表示有所区别，注意根据剪刀梯的特点进行识读。附图 4.21 中的 1＃核心筒一层平面图中的 A—A 剖切符号剖切到了剪刀梯，这表示 A—A 剖面图是剪刀梯的剖面图，从附图 4.26 中的 1＃核心筒 A—A 剖面图中可以看出，在标高±0.000m 位置处从⑪轴附近通过剖到的直跑梯段可以到达标高 2.800m 的楼层平面，经过平台再经虚线绘制梯段可以到达标高 5.600m 的楼层平面。B—B 剖切符号剖切到了电梯间，所以 B—B 剖面图是电梯间剖面图。



**知识链接 4－2**

1. 核心筒

核心筒是在建筑的中央部分，由电梯井、楼梯、通风井、电缆井、公共卫生间、部分设备间等围护形成中央核心筒，与外围框架形成一个外框内筒的结构。此种结构有利于结构受力，且具有极佳的抗震性。高层住宅楼核心筒的基本元素包括以下内容。

（1）安全疏散口，包括封闭楼梯、防烟楼梯及前室。

（2）电梯，电梯斤及消防电梯前室。

（3）公共走道。

（4）设备设施及设备管井。

2. 剪刀梯

剪刀梯也可称为叠合楼梯、交叉楼梯或套梯。剪刀梯是连系建筑物楼层之间的常用楼梯形式之一。它在同一楼梯间设置一对相互重叠又互不相通的两个楼梯。在其楼梯间的梯段一般为单跑直梯段。剪刀梯最重要的特点是，在同一楼梯间里设置的两个楼梯具有两条垂直方向疏散通道的功能。剪刀梯在平面设计中可利用较狭窄的空间，设置的两部楼梯分属两个不同的防火分区，提高了建筑面积使用率。

## 4.4 识读高层住宅竖向构件平法施工图

### 4.4.1 识读剪力墙平法施工图

剪力墙平法施工图是采用列表注写方式或截面注写方式表示的剪力墙平面布置图。

剪力墙平面布置图可采用适当比例单独绘制，也可与柱或梁平面布置图合并绘制。当剪力墙较复杂或采用截面注写方式时，应按标准层单独绘制剪力墙平面布置图。

在剪力墙平法施工图中，应按规定注明各结构层的楼面标高、结构层高及相应的结构层号。对于轴线未居中的剪力墙（包括端柱），应标注其墙体偏心定位尺寸。

剪力墙可视为由剪力墙柱、剪力墙墙身和剪力墙梁三类构件构成。列表注写方式是分别在剪力墙柱表、剪力墙墙身表和剪力墙梁表，对应剪力墙平面布置图上的编号，用绘制截面配筋图的方式来表达剪力墙平法施工图。将剪力墙按剪力墙柱、剪力墙墙身、剪力墙梁（简称为墙柱、墙身、墙梁）三类构件分别编号并满足以下规定。

（1）墙柱编号，由墙柱类型代号和序号组成，表达形式应符合表 4－2 的规定。

（2）墙身编号，由墙身代号、序号及墙身所配置的水平与竖向分布钢筋的排数组成，其中排数注写在括号内。表达形式为 Q××（××）。

（3）墙梁编号，由墙梁类型代号和序号组成，表达形式应符合表 4－3 的规定。

表 4-2　墙柱编号

| 墙柱类型 | 代号 | 序号 |
|---|---|---|
| 约束边缘构件 | YBZ | ×× |
| 构造边缘构件 | GBZ | ×× |
| 非边缘暗柱 | AZ | ×× |
| 扶壁柱 | FBZ | ×× |

表 4-3　墙梁编号

| 墙梁类型 | 代号 | 序号 |
|---|---|---|
| 连梁 | LL | ×× |
| 连梁（对角暗撑配筋） | LL（JC） | ×× |
| 连梁（交叉斜筋配筋） | LL（JX） | ×× |
| 连梁（集中对角斜筋配筋） | LL（DX） | ×× |
| 连梁（跨高比不小于 5） | LLk | ×× |
| 暗梁 | AL | ×× |
| 边框梁 | BKL | ×× |

## 4.4.2　识读高层住宅剪力墙墙身表和剪力墙柱表

**1. 剪力墙墙身表**

高层住宅剪力墙墙身表表达以下内容。

（1）注写墙身编号。

（2）注写各段墙身起止标高，自墙身根部往上，以变截面位置或截面未变但配筋改变位置为界分段注写。墙身根部标高是指基础顶面标高（框支剪力墙结构为框架支梁顶面标高）。

（3）注写水平分布钢筋、竖向分布钢筋和拉筋的具体数值。注意只注写数值为一排水平分布钢筋、垂直分布钢筋和拉筋的规格与间距，具体排数在墙身编号中表达。

**2. 剪力墙柱表**

高层住宅剪力墙柱表表达以下内容。

（1）注写柱编号和绘制该墙柱的截面配筋图。

（2）注写各段墙柱的起止标高，自墙柱根部往上，以变截面位置或截面未变但配筋改变位置为界分段注写。墙柱根部标高是指基础顶面标高（框支剪力墙结构为框架支梁顶面标高）。

（3）注写各墙柱的纵向配筋和箍筋，注写方式与柱平法施工图相同，注写值应与表中绘制的截面配筋图对应一致。

## 4.4.3　识读高层住宅竖向构件平法施工图

高层住宅竖向构件平法施工图包括竖向构件布置图、剪力墙柱表和墙身表。高层住宅基础～标高－0.150m 竖向构件布置图见附图 4.36，基础顶～标高－0.150m 剪力墙柱表见附图 4.37 和附图 4.38。附图 4.36 表示剪力墙柱（约束边缘构件 YBZ 编号 1～27）、剪力墙墙身（编号分别为 Q160、Q200、Q250、Q300）、框架柱（编号分别为 KZ1、KZ2、KZ3）的平面位置，图中的剪力墙墙身标高、厚度、配置的水平与竖向分布钢筋的排数、水平分布筋型号及间距、垂直分布筋和拉筋型号及间距详见表 4-4。对剪力墙柱、框架柱进行编号，采用配筋截面图表达截面形式、标高、纵筋和箍筋型号及布置，详见附图 4.37 和附图 4.38。

表 4-4　基础～标高 0.150m 剪力墙墙身表

| 墙号 | 范围 | 墙厚 | 排数 | 水平分布筋 | 垂直分布筋 | 拉筋 |
|---|---|---|---|---|---|---|
| Q160-1 | 基础～标高 0.150m | 160mm | 2 | ⌀8@200 | ⌀8@200 | ⌀6@600 |
| Q200-1 | 基础～标高 0.150m | 200mm | 2 | ⌀8@150 | ⌀8@150 | ⌀6@600 |
| Q250-1 | 基础～标高 0.150m | 250mm | 2 | ⌀10@200 | ⌀10@200 | ⌀6@600 |
| Q300-1 | 基础～标高 0.150m | 300mm | 2 | ⌀10@150 | ⌀10@150 | ⌀6@600 |

## 4.4.4　识读高层住宅剪力墙梁表

高层住宅剪力墙梁表表达以下内容。

（1）注写墙梁编号。

（2）注写墙梁所在楼层号。

（3）注写墙梁顶面标高高差，即相对于墙梁所在结构层楼面标高的高差值，高于者为正值，低于者为负值，无高差时不标注。

（4）注写墙梁截面尺寸 $b\times h$，上部纵筋、下部纵筋和箍筋的具体数值。

（5）当连梁设有对角暗撑时［编号为 LL（JC）××］，注写暗撑的截面尺寸（箍筋外皮尺寸）；注写一根暗撑的全部纵筋，并标注“×2”表明有两根暗撑相互交叉；注写暗撑箍筋的具体数值。

（6）当连梁设有交叉斜筋时［编号为 LL（JX）××］，注写连梁一侧对角斜筋的配筋值，并标注“×2”表明对称设置；注写对角斜筋在连梁端部设置的拉筋根数、强度级别及直径，并标注“×4”表示 4 个角都设置；注写连梁一侧折线筋配筋值，并标注“×2”表明对称设置。

（7）当连梁设有集中对角斜筋时［编号为 LL（DX）××］，注写一条对角线上的对角斜筋，并标注“×2”表明对称设置。

（8）跨高比不小于 5 的连梁，按框架梁（编号为 LLk ××）设计时，采用平面注写方式，注写规则同框架梁，可采用适当比例单独绘制，也可与剪力墙平法施工图合并绘制。

截面注写方式是在绘制的标准层剪力墙平面布置图上，以直接在墙梁上注写截面尺寸和配筋具体数值的方式来表达剪力墙梁平法施工图。墙梁编号由墙梁类型代号和序号组成，并在相同编号的墙梁中只需选择一根墙梁进行注写。从相同编号的墙梁中选择一根墙梁，按顺序注写墙梁编号、墙梁截面尺寸 $b\times h$、墙梁箍筋、上部纵筋、下部纵筋和墙梁顶面标高高差的具体数值。当墙身水平分布钢筋不能满足连梁、暗梁及边框梁的梁侧纵向构造钢筋的要求时，应补充注明梁侧面纵筋的具体数值。注写时以大写字母N打头，接续注写钢筋直径与间距。

### 4.4.5 识读高层住宅梁平法施工图

夹层结构平面布置图见附图4.39，夹层梁平法施工图见附图4.40，二层结构平面布置图见附图4.41，二层梁平法施工图见附图4.42。附图4.42中包含框架梁、剪力墙梁，均采用截面注写方式。框架梁的识读已在前面章节做过介绍，在此仅对图中剪力墙梁做讲解。

以梁LLy1（1）为例，该梁截面尺寸为300mm×750mm，箍筋型号及布置方式为Φ8@100（2），上部和下部纵筋均为2Φ20。因墙身水平分布钢筋不能满足连梁、暗梁及边框梁的梁侧纵向构造钢筋要求，所以补充注明梁侧面纵筋的具体数值为N6Φ12。

结构施工图时应结合建筑施工图进行识读。

## 习 题

依据项目4图纸完成下列习题。

**单选题**

1. 本工程属于（　　）。
A. 单层住宅　B. 多层住宅　C. 一类高层　D. 二类高层
2. 下列哪些指的是高层建筑（　　）。
A. 建筑高度大于27m的住宅建筑
B. 建筑高度大于24m的住宅建筑
C. 建筑高度大于24m的单层厂房
D. 建筑高度大于21m的仓库
3. 本工程的屋面防水使用年限为（　　）。
A. 15年　B. 10年　C. 25年　D. 50年
4. 底层地面标高（　　）m处除混凝土墙体外的所有墙体均在室内设防水层。
A. −0.060　B. −0.050　C. −0.030　D. ±0.000
5. 屋顶的临空栏杆的高度为（　　）mm。
A. 1000　B. 1050　C. 不应小于1100　D. 1100
6. 本工程卫生间在地漏周围应向地漏做（　　）的排水坡。
A. 0.5%　B. 1%　C. 1.2%　D. 2%
7. 钢结构部分及有关结构金属构件外露部分，必须加设（　　）。
A. 保温层　B. 防腐蚀层　C. 防火保护层　D. 隔热层
8. 本工程屋面的排水坡度为（　　）。
A. 1%　B. 1.5%　C. 2%　D. 3%
9. 下列说法正确的是（　　）。
A. 标准层是两梯两户　B. 标准层是三梯四户
C. 标准层是四梯四户　D. 标准层是两梯四户
10. 一层客厅层高为（　　）。
A. 2.8m　B. 2.85m　C. 5.6m　D. 以上都不正确
11. 本工程卫生间楼地面标高比周围房间楼地面（　　）。
A. 低30mm　B. 低40mm
C. 见结构施工图　D. 以上都不正确
12. 本工程屋面为（　　）。
A. 上人保温屋面　B. 非上人保温屋面
C. 上人不保温屋面　D. 非上人不保温屋面
13. 二层卧室层高为（　　）。
A. 2.8m　B. 2.85m　C. 5.6m　D. 以上都不正确
14. 一层室内2#楼梯梯段栏杆高度为（　　）。
A. 900mm　B. 1000mm　C. 1050mm　D. 没标注
15. 室内2#楼梯水平段栏杆高度为（　　）。
A. 900mm　B. 1000mm　C. 1050mm　D. 没标注
16. 一层电梯门洞高为（　　）。
B. 2.0m　B. 2.1m　C. 2.2m　D. 没标注
17. 玻璃雨篷顶标高为（　　）。
A. 5.6m　B. 5.650m　C. 8.6m　D. 没标注
18. 飘窗上的护窗栏完成面高（　　）mm。
A. 500　B. 700　C. 900　D. 没标注
19. 屋顶天沟内找坡为（　　）。
A. 1%　B. 1.5%　C. 2%　D. 0.5%
20. 机房层室外楼梯高（　　）。
A. 1m　B. 2.1m　C. 3.3m　D. 1.95m
21. 楼梯间顶层高（　　）。
A. 1.95m　B. 2.8m　C. 2.85m　D. 不明确
22. 楼梯间有（　　）个楼梯。
A. 1　B. 2　C. 3　D. 4
23. 本工程墙体饰面材料有（　　）种。
A. 1　B. 2　C. 3　D. 4
24. 1—1剖面图中二层Ⓑ、Ⓒ轴线间可见的门编号为（　　）。
B. M0821　B. FM1221a　C. MLC3224　D. FM1021
25. 1—1剖面图中Ⓖ～Ⓗ轴线的阳台为（　　）。
A. 2#阳台　B. 3#阳台
C. 参2#阳台　D. 参3#阳台
26. 1—1剖面图中贮藏室旁边的虚线表示（　　）。
A. 玄关附近的墙体　B. 用户自理墙体
C. 墙体厚200mm　D. 不明确
27. 剪刀梯梯段宽度为（　　）。

A. 1195mm　　B. 2390mm　　C. 2550mm　　D. 2750mm

28. 剪刀梯两梯段中间宽 160mm 指的是（　　）。

A. 梯井　　B. 墙体　　C. 天井　　D. 不明确

29. 2＃楼梯高为（　　）。

A. 1.5m　　B. 3m　　C. 2.8m　　D. 5.6m

30. 三层剪刀梯一个梯段高（　　）。

A. 1.5m　　B. 3m　　C. 2.8m　　D. 5.6m

31. 本工程采用的混凝土共有（　　）种强度等级。

A. 一　　B. 二　　C. 三　　D. 四

32. 本工程结构标高比建筑标高（　　）。

A. 低 50mm　　B. 低 30mm　　C. 高 50mm　　D. 高 30mm

33. 当剪力墙厚度（　　）时，应配置双排分布钢筋网。

A. 不大于 300mm　　B. 不大于 400 mm

C. 大于 400mm，但不大于 700mm　　D. 大于 700mm

34. Q200－1 水平分布钢筋是（　　）。

A. ⌀8@150　　B. ⌀8@200　　C. ⌀10@200　　D. ⌀10@150

35. 约束边缘构件非阴影区竖向构件的箍筋为（　　）。

A. ⌀8@150　　B. ⌀8@200　　C. ⌀10@200　　D. ⌀8@100

36. YBZ9 箍筋为（　　）。

A. ⌀8@100　　B. ⌀8@200　　C. ⌀10@200　　D. ⌀10@100

37. YBZ11 纵筋为（　　）。

A. 8⌀16　　B. 16⌀16　　C. 12⌀16　　D. 20⌀16

38. 卫生间板厚（　　）。

A. 100mm　　B. 110mm　　C. 120mm　　D. 130mm

39. 未注明楼板（　　）双层双向配筋。

B. ⌀8@100　　B. ⌀8@150　　C. ⌀8@200　　D. ⌀10@200

40. 主次梁相交时，次梁两侧均各附加 3 根同规格箍筋，间距为（　　）。

A. 200mm　　B. 150mm　　C. 50mm　　D. 100mm

41. 二层梁平法施工图中 LLY3（1）中 N6⌀12 的位置应放置在梁的（　　）。

A. 上部　　B. 下部　　C. 侧面　　D. 箍筋

42. 二层梁平法施工图中 3＃阳台梁（　　）。

A. 比二层楼面结构标高降低 30mm

B. 和二层楼面结构标高一致

C. 比二层楼面结构标高上翻 130mm

D. 比二层阳台结构标高上翻 130mm

43. 二层梁平法施工图中Ⓐ轴和⑧轴相交处悬挑板受拉钢筋布置在板的（　　）。

A. 上方　　B. 下方　　C. 中部　　D. 都可以

44. 二层梁平法施工图中飘窗是（　　）。

A. 双向板　　B. 单向板　　C. 梁　　D. 悬挑板

45. 夹层结构平面布置图中详图ⓐ中标高 2.750m 处的梁尺寸是（　　）。

A. 250mm×400mm　　B. 200mm×400mm

C. 见楼梯详图　　D. 不明确

46. 梁腹板高度（　　）mm，梁侧附加腰筋 2⌀12，间距≤200mm。

A. ≥450　　B. ≥550　　C. 450～700　　D. ≥700

# 项目1附图 仓库建筑施工图

# 建筑设计总说明

## 一、设计依据

1. 建设单位所提供的各相关资料及甲方所确认的建筑方案。
2. 相关单位审核通过的方案文本。
3. 本工程设计主要依据以下国家建筑设计规范.
   《建筑设计防火规范》(GB 50016-2014);
   《民用建筑设计通则》(GB 50352-2005).
4. 其他国家及地方相关建筑设计的规范、规定、规程及标准.

## 二、工程概况

1. x x 小企业安置用地四号地块仓库，位于x x 街道.
2. 总建筑面积2949.4m²，建筑占地面积737.3m².
3. 混凝土框架结构. 建筑层数四层. 建筑高度为16.55m(室外地坪至女儿墙)，建筑耐火等级为二级，建筑设计使用年限为50年.
   仓库类别为丙类. 根据国家地震烈度区划图，本地区地震基本烈度为6度. 屋面防水等级为Ⅱ级.

## 三、设计范围

本工程设计范围为仓库施工图设计，场地内其他建筑物和构筑物未在此图中设计.

## 四、设计标高

1. 本工程标高±0.000m相当于黄海高程20.5m. 室内外高差150mm.
2. 各层地(楼)面标高均为建筑饰面标高，屋面标高为结构标高.
3. 本工程尺寸以毫米计，标高以米计.

## 五、墙体

1. 图中未注明墙厚者均为240mm厚，轴线居墙中.
2. 填充墙.

表1 填充墙表

| 采用部位 | 种 类 | 砖强度等级 | 砂浆强度等级 |
|---|---|---|---|
| 标高±0.000m以下 | 水泥砖 | MU15 | 水泥砂浆M10 |
| 标高±0.000m以上 | 水泥砖 | MU15 | 混合砂浆M5.0 |

3. 墙身水平防潮层用1:2水泥砂浆掺5%(水泥质量)防水剂，铺厚20mm，设于标高-0.060m处. 当墙身两侧的室内地坪有高差时，在高差范围内的墙身内侧做垂直防潮层，做法同水平防潮层. 多孔砖墙体建筑构造见《砖墙建筑构造》(15J101). 卫生间墙体须做防水，做法见工程做法表. 同时其墙体须在墙根部浇筑200mm高C20混凝土. 墙身构造柱留马牙槎，柱与墙体拉结应符合规范要求. 墙体的构造柱、圈梁、过梁及墙体拉结筋和砌筑砂浆的标号均按结施图纸有关要求施工(建施图注明者除外). 钢筋混凝土过梁、雨蓬梁与结构梁、柱相碰时应同时现浇为一整体.

## 六、门窗

1. 门窗立面均表示洞口尺寸，门窗加工尺寸要按照装修面厚度由承包商予以调整. 门垛做法除图中注明外，与砌体相交处均为120mm，与钢筋混凝土柱相交处均为0mm. 图中木门均采用硬木或胶合板木门. 具体材料见门窗统计表. 外门立樘居墙中，内门立樘平内墙皮. 所有窗均采用深蓝灰色塑钢门窗，开启方式见详图. 窗立樘除图中注明外均贴墙外皮.
2. 本设计只提供塑钢门窗框大小，强度设计、构造设计、预埋件位置、防烟防雨密闭构造等均由厂家负责，并应满足各相关规范要求. 透明外门窗玻璃用于为5mm厚普通浮法玻璃. 同时各种玻璃应满足《建筑玻璃应用技术规程》(JGJ 113-2015)中的各项规定.

## 七、地(楼)面

1. 地面回填土须分层夯实，压实系数>0.92. 地面须待地下管线施工完毕方可施工.
2. 地面构造应符合《建筑地面设计规范》(GB 50037-2013)的各项规定. 混凝土垫层在纵横向设置缩缝. 纵向缩缝采用平头缝，间距6m；横向缩缝采用假缝，间距9m(高温季节施工时为6m)，假缝宽15mm，假缝深25mm，内填水泥砂浆. 楼面做法详见装修做法表.
3. 卫生间标高均比楼层标高低50mm.

## 八、屋面

1. 本工程屋面为非上人钢筋混凝土屋面.
2. 钢筋混凝土屋面基层必须满足《屋面工程技术规范》(GB 50345-2012)中的规定.

## 九、室外工程

1. 台阶、坡道、散水.
2. 坡道：混凝土坡道做法详见《室外工程》(12J003) $\frac{B}{A5}$.
3. 散水：细石混凝土散水做法详见《室外工程》(12J003) $\frac{1B}{A1}$.

## 十、外装修

本工程外装修设计详见立面图，材料做法详见材料做法表，材质、颜色要求须提供样板，由建设单位及设计单位认可后方可施工.

## 十一、防火设计

本单体建筑每层1个防火分区，共4个防火分区.

## 十二、其他

1. 所有有水房间穿楼板的立管应预埋套管，套管高出楼面30mm，管间缝隙应用防水材料填实. 所有设备管道穿墙、穿楼板施工时必须与设备图纸密切配合，预埋套管或预留孔洞，以免后凿. 墙身预留洞位置及大小见各相关专业图纸，同时留洞背面应做钢丝网粉刷，钢丝网四周应大于孔洞100mm.
2. 内墙粉刷在所有墙、柱面的阳角部位均做1:2水泥砂浆护角，高度不小于2m，每侧宽度均为50mm.
3. 凡混凝土表面抹灰，必须对基层面先凿毛或洒1:0.5水泥砂浆(掺水泥质量55%的SN-2型黏结剂).
4. 二次装修时，不应危及结构安全，影响水、电、消防等系统，并应满足《建筑内部装修设计防火规范》(GB 50222-2017)各项规定.
5. 所有预埋件均需做防腐或防锈处理. 预埋木砖及露明木构件须用水柏油防腐；金属构配件、埋件及套管，除锈后均刷防锈漆两度.
6. 本工程所有挑出构件均做半圆滴水.
7. 隐蔽部位与隐蔽工程施工完毕后，应及时会同有关部门进行检查及验收.
8. 施工时土建应与电气、水道、暖风等专业密切配合.
9. 凡本设计未注明要求者均按国家现行施工及验收规范要求进行施工.

| 设计单位 | 图名 建筑设计总说明 | 设 计 | | 工程号 | | 子项号 | |
|---|---|---|---|---|---|---|---|
| | | 校 核 | | 图 号 | 建施-01 | 版 次 | |
| 工程名称 | 子项名称 | 审 核 | | 比 例 | | 日 期 | |

附图 1.1 建筑设计总说明

## 工程做法表

| 分类 | 编号 | 材料做法 | | 厚度 | 备注 |
|---|---|---|---|---|---|
| 地面 | 地1 | 耐磨细石混凝土地面 | 1. 120mm厚C20混凝土提浆抹光 | 200mm | |
| | | | 2. 80mm厚碎石垫层 | | |
| | | | 3. 素土夯实 | | |
| 楼面 | 楼1 | 细石混凝土楼面 | 1. 30mm厚C20细石混凝土，表面撒1:1水泥砂子随打随抹光 | 30mm | |
| | | | 2. 刷水泥浆一道（内掺建筑胶） | | |
| | | | 3. 钢筋混凝土楼板 | | |
| 屋面 | 屋1 | 不上人屋面 | 1. 25mm厚1:3水泥砂浆（φ4@150编织钢丝网片一层） | 140~300mm | |
| | | | 2. 干铺聚酯无纺布一层 | | |
| | | | 3. 20mm厚1:3水泥砂浆找平 | | |
| | | | 4. 40mm厚挤塑聚苯乙烯泡沫塑料板保温层 | | |
| | | | 5. 干铺聚酯无纺布一层 | | |
| | | | 6. 4mm厚SBS聚酯胎改性沥青防水卷材一道 | | |
| | | | 7. 20mm厚1:3水泥砂浆找平 | | |
| | | | 8. 1:6水泥焦渣找2%坡，最薄处30mm厚 | | |
| | | | 9. 钢筋混凝土屋面板 | | |
| 外墙 | 外墙1 | 涂料外墙墙面 | 1. 外墙涂料（详见立面涂料颜色） | 20mm | |
| | | | 2. 6mm厚1:2水泥砂浆光面 | | |
| | | | 3. 14mm厚1:3水泥砂浆分层抹平 | | |
| | | | 4. 墙体或柱面 | | |
| 内墙 | 内墙1 | 白色涂料内墙墙面 | 1. 白色内墙涂料 | 20mm | |
| | | | 2. 5mm厚1:2.5水泥砂浆抹面，压实赶光 | | |
| | | | 3. 15mm厚1:1:6混合砂浆打底 | | |
| | | | 4. 砖墙或混凝土基层清扫灰，适量洒水 | | |
| 顶棚 | 棚1 | 白色涂料顶棚 | 1. 白色涂料 | 15mm | |
| | | | 2. 2mm厚纸筋灰面 | | |
| | | | 3. 10mm厚1:1:4水泥纸筋灰砂分层抹平 | | |
| | | | 4. 3mm厚1:0.5水泥纸筋灰抹平 | | |
| | | | 5. 钢筋混凝土板底基层处理 | | |
| 踢脚 | 踢1 | 水泥砂浆踢脚 | 1. 10mm厚1:水泥砂浆面层，压实赶光 | 15mm | 踢脚高150mm |
| | | | 2. 15mm厚1:3水泥砂浆打底扫毛 | | |

| 设计单位 | | 图名 | 工程做法表 | 设计 | | 工程号 | | 子项号 | |
|---|---|---|---|---|---|---|---|---|---|
| | | | | 校核 | | 图号 | 建施-02 | 版次 | |
| 工程名称 | | 子项名称 | | 审核 | | 比例 | | 日期 | |

附图 1.2　工程做法表

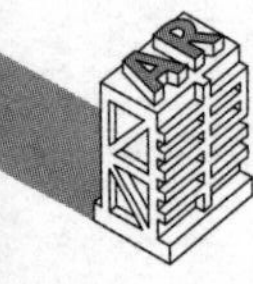

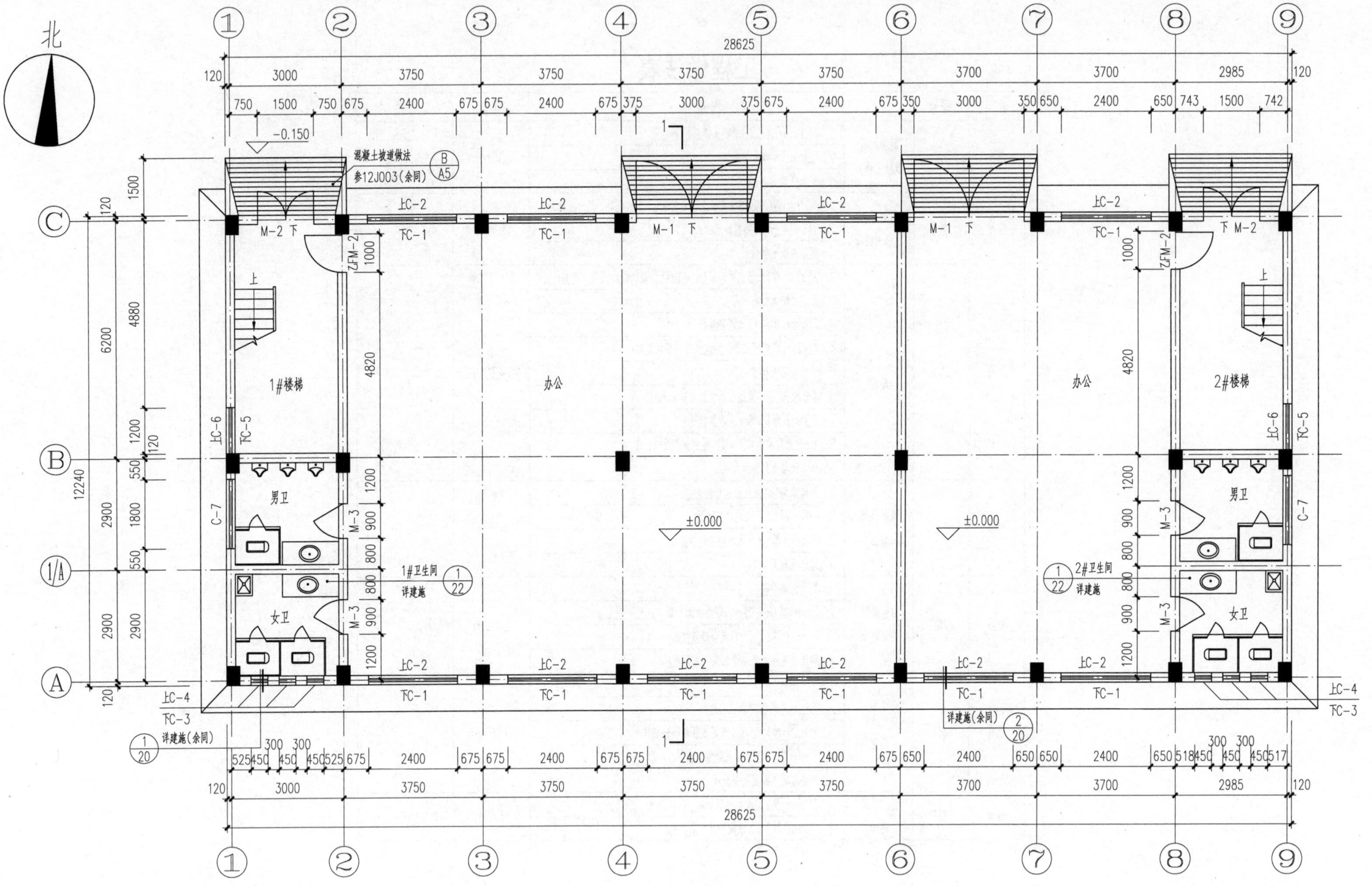

一层平面图 1:100

| 设计单位 | | 图名 | 一层平面图 | 设 计 | | 工程号 | | 子项号 | |
|---|---|---|---|---|---|---|---|---|---|
| | | | | 校 核 | | 图 号 | 建施-03 | 版 次 | |
| 工程名称 | | 子项名称 | | 审 核 | | 比 例 | 1:100 | 日 期 | |

附图 1.3　一层平面图

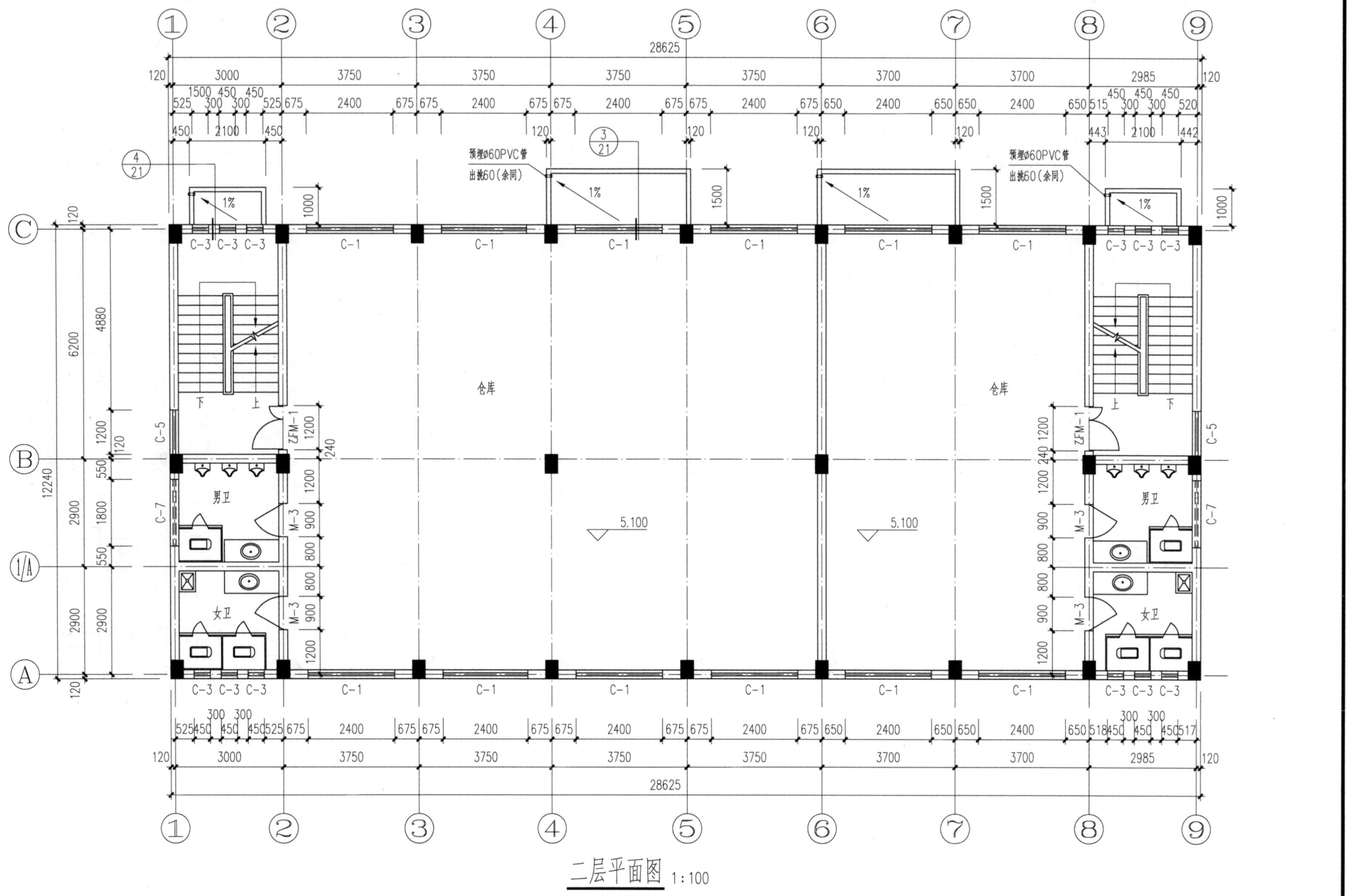

二层平面图 1:100

仓库 仓库

男卫 女卫 男卫 女卫

上 下 上 下

5.100 5.100

C-1 C-3 C-5 C-7 M-3 ZFM-1

预埋Ø60PVC管 出挑60(余同)

1%

28625

120 3000 3750 3750 3750 3750 3700 3700 2985 120

12240

120 6200 2900 2900 120

4880 1200 550 1800 550 2900

| 设计单位 | | 图名 | 二层平面图 | 设 计 | | 工程号 | | 子项号 | |
|---|---|---|---|---|---|---|---|---|---|
| | | | | 校 核 | | 图 号 | 建施-04 | 版 次 | |
| 工程名称 | | 子项名称 | | 审 核 | | 比 例 | 1:100 | 日 期 | |

附图 1.4 二层平面图

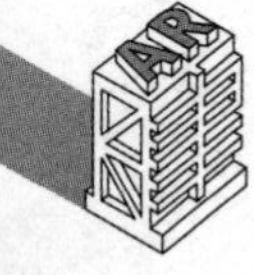

三层平面图 1:100

| 设计单位 | | 图名 | 三层平面图 | 设 计 | | 工程号 | | 子项号 | |
|---|---|---|---|---|---|---|---|---|---|
| | | | | 校 核 | | 图 号 | 建施-05 | 版 次 | |
| 工程名称 | | 子项名称 | | 审 核 | | 比 例 | 1:100 | 日 期 | |

附图 1.5　三层平面图

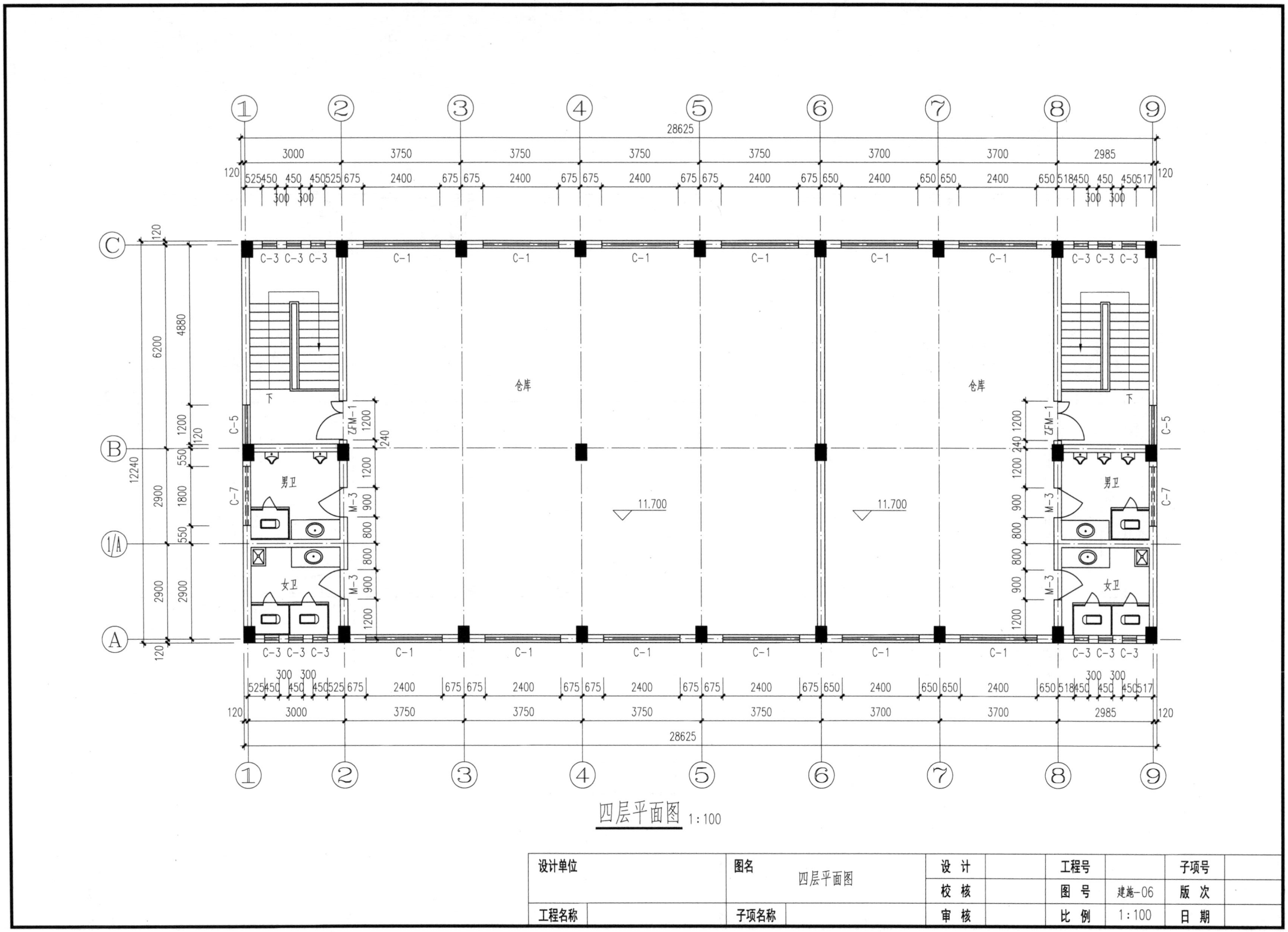

四层平面图 1:100

| 设计单位 | | 图名 | 四层平面图 | 设 计 | | 工程号 | | 子项号 | |
|---|---|---|---|---|---|---|---|---|---|
| | | | | 校 核 | | 图 号 | 建施-06 | 版 次 | |
| 工程名称 | | 子项名称 | | 审 核 | | 比 例 | 1:100 | 日 期 | |

附图 1.6 四层平面图

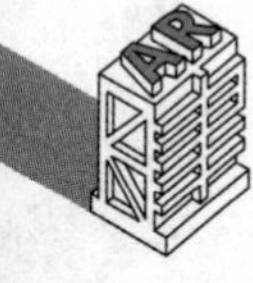



屋顶层平面图 1:100

| 设计单位 | | 图名 | 屋顶层平面图 | 设 计 | | 工程号 | | 子项号 | |
|---|---|---|---|---|---|---|---|---|---|
| | | | | 校 核 | | 图 号 | 建施-07 | 版 次 | |
| 工程名称 | | 子项名称 | | 审 核 | | 比 例 | 1:100 | 日 期 | |

附图 1.7 屋顶层平面图

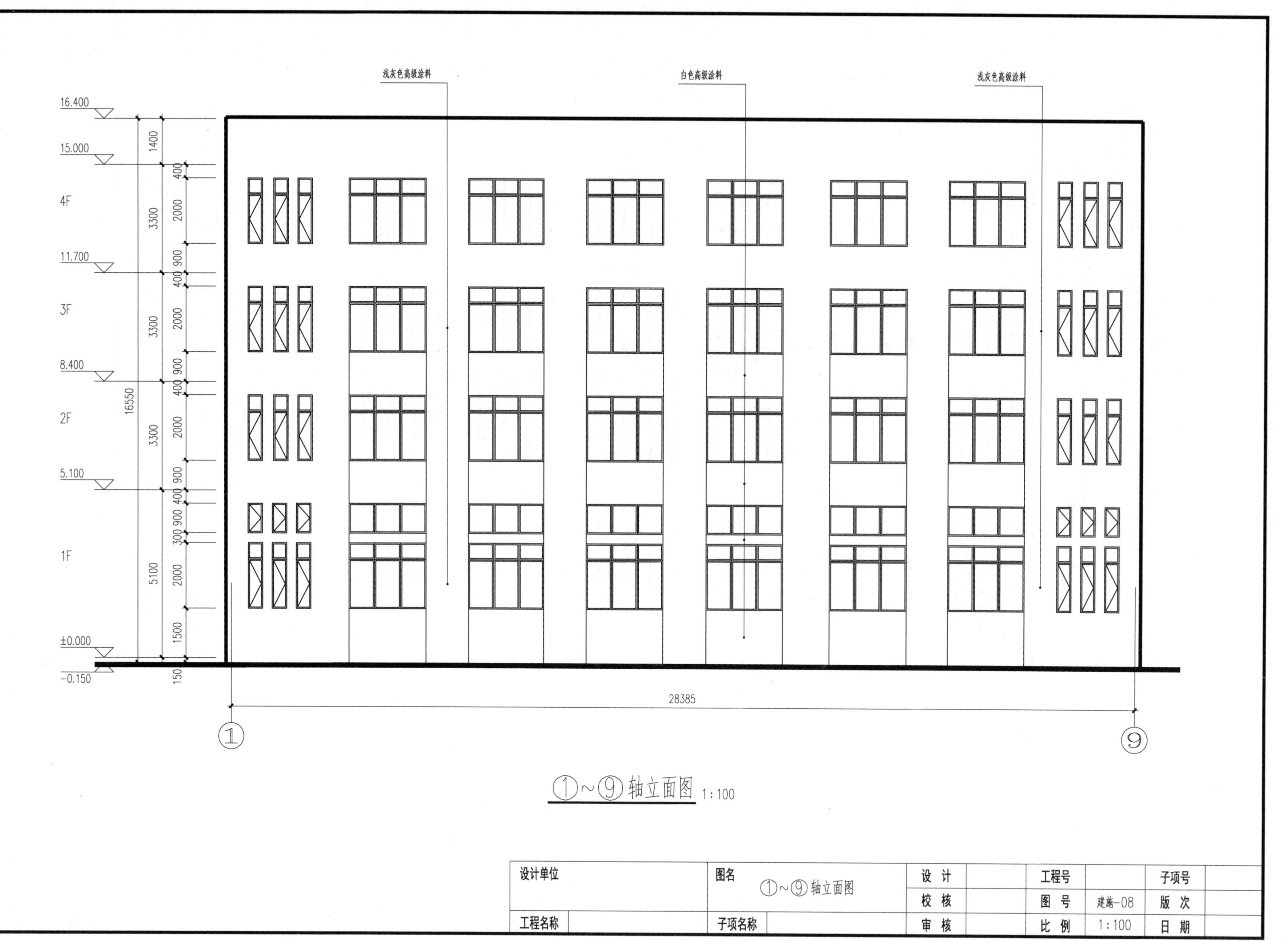
浅灰色高级涂料
白色高级涂料
浅灰色高级涂料
16.400
15.000
4F
11.700
3F
8.400
2F
5.100
1F
±0.000
-0.150
1400
3300
3300
3300
5100
16550
400
2000
900
400
2000
900
400
2000
900
400
900
300
2000
1500
150
28385
①
⑨
①~⑨轴立面图 1:100
设计单位
工程名称
图名
①~⑨轴立面图
子项名称
设 计
校 核
审 核
工程号
图 号
建施-08
比 例
1:100
子项号
版 次
日 期
附图 1.8 ①~⑨轴立面图

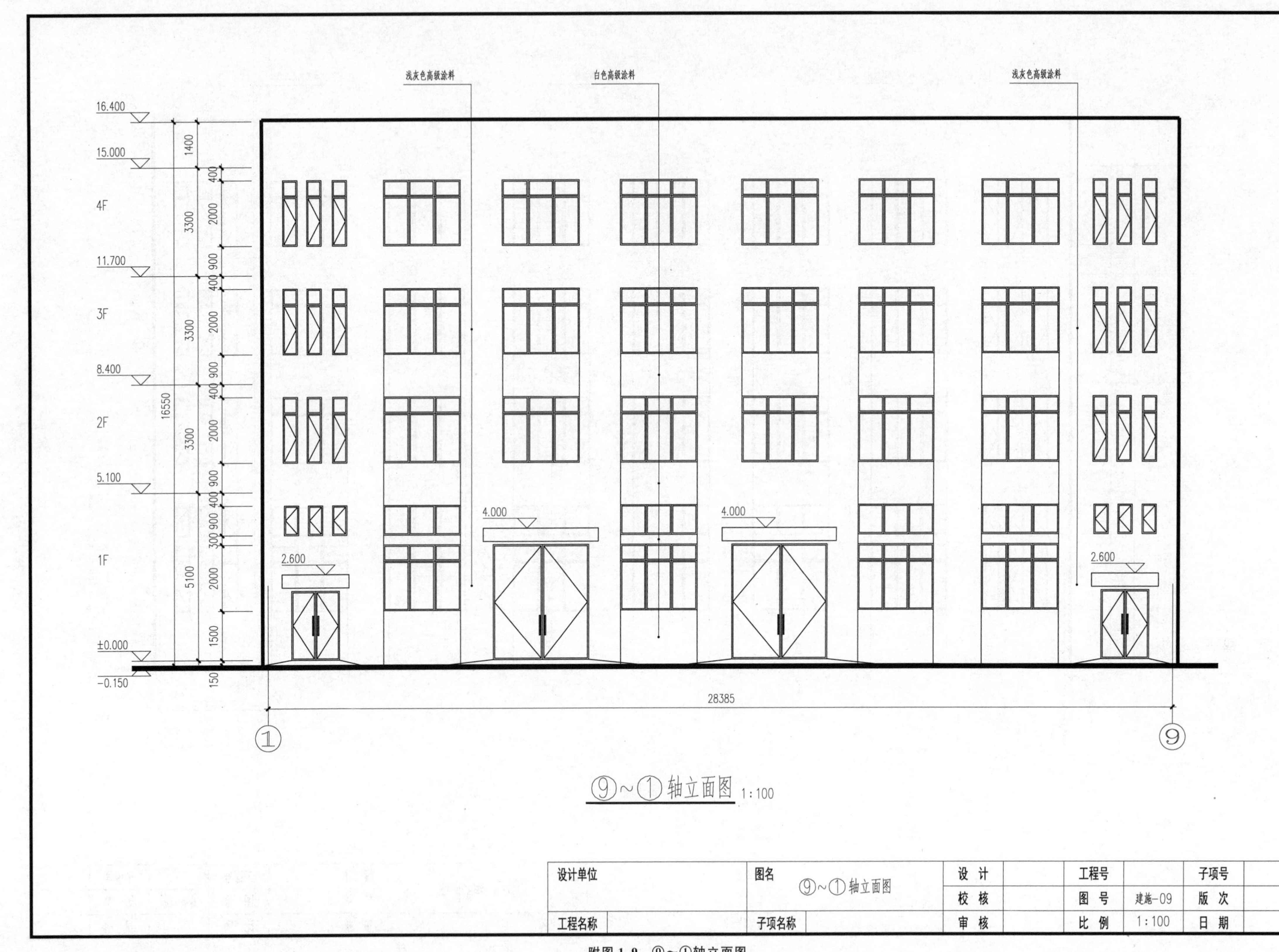

浅灰色高级涂料
白色高级涂料
浅灰色高级涂料
16.400
15.000
4F
11.700
3F
8.400
2F
5.100
1F
±0.000
-0.150
16550
5100
3300
3300
3300
1400
150
1500
2000
300
900
400
900
2000
400
900
2000
400
900
2000
400
2.600
4.000
4.000
2.600
28385
①
⑨
⑨~①轴立面图 1:100
设计单位
图名
⑨~①轴立面图
设 计
校 核
审 核
工程号
图 号
建施-09
比 例
1:100
子项号
版 次
日 期
工程名称
子项名称


附图 1.9　⑨~①轴立面图

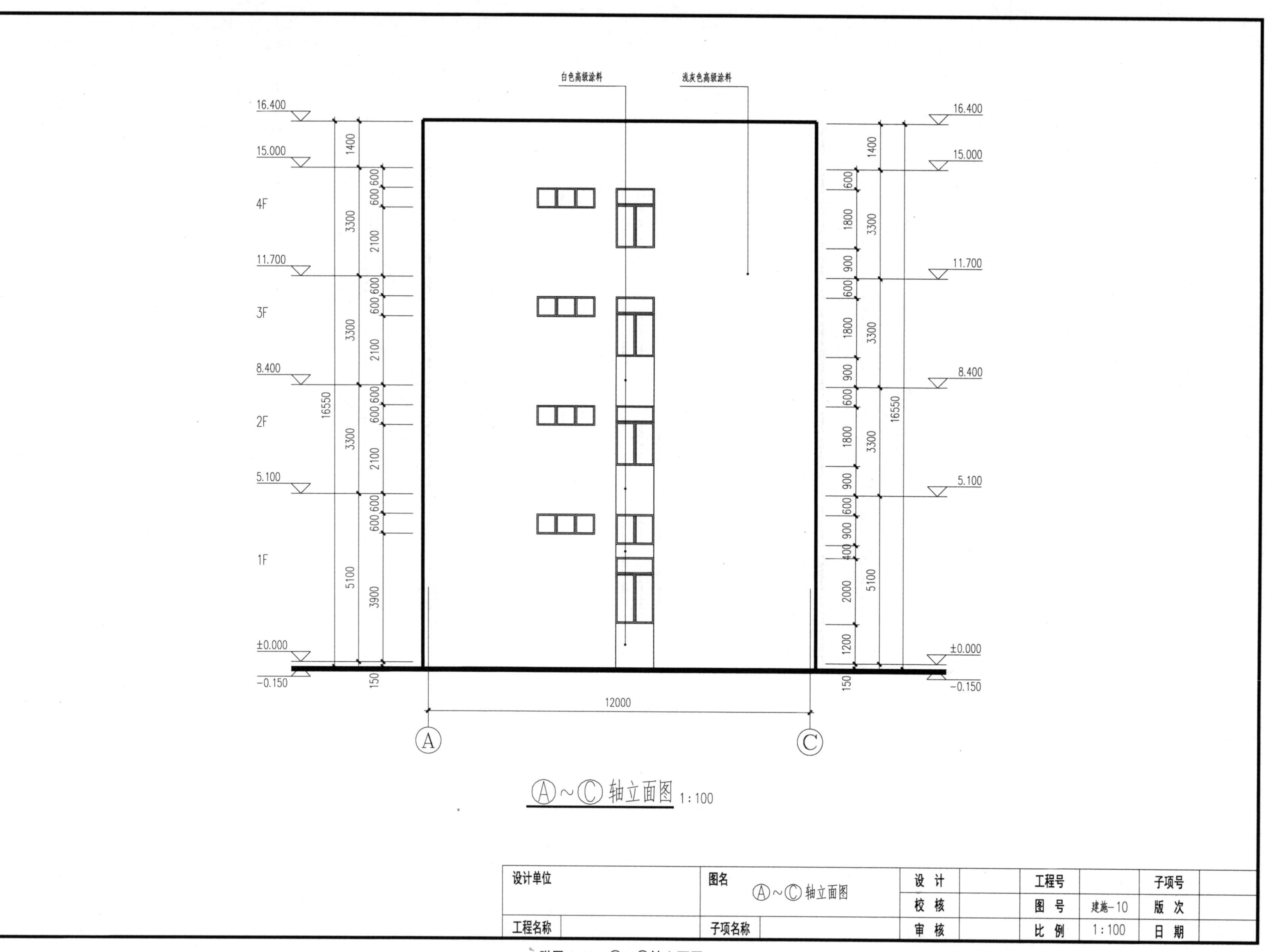

白色高级涂料
浅灰色高级涂料
16.400
15.000
11.700
8.400
5.100
±0.000
-0.150
4F
3F
2F
1F
1400
3300
3300
3300
5100
16550
600 600
2100
3900
150
600
1800
900
400
2000
1200
12000
Ⓐ
Ⓒ
Ⓐ~Ⓒ轴立面图 1:100
设计单位
工程名称
图名
Ⓐ~Ⓒ轴立面图
子项名称
设 计
校 核
审 核
工程号
图 号
建施-10
比 例
1:100
子项号
版 次
日 期


附图 1.10 Ⓐ~Ⓒ轴立面图

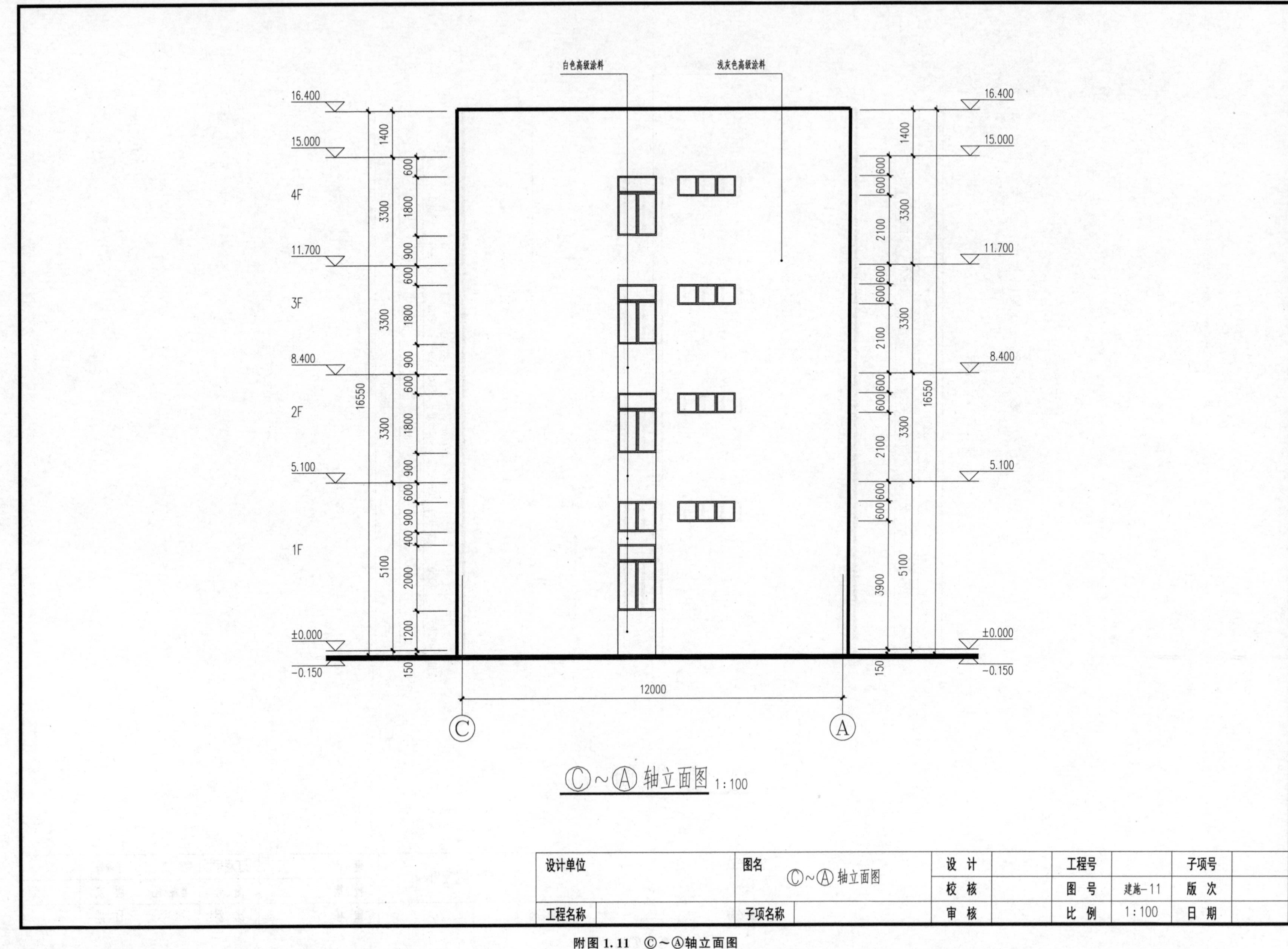
白色高级涂料
浅灰色高级涂料
16.400
15.000
11.700
8.400
5.100
±0.000
-0.150
4F
3F
2F
1F
1400
3300
5100
16550
150
1200
2000
400
900
600
1800
3900
2100
12000
Ⓒ
Ⓐ
Ⓒ~Ⓐ轴立面图 1:100
设计单位
图名
Ⓒ~Ⓐ轴立面图
设 计
校 核
审 核
工程号
图 号
建施-11
比 例
1:100
子项号
版 次
日 期
工程名称
子项名称

附图 1.11 Ⓒ~Ⓐ轴立面图

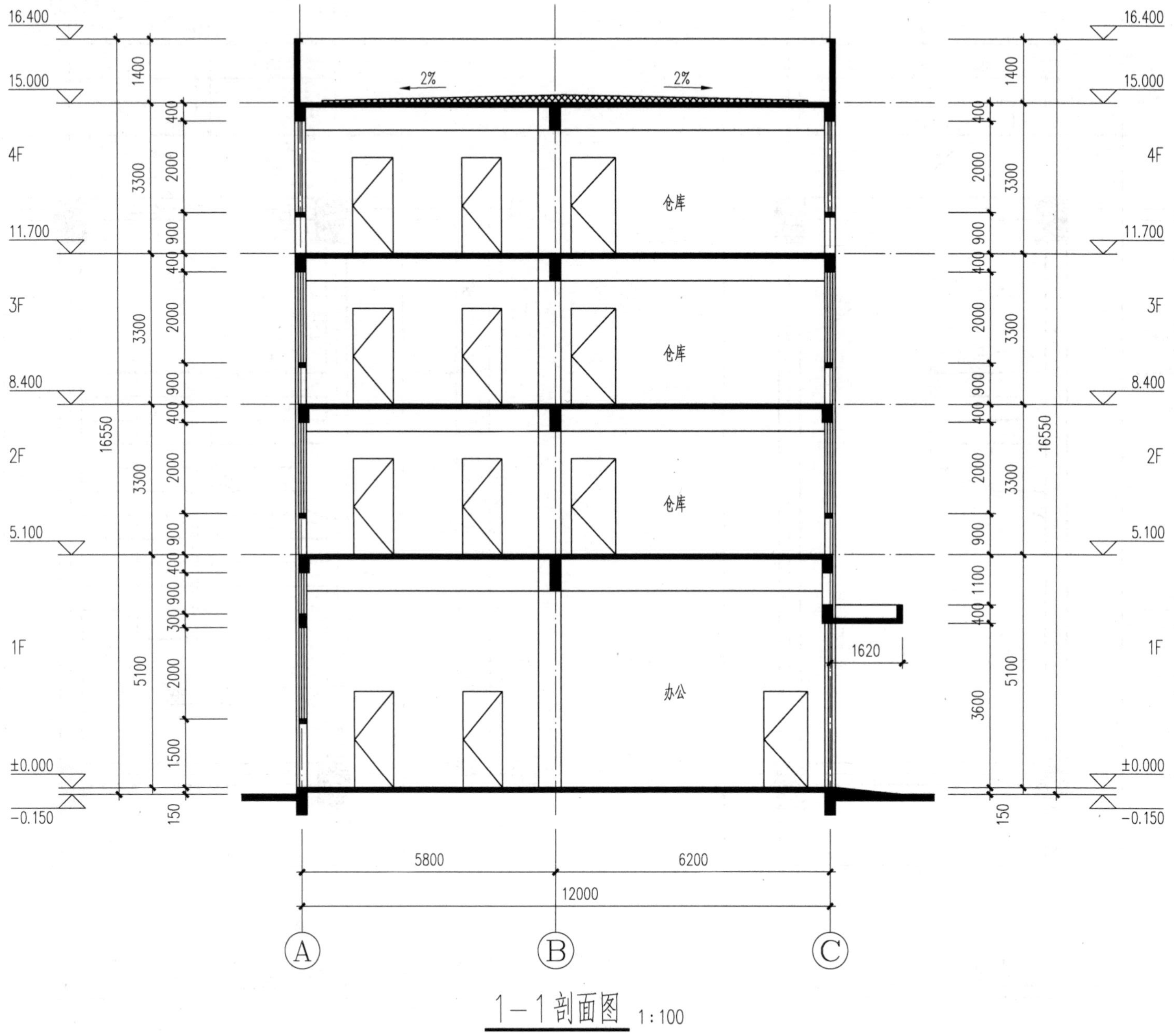

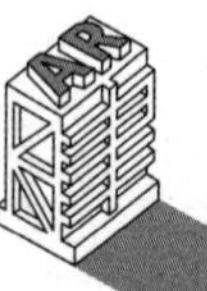



1—1剖面图 1:100

| 设计单位 | | 图名 | 1—1剖面图 | 设 计 | | 工程号 | | 子项号 | |
|---|---|---|---|---|---|---|---|---|---|
| | | | | 校 核 | | 图 号 | 建施-12 | 版 次 | |
| 工程名称 | | 子项名称 | | 审 核 | | 比 例 | 1:100 | 日 期 | |

附图 1.12 1—1 剖面图

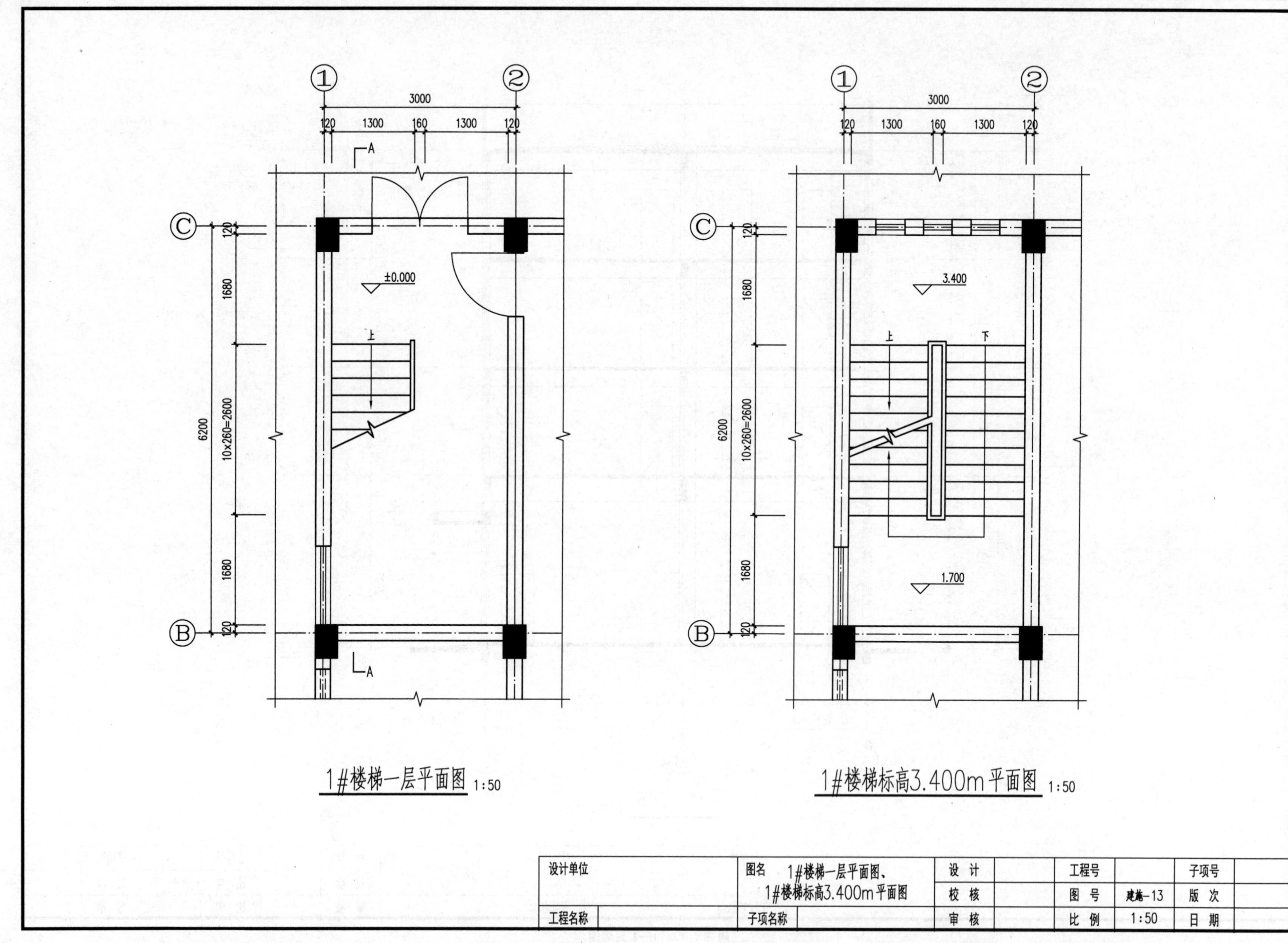


附图 1.13 1#楼梯一层平面图、1#楼梯标高 3.400m 平面图

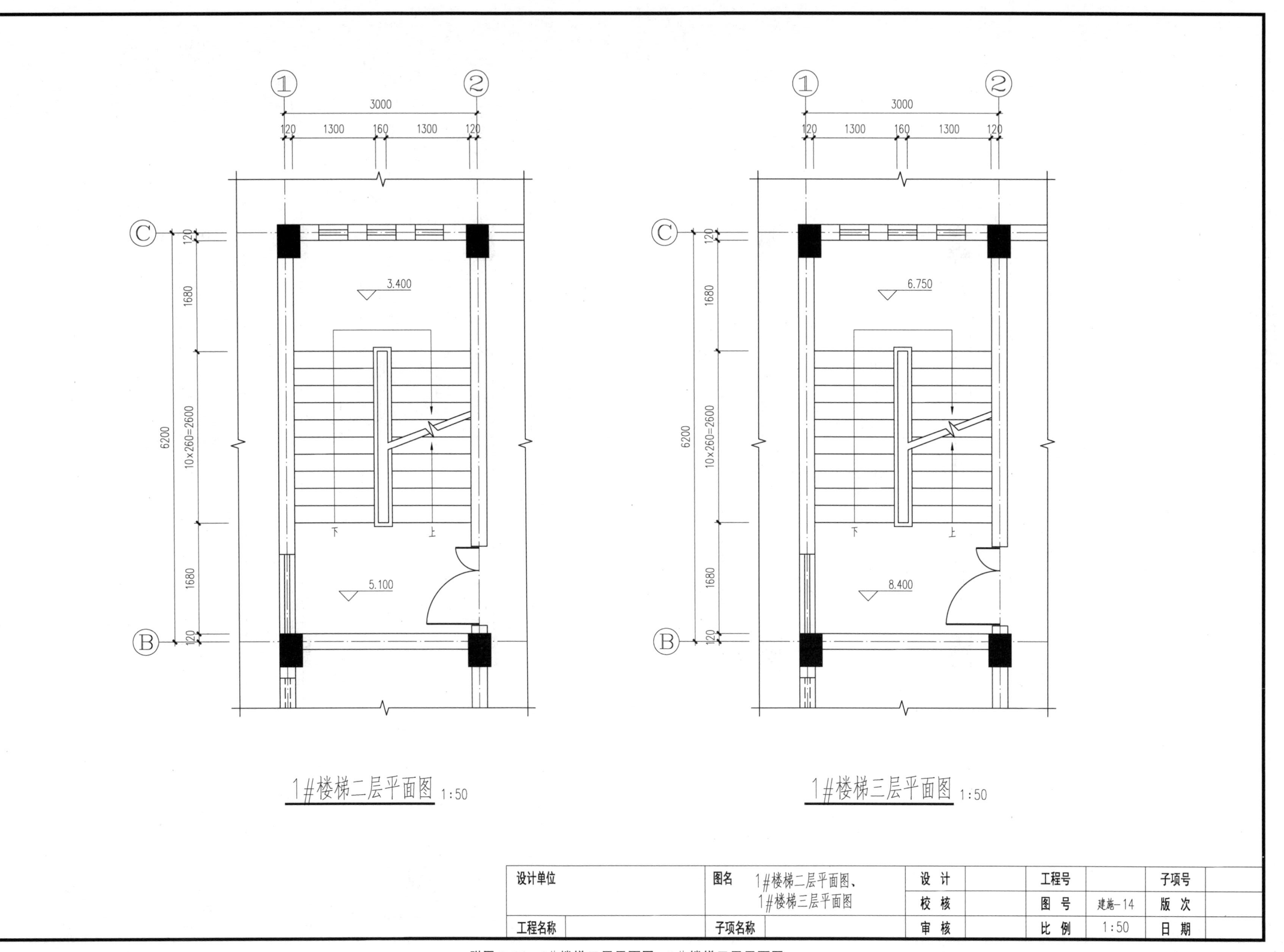


附图 1.14　1#楼梯二层平面图、1#楼梯三层平面图

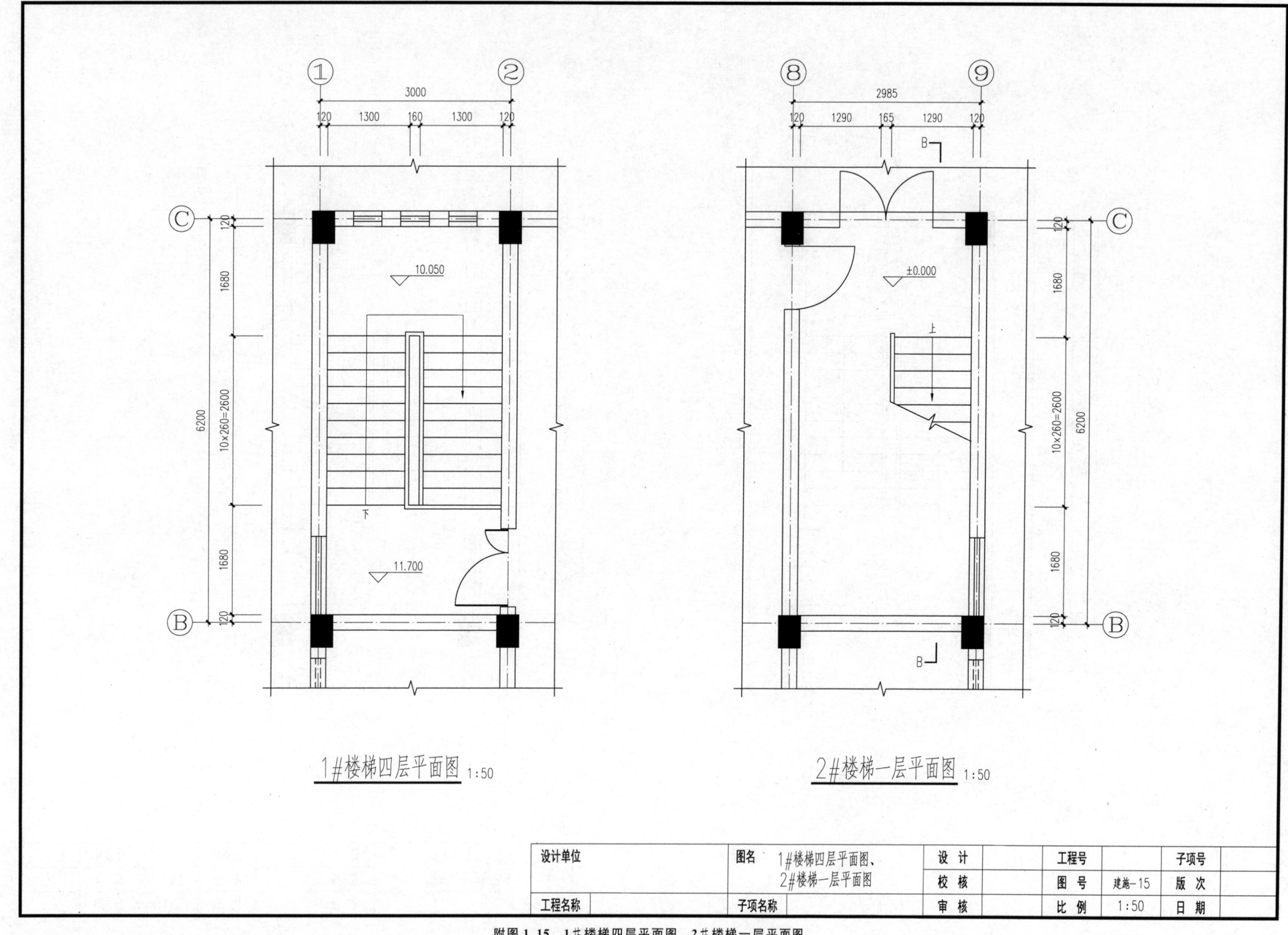


附图 1.15　1＃楼梯四层平面图、2＃楼梯一层平面图

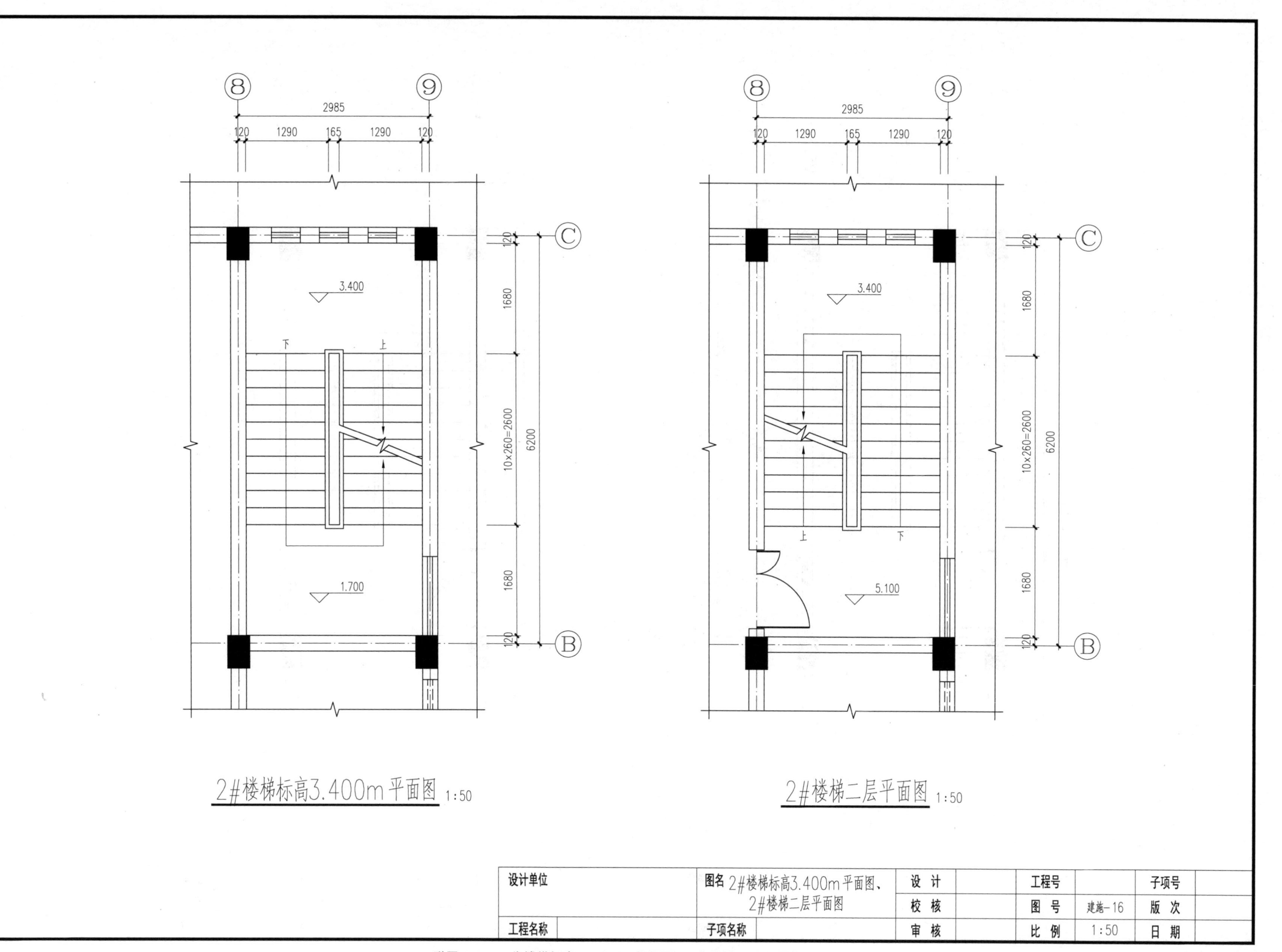


附图 1.16 2＃楼梯标高 3. 400m 平面图、2＃楼梯二层平面图

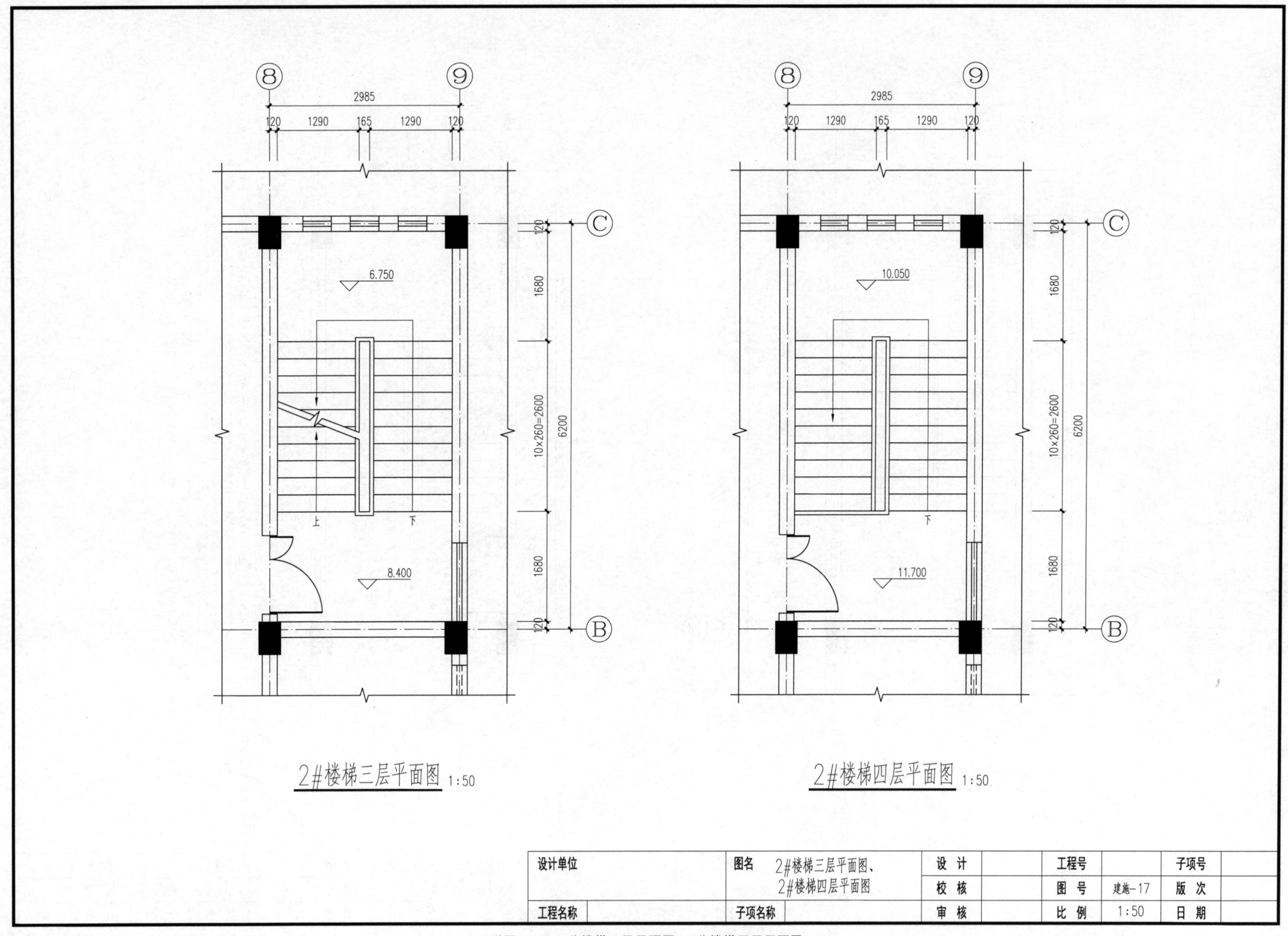


| 设计单位 | | 图名 | 2#楼梯三层平面图、2#楼梯四层平面图 | 设 计 | | 工程号 | | 子项号 | |
|---|---|---|---|---|---|---|---|---|---|
| | | | | 校 核 | | 图 号 | 建施-17 | 版 次 | |
| 工程名称 | | 子项名称 | | 审 核 | | 比 例 | 1:50 | 日 期 | |

附图 1.17 2#楼梯三层平面图、2#楼梯四层平面图

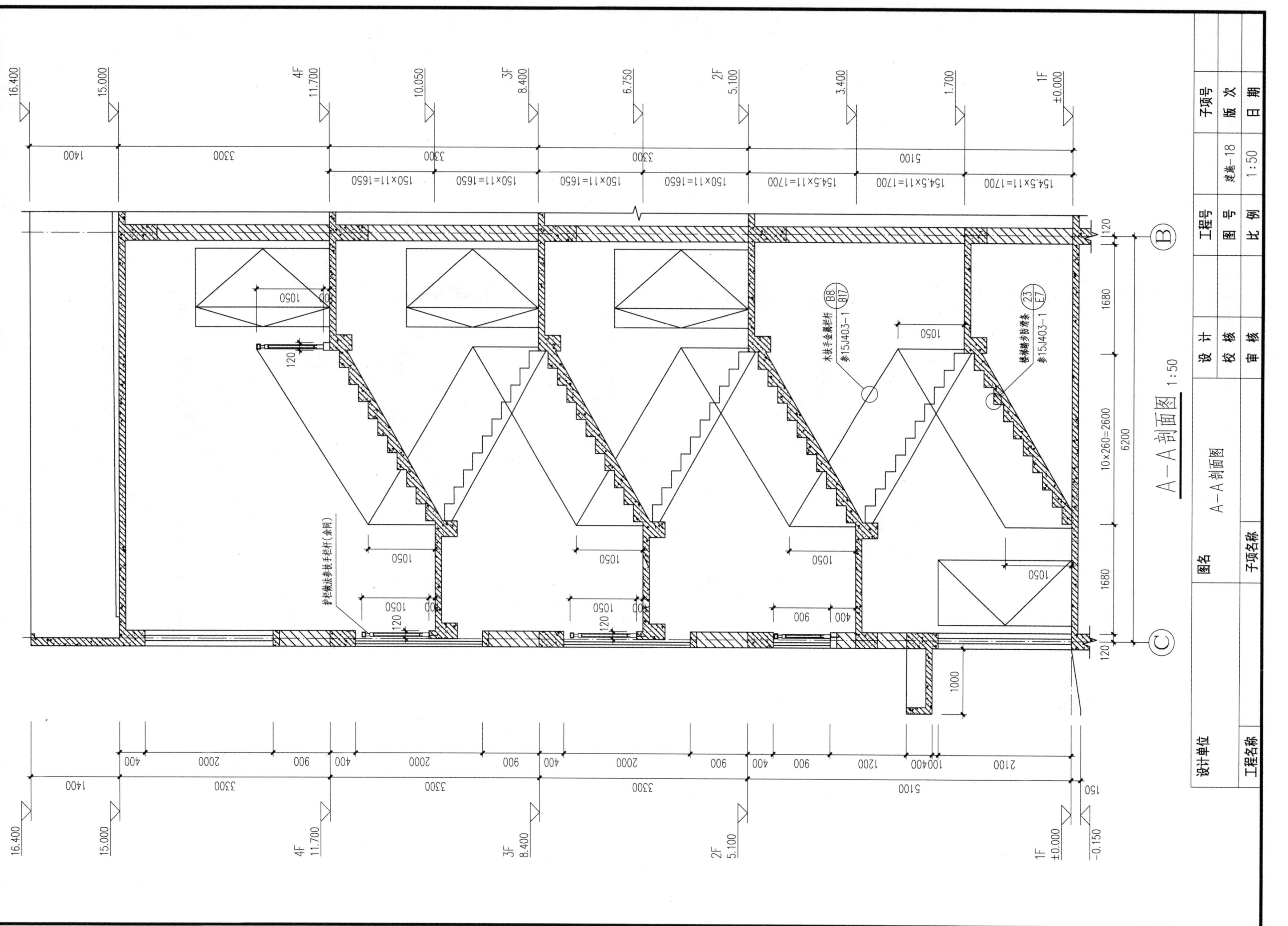
A—A剖面图 1:50
设计单位
工程名称
图名
A—A剖面图
子项名称
设 计
校 核
审 核
工程号
图 号
建施—18
比 例
1:50
子项号
版 次
日 期
楼梯踏步防滑条
参15J403—1
木扶手金属栏杆
参15J403—1
护栏做法参扶手栏杆(余同)

附图 1.18 A—A 剖面图

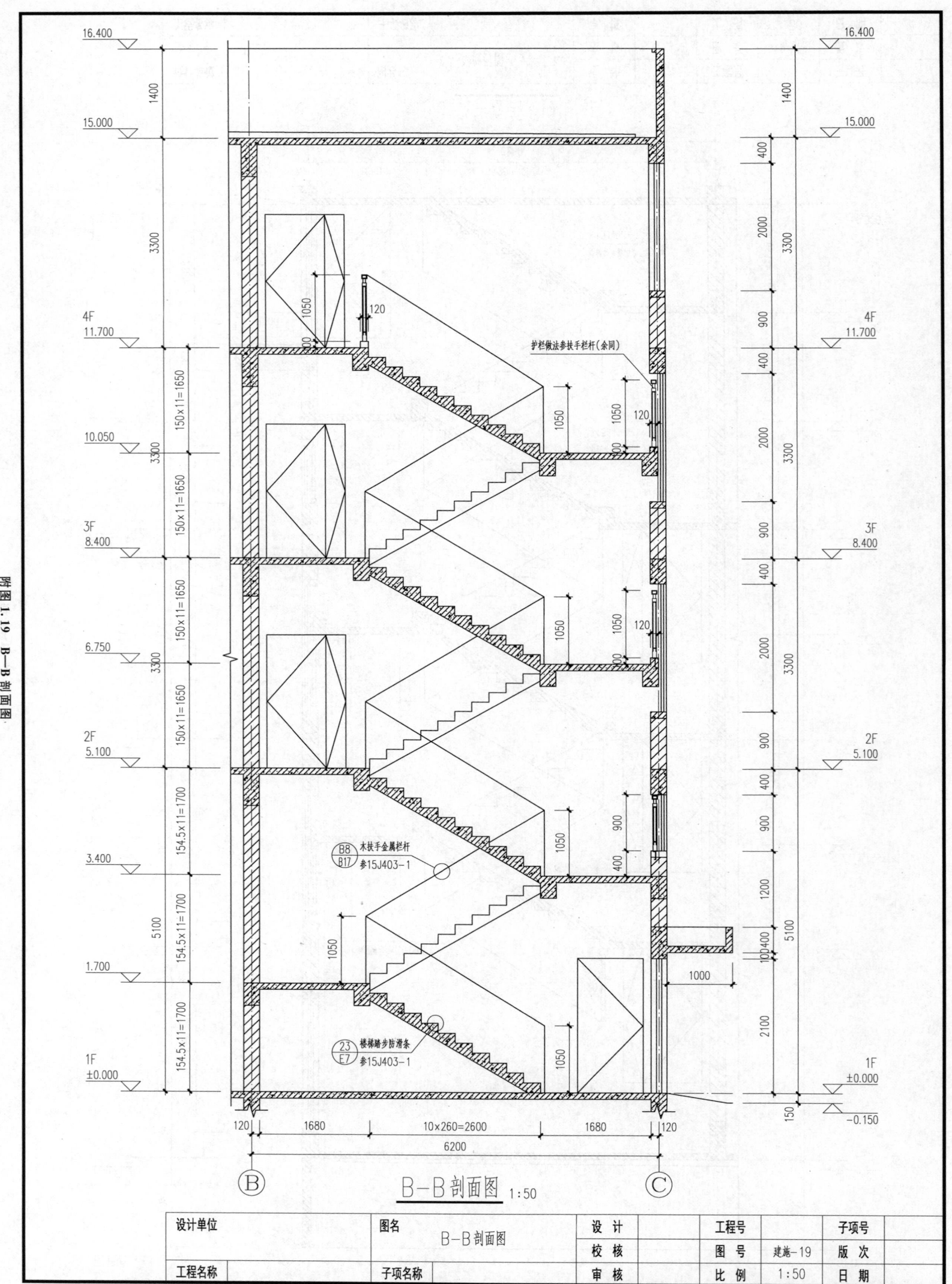
16.400
15.000
4F
11.700
10.050
3F
8.400
6.750
2F
5.100
3.400
1.700
1F
±0.000
-0.150
1400
3300
5100
150x11=1650
154.5x11=1700
400
2000
900
1200
2100
150
1050
120
1000
护栏做法参扶手栏杆(余同)
B8
B17
木扶手金属栏杆
参15J403-1
23
E7
楼梯踏步防滑条
参15J403-1
120
1680
10x260=2600
1680
120
6200
B
C
B-B剖面图 1:50
设计单位
图名
B-B剖面图
设 计
校 核
审 核
工程号
图 号
建施-19
比 例
1:50
子项号
版 次
日 期
工程名称
子项名称

附图 1.19 B—B剖面图

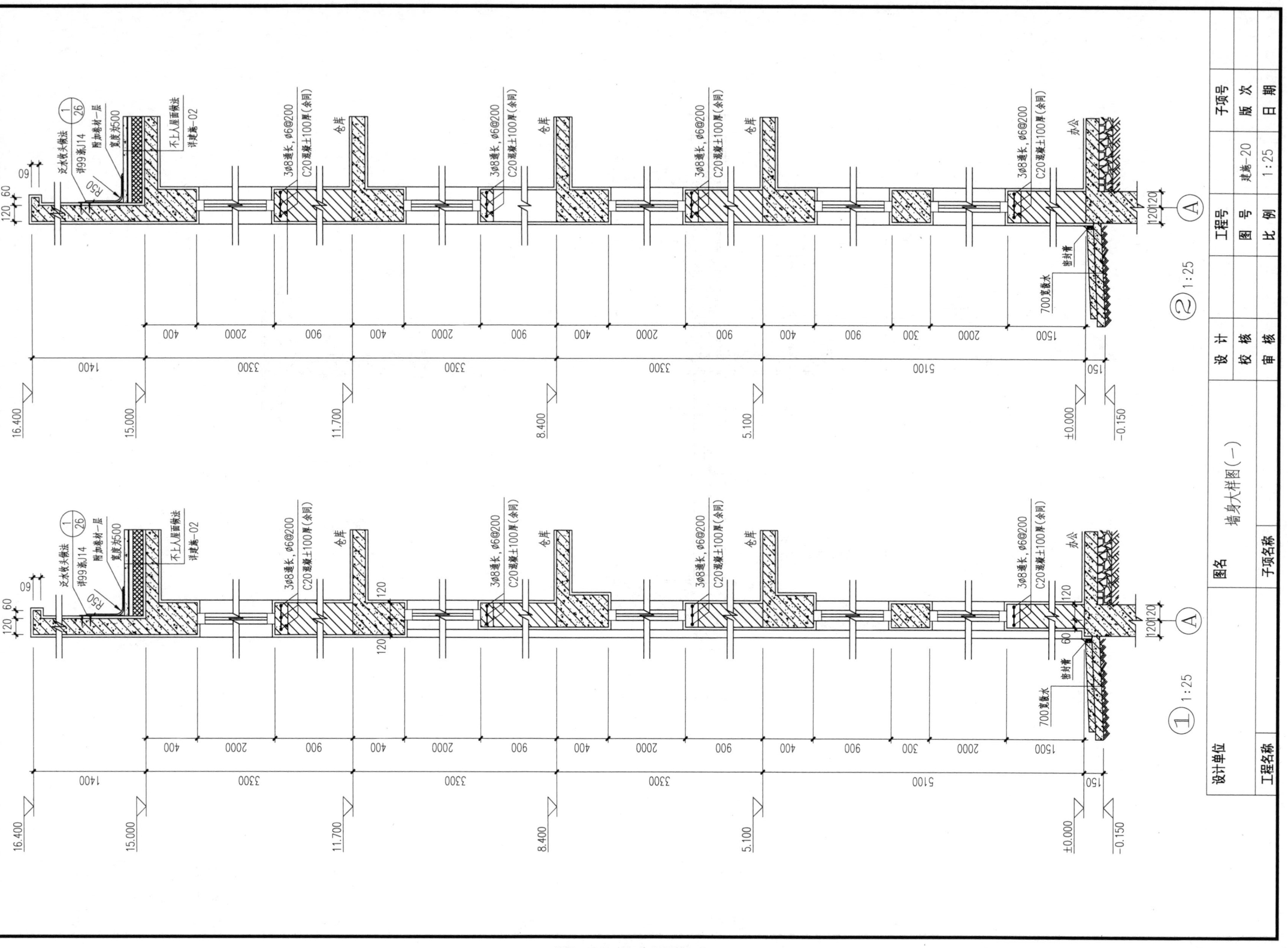


附图 1.20　墙身大样图（一）

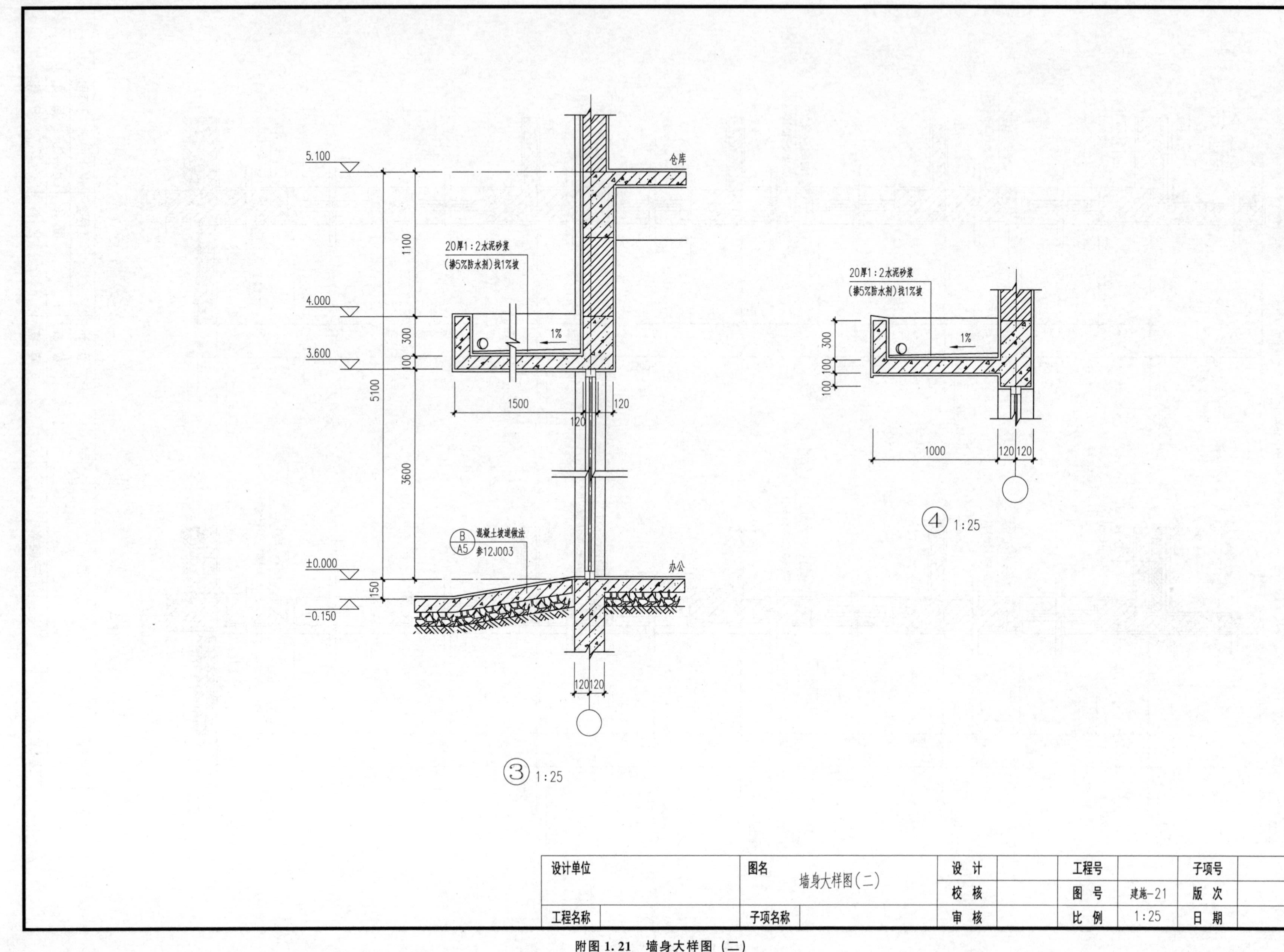


| 设计单位 | 图名 | 墙身大样图(二) | 设 计 | | 工程号 | | 子项号 | |
|---|---|---|---|---|---|---|---|---|
| | | | 校 核 | | 图 号 | 建施-21 | 版 次 | |
| 工程名称 | 子项名称 | | 审 核 | | 比 例 | 1:25 | 日 期 | |

附图 1.21 墙身大样图（二）

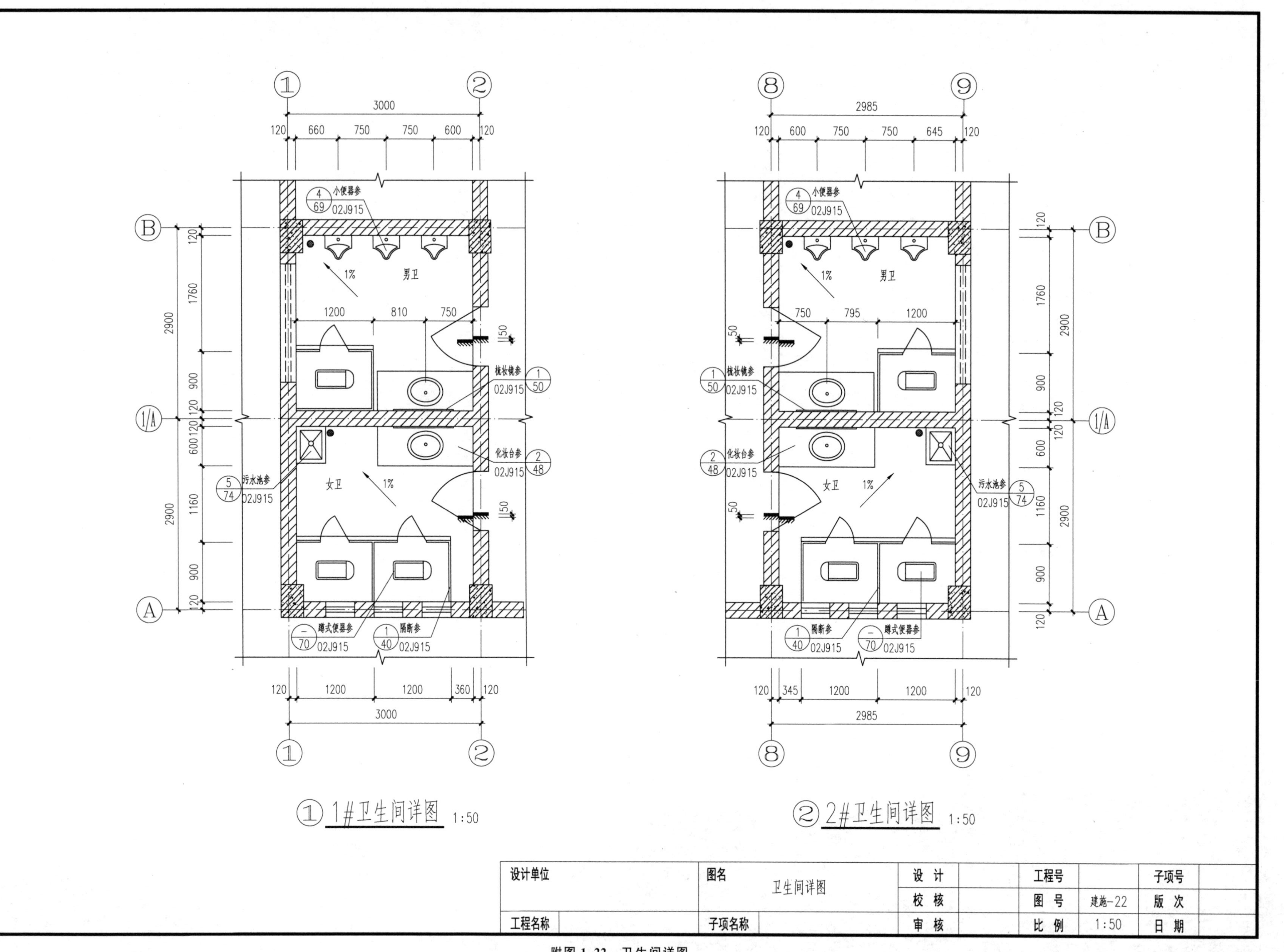

① 1#卫生间详图 1:50
男卫
女卫
1%
小便器参 4/69 02J915
梳妆镜参 1/50 02J915
化妆台参 2/48 02J915
污水池参 5/74 02J915
蹲式便器参 —/70 02J915
隔断参 1/40 02J915
3000
120 660 750 750 600 120
120 1200 1200 360 120
2900
120 1760 900 120 120 600 1160 900 120
② 2#卫生间详图 1:50
2985
120 600 750 750 645 120
120 345 1200 1200 120
设计单位
工程名称
图名 卫生间详图
子项名称
设计
校核
审核
工程号
图号 建施-22
比例 1:50
子项号
版次
日期


附图 1.22 卫生间详图

# 项目 2 附图 仓库结构施工图

# 结构设计总说明(一)

## 一、概述

1. 本工程为××小企业仓库。
2. 本工程结构的设计使用年限为50年，上部结构的安全等级为二级，地基基础设计等级为丙级。
3. 本工程所在地区地震基本烈度为6度。
4. 建筑物的耐火等级为二级，构件耐火极限按二级查表。
5. 本工程混凝土结构的环境类别：
   标高±0.000m以下及卫生间、雨篷、檐沟为二a类；标高±0.000m以上其他部分为一类。
6. 未经技术鉴定或设计许可，不得改变结构的用途和使用环境。

## 二、设计依据

1. 《建筑结构可靠度设计统一标准》(GB 50068—2001)。
2. 《建筑结构荷载规范》(GB 50009—2012)。
3. 《混凝土结构设计规范(2015年版)》(GB 50010—2010)。
4. 《砌体结构设计规范》(GB 50003—2011)。
5. 《多孔砖砌体结构技术规范》(JGJ 137—2001)。
6. 《建筑地基基础设计规范》(GB 50007—2011)。
7. 《建筑地基处理技术规范》(JGJ 79—2012)。

## 三、设计条件

1. 设计活荷载标准值。

表1

| 部位 | 荷载标准值 | 部位 | 荷载标准值 |
|---|---|---|---|
| 楼面 | 3.5kN/m² | 上人屋面 | 2.0kN/m² |
| 楼梯 | 3.5kN/m² | 不上人屋面 | 0.5kN/m² |

注：其余未详者均按《建筑结构荷载规范》取值。

2. 基本风压值(地面粗糙度为B类)：$W_0$=0.65kN/m²。
3. 地质报告：××工程有限公司××××年××月提供的地质勘察报告。

## 四、设计标高

1. 建筑室内标高±0.000m为相对标高，相当于黄海高程20.50m。
2. 本工程图中尺寸除标高以米计外，其余均以毫米为单位。

## 五、结构形式

1. 本工程采用钢筋混凝土框架结构。
2. 本工程采用柱下独立基础，基础部分说明详见有关图纸。

## 六、材料

1. 混凝土：基础垫层采用C15素混凝土，基础部分采用C25混凝土；各层梁、板、柱采用C25混凝土。
2. 焊条：HPB300钢筋采用E43系列焊条，HRB335钢筋采用E50系列焊条。
3. 填充墙。

表2

| 采用部位 | 种类 | 砖强度等级 | 砂浆强度等级 |
|---|---|---|---|
| 标高±0.000m以下 | 水泥砖 | MU15 | 水泥砂浆M10 |
| 标高±0.000m以上 | 混凝土多孔砖 | MU10 | 混合砂浆M5.0 |

注：1. 砖砌体施工质量控制等级为B级。
2. 所有材料均应满足《民用建筑室内环境污染控制规范》(GB 50325—2001)的要求。

## 七、钢筋混凝土构造

1. 本工程混凝土结构构件的构造详图除已注明或标示外，均选用于《混凝土结构施工图平面整体表示方法制图规则和构造详图(现浇混凝土框架、剪力墙、梁、板)》(16G101—1)。
2. 受力钢筋的混凝土保护层厚度：
   一类环境中，梁为25mm，柱为30mm，板为15mm；
   二a类环境中，梁、柱为30mm，板为20mm，基础为40mm。
3. 本工程的钢筋最小锚固长度 $l_a$ 及最小搭接长度 $l_l$ 满足16G101—1要求。在任何情况下，锚固长度不得小于250mm，搭接长度不得小于300mm。
4. 钢筋的连接宜采用焊接或绑扎搭接，焊接接头的类型和质量应符合现行的《钢筋焊接及验收规程》。纵向受力钢筋连接接头应相互错开，位于同一连接区段内的纵向受拉钢筋接头面积百分率不应大于50%。
5. 梁、板钢筋搭接，上部钢筋在跨中，下部钢筋在支座。
6. 现浇板洞口不大于300mm时，板内钢筋可绕行，不需切断。当大于300mm，并且小于或等于1000mm时，洞边板底应设附加钢筋，未注明均为2⌀14。
7. 本工程图中未注明的现浇板分布筋均采用⌀8@200。
8. 当柱纵筋采用搭接连接时，应在柱纵筋搭接长度范围内均按<5$d$($d$为搭接钢筋较小直径)及<100mm的间距加密箍筋。
9. 本工程外墙转角处和短跨跨度大于或等于3.9m的现浇板四角上部应布置双向钢筋，直径不小于10mm，间距不应大于100mm，该构造钢筋伸入板内的长度从梁边或墙边算起应大于板短跨跨度的1/3。做法详见图一。
10. 当板底与梁底平时，板下部钢筋应放在梁下部主筋之上。
11. 卫生间现浇板四周(门洞除外)、室内外交界处墙下均做墙厚×200mm素混凝土翻边。
12. 梁的第一个箍筋及弯起筋的上弯点均距支座边50mm处设置。吊筋、鸭筋、弯起筋的平直段长度均为20$d$。梁高小于等于800mm时，弯起角为45°，梁高大于800mm时为60°。
13. 当梁的腹板高度大于或等于450mm时，在梁的两侧面应沿高度每隔200mm配置2⌀12纵向构造钢筋及⌀8@400拉筋。
14. 主次梁相交处，在主梁上次梁两侧均设置3根主梁箍筋，间距50mm。未注明的附加吊筋均为2⌀16。
15. 梁上开洞平面位置详见建施图，构造做法详见图二。
16. 屋面梁上混凝土找坡高度大于或等于50mm时应设置构造钢筋，做法详见图三。
17. 图中所有圆弧梁、折梁均按抗扭设置。
18. 梁、板跨度大于4m，挑梁大于2m时，模板应起拱，起拱高度为跨度的1/400。
19. 抗扭箍筋末端应做135°弯钩，弯钩的平直段长度不应小于10$d$($d$为箍筋直径)。

| 设计单位 | | 图名 | 结构设计总说明(一) | 设 计 | | 工程号 | | 子项号 | |
|---|---|---|---|---|---|---|---|---|---|
| | | | | 校 核 | | 图 号 | 结施-01 | 版 次 | |
| 工程名称 | | 子项名称 | | 审 核 | | 比 例 | | 日 期 | |

附图 2.1　结构设计总说明（一）

# 结构设计总说明(二)

20. 所有门窗洞顶除已有梁外，均设置混凝土过梁，做法详见图四。过梁长度为洞口宽加2×250mm。若洞口在柱边时，须在柱中预留过梁主筋。当洞顶与结构梁(板)底的距离小于上述各类过梁高度时，过梁须与结构梁(板)浇成整体，做法详见图五。
21. 砖砌体与钢筋混凝土柱连接处，每500mm预埋2Φ6，伸出柱边600mm，端部加弯钩。
22. 填充墙长度超过层高2倍时，宜设置钢筋混凝土构造柱，断面尺寸为240mm×240mm，配筋为4Φ12/Φ6@200。
23. 底层填充墙高度超过4m，应在墙体半高处设置与混凝土柱连接且沿墙全长贯通的现浇混凝土水平连系梁，断面尺寸为240mm×100mm，配筋为3Φ10/@250。
24. 屋顶女儿墙采用砌体时应设置构造柱与屋面梁连接，构造柱断面尺寸为240mm×240mm，配筋为4Φ12/@200，结合框架柱顶设置，且间距不大于4m，并设置压顶圈梁。
25. 对常用钢筋，当需做现场材料代换时，除满足等强度代换原则外，还应满足规范有关规定，且同一受力面钢筋级差不得超过二级。当构件对裂缝宽度和挠度有严格控制时，代换后钢筋应满足原设计对裂缝宽度和挠度的要求。

八、其他

1. 配合建筑、水、电、钢结构等图纸做好预留预埋工作。
2. 未尽之处详见有关规范、规程、标准图集。
3. 施工过程中，如遇特殊情况请及时与设计单位联系，协商解决。



图一 现浇板四角上部配筋图

注：1. 当板面钢筋为Φ10@200时附加Φ10@200。
2. 当板面钢筋为Φ10@150时附加Φ10@150。

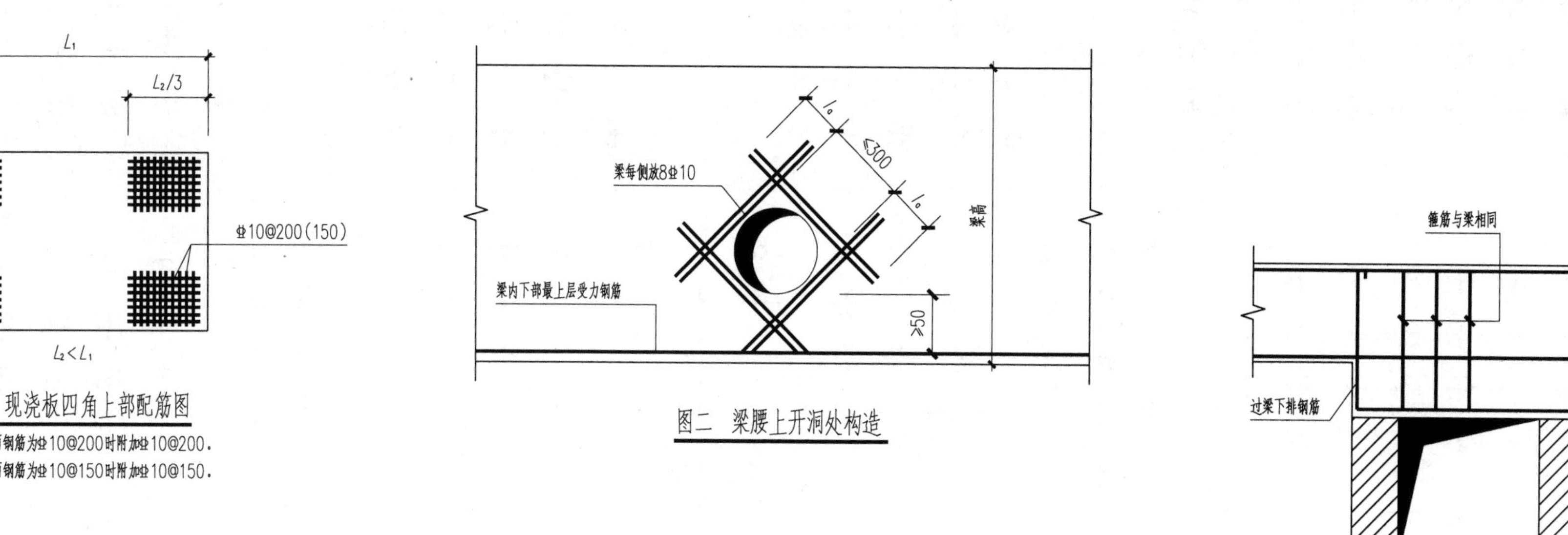


图二 梁腰上开洞处构造

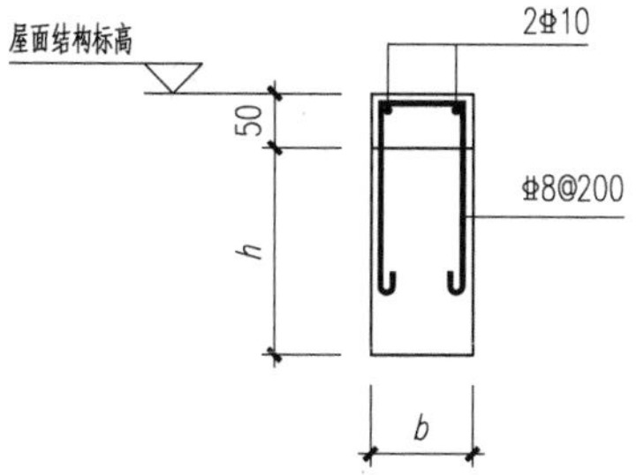

图三 屋面梁构造



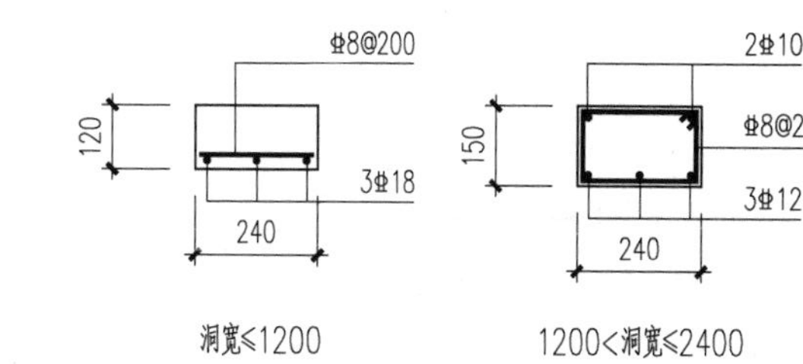

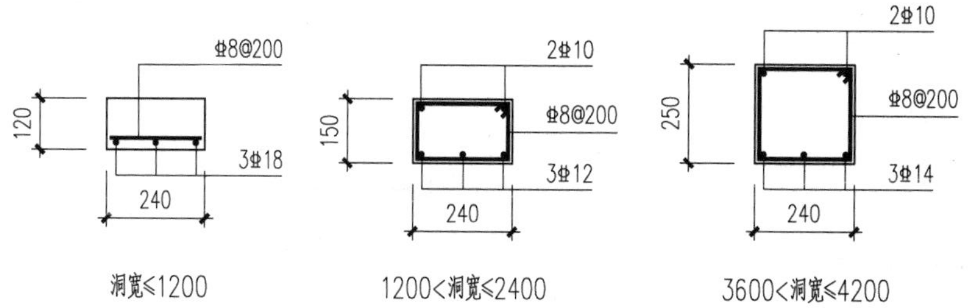

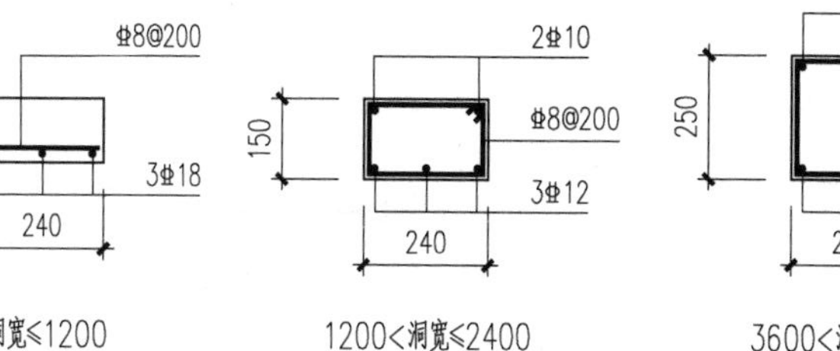


图四 门窗洞口过梁图

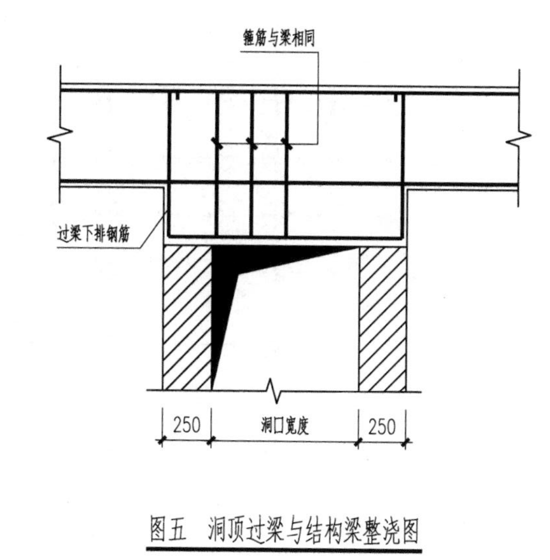


图五 洞顶过梁与结构梁整浇图

| 设计单位 | 图名 结构设计总说明(二) | 设 计 | | 工程号 | | 子项号 | |
|---|---|---|---|---|---|---|---|
| | | 校 核 | | 图 号 | 结施-02 | 版 次 | |
| 工程名称 | 子项名称 | 审 核 | | 比 例 | | 日 期 | |

附图 2.2 结构设计总说明（二）

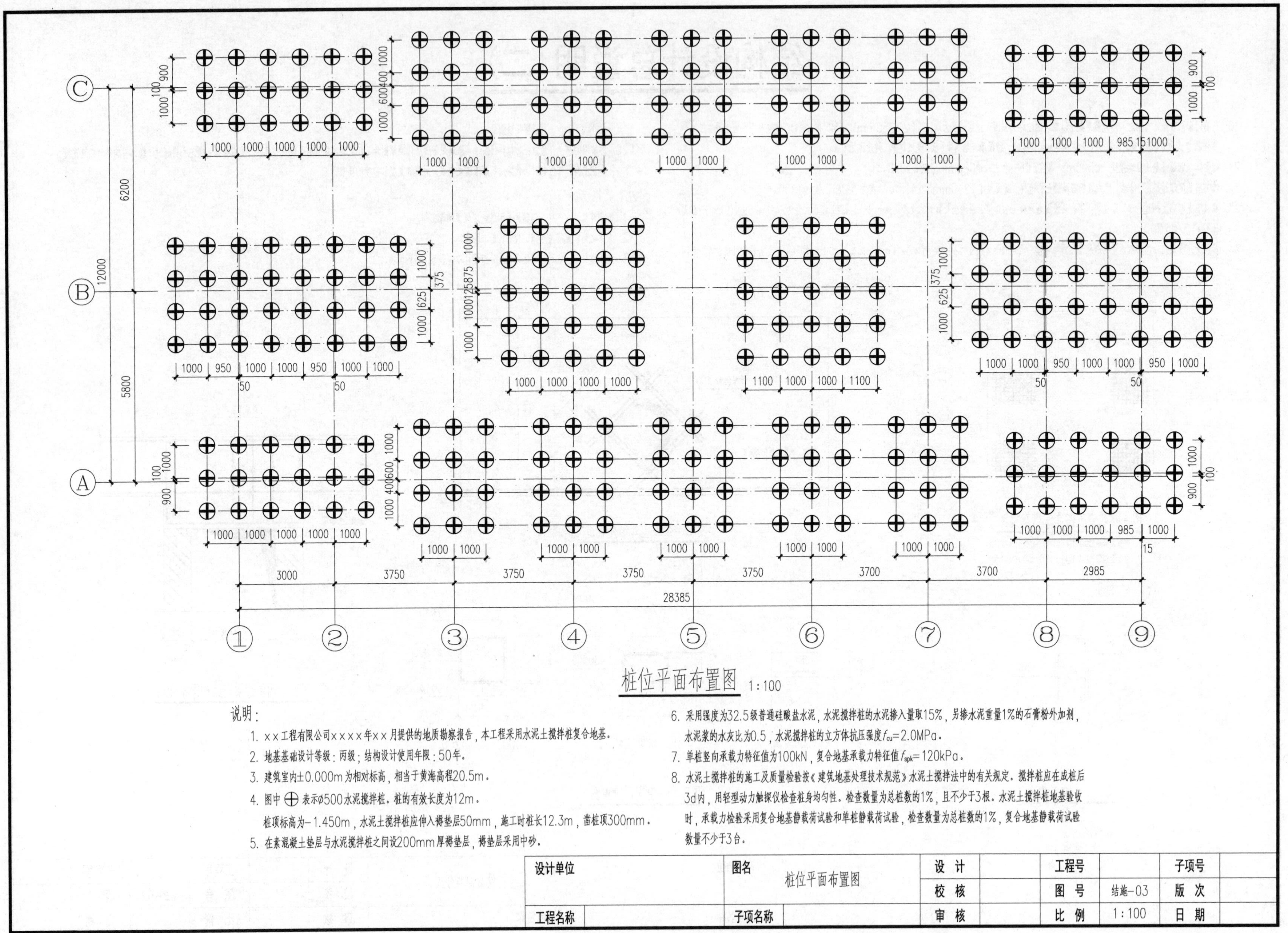


附图 2.3 桩位平面布置图

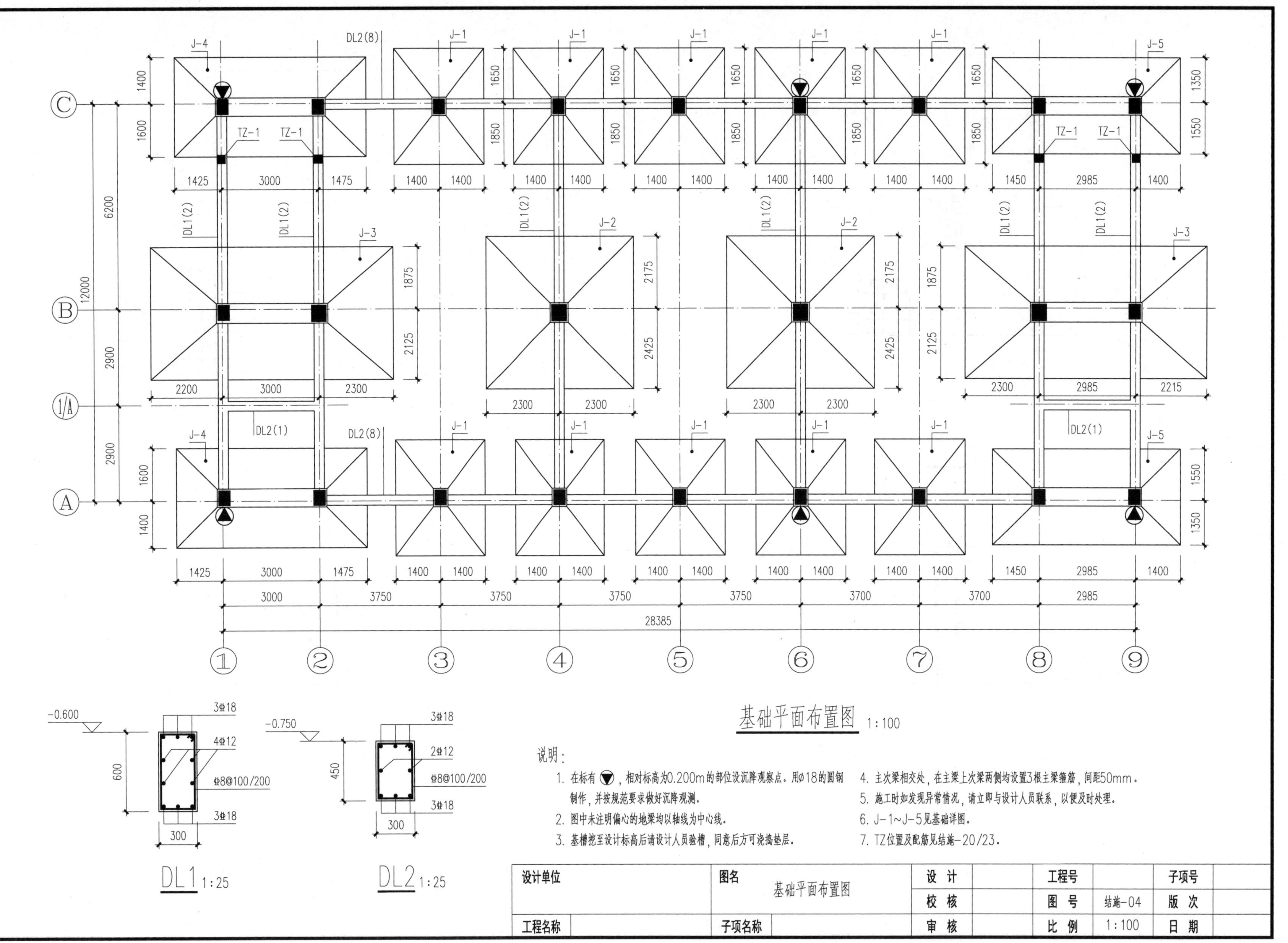


附图 2.4　基础平面布置图

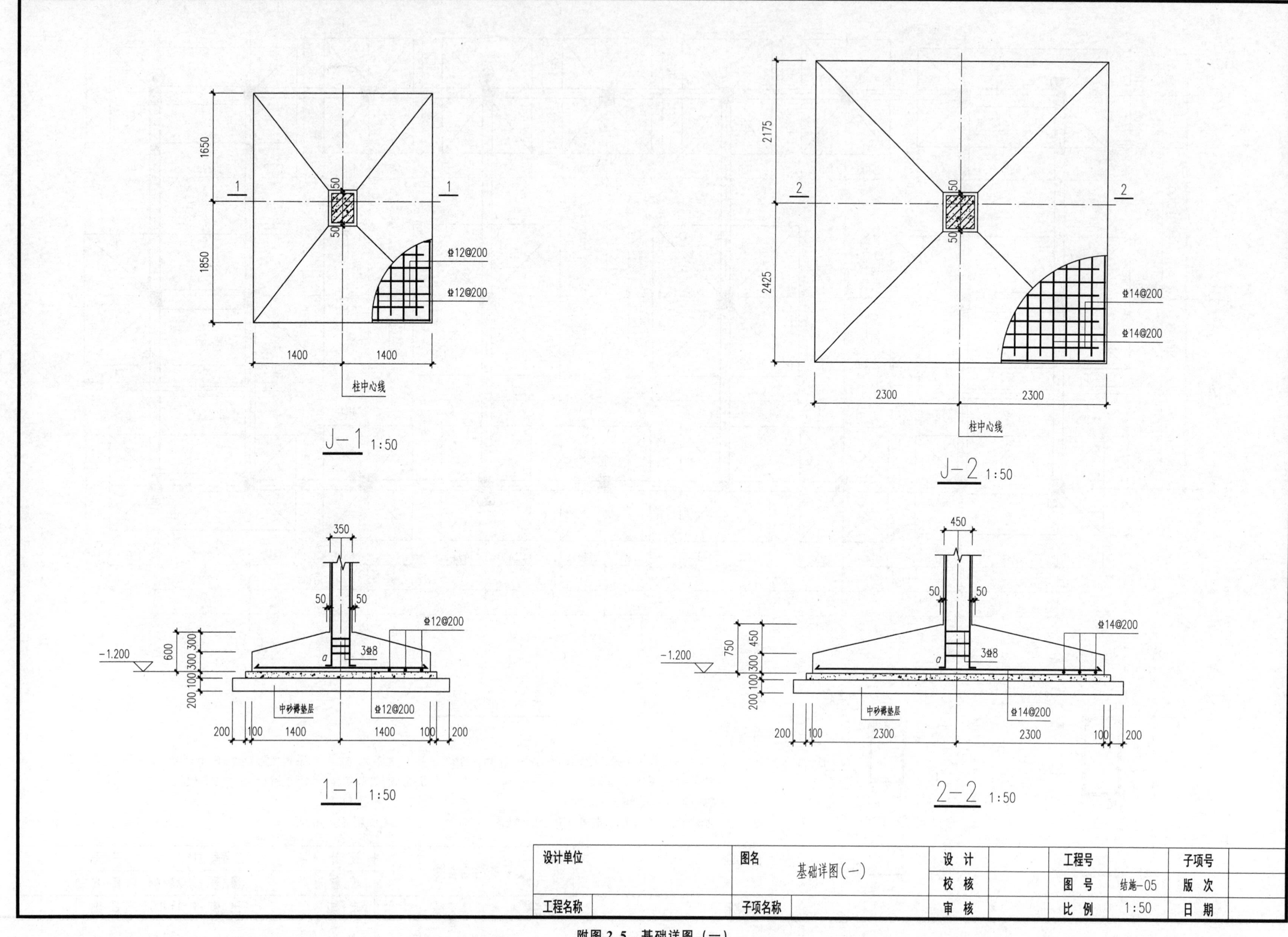
1650
1850
1400
1400
1
1
50
50
Φ12@200
Φ12@200
柱中心线
J−1 1:50
2175
2425
2300
2300
2
2
50
50
Φ14@200
Φ14@200
柱中心线
J−2 1:50
350
50
50
Φ12@200
600
300
300
−1.200
3Φ8
a
200
100
中砂褥垫层
Φ12@200
200
100
1400
1400
100
200
1−1 1:50
450
50
50
Φ14@200
750
450
300
−1.200
3Φ8
a
200
100
中砂褥垫层
Φ14@200
200
100
2300
2300
100
200
2−2 1:50
设计单位
图名
基础详图(一)
设 计
校 核
审 核
工程号
图 号
结施−05
比 例
1:50
子项号
版 次
日 期
工程名称
子项名称

附图 2.5　基础详图（一）

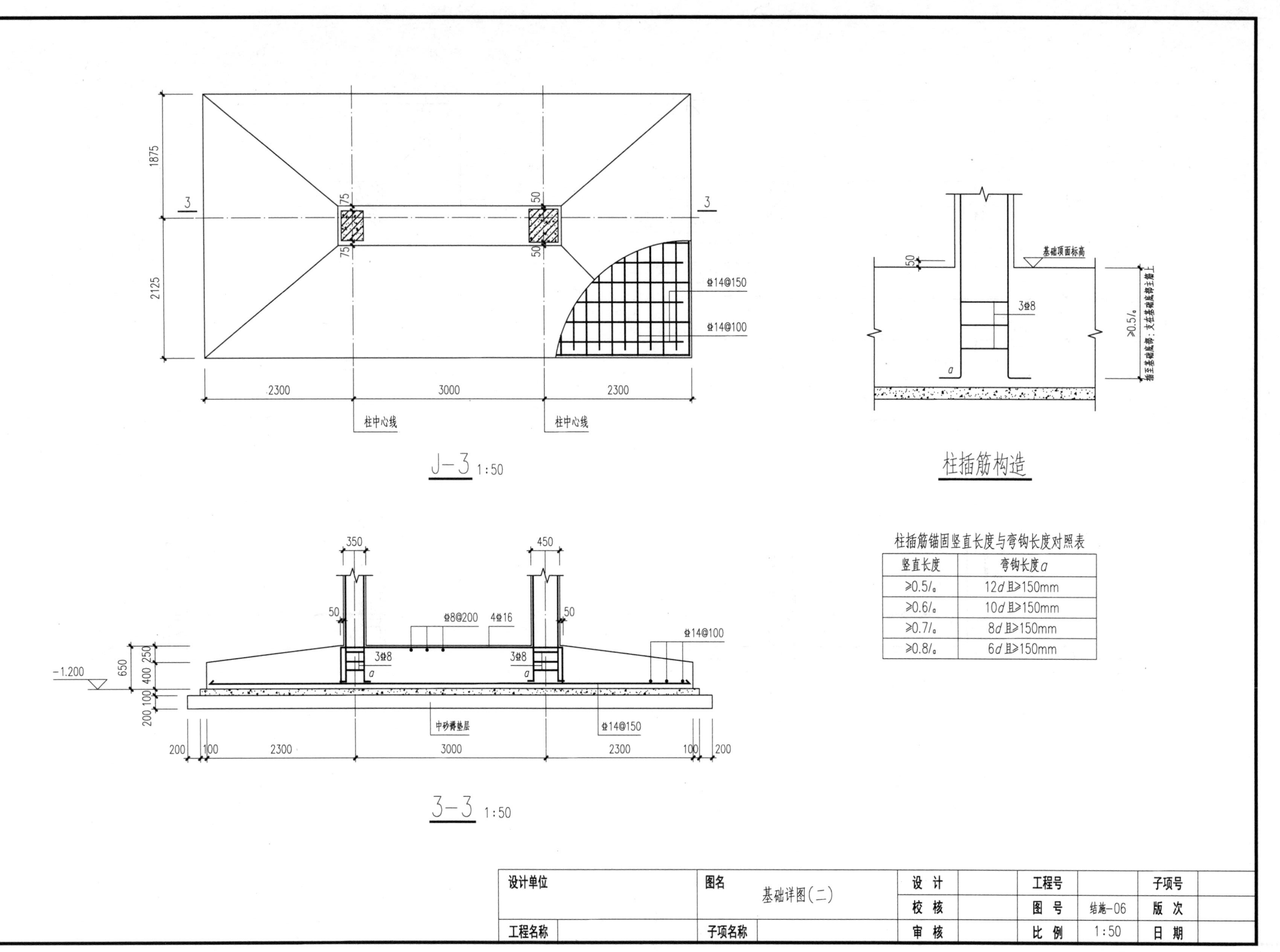


柱插筋锚固竖直长度与弯钩长度对照表

| 竖直长度 | 弯钩长度 $a$ |
|---|---|
| $\geq 0.5l_a$ | $12d$ 且 $\geq$ 150mm |
| $\geq 0.6l_a$ | $10d$ 且 $\geq$ 150mm |
| $\geq 0.7l_a$ | $8d$ 且 $\geq$ 150mm |
| $\geq 0.8l_a$ | $6d$ 且 $\geq$ 150mm |

附图 2.6 基础详图（二）

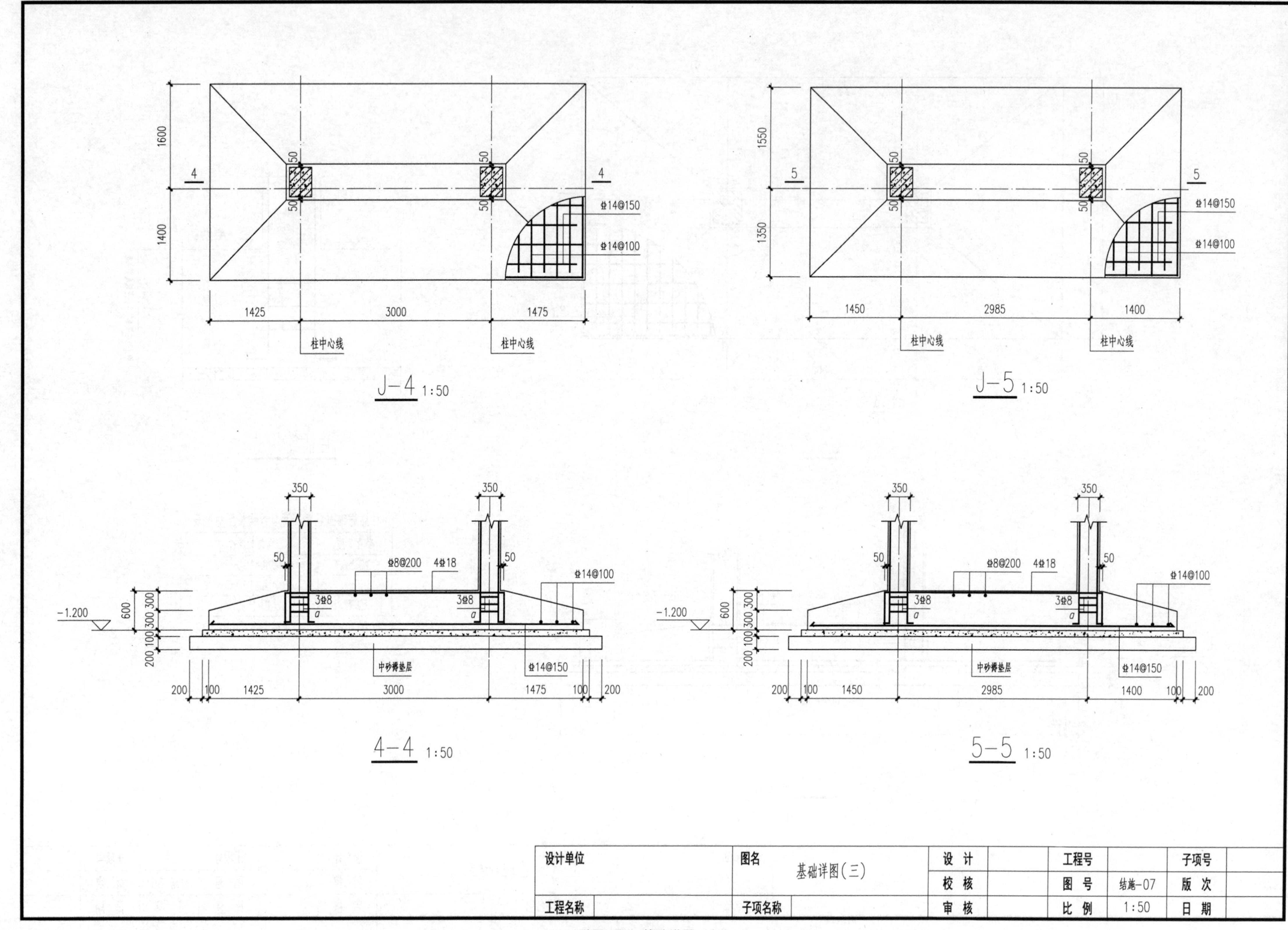


| 设计单位 | 图名 基础详图(三) | 设 计 | | 工程号 | | 子项号 | |
|---|---|---|---|---|---|---|---|
| | | 校 核 | | 图 号 | 结施-07 | 版 次 | |
| 工程名称 | 子项名称 | 审 核 | | 比 例 | 1:50 | 日 期 | |

附图 2.7 基础详图（三）

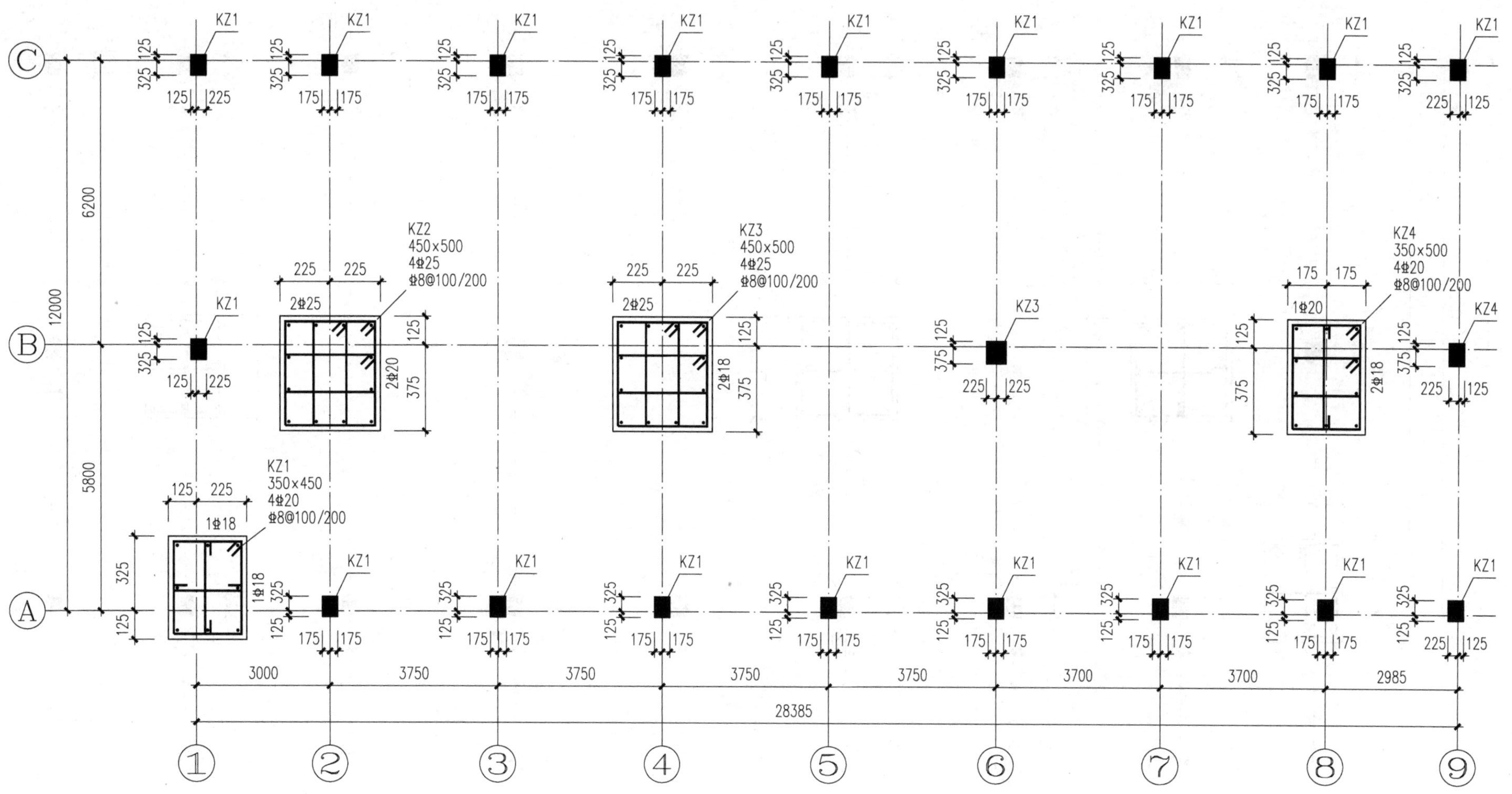

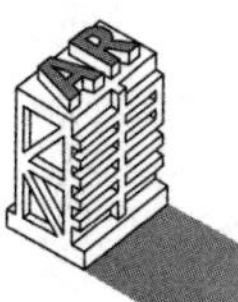

## 基础顶~标高5.070m柱配筋图 1:100

| 屋面 | 14.970m | |
|---|---|---|
| 4 | 11.670m | 3.3m |
| 3 | 8.370m | 3.3m |
| 2 | 5.070m | 3.3m |
| 1 | 基础顶 | 5.57m |
| 层号 | 楼面标高 | 层高 |

结构层楼面标高
结构层高

说明：

1. 混凝土强度等级为C25。
2. 柱纵筋搭接长度范围内箍筋加密，间距为100mm。

| 设计单位 | | 图名 基础顶~标高5.070m柱配筋图 | 设 计 | | 工程号 | | 子项号 | |
|---|---|---|---|---|---|---|---|---|
| | | | 校 核 | | 图 号 | 结施-08 | 版 次 | |
| 工程名称 | | 子项名称 | 审 核 | | 比 例 | 1:100 | 日 期 | |

附图 2.8 基础顶～标高 5.070m 柱配筋图

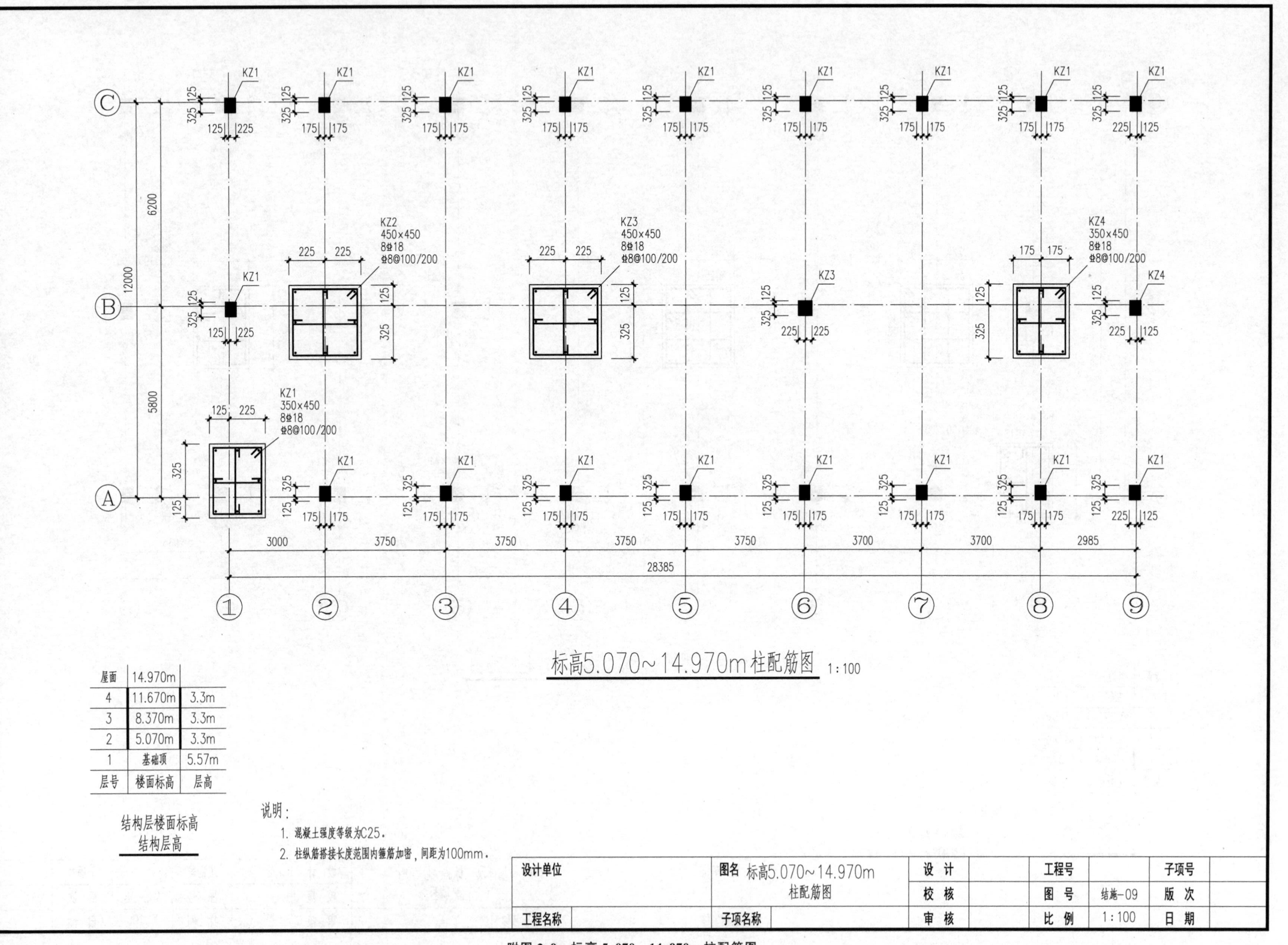


附图 2.9 标高 5.070～14.970m 柱配筋图

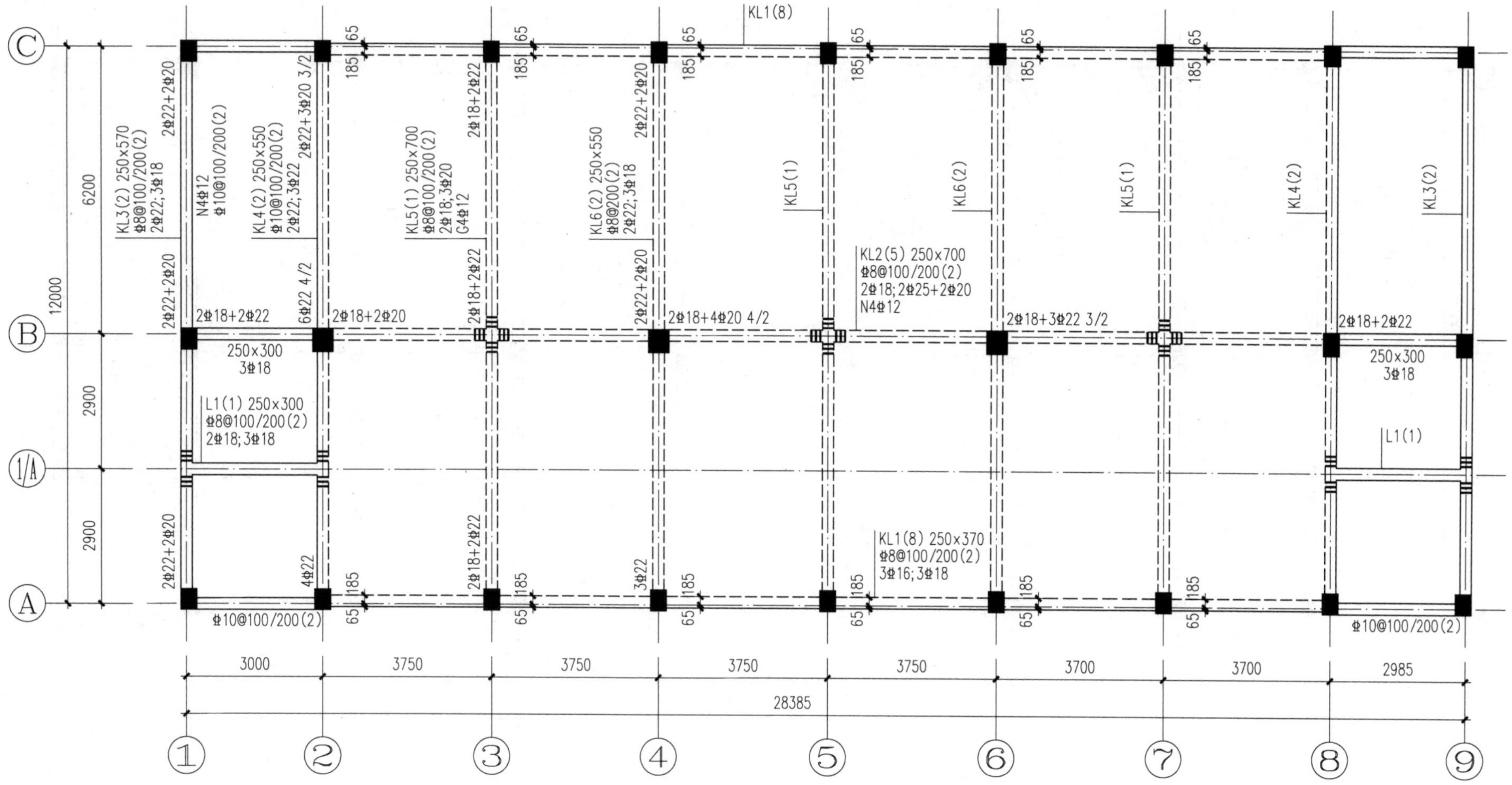

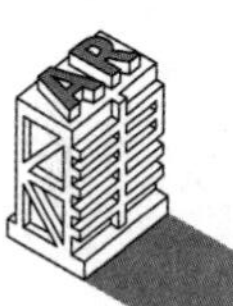

KL1(8)
KL3(2) 250×570
Φ8@100/200(2)
2Φ22;3Φ18
N4Φ12
Φ10@100/200(2)
KL4(2) 250×550
Φ10@100/200(2)
2Φ22;3Φ22
KL5(1) 250×700
Φ8@100/200(2)
2Φ18;3Φ20
G4Φ12
KL6(2) 250×550
Φ8@200(2)
2Φ22;3Φ18
KL5(1)
KL6(2)
KL5(1)
KL4(2)
KL3(2)
KL2(5) 250×700
Φ8@100/200(2)
2Φ18;2Φ25+2Φ20
N4Φ12
2Φ18+2Φ22
2Φ18+2Φ20
2Φ18+4Φ20 4/2
2Φ18+3Φ22 3/2
6Φ22 4/2
2Φ22+3Φ20 3/2
2Φ22+2Φ20
2Φ18+2Φ22
4Φ22
3Φ22
250×300
3Φ18
L1(1) 250×300
Φ8@100/200(2)
2Φ18;3Φ18
L1(1)
KL1(8) 250×370
Φ8@100/200(2)
3Φ16;3Φ18
Φ10@100/200(2)
185
65
6200
2900
2900
12000
3000
3750
3750
3750
3750
3700
3700
2985
28385
C
B
1/A
A
1
2
3
4
5
6
7
8
9

标高5.070m梁平法施工图 1:100

说明：

1. 本图需配合图集16G101－1共同使用。
2. 本层混凝土强度等级为C25。
3. 未注明位置的梁，梁边与柱边齐平或居轴线中对齐。
4. 主次梁相交处，在主梁上次梁两侧均设置3根主梁箍筋，间距50mm。

| | | | | | | | |
|---|---|---|---|---|---|---|---|
| 设计单位 | 图名 标高5.070m梁平法施工图 | 设 计 | | 工程号 | | 子项号 | |
| | | 校 核 | | 图 号 | 结施－10 | 版 次 | |
| 工程名称 | 子项名称 | 审 核 | | 比 例 | 1：100 | 日 期 | |

附图 2.10 标高 5.070m 梁平法施工图

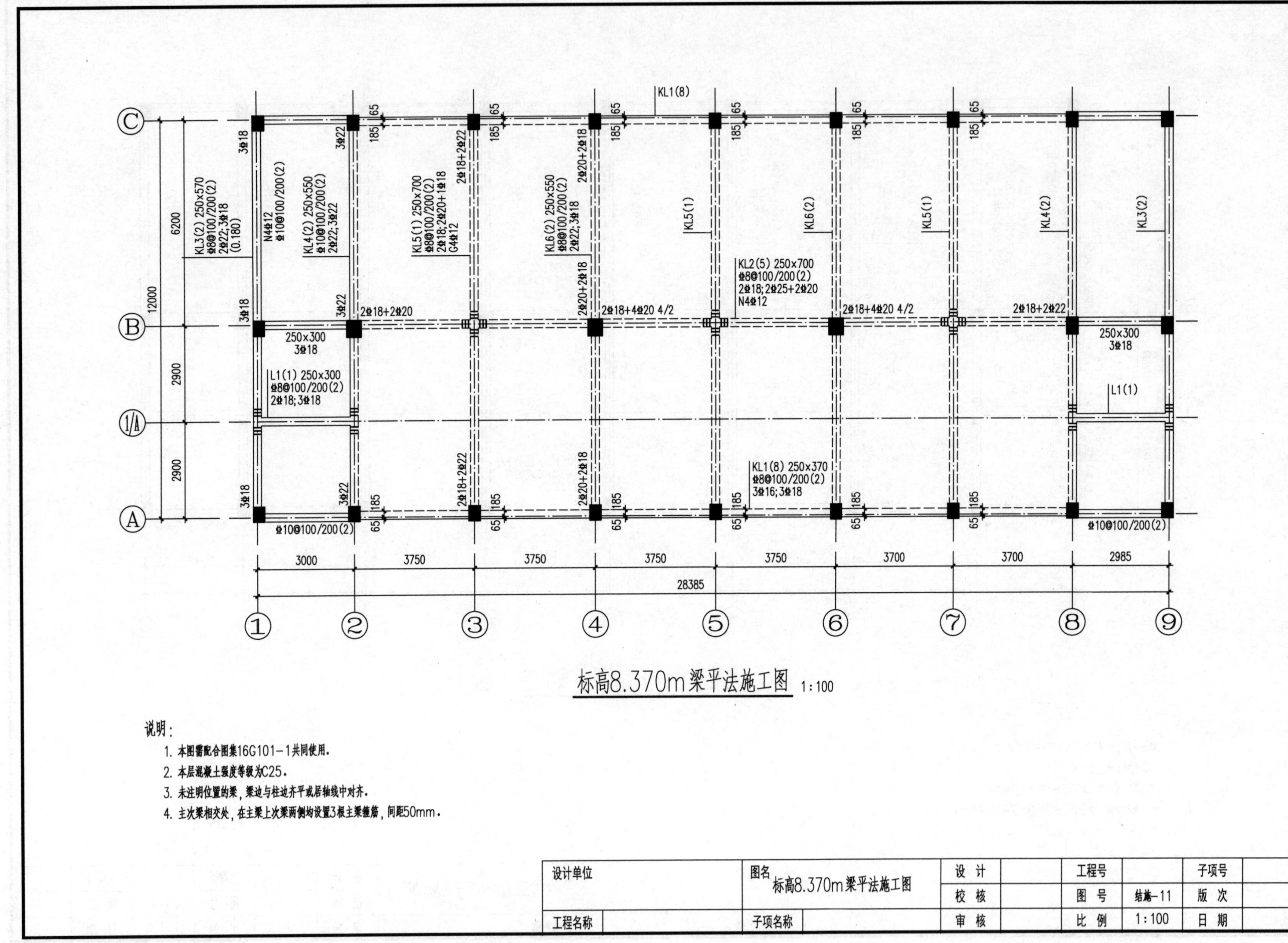


附图 2.11　标高 8.370m 梁平法施工图

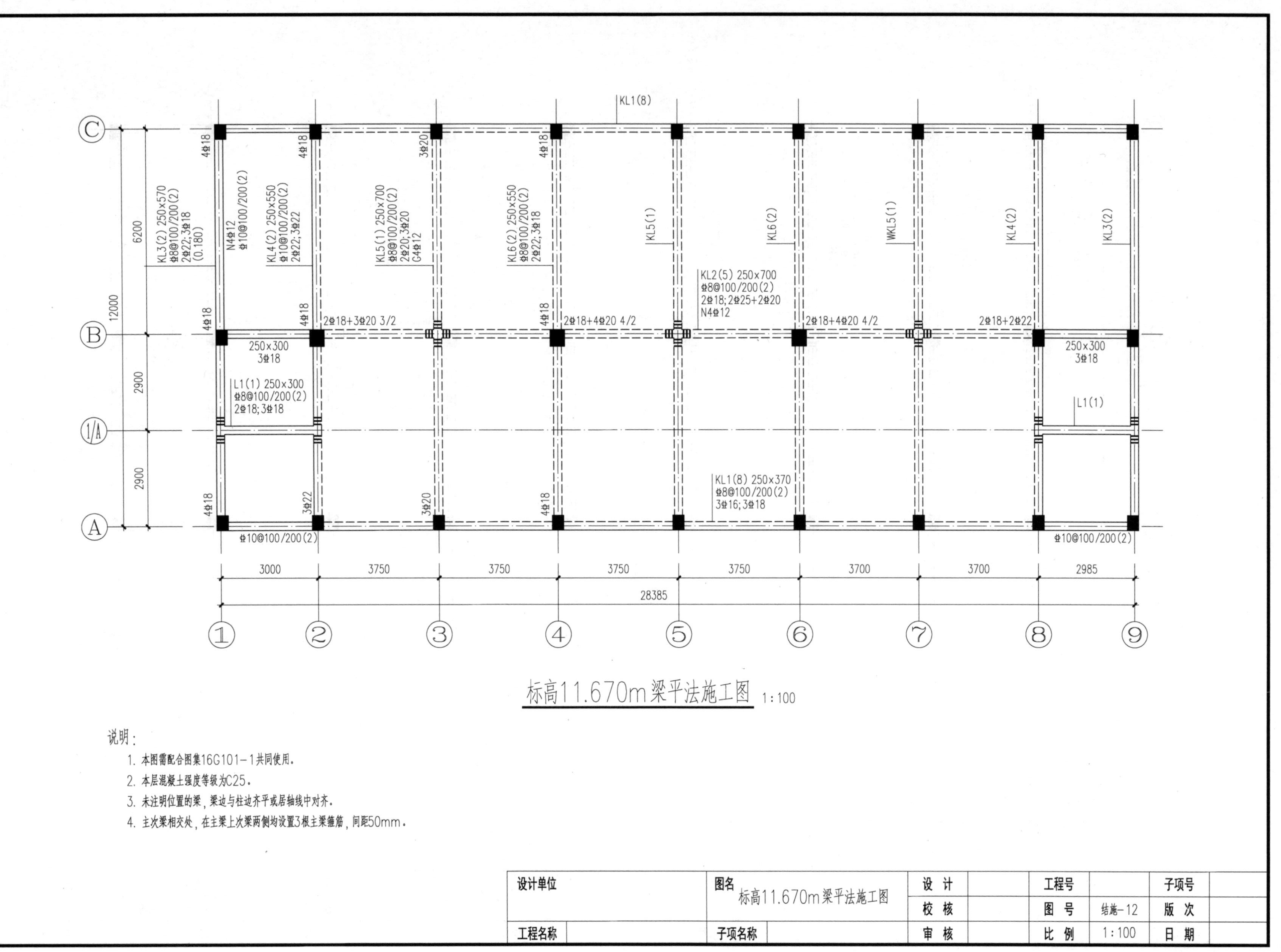


附图 2.12 标高 11.670m 梁平法施工图

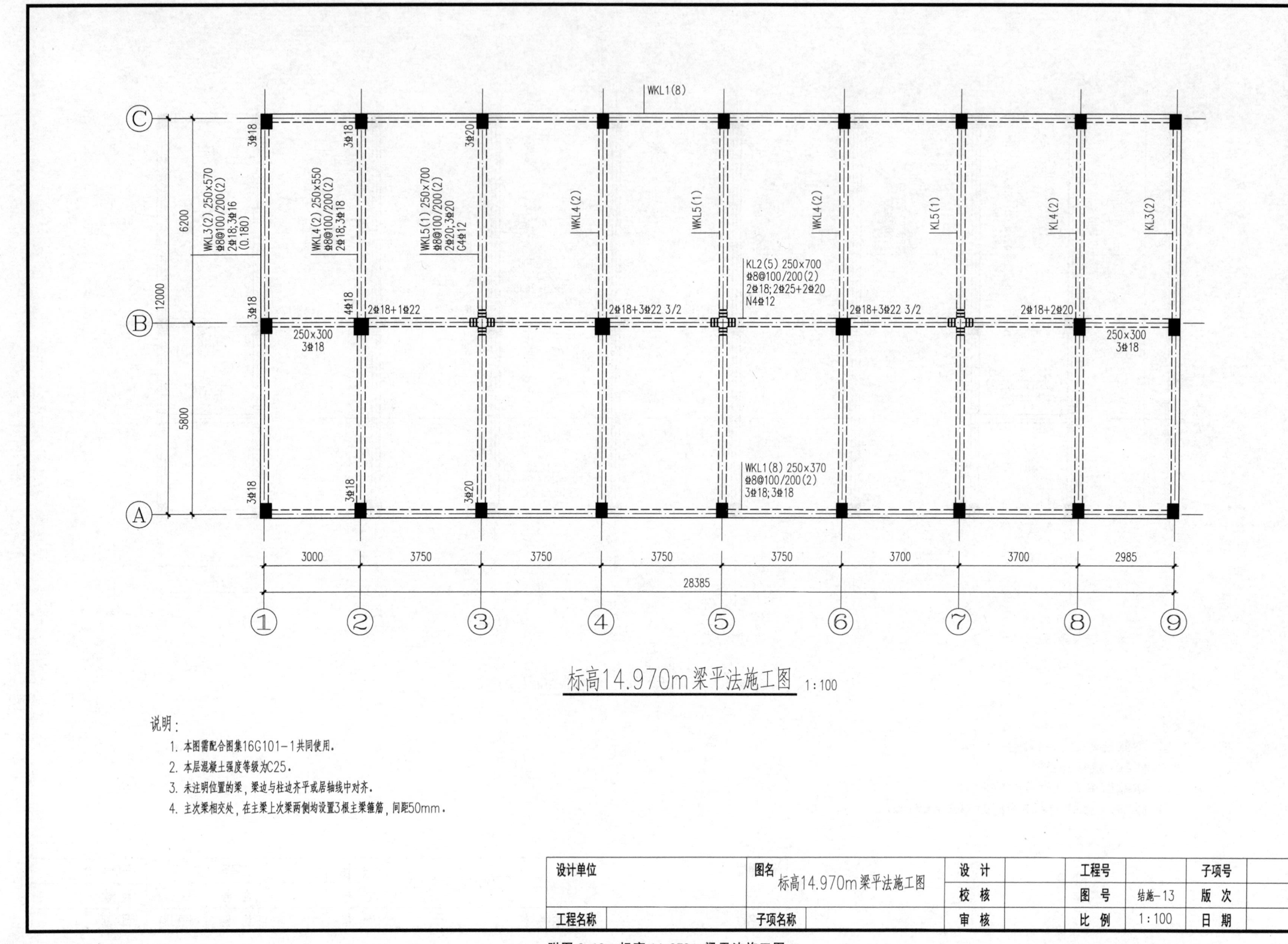


标高14.970m梁平法施工图 1:100

说明：

1. 本图需配合图集16G101-1共同使用.
2. 本层混凝土强度等级为C25.
3. 未注明位置的梁，梁边与柱边齐平或居轴线中对齐.
4. 主次梁相交处，在主梁上次梁两侧均设置3根主梁箍筋，间距50mm.

| 设计单位 | 图名 标高14.970m梁平法施工图 | 设 计 | | 工程号 | | 子项号 | |
|---|---|---|---|---|---|---|---|
| | | 校 核 | | 图 号 | 结施-13 | 版 次 | |
| 工程名称 | 子项名称 | 审 核 | | 比 例 | 1:100 | 日 期 | |

附图 2.13 标高 14.970m 梁平法施工图

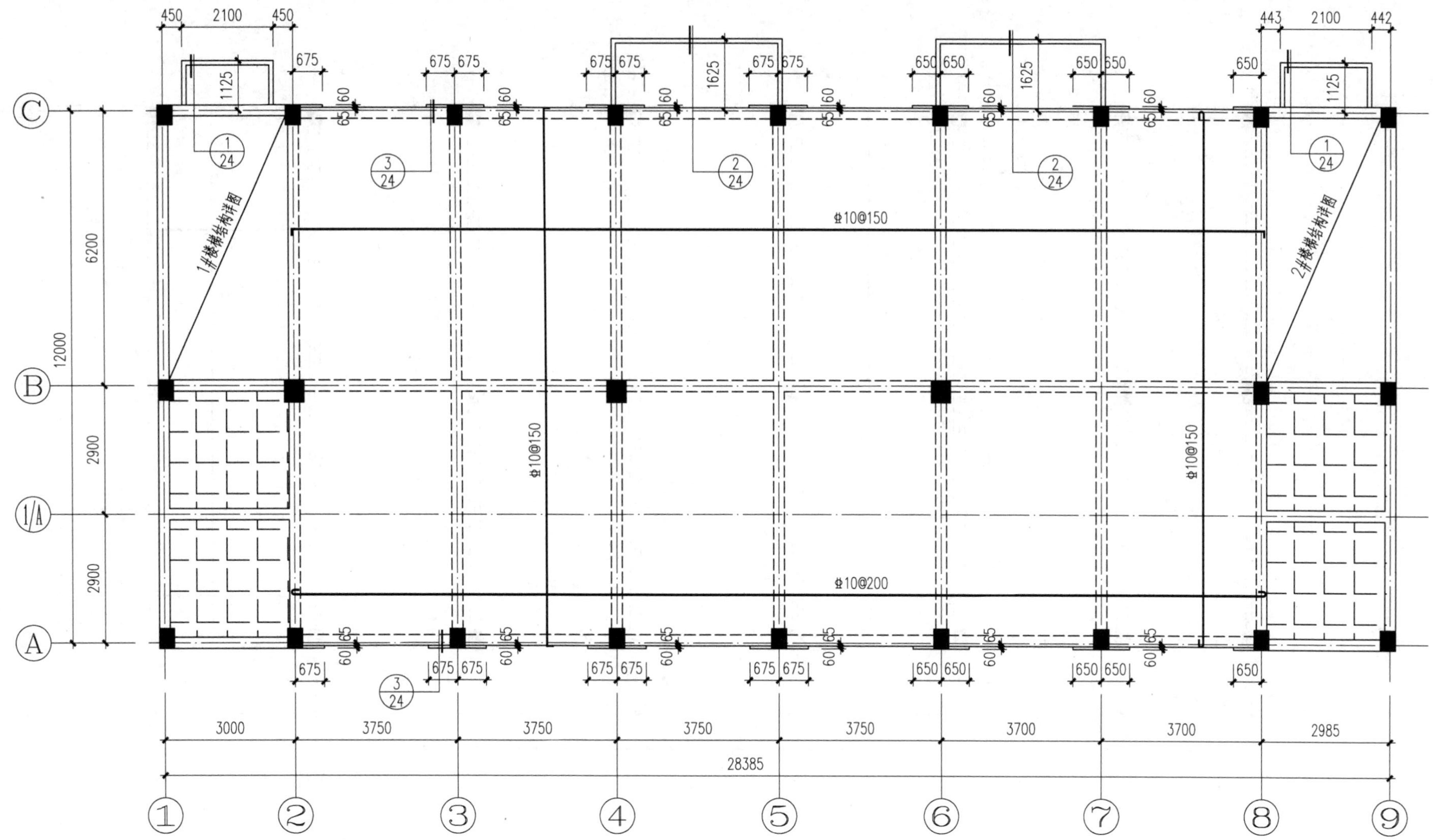

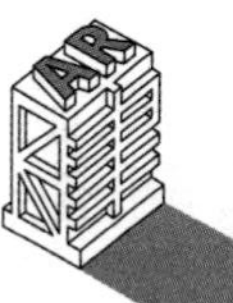

## 标高5.070m板配筋图 1:100

说明：

1. 本层混凝土强度等级为C25。
2. 本层未注明板厚均为110mm。
3. 图中▭板厚为110mm，板面标高5.000m，配筋为双层双向Φ8@100/200。

| 设计单位 | 图名 标高5.070m板配筋图 | 设　计 | | 工程号 | | 子项号 | |
|---|---|---|---|---|---|---|---|
| | | 校　核 | | 图　号 | 结施-14 | 版　次 | |
| 工程名称 | 子项名称 | 审　核 | | 比　例 | 1:100 | 日　期 | |

附图 2.14　标高 5.070m 板配筋图

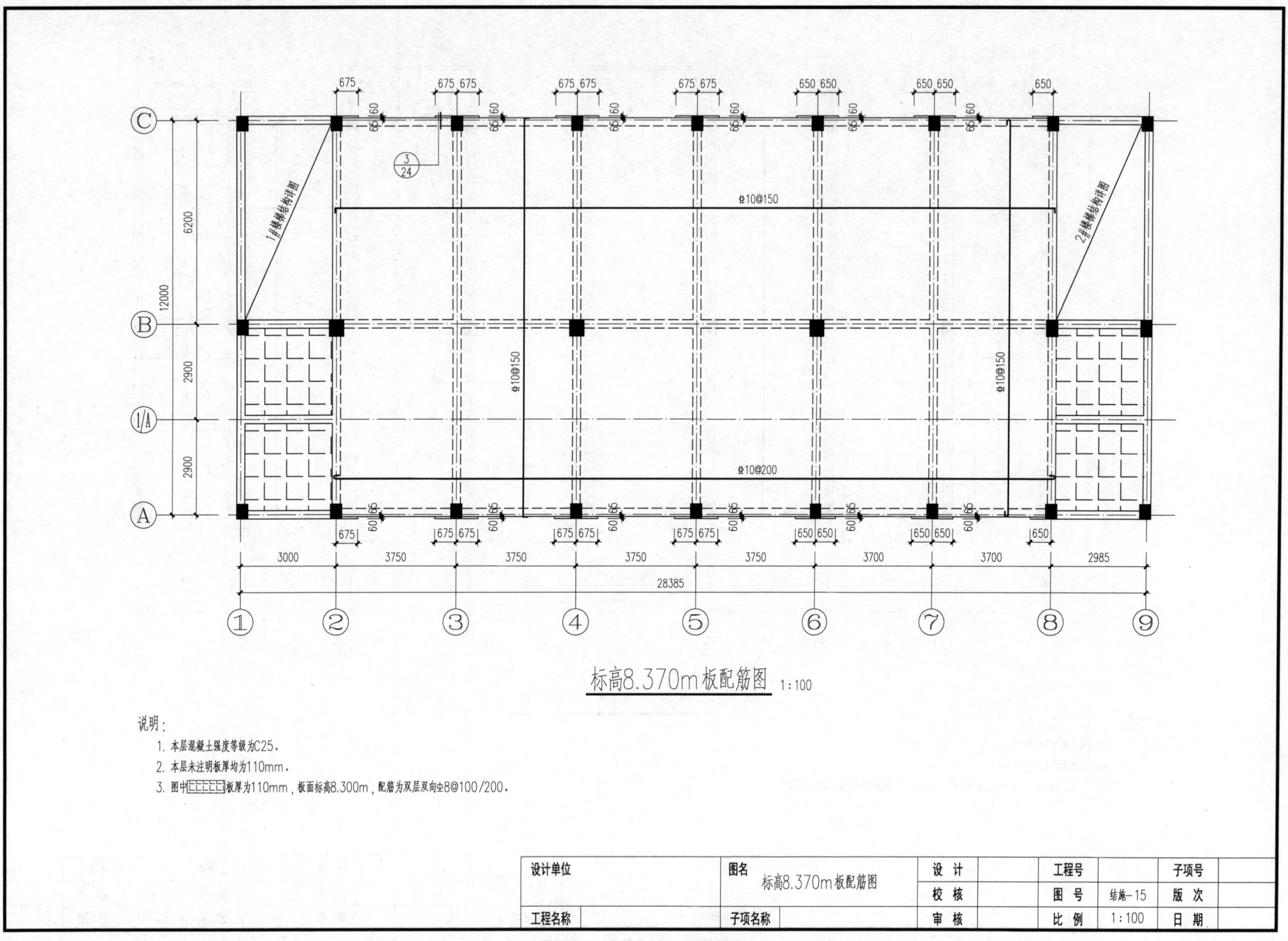


附图 2.15 标高 8.370m 板配筋图

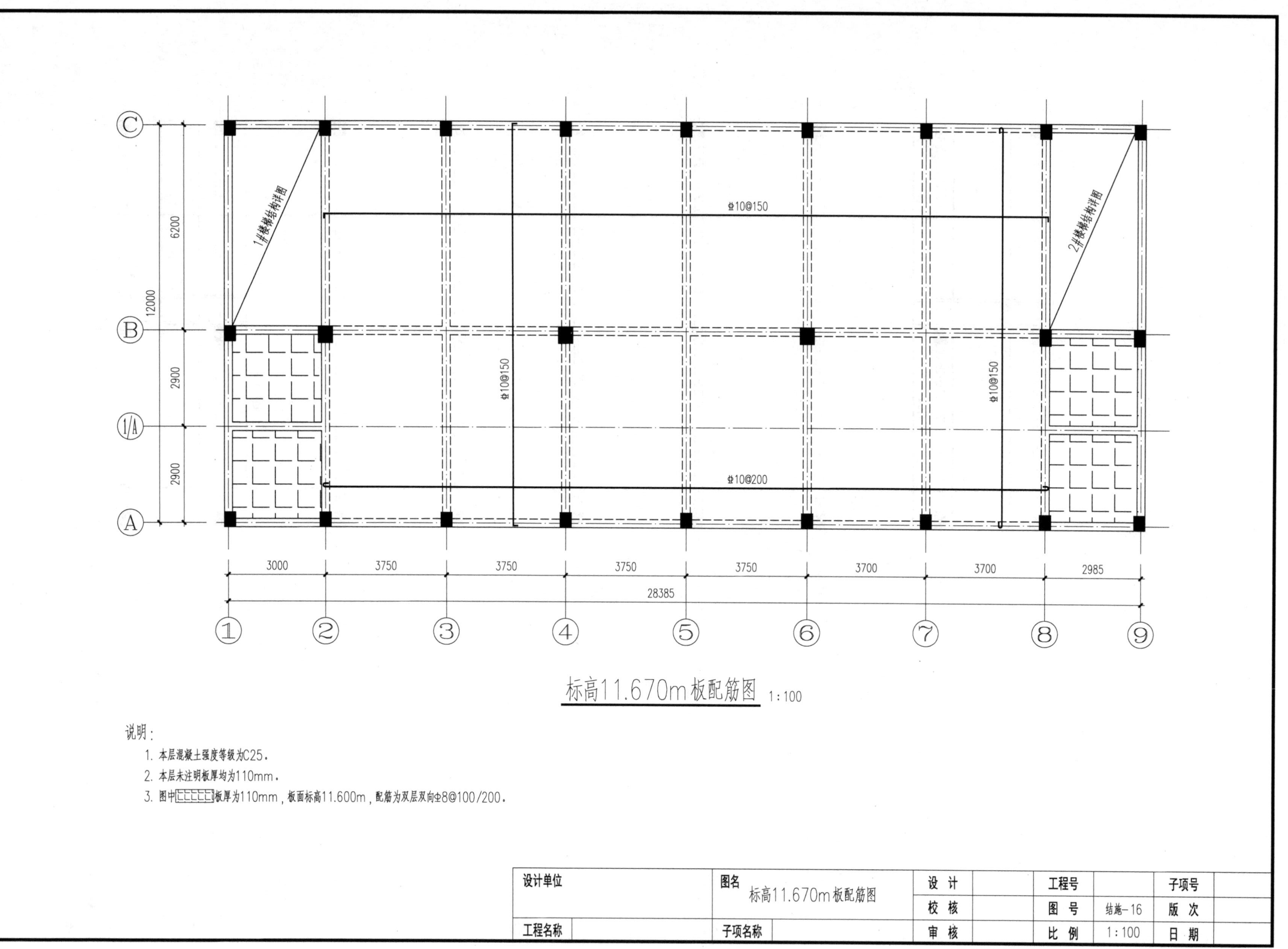


附图 2.16　标高 11.670m 板配筋图

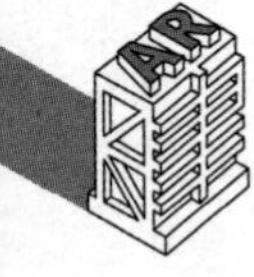

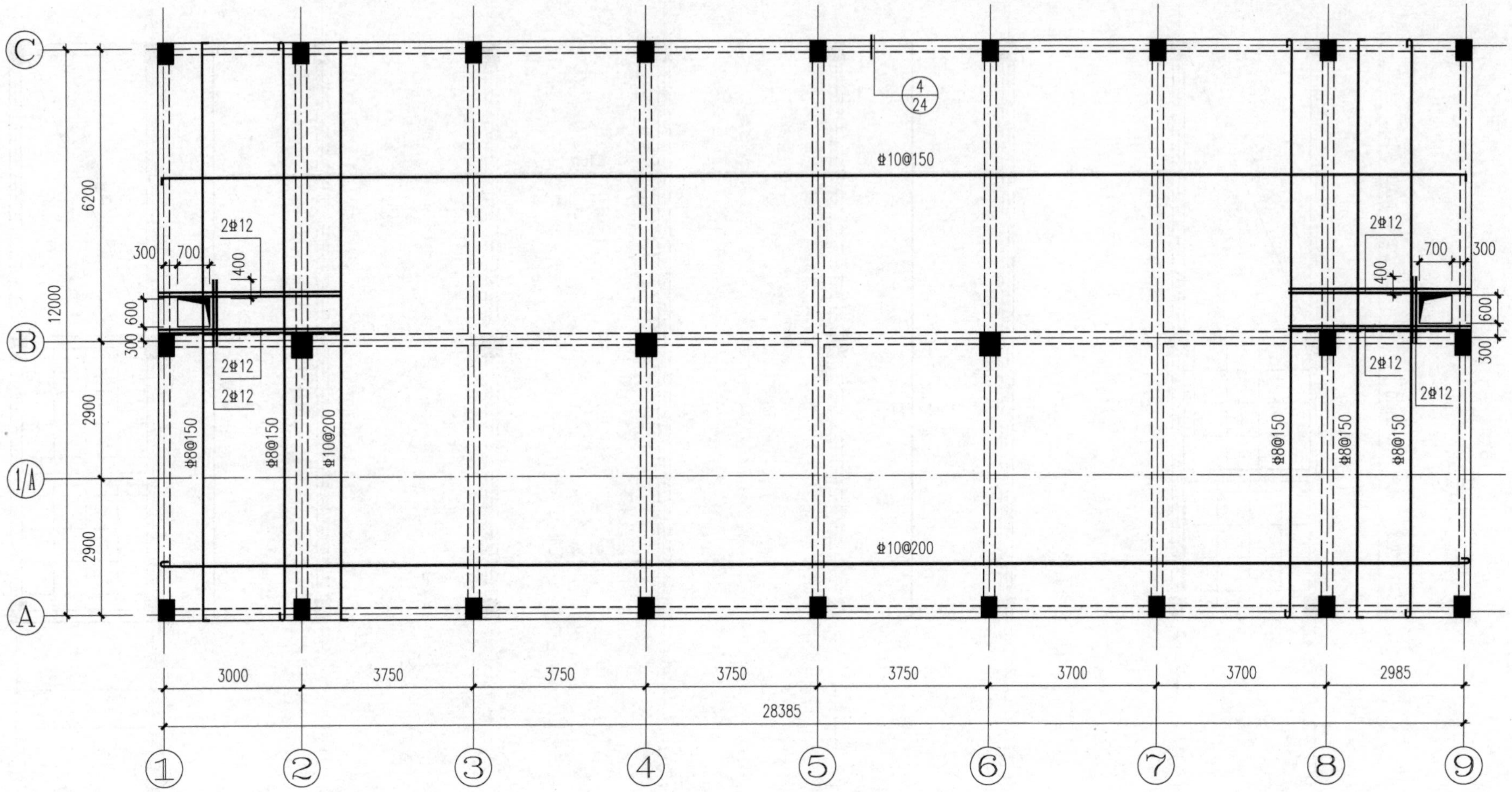

标高14.970m板配筋图 1:100

说明：

1. 本层混凝土强度等级为C25。
2. 本层未注明板厚均为110mm。

| 设计单位 | | 图名 | 标高14.970m板配筋图 | 设 计 | | 工程号 | | 子项号 | |
|---|---|---|---|---|---|---|---|---|---|
| | | | | 校 核 | | 图 号 | 结施-17 | 版 次 | |
| 工程名称 | | 子项名称 | | 审 核 | | 比 例 | 1:100 | 日 期 | |

附图 2.17 标高 14.970m 板配筋图

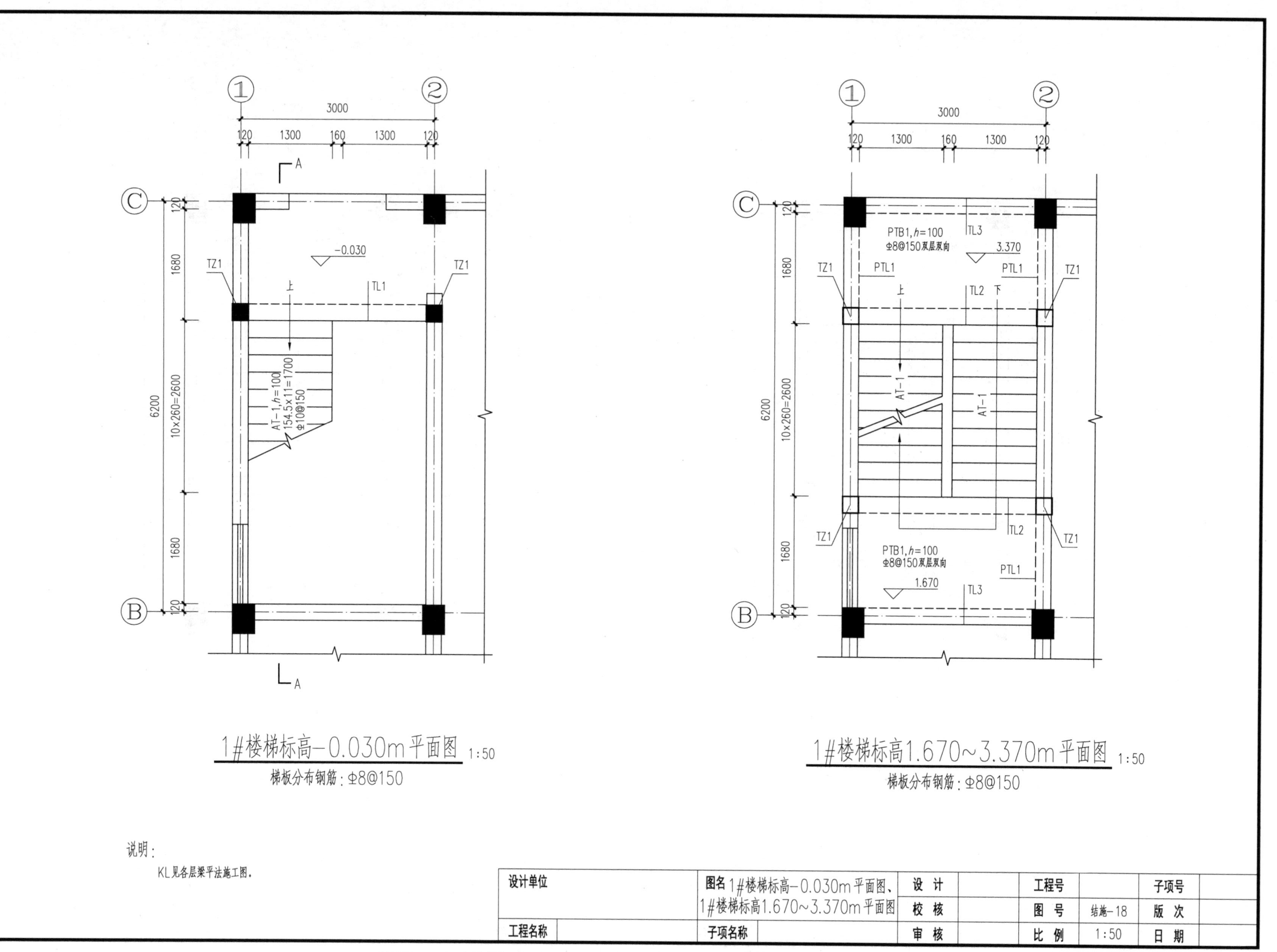


| 设计单位 | 图名 1#楼梯标高-0.030m平面图、1#楼梯标高1.670~3.370m平面图 | 设 计 | | 工程号 | | 子项号 | |
|---|---|---|---|---|---|---|---|
| | | 校 核 | | 图 号 | 结施-18 | 版 次 | |
| 工程名称 | 子项名称 | 审 核 | | 比 例 | 1:50 | 日 期 | |

附图 2.18　1#楼梯标高-0.030m平面图、1#楼梯标高1.670~3.370m平面图

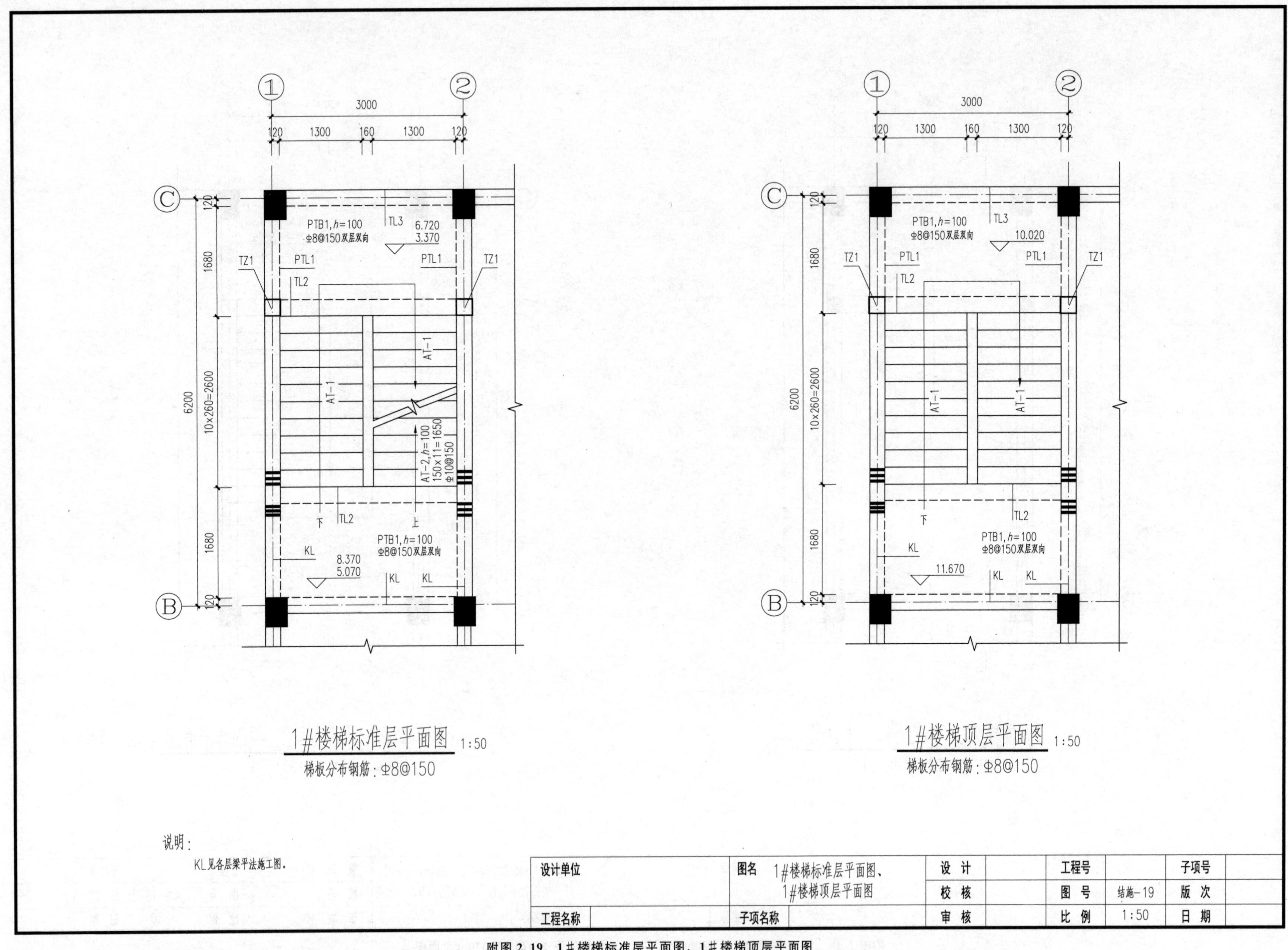


| 设计单位 | | 图名 | 1#楼梯标准层平面图、1#楼梯顶层平面图 | 设 计 | | 工程号 | | 子项号 | |
|---|---|---|---|---|---|---|---|---|---|
| | | | | 校 核 | | 图 号 | 结施-19 | 版 次 | |
| 工程名称 | | 子项名称 | | 审 核 | | 比 例 | 1:50 | 日 期 | |

附图 2.19 1#楼梯标准层平面图、1#楼梯顶层平面图

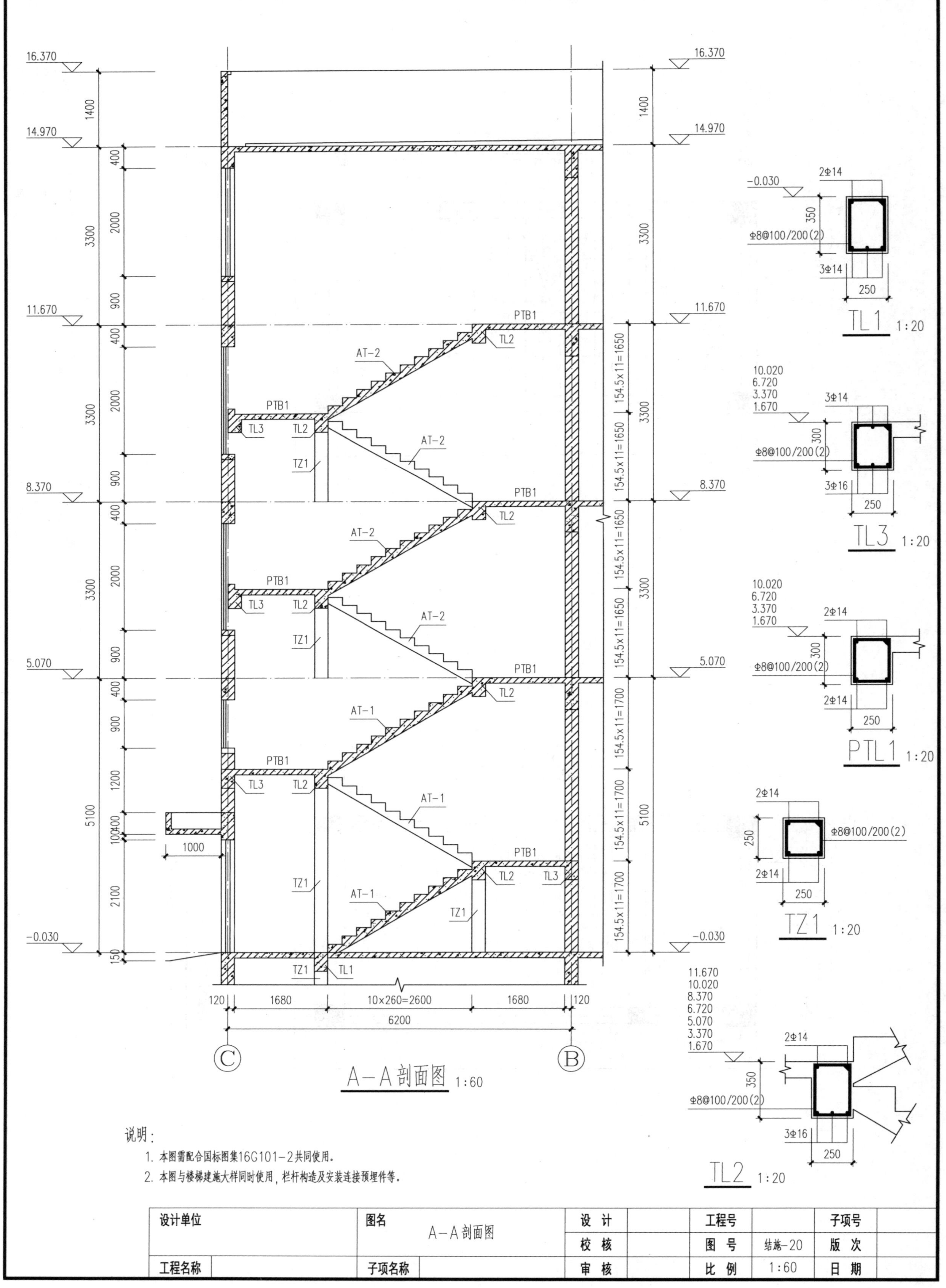
16.370
14.970
11.670
8.370
5.070
-0.030
1400
3300
5100
400
2000
900
1200
2100
150
1000
154.5x11=1650
154.5x11=1700
PTB1
TL1
TL2
TL3
TZ1
AT-1
AT-2
120
1680
10×260=2600
6200
C
B
A-A剖面图 1:60
说明：
1. 本图需配合国标图集16G101-2共同使用。
2. 本图与楼梯建施大样同时使用，栏杆构造及安装连接预埋件等。
TL1 1:20
2Φ14
3Φ14
350
250
Φ8@100/200(2)
TL3 1:20
10.020
6.720
3.370
1.670
3Φ16
300
PTL1 1:20
TZ1 1:20
TL2 1:20
设计单位
图名
A-A剖面图
设 计
校 核
审 核
工程号
图 号
结施-20
比 例
1:60
子项号
版 次
日 期
工程名称
子项名称

附图 2.20 A—A 剖面图

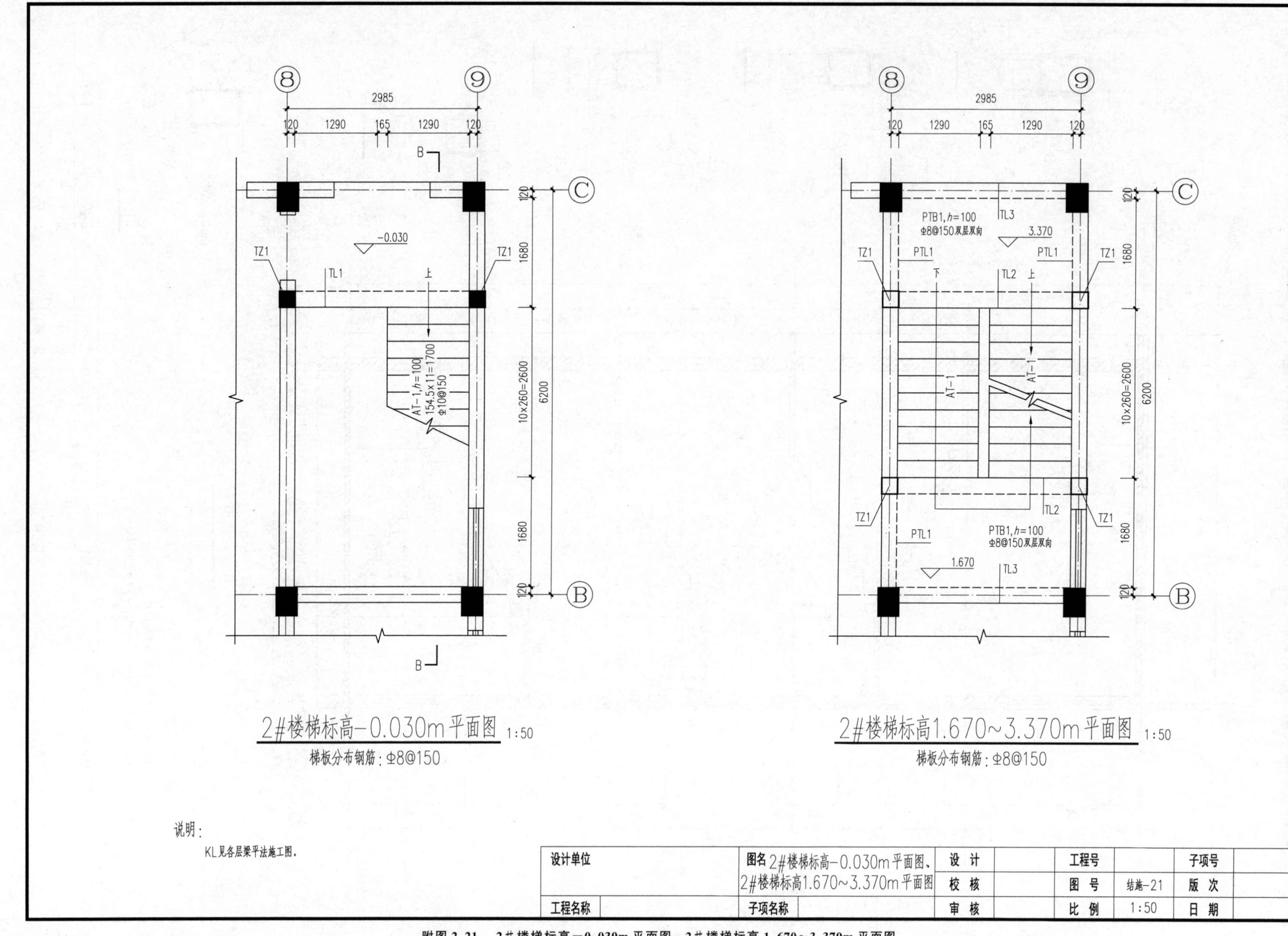


| 设计单位 | | 图名 2#楼梯标高-0.030m平面图、2#楼梯标高1.670~3.370m平面图 | 设 计 | | 工程号 | | 子项号 | |
|---|---|---|---|---|---|---|---|---|
| | | | 校 核 | | 图 号 | 结施-21 | 版 次 | |
| 工程名称 | | 子项名称 | 审 核 | | 比 例 | 1:50 | 日 期 | |

附图 2.21　2＃楼梯标高－0.030m 平面图、2＃楼梯标高 1.670～3.370m 平面图

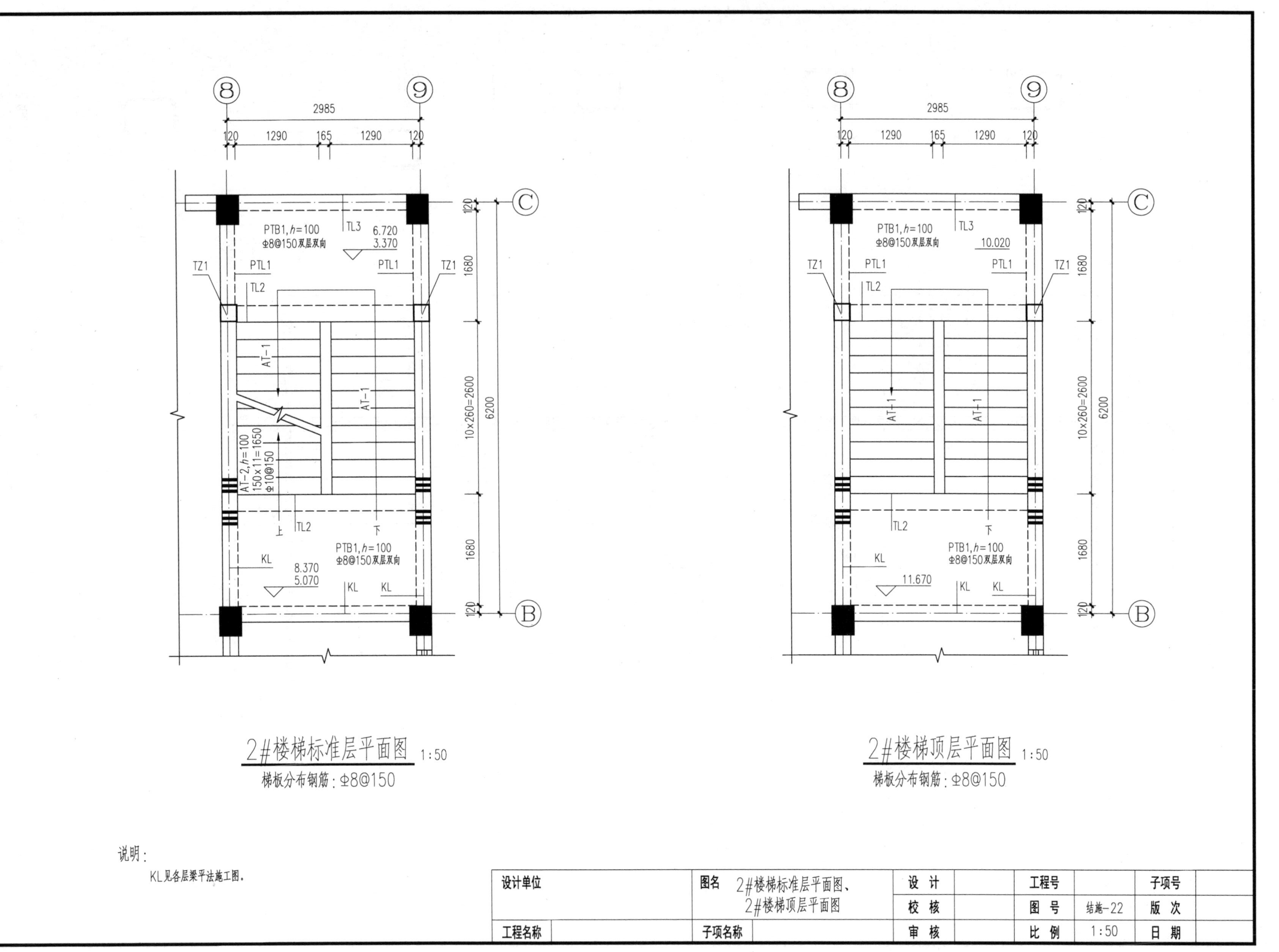


| 设计单位 | 图名 2#楼梯标准层平面图、2#楼梯顶层平面图 | 设计 | | 工程号 | | 子项号 | |
|---|---|---|---|---|---|---|---|
| | | 校核 | | 图号 | 结施-22 | 版次 | |
| 工程名称 | 子项名称 | 审核 | | 比例 | 1:50 | 日期 | |

附图 2.22 2#楼梯标准层平面图、2#楼梯顶层平面图

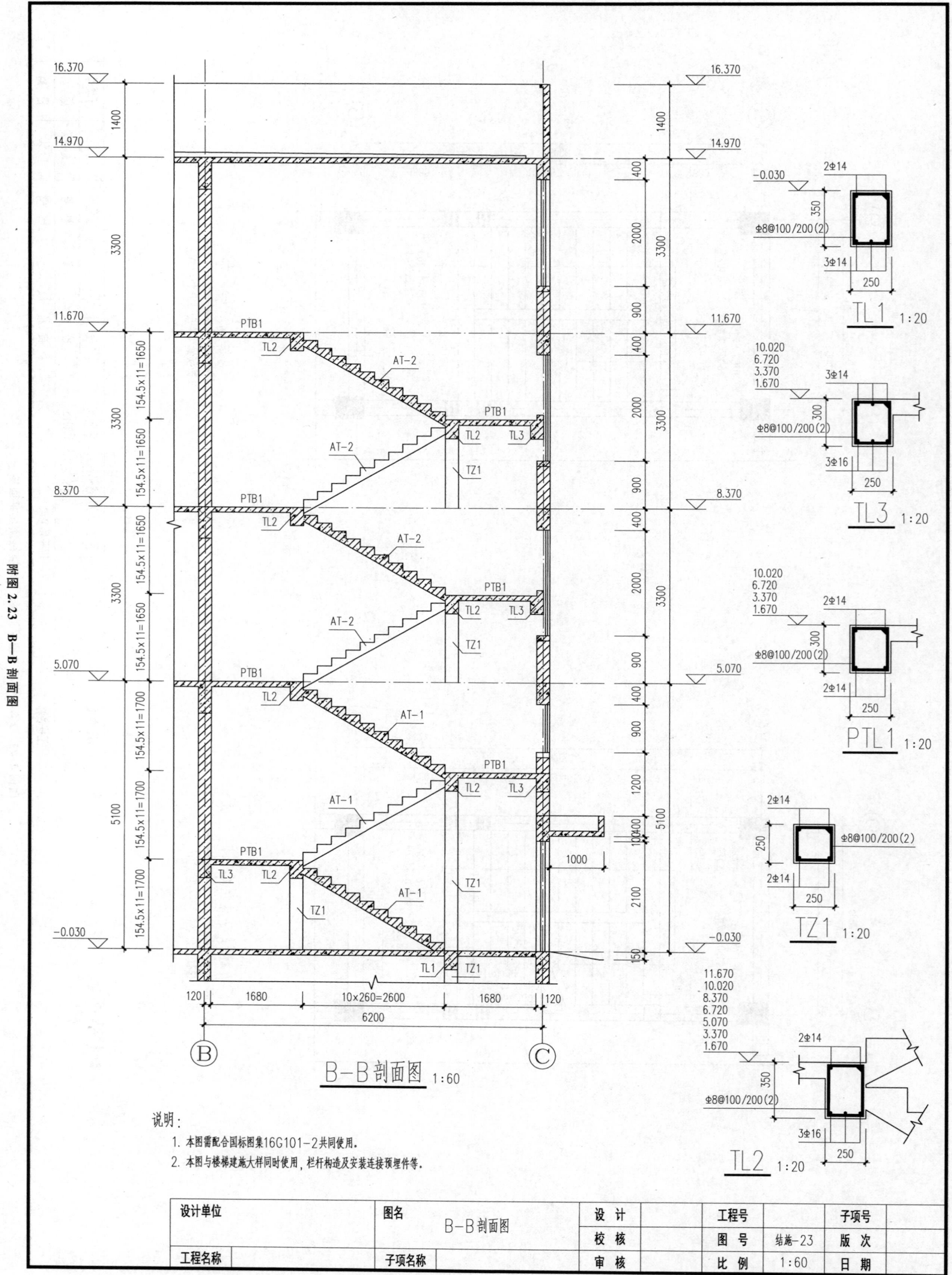
16.370
14.970
11.670
8.370
5.070
-0.030
1400
3300
5100
154.5x11=1650
154.5x11=1700
PTB1
TL1
TL2
TL3
TZ1
AT-1
AT-2
400
2000
900
1200
2100
150
1000
120
1680
10×260=2600
6200
B
C
B-B剖面图 1:60
2Φ14
3Φ14
3Φ16
Φ8@100/200(2)
350
300
250
TL1 1:20
10.020
6.720
3.370
1.670
TL3 1:20
PTL1 1:20
TZ1 1:20
11.670
10.020
8.370
6.720
5.070
3.370
1.670
TL2 1:20
说明：
1. 本图需配合国标图集16G101-2共同使用。
2. 本图与楼梯建施大样同时使用，栏杆构造及安装连接预埋件等。
设计单位
图名
B-B剖面图
设 计
工程号
子项号
校 核
图 号
结施-23
版 次
工程名称
子项名称
审 核
比 例
1:60
日 期

附图 2.23 B—B剖面图

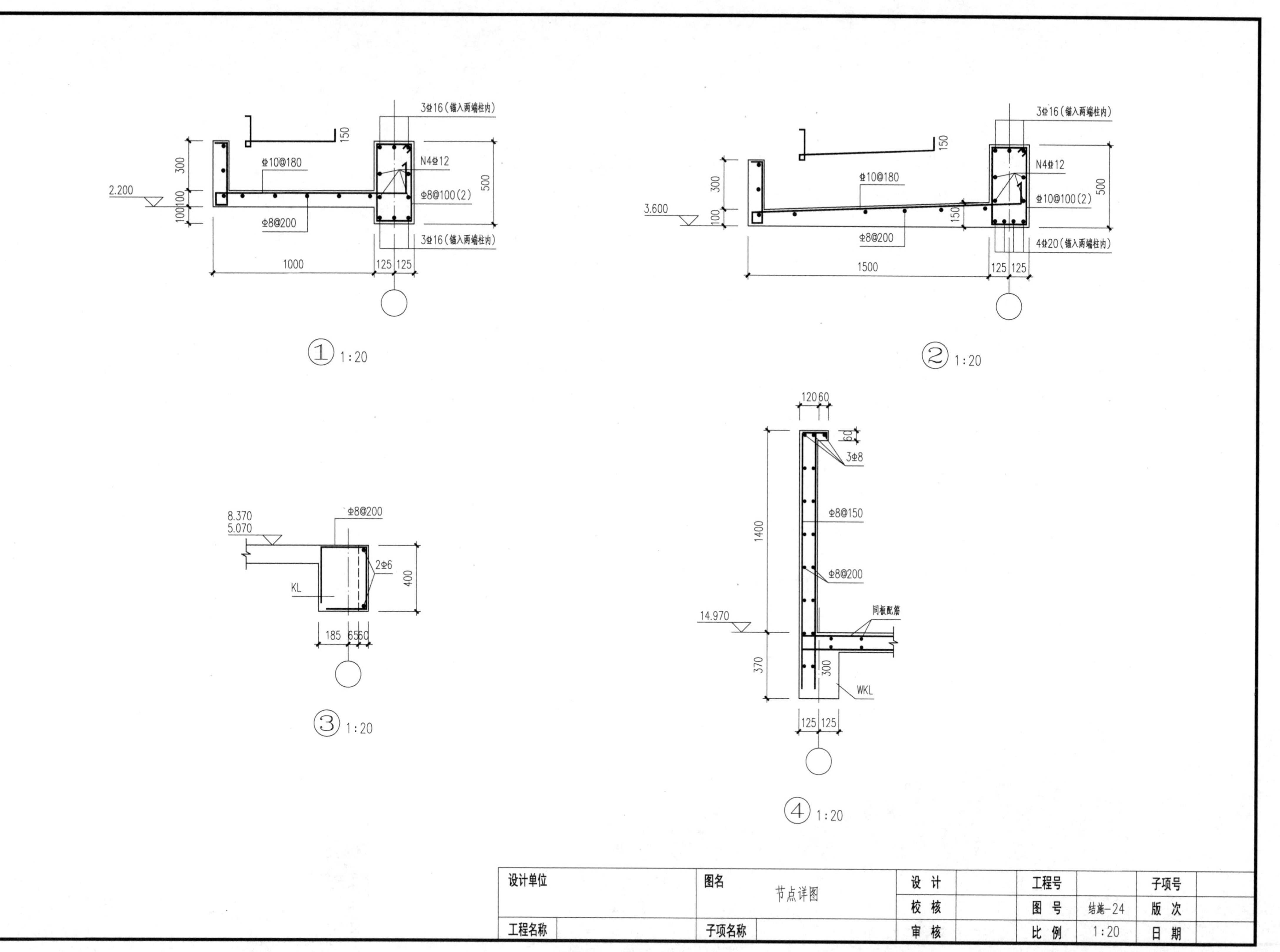
3⌀16（锚入两端柱内）
150
300
2.200
100
100
⌀10@180
N4⌀12
⌀8@100(2)
500
⌀8@200
3⌀16（锚入两端柱内）
1000
125
125
① 1:20
3⌀16（锚入两端柱内）
150
300
3.600
100
⌀10@180
N4⌀12
⌀10@100(2)
500
150
⌀8@200
4⌀20（锚入两端柱内）
1500
125
125
② 1:20
8.370
5.070
⌀8@200
2⌀6
KL
400
185
65
60
③ 1:20
120
60
60
3⌀8
⌀8@150
⌀8@200
1400
14.970
同板配筋
370
300
WKL
125
125
④ 1:20
设计单位
工程名称
图名
节点详图
子项名称
设 计
校 核
审 核
工程号
图 号
结施-24
比 例
1:20
子项号
版 次
日 期

附图 2.24　节点详图

# 项目3附图 宿舍建筑和结构施工图

# 建筑施工图设计说明(一)

## 一、主要设计依据

1. 上级主管部门的批文.
2. 当地规划部门的批复,建筑红线及规划要求.
3. 现行国家主要有关标准及规范.
4. 建设单位提供的设计任务书.

## 二、设计范围

1. 本工程施工图内容不包括特殊装修构造、景观设计、高级二次精装修及智能化设计的内容。但当有其他具备资质的设计单位参与设计本工程,涉及消防及建筑安全等问题时,其设计图纸必须取得我院认可.

## 三、工程概况

1. 工程名称:宿舍楼.
2. 建设单位:××××××.
3. 建设地点:××××××.
4. 占地面积:××××m².
5. 总建筑面积:×××××m².
6. 建筑层数:6层.
7. 建筑高度:21.73m.
8. 建筑设计使用年限:50年.
9. 耐火等级:二级.
10. 抗震设防烈度:6度.
11. 屋面防水等级:Ⅱ级.
12. 结构类型:框架结构.

## 四、总图建筑定位及竖向设计

1. 建筑定位坐标采用城市坐标体系.
2. 建筑室内标高±0.000m相当绝对标高7.600m(黄海系统).

## 五、尺寸标注

1. 所有尺寸均以图示标注为准,不应在图上度量.
2. 总平面图示尺寸,标高及其余尺寸均以米为单位.
3. 单体建筑设计中,标高以米为单位,其余尺寸以毫米为单位.
4. 除图中注明外,建筑平、立、剖面图所注标高为建筑完成面标高,屋面为结构面标高.
5. 门窗所注尺寸为洞口尺寸.

## 六、墙体

1. 本工程图中墙体材料外墙选用烧结页岩多孔砖,内墙砌体选用加气混凝土砌块,除卫生间和衣柜部分墙厚120mm,其余墙厚度均为240mm.
2. 墙体用M7.5砂浆砌筑或按该墙体材料施工说明施工.
3. 若采用半砖墙砌体时,半砖墙每隔500mm配置2Φ6钢筋,与相邻砖墙伸入墙体内拉结长度不应小于1000mm.
4. 不同墙体材料的连接处均应按结构构造配置拉墙筋,详见结构图,砌筑时应相互搭接不能留通缝,遇框架结构外墙填充墙与不同墙体材料的相接处,做粉刷时应加设不小于300mm宽的钢丝网.
5. 当墙长大于5m时,大型门窗洞口两边应同梁或楼板拉结或加设构造柱。当墙高大于4m时,应在墙高的中部加设圈梁或钢筋混凝土配筋带.
6. 门洞侧壁墙体宽度小于240mm时用素混凝土浇筑.
7. 砌体与混凝土墙体交接处必须采用钢丝网拉接.

## 七、门窗

1. 本工程的铝合金窗立樘位于墙的中心线(图纸另有注明者除外).
2. 防火门立樘位置与开启侧墙体粉刷面层平,弹簧门立樘居墙中心,门窗的用料及油漆五金件详见门窗表或内装修设计.
3. 本图标注的门窗限于所有防火门及明确固定空间的门及外门和户内门。主体工程阶段不制作的属精装修区域的门窗暂不标注规格门号只注门洞,施工时留门洞,所有门窗应按供样本及有关技术指标经本院确认后定货.
4. 在本设计图上所列尺寸为门窗洞口尺寸,门窗的实际尺寸根据外墙饰面材料的厚度及安装构造所需缝隙由供应厂家提供.
5. 外门窗的气密性等级要求应满足《建筑外窗气密、水密、抗风压性能分级及检测方法》(GB/T 7106-2008)的规定,建筑物1~2层的外窗及露台门的气密性等级不应低于六级,以满足建筑节能的要求.
6. 窗台高度低于900mm时,均加设950mm高护栏,900mm高度以下玻璃均为钢化玻璃。但对于精装修范围由设计另提相应安全措施.
7. 寝室门为成品防盗门.

## 八、留孔、预埋、砖砌风管及管道井的处理

1. 本工程凡预留孔位于钢筋混凝土构件上者,其位置尺寸及标高均详见结构施工图,凡在墙体上的预留洞孔均见建施图.
2. 凡预埋在混凝土或砌体中的木砖均应采用沥青浸透的防腐处理,设备安装及管道敷设及吊顶等所需的预埋铁件应与土建施工同步进行.
3. 本工程的预留孔及预埋件请在施工时与各专业图纸密切配合进行,且应在施工时加强固定的措施,避免走动,一般不允许事后开凿,必须时应与设计单位事先商讨,经同意后方可实施.
4. 为保证所有设备管道穿墙、楼板留洞正确,大于300mm的预留孔均在结构图标注,小于300mm预留孔或预埋件,请与土建密切配合安装,核对各专业工种图纸预留或埋设。所有墙体待设备管线安装好以后应封砌至梁板底(除注明外).

## 九、防水、防潮

1. 本工程屋面详细构造做法另见建施图说明.
2. 在采用柔性防水材料卷材部位,其节点构造详见建筑大样图,在转角部位均应设置卷材附加层,当卷材上面设计不需要保护层时,施工期间应保证其不遭受人为损坏.
3. 除图纸特别注明者外,本工程凡卫生间等遇有水的房间,楼地面完成面均比同层地面降低30mm.
4. 凡上述各房间或平台设有地漏者,地面均应向地漏方向做出≥0.5%的排水坡.
5. 凡上述各房间的墙采用砖墙、砌块墙者,均应在墙体位置(门口除外)用C20混凝土做出厚度同墙厚,高度200mm的墙槛,并在其楼板面上增设防水涂料层,以防止渗水.
6. 卷材防水屋面基层与突出屋面结构(如女儿墙、立墙等)的连接处,以及基层的转角处(水落口、檐沟、天沟等)均应做成圆弧.
7. 高低跨卷材屋面若高跨屋面为有组织排水时,水落管下应加设钢筋混凝土水簸箕.

| 设计单位 | 图名 建筑施工图设计说明(一) | 设计 | | 工程号 | | 子项号 | |
|---|---|---|---|---|---|---|---|
| | | 校核 | | 图号 | 建施-01 | 版次 | |
| 工程名称 | 子项名称 | 审核 | | 比例 | | 日期 | |

附图 3.1 建筑施工图设计说明(一)

# 建筑施工图设计说明(二)

## 十、粉刷、油漆、涂料

1. 本工程内墙粉刷除另有材料做法明细表或由甲方另行委托进行精装修的部位外，均采用1：1：6水泥，石灰，砂制成的混合砂浆打底，粗纸筋灰抹平，再用细纸筋灰光面，乳胶漆由甲方确定其品种和色调。
2. 凡内墙阳角或内门大头角，柱面阳角均应用1：2水泥砂浆做保护角，其高度应大于1800mm或同门洞高度。
3. 外墙出挑部位均应做出鹰嘴滴水线或成品滴水槽线。
4. 凡混凝土表面抹灰，必须对基层面先凿毛或洒1：0.5水泥砂浆内掺粘结剂处理后再进行抹面。
5. 本工程选用的油漆、涂料及其他饰面材料均应同本院有关设计人员共同看样选色后再订货施工。工程选用的油漆、涂料及饰面材料应为环保绿色产品。
6. 凡露明铁件均应采用防锈漆二度以上防锈，其罩面漆品种及色调按甲方要求施工。
7. 凡露明的雨水管应选用与外墙色调相同或最接近的色调的产品或按图纸注明的要求施工。
8. 配电箱、消火栓、水表箱等的墙上留洞一般洞深与墙厚相等，背面均做钢板网粉刷，钢板网四周应大于孔洞100mm。特殊情况另见详图。
9. 卫生间地面和墙面需做防渗和瓷砖缝隙填充处理，内墙瓷砖应贴至顶棚，寝室内过道靠卫生间的侧墙面贴瓷砖1100mm高，楼梯及走廊墙面贴瓷砖1100mm高，瓷砖墙角边用不锈钢型材包边，室内其他墙面采用乳胶漆，外立面采用真石漆(颜色同现有建筑)，阳台等未封闭室外区域的墙面采用外墙涂料。

## 十一、消防设计

1. 防火分区：本工程标准层每层1个防火分区，楼梯间为单独的防火分区，面积大小均符合防火规范要求。
2. 安全疏散：本工程每层有两部直通室外的疏散楼梯。
3. 防火间距：本工程与相临建筑间距满足防火间距要求。
4. 安全疏散距离：每个宿舍门至疏散口的距离均符合规范中的要求。
5. 防火材料：本工程标高±0.000m以上的墙体均采用页岩多孔烧结砖，梁、板、柱、楼梯均为钢筋混凝土现浇。

## 十二、建筑节能

1. 节能设计依据：
   《公共建筑节能设计标准》(GB 50189—2005)。
2. 建材、构配件要求：
   a. 建筑外门窗、幕墙的气密性等级不应低于《建筑外窗气密、水密、抗风压性能分级及检测方法》规定的3级。
   b. 屋面挤塑聚苯板应为难燃、自熄性。
   c. 外墙、架空层的楼板保温层外侧的玻璃纤维网格布应具有良好的耐碱、抗拉性能。
   d. 应选用丙稀酸酯类或其他具有良好弹性的水溶性外墙面涂料，不得使用外墙面油性漆。

## 十三、室外工程

1. 散水、排水明沟、踏步、坡道做法，建筑注明仅供参考，正式实施见景观环艺设计。
2. 道路、庭院道路、花池(台)、水池、地面独立排气孔、采光井等的设计，建筑注明仅表示位置，详细实施均见环艺设计。

## 十四、其他

1. 本工程外墙装修的幕墙，铝合金窗(门)，采光天窗等必须有相应资质的单位设计。
2. 本说明未详部分见建施图，本工程图纸未尽之处均按国家现行施工及验收规范规定处理。

## 十五、深化设计标段延伸结合要求

深化设计标段内容包括以本施工为基础的另行委托阶段，包括幕墙、铝合金门窗、水槽、储物柜，环艺工程，建筑外部亮灯工程等。

1. 环艺工程和建筑亮灯工程由专业部门(具备相应资质)进行设计，有关的水电设计均应由环艺提出要求后进行实施，环艺的种植区必须满足相应的填土土质要求。
2. 上述各项包括电梯工程相关的主体结构工程施工，均须在统筹协调的前提下进行，不可忽视深化标段的出图确认、预埋、修改配合等必要环节，以免造成返工损失。

| 设计单位 | | 图名 建筑施工图设计说明(二) | | 设 计 | | 工程号 | | 子项号 | |
|---|---|---|---|---|---|---|---|---|---|
| | | | | 校 核 | | 图 号 | 建施-02 | 版 次 | |
| 工程名称 | | 子项名称 | | 审 核 | | 比 例 | | 日 期 | |

附图 3.2 建筑施工图设计说明（二）

# 工程做法表

单位：mm

| 分类 | 编号 | 名称 | 做法说明 | 厚度 | 使用部位 |
|---|---|---|---|---|---|
| 屋面 | 屋1 | 保温屋面 | 40厚C20细石混凝土保护层压实抹平（内配Φ6@250双向钢筋） | | 标高13.200m处屋顶及楼梯屋顶 |
| | | | 10厚低强度等级砂浆隔离层 | | |
| | | | 3厚SBS改性卷材防水层 | | |
| | | | 20厚1：3水泥砂浆找平层 | | |
| | | | 最薄30厚LC5.0轻集料混凝土2%找坡层 | | |
| | | | 40厚挤塑聚苯板 | | |
| | | | 现浇钢筋混凝土结构板 | | |
| 楼面 | 楼1 | 地砖 | 10厚地砖，用聚合物水泥砂浆铺砌 | 30 | 用于门厅、走廊、寝室辅导员工作室、学习室、心咨询室、传达室、值班室 |
| | | | 4厚聚合物水泥砂浆结合层 | | |
| | | | 12厚聚合物水泥砂浆找平层 | | |
| | | | 聚合物水泥浆一道 | | |
| | | | 现浇钢筋混凝土结构板 | | |
| | 楼1 | 细面花岗岩楼面 | 20厚细面花岗石板，水泥浆擦缝 | 40 | 用于楼梯 |
| | | | 20厚1：3水泥砂浆结合层，表面撒水泥粉 | | |
| | | | 水泥浆一道（内掺建筑胶） | | |
| | | | 现浇钢筋混凝土结构板 | | |
| | 楼3 | 防滑地砖楼面 | 8~10厚防滑地砖，干水泥擦缝 | 30 | 用于卫生间、阳台 |
| | | | 20厚1：3水泥砂浆结合层，表面撒水泥粉 | | |
| | | | 水泥浆一道（内掺建筑胶） | | |
| | | | 现浇钢筋混凝土结构板 | | |
| 地面 | 地1 | 混凝土地面 | 150厚C25混凝土，内配单层ø6钢筋网@150×150，随打随抹平，涂密封固化剂 | 450 | 用于架空层 |
| | | | 300厚级配碎石，压实系数≥0.95，地基承载力特征值 $f_{ak}$≥120kPa | | |
| | | | 夯实土 | | |
| | 地2 | 地砖地面 | 10厚地砖，用聚合物水泥砂浆铺砌 | 110 | 用于入口大厅、传达室、值班室 |
| | | | 4厚聚合物水泥砂浆结合层 | | |
| | | | 聚合物水泥浆一道 | | |
| | | | 80厚C15混凝土垫层 | | |
| | | | 夯实土 | | |
| 顶棚 | 棚1 | 涂料粉刷 | 喷白色乳胶漆一底二面 | 20 | 用于架空层、宿舍内部 |
| | | | 2厚1：1白水泥老粉建筑胶水抹平 | | |
| | | | 钢筋混凝土梁板底刷素水泥浆一道 | | |
| | 棚2 | 铝扣板天棚 | | | 用于卫生间 |
| | 棚3 | 纸面石膏板天棚 | | | 用于大厅及寝室过道 |
| | 棚4 | 硅钙板天棚 | | | 用于寝室走廊 |

| 分类 | 编号 | 名称 | 做法说明 | 厚度 | 使用部位 |
|---|---|---|---|---|---|
| 外墙 | 外墙1 | 真石漆 | 真石漆 | | 颜色参建施立面图和彩色效果图 |
| | | | 5厚抗裂砂浆（玻纤网） | | |
| | | | 30厚挤塑聚苯板 | | |
| | | | 界面剂 | | |
| | | | 240厚烧结页岩多孔砖 | | |
| | | | 20厚混合砂浆 | | |
| 内墙 | 内墙1 | 乳胶漆墙面 | 白色乳胶漆一底二面 | 20 | 用于室内贴面砖以上部分 |
| | | | 满刮腻子两道 | | |
| | | | 8厚1：0.3：3水泥石灰砂浆罩面抹光 | | |
| | | | 12厚1：1.6水泥石灰砂浆分层抹平 | | |
| | | | 内墙面 | | |
| | 内墙2 | 刷涂料墙面 | 阳台喷白色高弹外墙涂料一底二度，150高黑缸砖踢脚 | 20 | 用于架空层、阳台 |
| | | | 架空层刷防霉涂料二度（白色），150高暗踢脚 | | |
| | | | 8厚1：2.5水泥砂浆内掺5%防水剂，分层赶平 | | |
| | | | 12厚1：2水泥砂浆打底扫毛，划出纹道 | | |
| | | | 内墙面 | | |
| | 内墙3 | 卫生间墙面 | 瓷砖贴面 | | 用于卫生间、储藏间 |
| | | | 5厚1：2.5聚合物水泥砂浆防水层扫毛到顶 | | |
| | | | 15厚1：2.5防水砂浆（掺5%防水剂）到顶 | | |
| | | | 专用界面剂一道，2厚聚合物专用砂浆 | | |
| | | | 加气混凝土砌块 | | |
| 台阶 | 台阶1 | 花岗岩台阶 | 30厚花岗岩踏步板和踢面板（拉丝、双边磨圆角）满涂防污剂，白水泥擦缝 | 70 | 用于各层室外走廊、台阶、室外楼梯及残疾人坡道 |
| | | | 30厚1：3干硬性水泥砂浆粘结层，上撒素水泥 | | |
| | | | 素水泥浆一道（内掺建筑胶） | | |
| | | | 素土夯实（残疾人坡道、台阶），300厚糖渣垫层 | | |
| | | | 钢筋混凝土梁板底刷混凝土界面剂JCTA-400（一层室外走廊） | | |
| 踢脚 | 踢1 | 缸砖踢脚 | 内墙面 | | 用于所有楼层墙裙处 |
| | | | 12厚1：3水泥砂浆打底扫毛 | | |
| | | | 6厚1：2水泥砂浆罩面，压实赶光 | | |
| | | | 150高黑缸砖贴面，干水泥擦缝 | | |

| 设计单位 | | 图名 | 工程做法表 | 设 计 | | 工程号 | | 子项号 | |
|---|---|---|---|---|---|---|---|---|---|
| | | | | 校 核 | | 图 号 | 建施-03 | 版 次 | |
| 工程名称 | | 子项名称 | | 审 核 | | 比 例 | | 日 期 | |

附图 3.3 工程做法表

# 节能设计专篇

一、工程概况

1. 项目名称：宿舍楼。
2. 建设单位：××××××。
3. 建设地点：××××××。
4. 建筑类型：居住建筑。
5. 建筑层数：地上6层。
6. 节能建筑面积：5180.46m²。
7. 建筑体积：16059.42m³。
8. 建筑外表面积：5234.73m²。

二、主要依据规范和标准

1. 《民用建筑热工设计规范》(GB 50176—2016)。
2. 《夏热冬冷地区居住建筑节能设计标准》(JG 134—2010)。
3. 《建筑外门窗气密、水密、抗风压性能分级及检测方法》(GB/T 7106—2008)。
4. 《民用建筑外保温系统及外墙装饰防火暂行规定》(公通字[2009]46号)。
5. 《关于进一步明确民用建筑外保温材料消防监督管理有关要求的通知》(公消[2011]65号)。
6. 国家和地方政府其他相关节能设计、节能产品、节能材料的规定。

三、建筑专业节能设计

1. 建筑节能目标：满足《夏热冬冷地区居住建筑节能设计标准》的节能要求。
2. 建筑布局：建筑物主要朝向为正南向。
3. 体形系数：0.33。
4. 屋面节能设计构造做法。

屋面1(上人保温屋面，也用于有保温露台)：40mm厚C20细石混凝土保护层压实抹平(内配Φ6@250双向钢筋)
石油沥青油毡一层
4mm厚SBS改性卷材防水层
20mm厚1：3水泥砂浆
40mm厚挤塑聚苯板
最薄30mm厚LC5.0轻集料混凝土2%找坡层
现浇钢筋混凝土屋面板

5. 外墙节能设计构造做法。

涂料外墙面(有保温)：真石漆
5mm厚抗裂砂浆(玻纤网)
25mm厚挤塑聚苯板
界面剂
240mm厚烧结页岩多孔砖
20mm厚混合砂浆

6. 分户墙节能设计构造做法。

普通内墙面：加气混凝土砌块
专用界面剂一道，2mm厚聚合物专用砂浆
14mm厚1：1：6水泥石灰砂浆打底扫毛或划出纹道
6mm厚1：0.5：3水泥石灰混合砂浆找平

7. 楼面节能设计构造做法。

楼地面：10mm厚地砖，用聚合物水泥砂浆铺砌
4mm厚聚合物水泥砂浆结合层
12mm厚聚合物水泥砂浆找平层
聚合物水泥浆一道
现浇钢筋混凝土结构板

8. 外门窗节能设计：

a. 外窗物理性能指标：抗风压性能4级；气密性能6级；水密性能3级；隔声性能3级；采光性能3级；保温性能7级。
b. 外门窗采用断热铝合金普通中空玻璃窗(5+6A+5)。
c. 门窗必须由具有相应设计、制作、安装资质的专业单位承接，保证质量。

四、其他

1. 建设单位和施工单位必须严格按上述节能设计要求在施工中落实。
2. 所有外门窗、玻璃幕墙必须由具有相应设计、制作、安装资质的专业单位承接，保证质量。
3. 中空玻璃必须由专业厂家生产，各项参数符合上述节能指标要求。
4. 所有节能材料，产品必须经省级及以上相关部门鉴定，并附鉴定证书、质保单、使用说明、各项化学物理指标、产品合格证及当地建筑节能管理机构登记的意见书。
5. 设备节能部分详各专业图纸。

五、节能设计表

工程名称：宿舍楼　　结构类型：框架结构　　层数：六层　　建筑面积：5180.46m²

| 部位 \ 项目 | | 传热系数限值$K$/[W/(m²·K)] | 遮阳系数限值$SC$ | 实际窗墙比 | 节能做法的平均传热系数$K$/[W/(m²·K)] | 节能做法的遮阳系数$SC$ | 节能材料及构造做法 | 备注(是否满足节能设计) |
|---|---|---|---|---|---|---|---|---|
| 屋顶一 | | ≤1.0 | | | 0.64 | | 详计算报告书 | 满足 |
| 外墙(东南西北及非透明幕墙) | | ≤1.5 | | | 0.18 | | 详计算报告书 | 满足 |
| 底层等与空气接触部分的楼板底 | | ≤1.5 | | | 0.46 | | 详计算报告书 | 满足 |
| 外窗(含透明玻璃等幕墙) | 东 | ≤4.7 | 0.4 | 0.05 | 3.5 | 0.67 | 详计算报告书 | 满足 |
| | 南 | ≤2.8 | 0.4 | 0.41 | 3.5 | 0.53 | 详计算报告书 | 满足 |
| | 西 | ≤4.7 | 0.4 | 0.09 | 3.5 | 0.69 | 详计算报告书 | 满足 |
| | 北 | ≤2.8 | 0.4 | 0.45 | 3.5 | 0.53 | 详计算报告书 | 满足 |
| 屋顶透明部分 | | | | | | | | |
| 地面热阻$R$ | | | | | | | 详计算报告书 | 满足 |

| 设计单位 | | 图名 | 节能设计专篇 | 设计 | | 工程号 | | 子项号 | |
|---|---|---|---|---|---|---|---|---|---|
| | | | | 校核 | | 图号 | 建施-04 | 版次 | |
| 工程名称 | | 子项名称 | | 审核 | | 比例 | | 日期 | |

附图 3.4　节能设计专篇

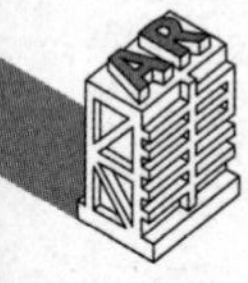

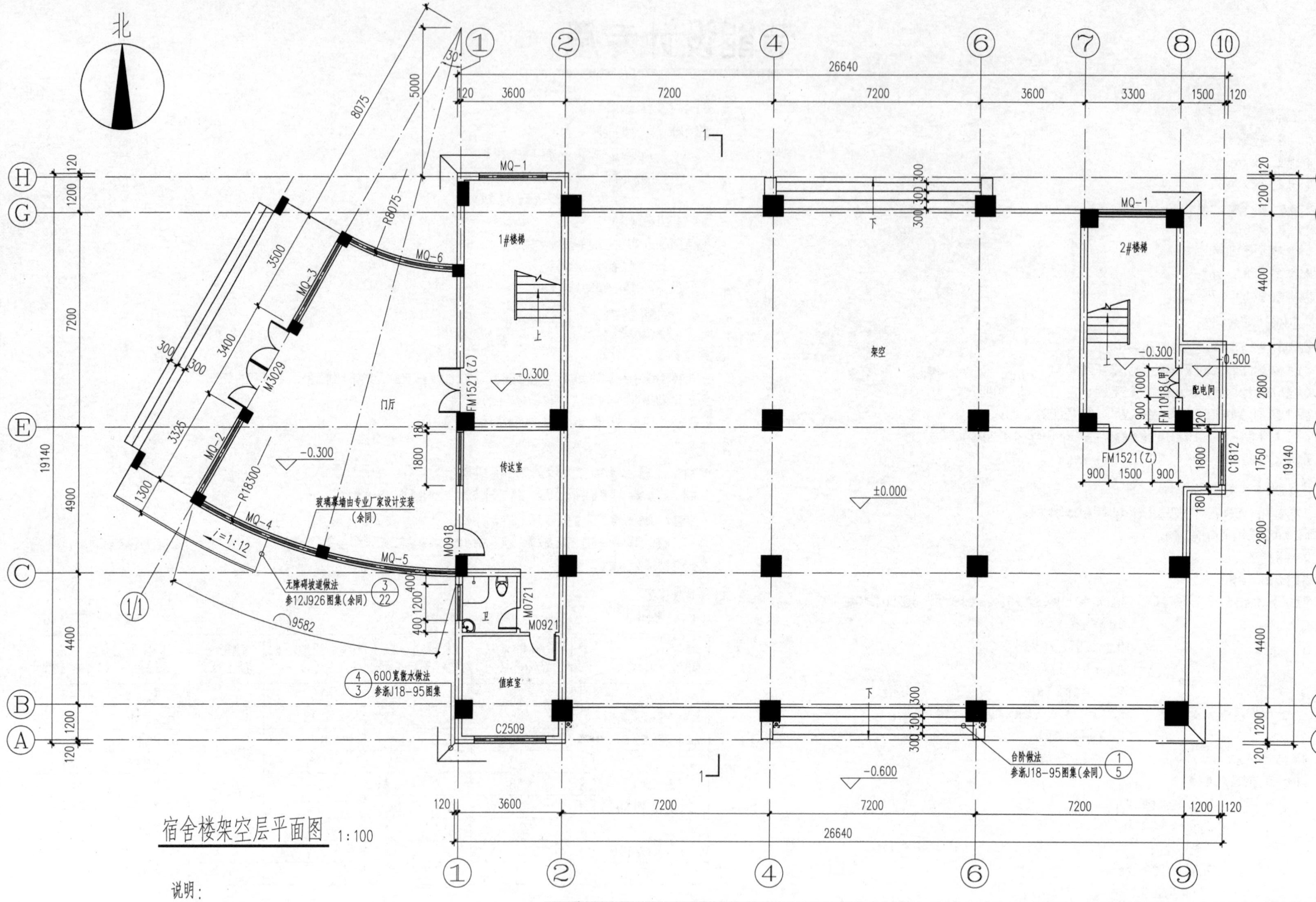

宿舍楼架空层平面图 1:100

说明：

图例 [○] 表示雨水立管。

| 设计单位 | | 图名 | 宿舍楼架空层平面图 | 设 计 | | 工程号 | | 子项号 |
|---|---|---|---|---|---|---|---|---|
| | | | | 校 核 | | 图 号 | 建施-05 | 版 次 |
| 工程名称 | | 子项名称 | | 审 核 | | 比 例 | 1:100 | 日 期 |

附图 3.5 宿舍楼架空层平面图

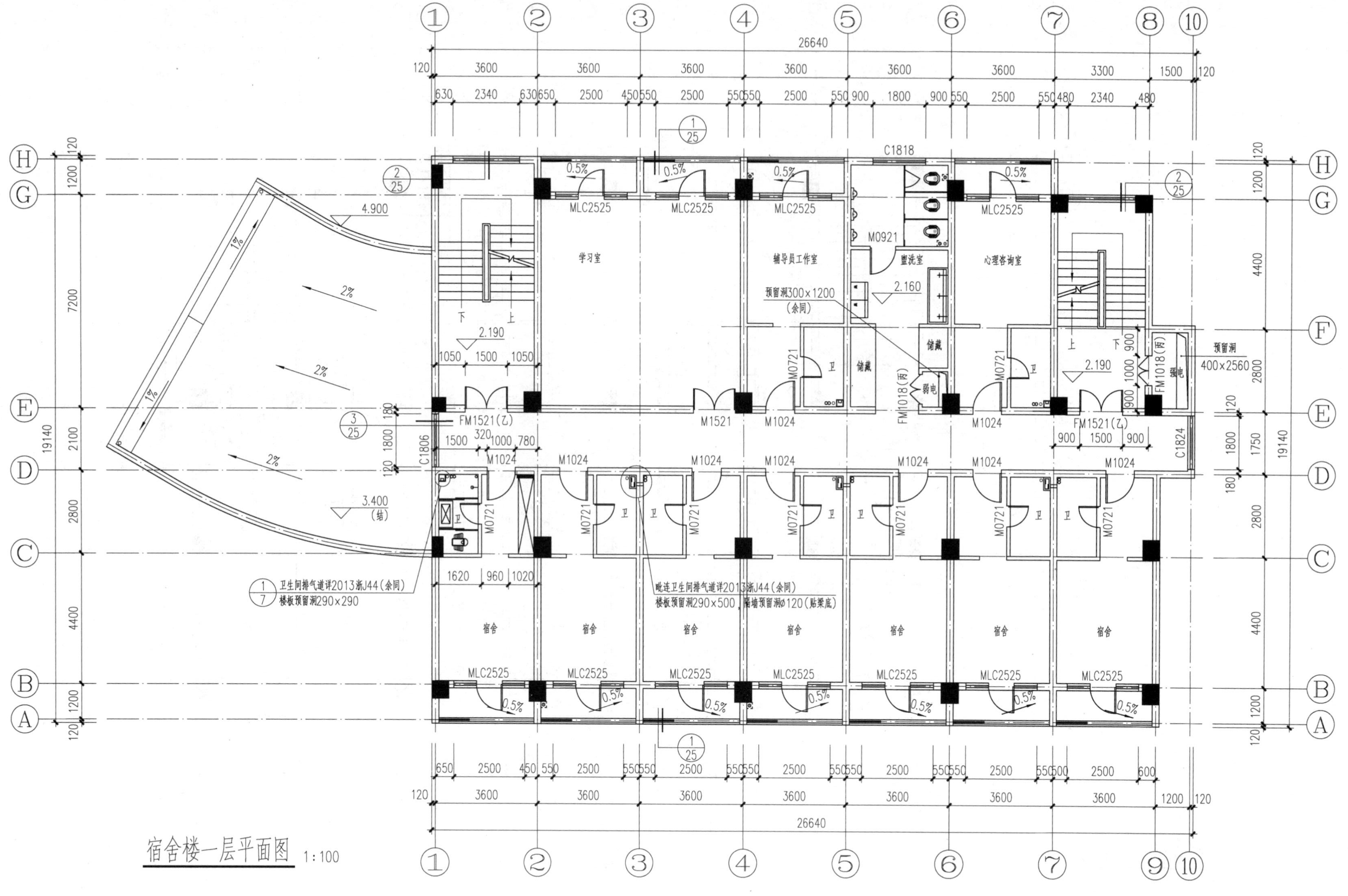

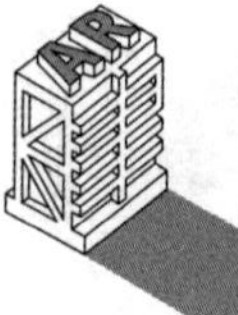

宿舍楼一层平面图 1:100

| 设计单位 | | 图名 | 宿舍楼一层平面图 | 设 计 | | 工程号 | | 子项号 | |
|---|---|---|---|---|---|---|---|---|---|
| | | | | 校 核 | | 图 号 | 建施-06 | 版 次 | |
| 工程名称 | | 子项名称 | | 审 核 | | 比 例 | 1:100 | 日 期 | |

附图 3.6 宿舍楼一层平面图

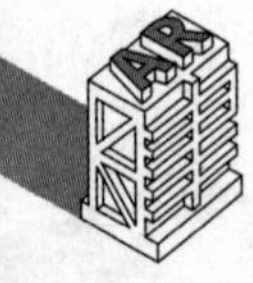

宿舍楼二层平面图 1:100

| 设计单位 | | 图名 | 宿舍楼二层平面图 | 设 计 | | 工程号 | | 子项号 | |
|---|---|---|---|---|---|---|---|---|---|
| | | | | 校 核 | | 图 号 | 建施-07 | 版 次 | |
| 工程名称 | | 子项名称 | | 审 核 | | 比 例 | 1:100 | 日 期 | |

附图 3.7 宿舍楼二层平面图

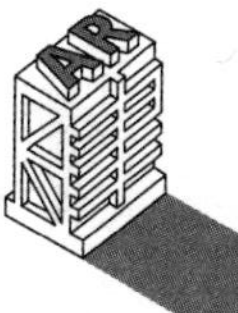

宿舍楼三层平面图 1:100

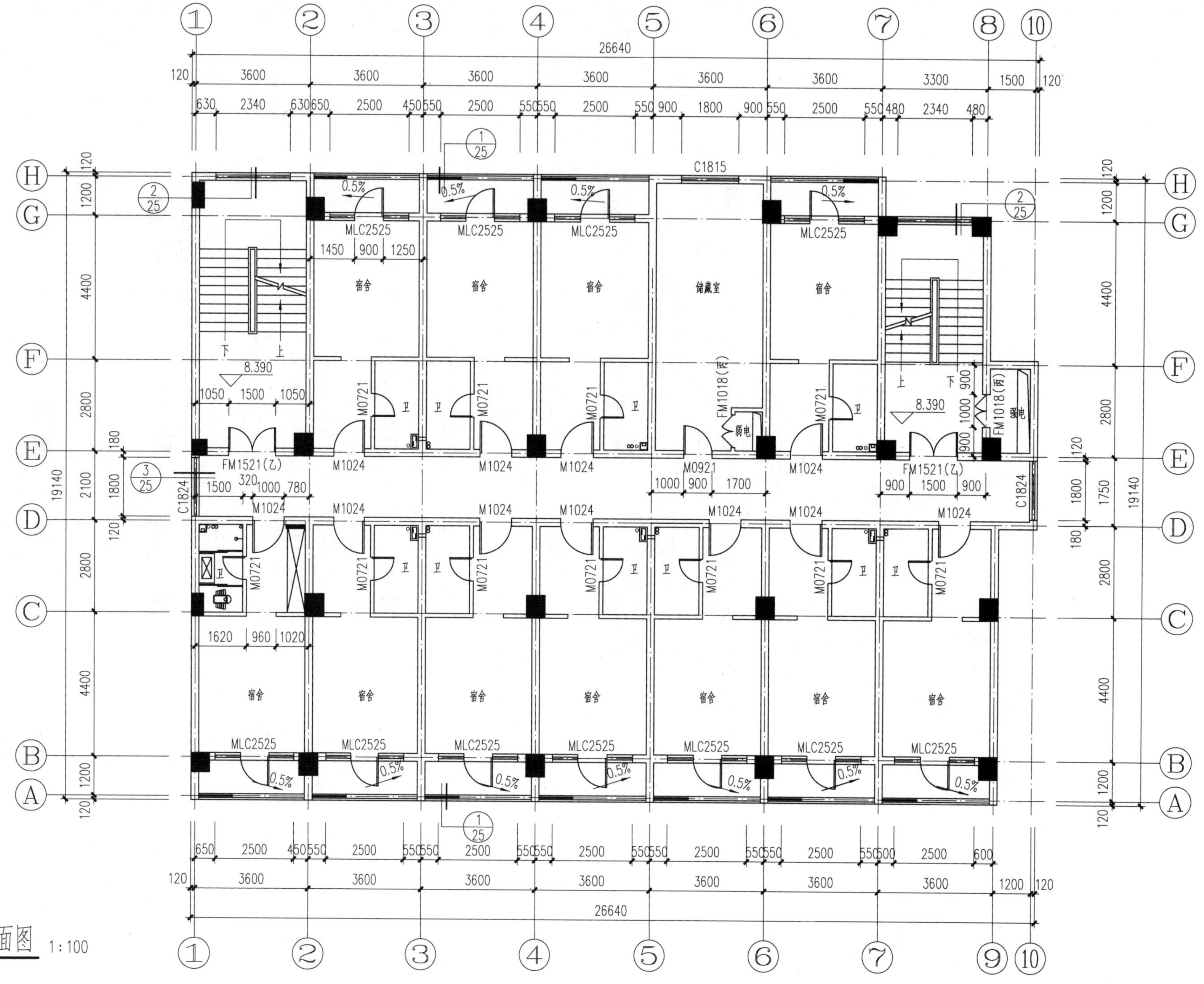

| 设计单位 | | 图名 | 宿舍楼三层平面图 | 设 计 | | 工程号 | | 子项号 | |
|---|---|---|---|---|---|---|---|---|---|
| | | | | 校 核 | | 图 号 | 建施-08 | 版 次 | |
| 工程名称 | | 子项名称 | | 审 核 | | 比 例 | 1:100 | 日 期 | |

附图 3.8 宿舍楼三层平面图

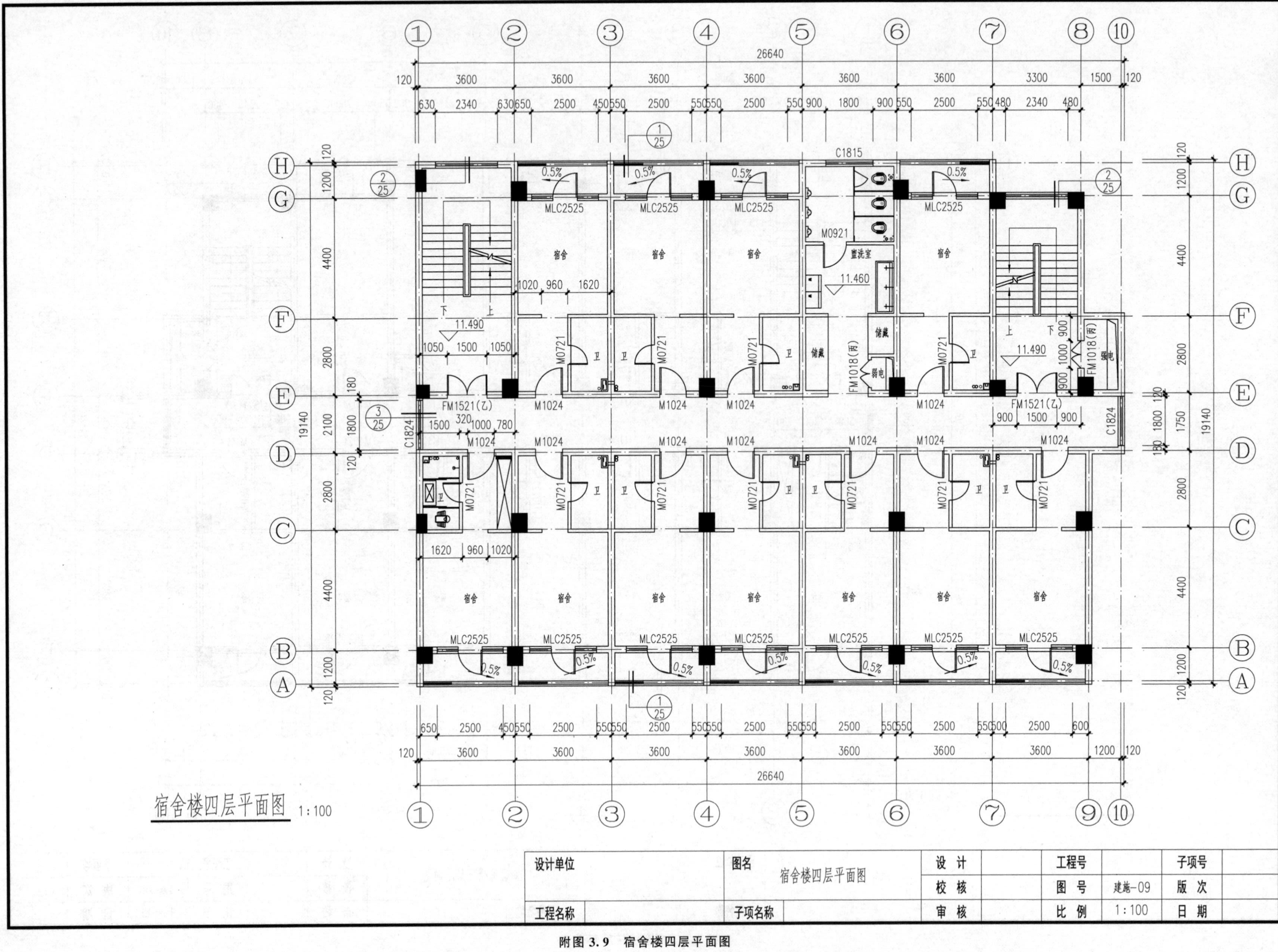


附图 3.9 宿舍楼四层平面图

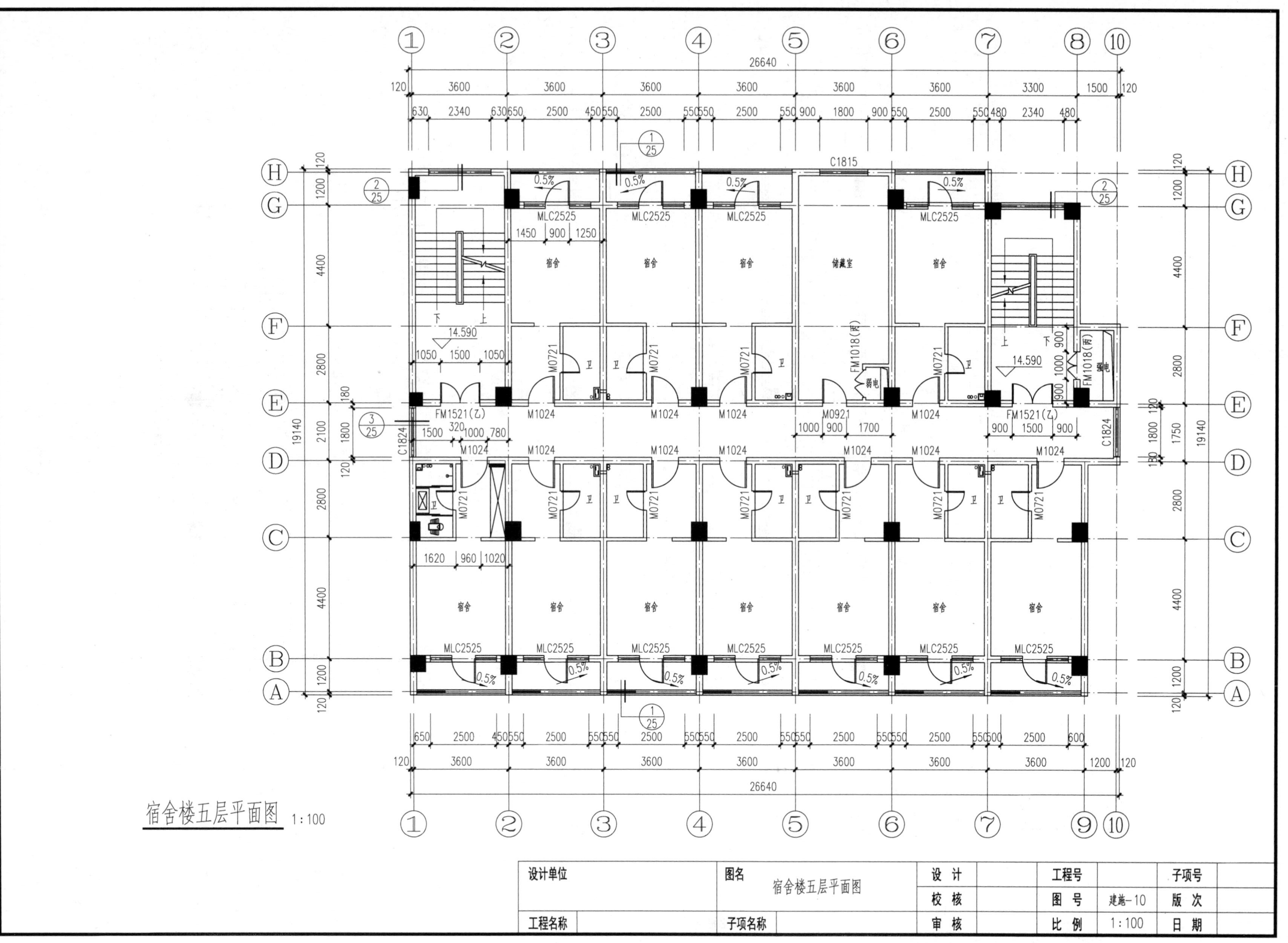


附图 3.10 宿舍楼五层平面图

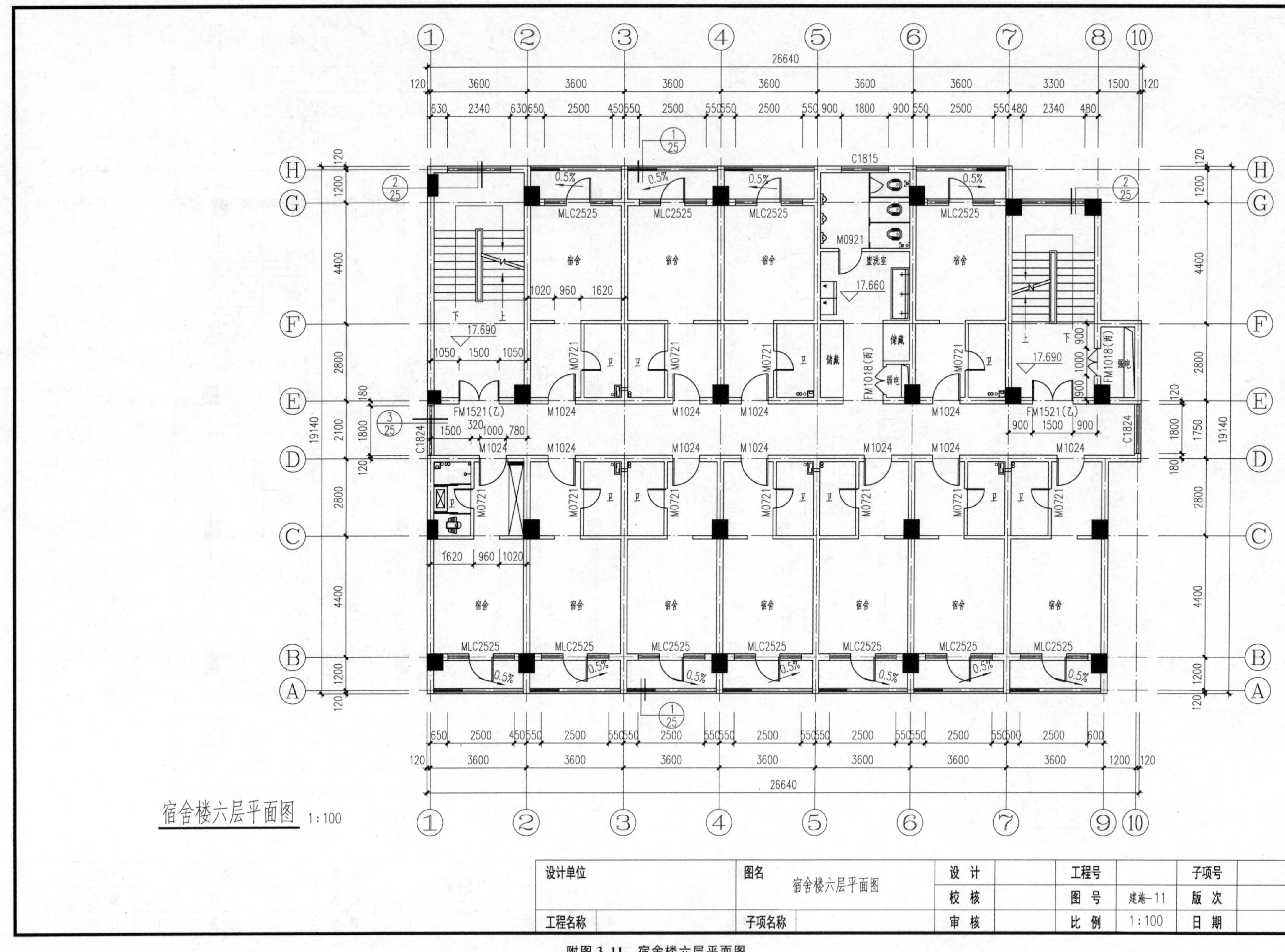


附图 3.11 宿舍楼六层平面图

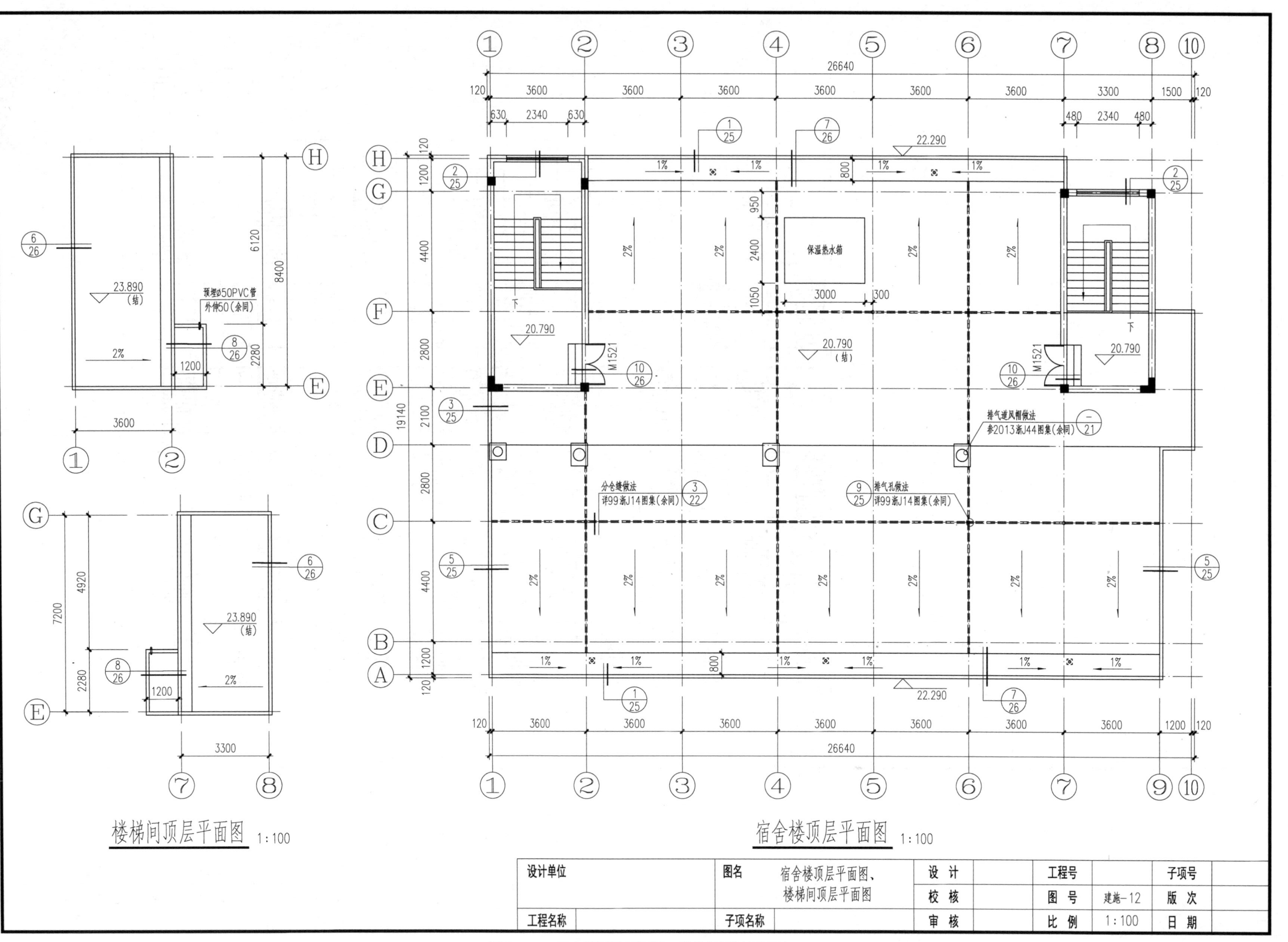

附图 3.12 宿舍楼顶层平面图、楼梯间顶层平面图

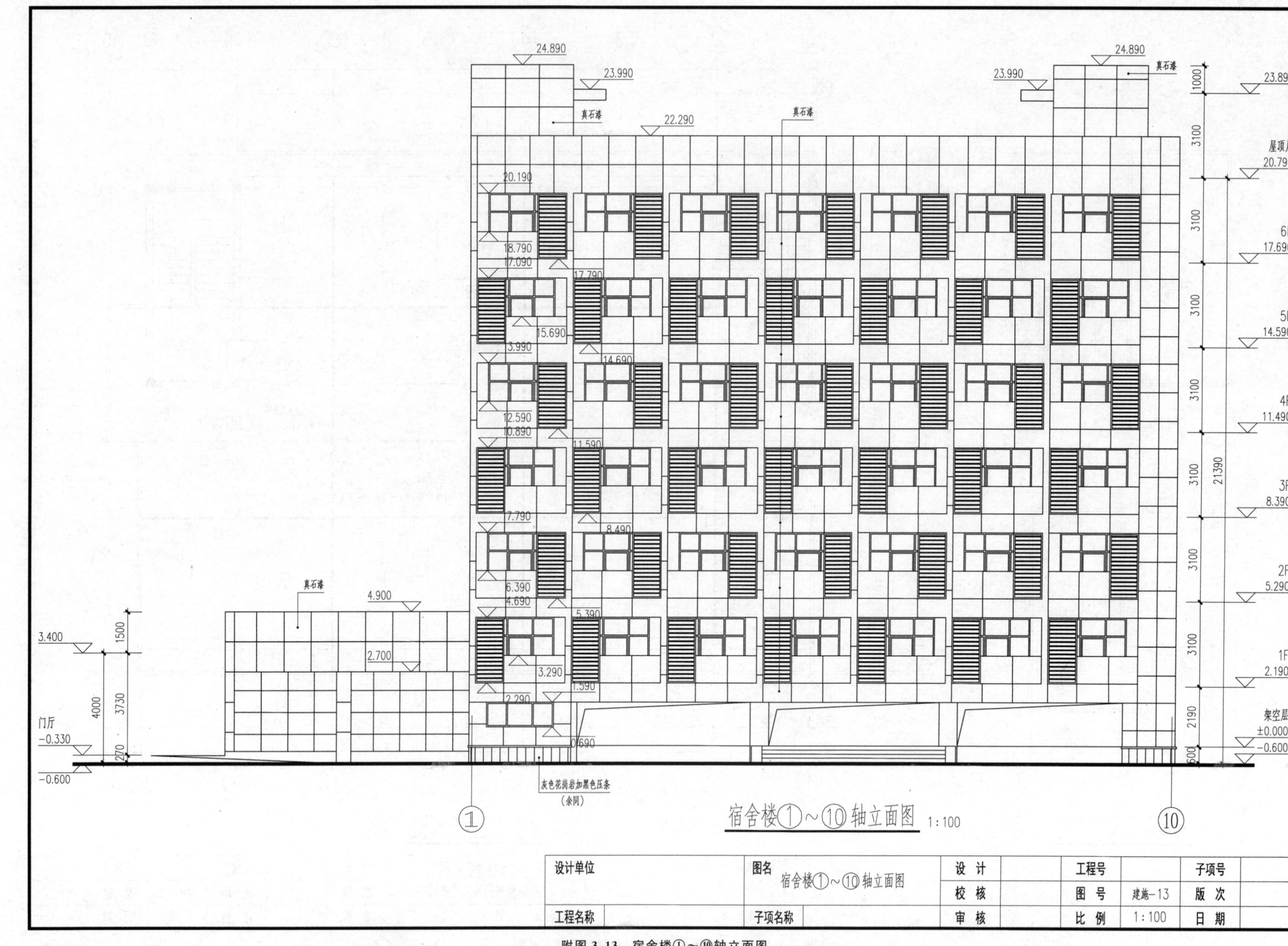


附图 3.13 宿舍楼①~⑩轴立面图

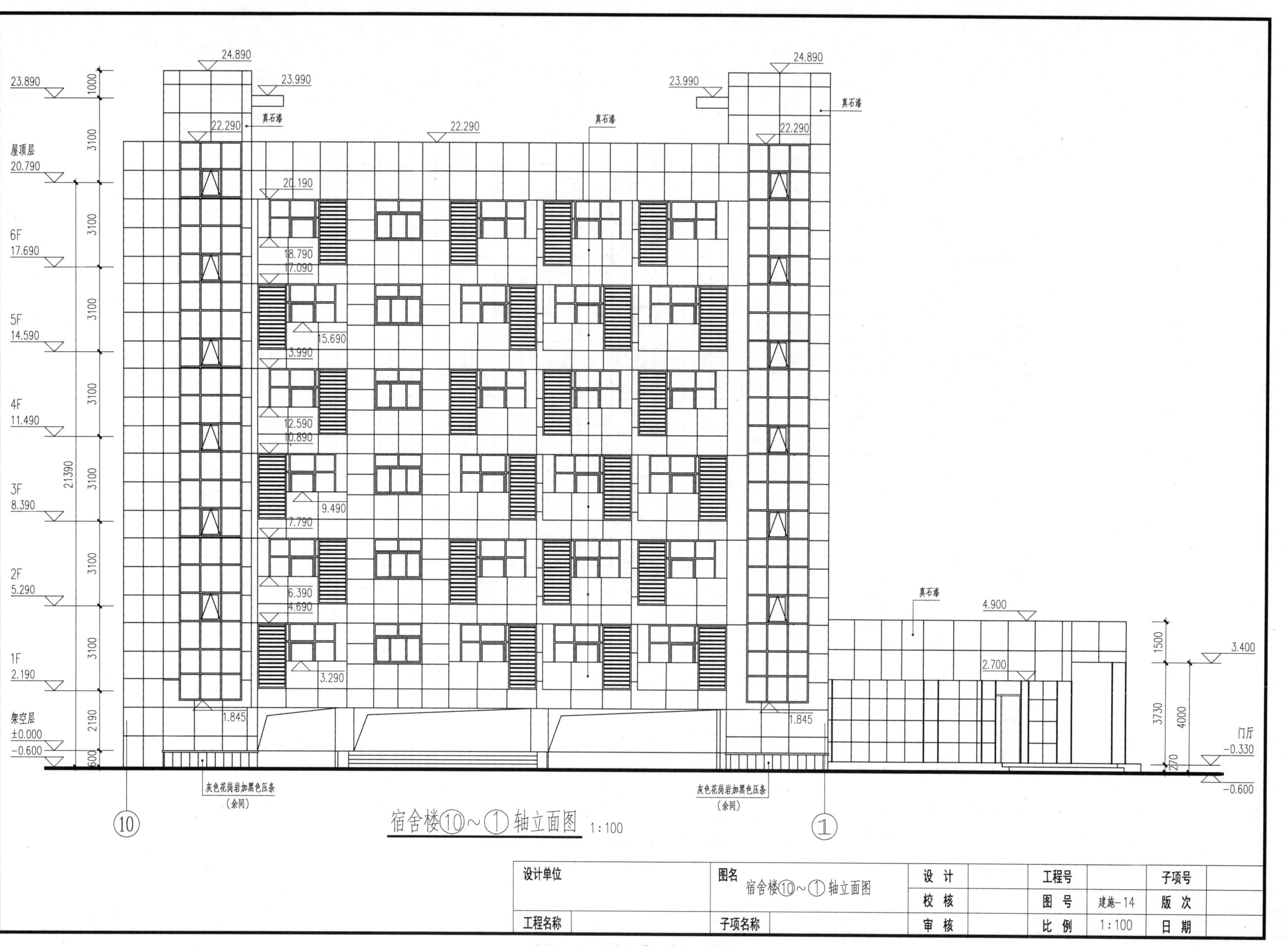


附图 3.14 宿舍楼⑩～①轴立面图

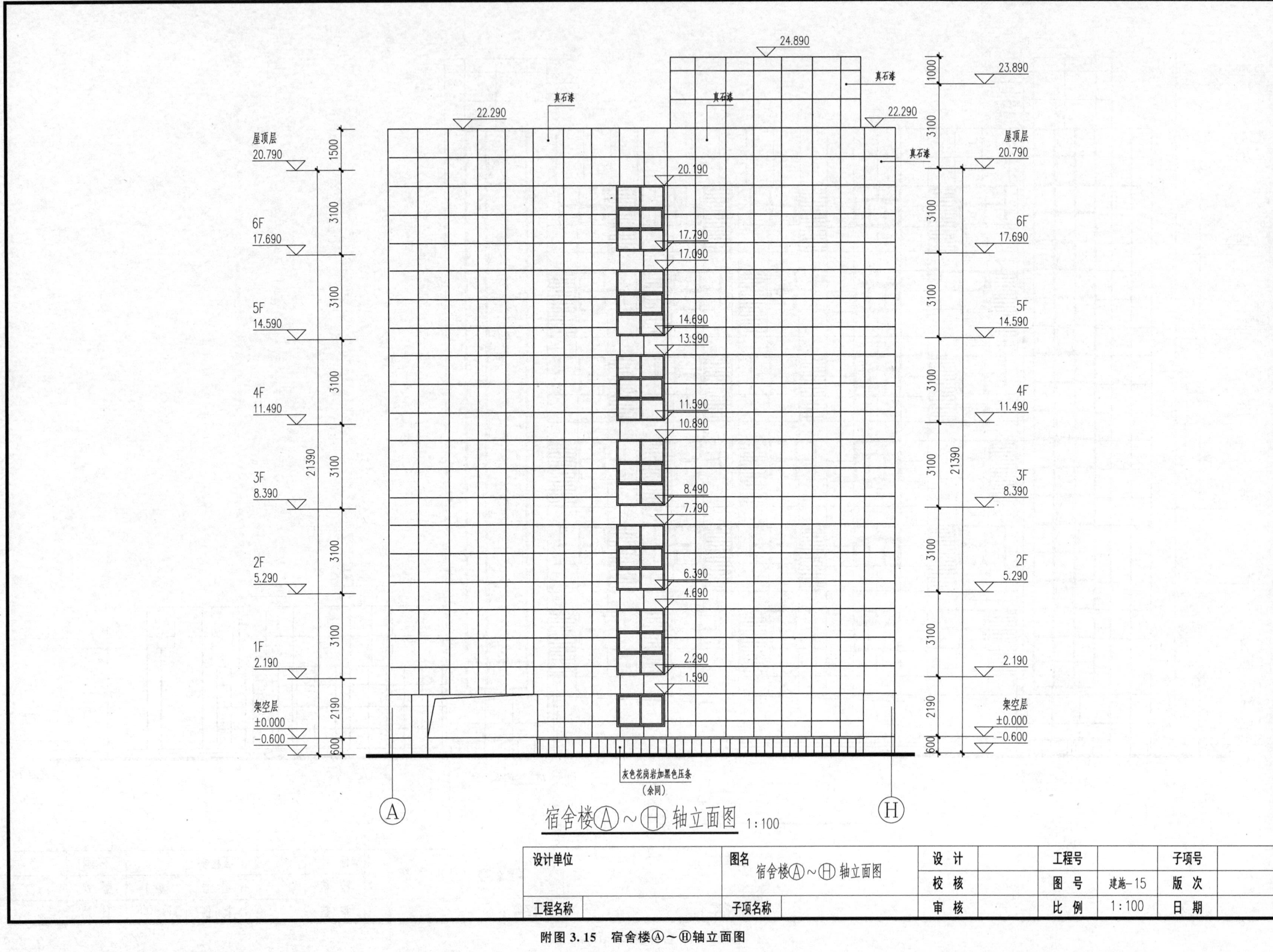


附图 3.15 宿舍楼Ⓐ～Ⓗ轴立面图

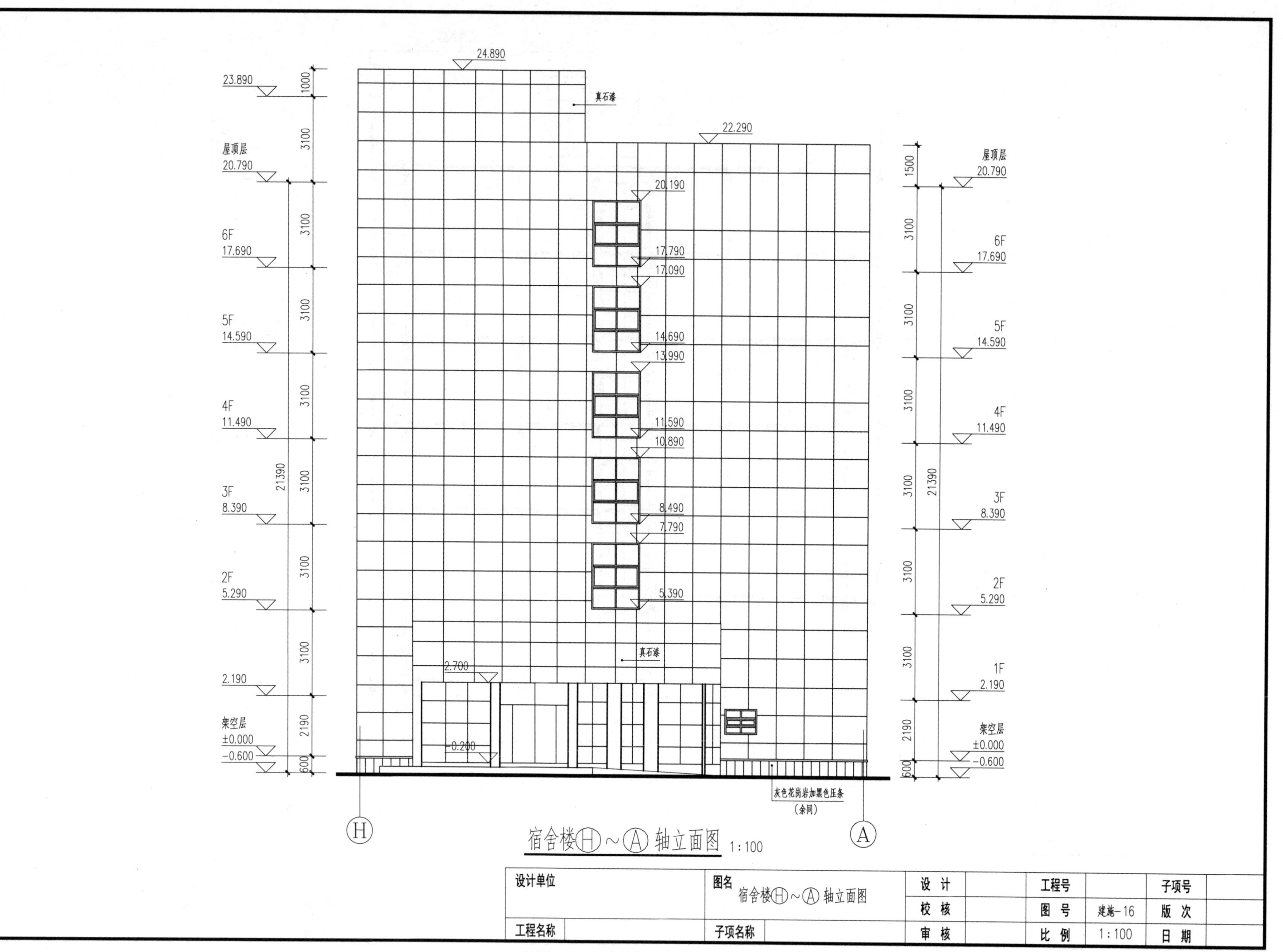


附图 3.16 宿舍楼Ⓗ～Ⓐ轴立面图

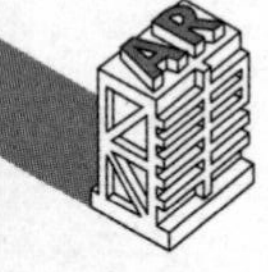

宿舍楼1－1剖面图 1:100

| 设计单位 | | 图名 | 宿舍楼1－1剖面图 | 设 计 | | 工程号 | | 子项号 | |
|---|---|---|---|---|---|---|---|---|---|
| | | | | 校 核 | | 图 号 | 建施-17 | 版 次 | |
| 工程名称 | | 子项名称 | | 审 核 | | 比 例 | 1:100 | 日 期 | |

附图 3.17 宿舍楼 1—1 剖面图

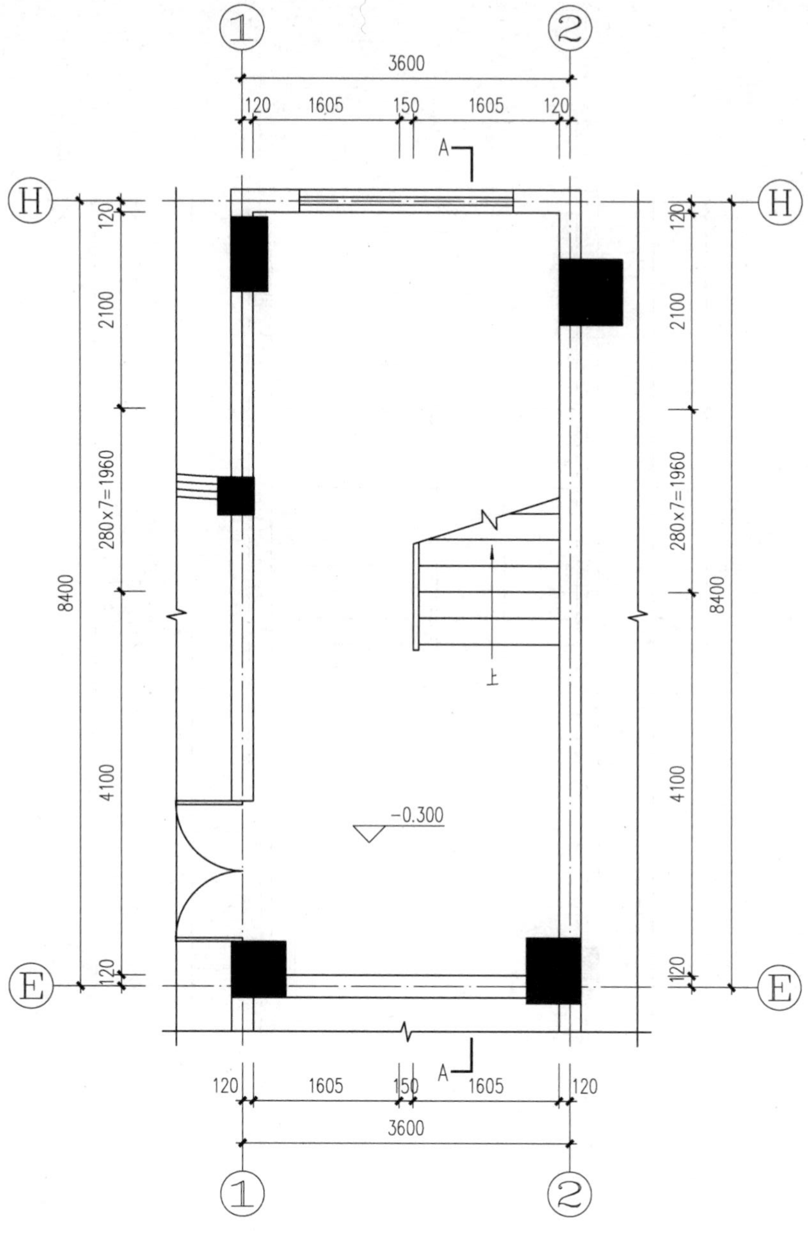

1#楼梯架空层平面图 1:50

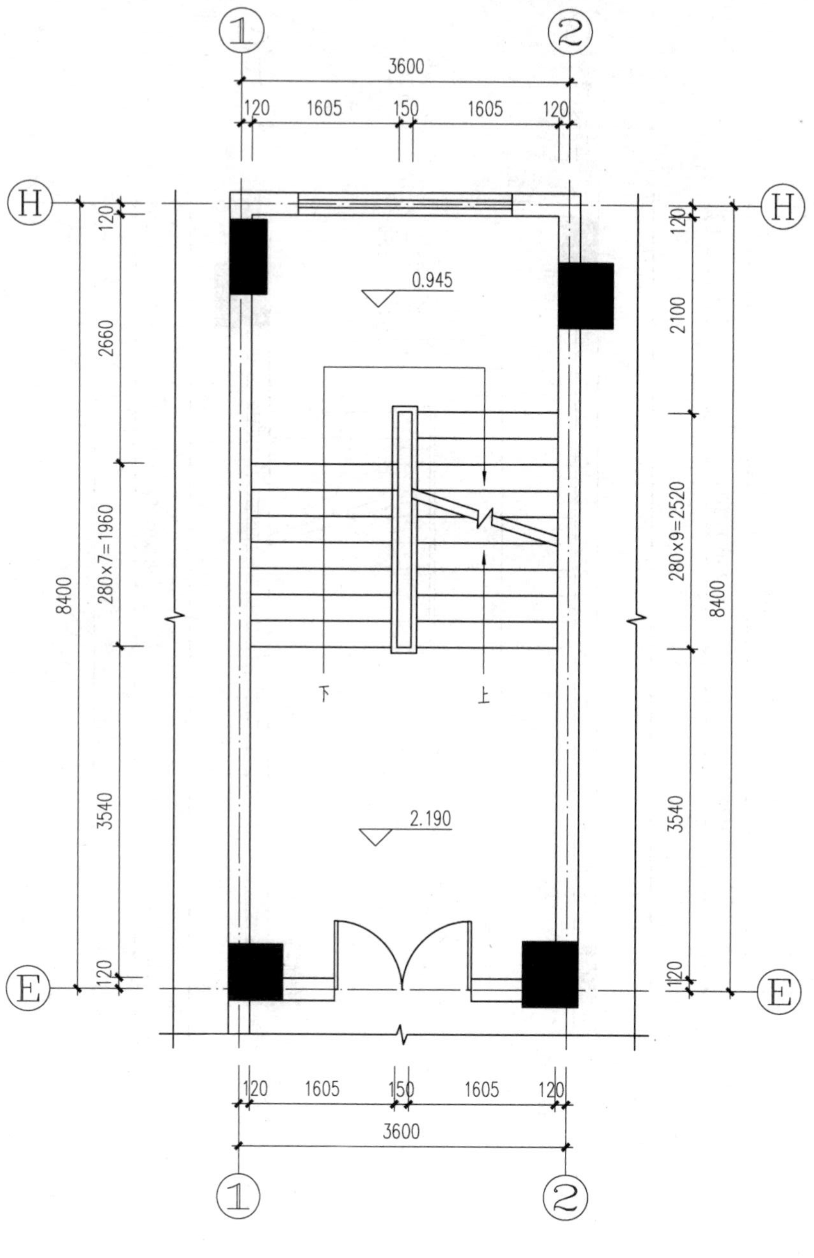

1#楼梯一层平面图 1:50

| 设计单位 | | 图名 | 1#楼梯架空层平面图、1#楼梯一层平面图 | 设 计 | | 工程号 | | 子项号 | |
|---|---|---|---|---|---|---|---|---|---|
| | | | | 校 核 | | 图 号 | 建施-18 | 版 次 | |
| 工程名称 | | 子项名称 | | 审 核 | | 比 例 | 1:50 | 日 期 | |

附图 3.18 1#楼梯架空层平面图、1#楼梯一层平面图

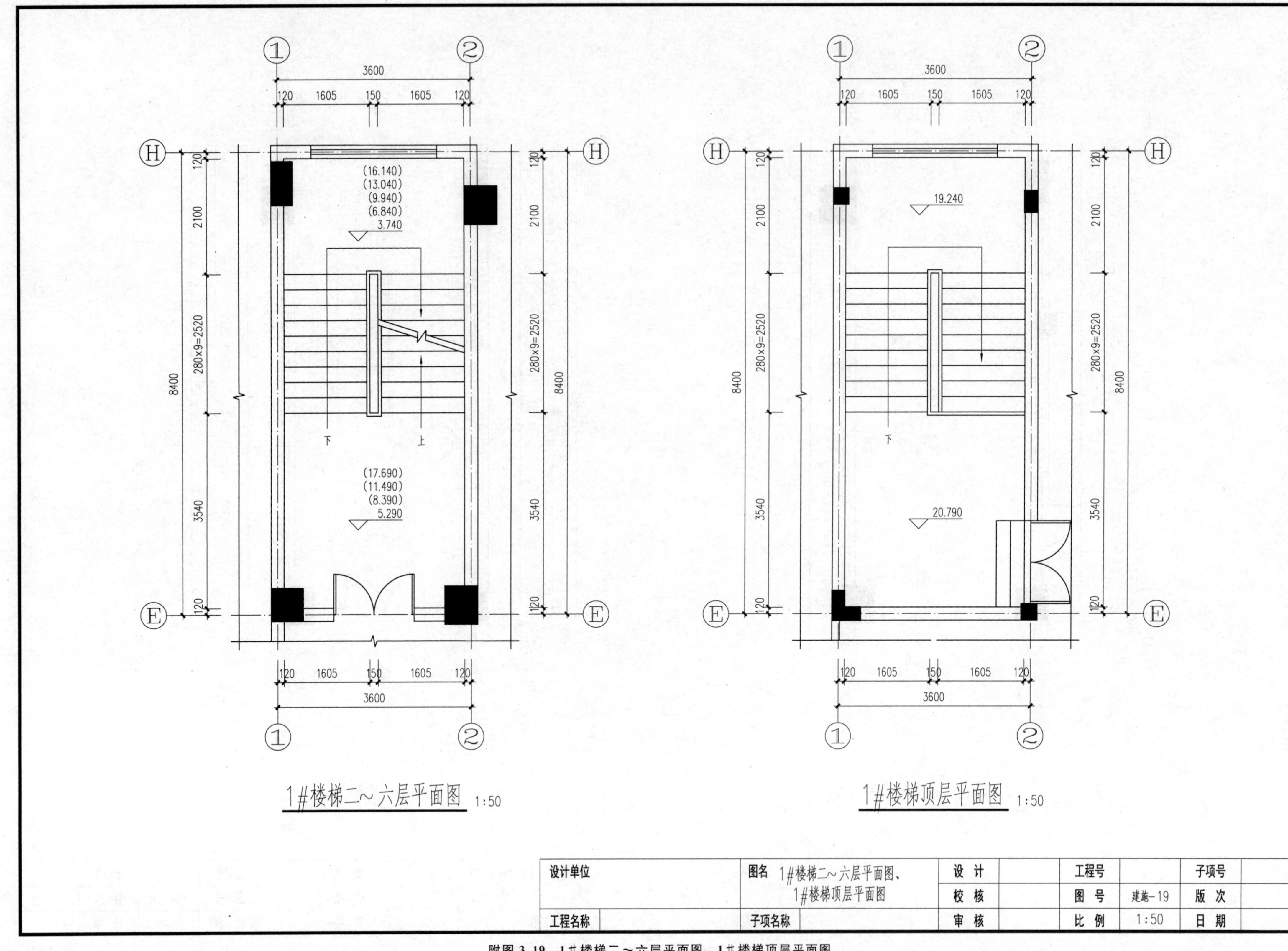


| 设计单位 | | 图名 1#楼梯二～六层平面图、1#楼梯顶层平面图 | 设 计 | | 工程号 | | 子项号 | |
|---|---|---|---|---|---|---|---|---|
| | | | 校 核 | | 图 号 | 建施-19 | 版 次 | |
| 工程名称 | | 子项名称 | 审 核 | | 比 例 | 1:50 | 日 期 | |

附图 3.19　1＃楼梯二～六层平面图、1＃楼梯顶层平面图

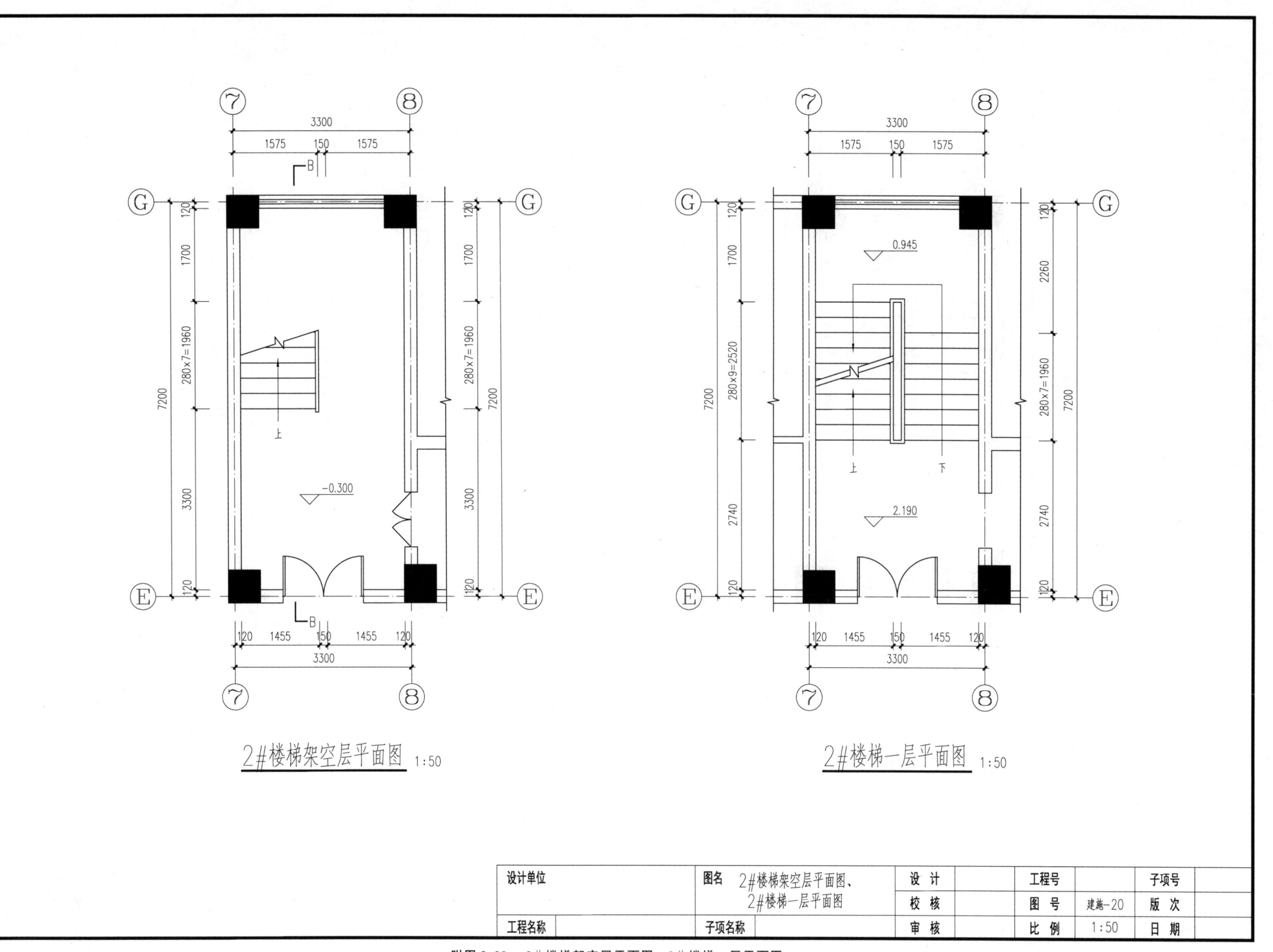


附图 3.20 2＃楼梯架空层平面图、2＃楼梯一层平面图

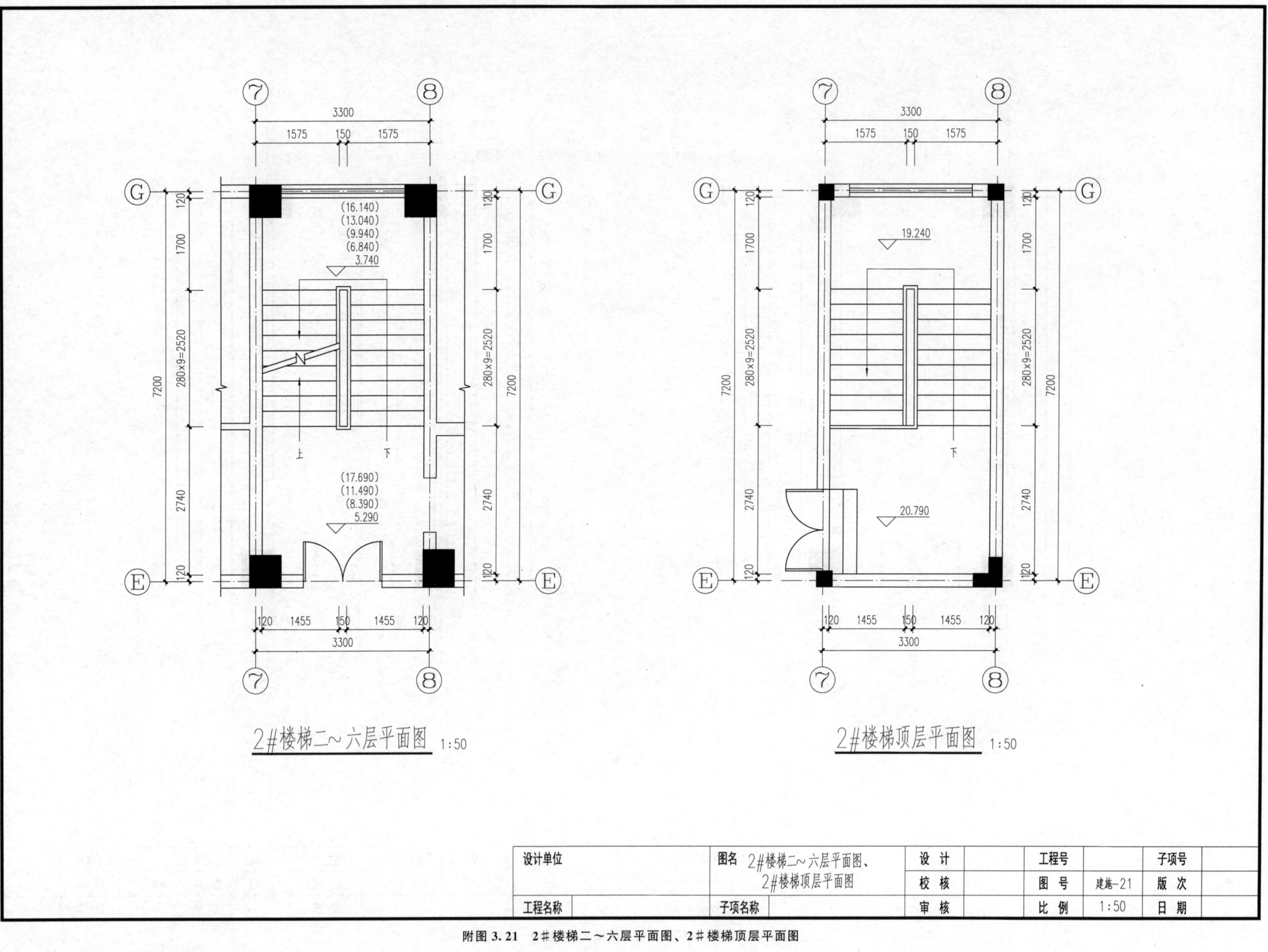


附图 3.21 2#楼梯二~六层平面图、2#楼梯顶层平面图

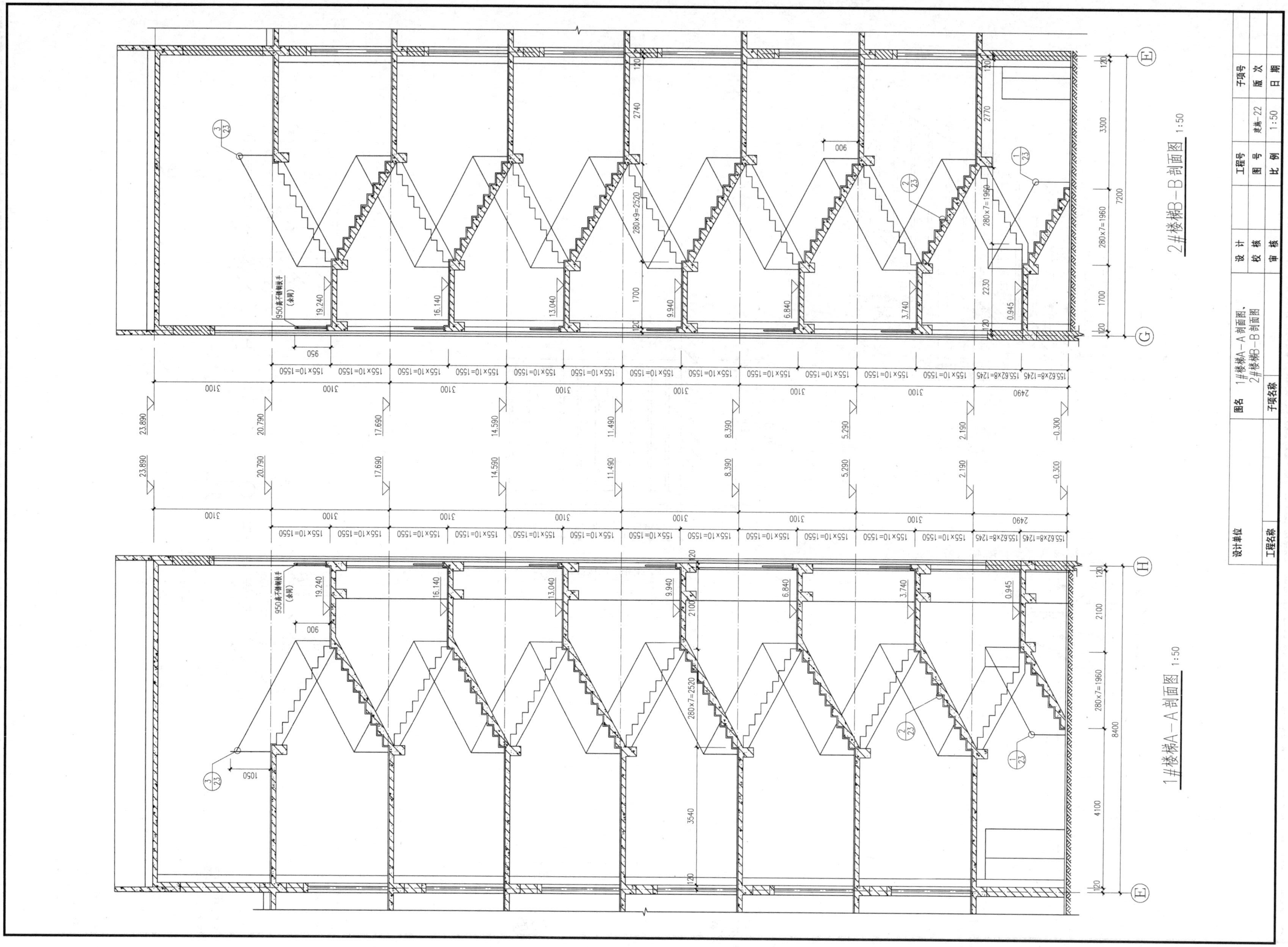

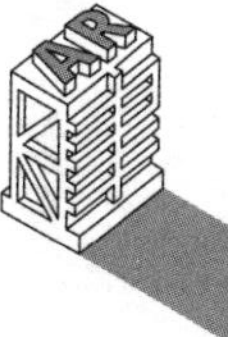

1#楼梯A—A剖面图 1:50

2#楼梯B—B剖面图 1:50

| 设计单位 | | 图名 | 1#楼梯A—A剖面图、2#楼梯B—B剖面图 | 设 计 | | 工程号 | | 子项号 | |
|---|---|---|---|---|---|---|---|---|---|
| | | | | 校 核 | | 图 号 | 建施-22 | 版 次 | |
| 工程名称 | | 子项名称 | | 审 核 | | 比 例 | 1:50 | 日 期 | |

附图 3.22 1#楼梯 A—A 剖面图、2#楼梯 B—B 剖面图

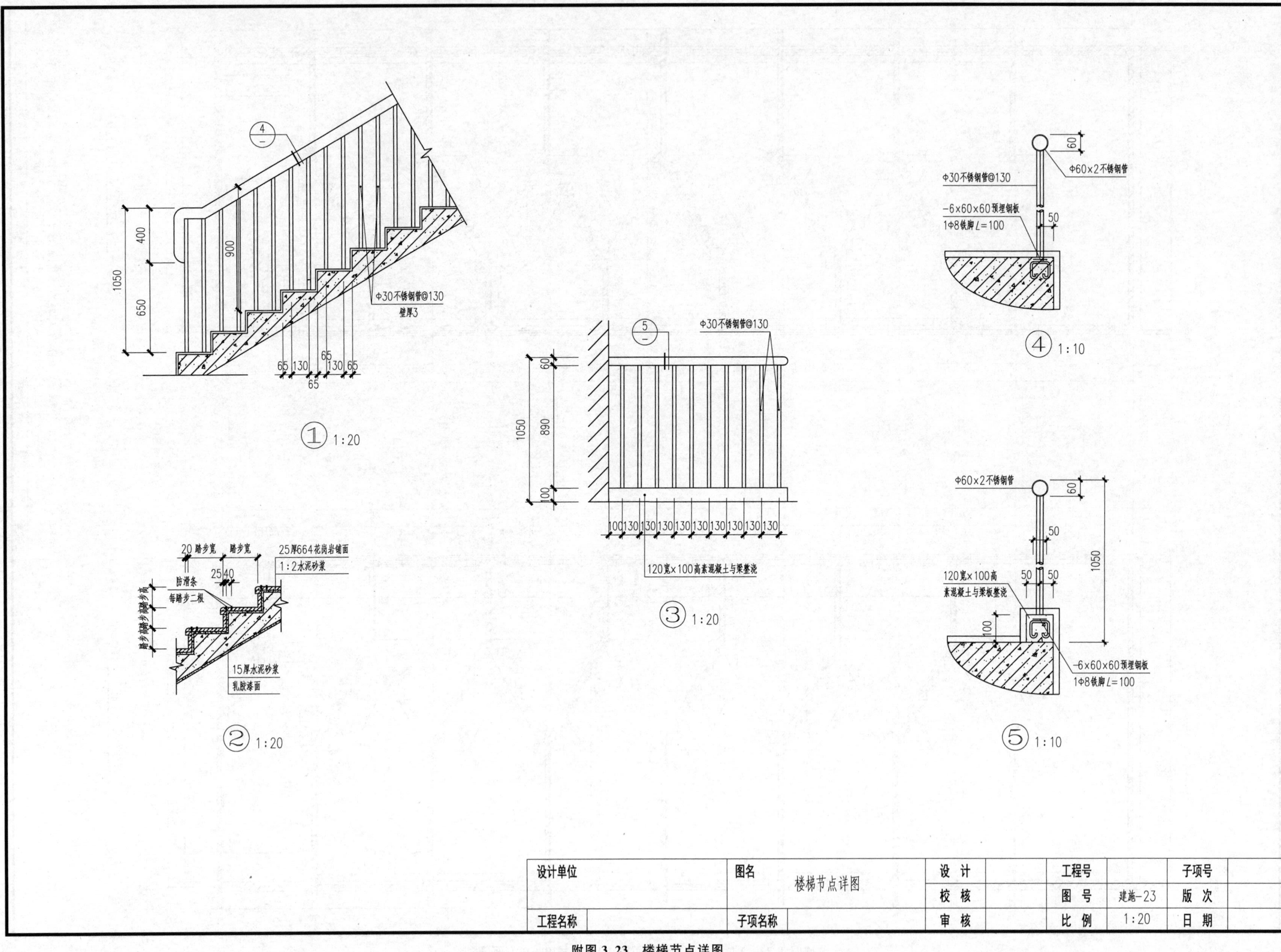


| 设计单位 | 图名 | 楼梯节点详图 | 设 计 | | 工程号 | | 子项号 | |
|---|---|---|---|---|---|---|---|---|
| | | | 校 核 | | 图 号 | 建施-23 | 版 次 | |
| 工程名称 | 子项名称 | | 审 核 | | 比 例 | 1:20 | 日 期 | |

附图 3.23 楼梯节点详图

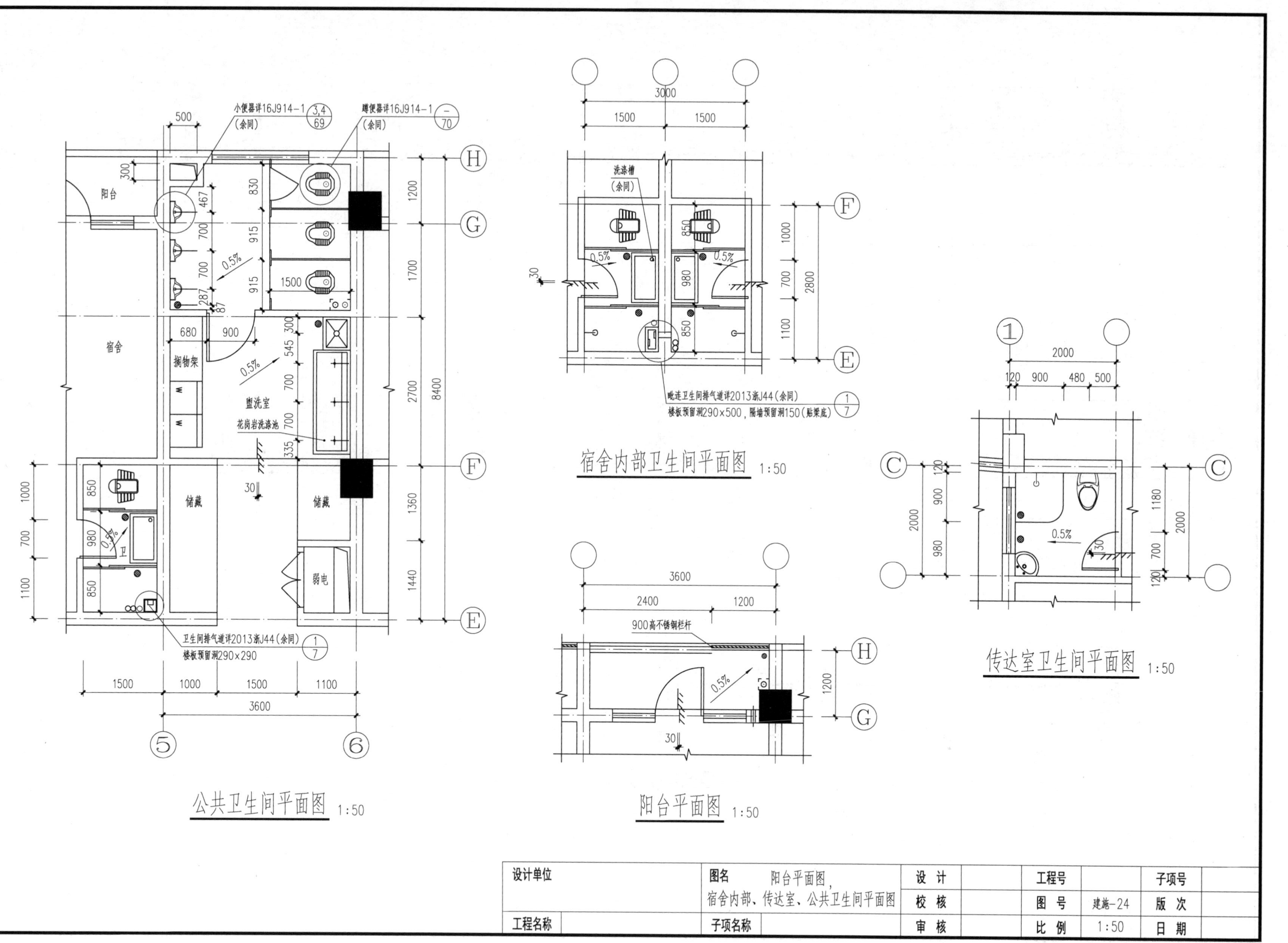


附图 3.24 阳台平面图，宿舍内部、传达室、公共卫生间平面图

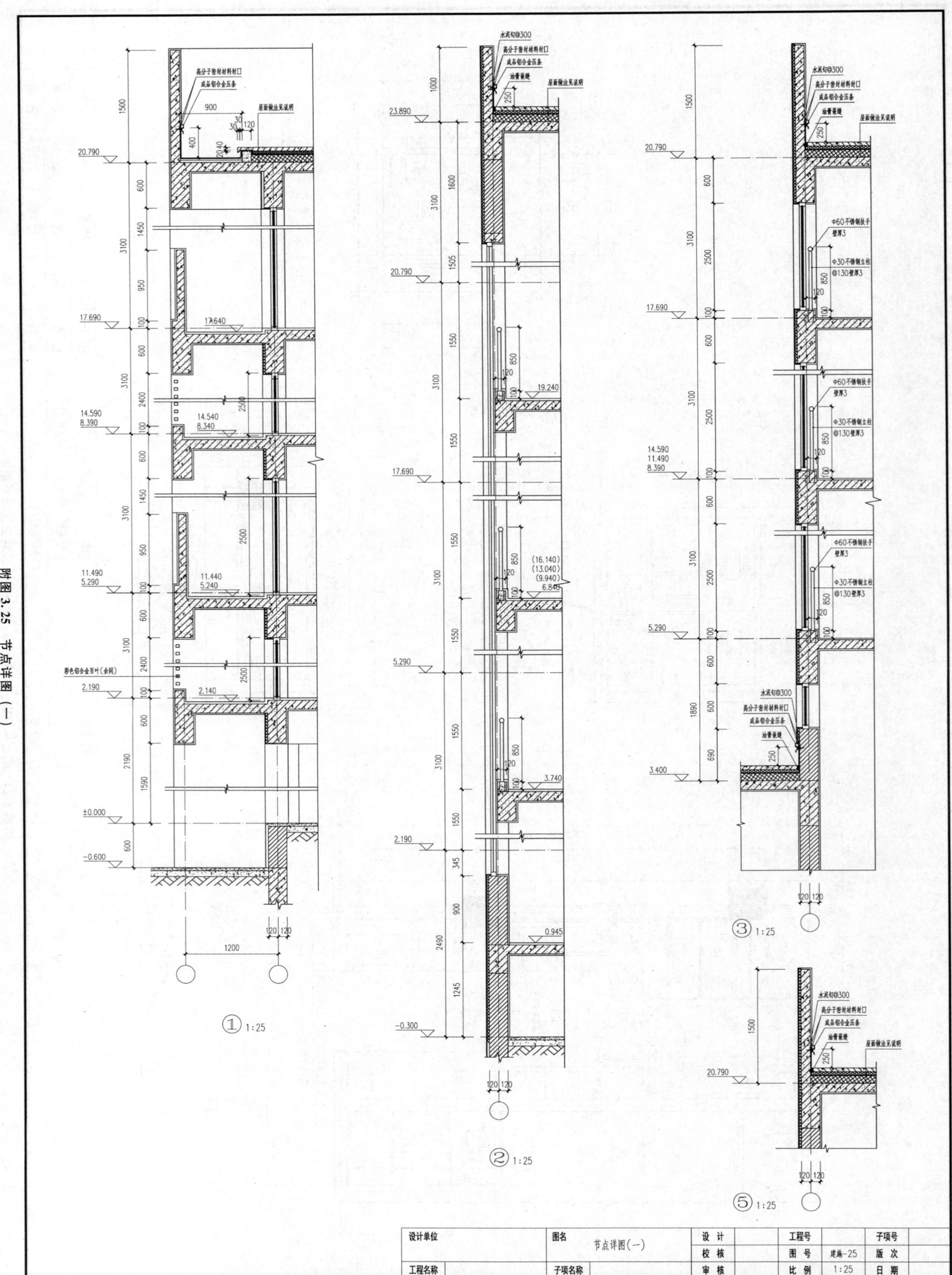

① 1:25
② 1:25
③ 1:25
⑤ 1:25
水泥钉@300
高分子密封材料封口
成品铝合金压条
油膏嵌缝
屋面做法见说明
Φ60不锈钢扶手 壁厚3
Φ30不锈钢立柱 @130壁厚3
彩色铝合金百叶(余同)
设计单位
图名 节点详图(一)
设 计
校 核
审 核
工程号
图 号 建施-25
比 例 1:25
子项号
版 次
日 期
工程名称
子项名称


附图 3.25 节点详图（一）

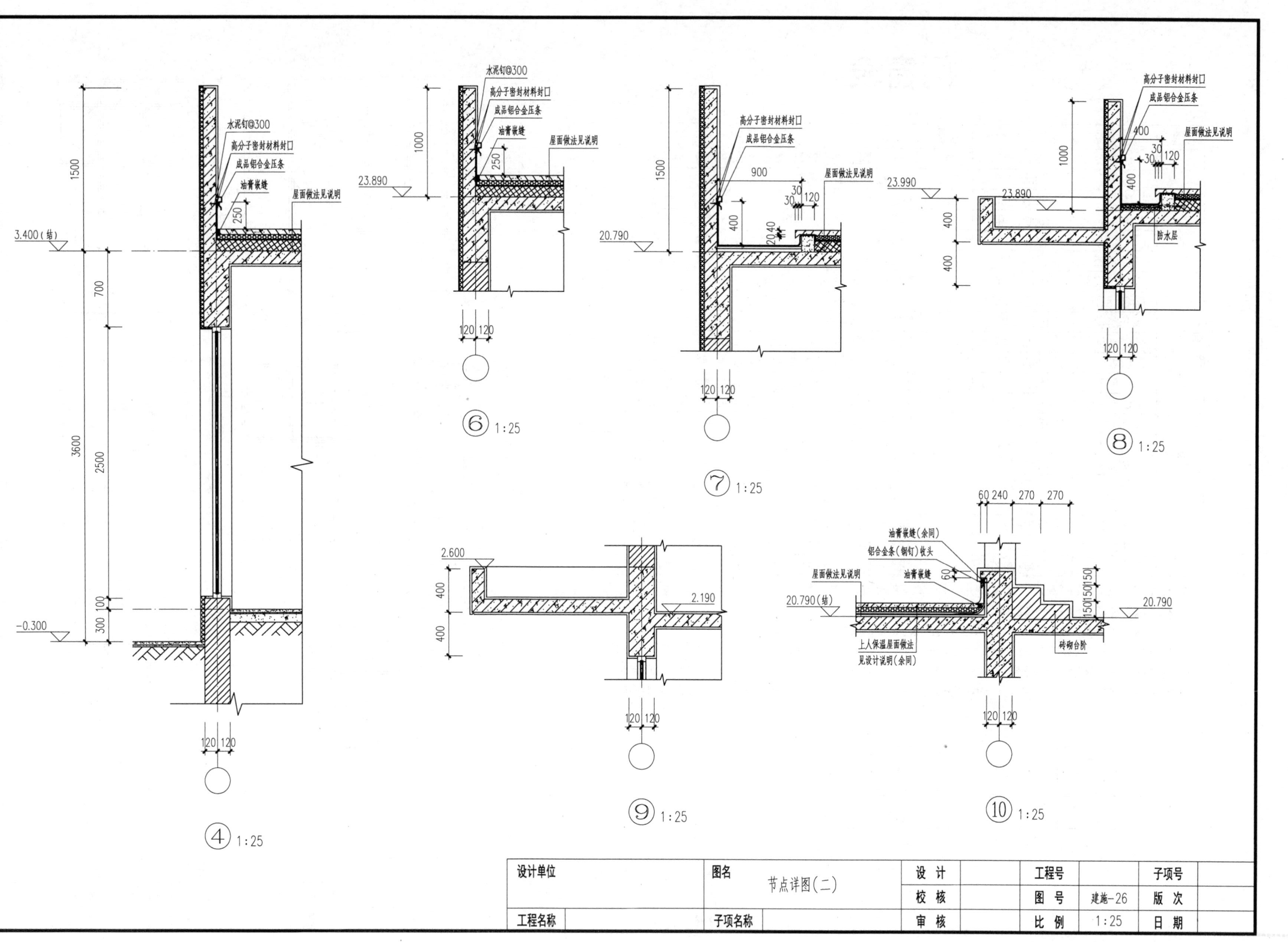


| 设计单位 | 图名 节点详图(二) | 设 计 | | 工程号 | | 子项号 | |
|---|---|---|---|---|---|---|---|
| | | 校 核 | | 图 号 | 建施-26 | 版 次 | |
| 工程名称 | 子项名称 | 审 核 | | 比 例 | 1:25 | 日 期 | |

附图 3.26 节点详图（二）

# 门窗表

| 类型 | 设计编号 | 洞口尺寸/mm | 数量 | 备注 |
|---|---|---|---|---|
| 门 | M3029 | 3000×2900 | 1 | 节能铝合金框型材中空玻璃平开门，做法参见16J607图集，立面分格见详图 |
| | M0721 | 700×2100 | 115 | 木门，做法详见浙J2-93图集 |
| | M0918 | 900×2100 | 8 | 木门，做法详见浙J2-93图集 |
| | M1024 | 1000×2100 | 112 | 成品防盗门（关门即可上锁），做法参见01SJ606图集，立面分格见详图 |
| | M1521 | 1500×2100 | 2 | 节能铝合金框型材中空玻璃平开门，做法参见16J607图集，立面分格见详图 |
| | MLC2525 | 900×2100 | 114 | 节能铝合金框型材中空玻璃平开门，做法参见16J607图集，立面分格见详图 |
| | FM1521(乙) | 1500×2100 | 14 | 乙级防火门，做法参见2011浙J23图集 |
| | FM1018(丙) | 1000×2100 | 13 | 丙级防火门，做法参见2011浙J23图集 |
| | FM1521(甲) | 1000×2100 | 1 | 甲级防火门，做法参见2011浙J23图集 |
| 窗 | C1806 | 1800×600 | 1 | 节能铝合金框型材中空玻璃推拉窗，做法参见16J607图集，立面分格见详图 |
| | C1209 | 1200×900 | 1 | 节能铝合金框型材中空玻璃推拉窗，做法参见16J607图集，立面分格见详图 |
| | C1812 | 1800×1200 | 1 | 节能铝合金框型材中空玻璃推拉窗，做法参见16J607图集，立面分格见详图 |
| | C1824 | 1800×2400 | 17 | 节能铝合金框型材中空玻璃推拉窗，做法参见16J607图集，立面分格见详图 |
| | FMC1809 | 1800×1500 | 1 | 乙级防火门，做法参见2011浙J23图集 |
| | C2509 | 2500×900 | 1 | 节能铝合金框型材中空玻璃推拉窗，做法参见16J607图集，立面分格见详图 |
| | MQ-1 | 2340×2450 | 2 | 节能铝合金框型材中空玻璃推拉窗，做法参见97J103-1图集，立面分格见详图 |
| | MQ-2 | 2500×2900 | 1 | 节能铝合金框型材中空玻璃推拉窗，做法参见97J103-1图集，立面分格见详图 |
| | MQ-3 | 2700×2900 | 1 | 节能铝合金框型材中空玻璃推拉窗，做法参见97J103-1图集，立面分格见详图 |
| | MQ-4 | 4230×2900 | 1 | 节能铝合金框型材中空玻璃推拉窗，做法参见97J103-1图集，立面分格见详图 |
| | MQ-5 | 4450×2900 | 1 | 节能铝合金框型材中空玻璃推拉窗，做法参见97J103-1图集，立面分格见详图 |
| | MQ-6 | 4070×2900 | 1 | 节能铝合金框型材中空玻璃推拉窗，做法参见97J103-1图集，立面分格见详图 |

注：1. 本工程定货前须核对门窗数量及洞口尺寸，以实际情况为准，生产加工前厂家应对门窗洞口进行实测。
2. 本工程节能铝合金框型材设计要求传热系数必须≤5.0W/($m^2$·K)。
3. 本设计只给出门窗立面图，具体构造详图、型材、规格、强度、抗风、防水、保温、密实性能均由生产厂家负责设计。
4. 玻璃分块面积≥1.5$m^2$的窗扇玻璃及窗扇底距楼面高度小于500mm的玻璃，均采用6mm厚钢化玻璃。门扇玻璃采用10mm厚钢化玻璃（非节能门窗）。
5. 中空玻璃型号：窗扇玻璃采用6mm中等透光反射+12mm空气+6mm透明钢化玻璃。玻璃分块面积≥1.5$m^2$的玻璃及窗扇底距楼面高度小于500mm的玻璃，均采用6mm中等透光反射+12mm空气+6mm透明钢化玻璃。门扇玻璃采用6mm中等透光反射+12mm空气+6mm透明钢化玻璃（节能门窗）。

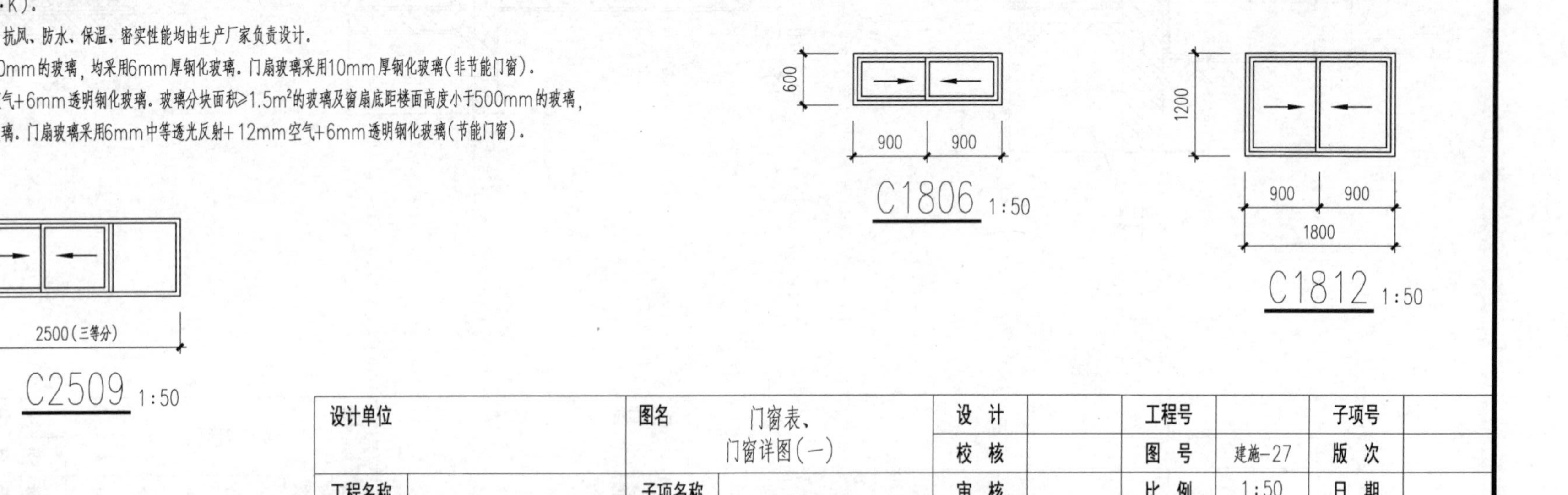


| 设计单位 | | 图名 | 门窗表、门窗详图(一) | 设 计 | | 工程号 | | 子项号 | |
|---|---|---|---|---|---|---|---|---|---|
| | | | | 校 核 | | 图 号 | 建施-27 | 版 次 | |
| 工程名称 | | 子项名称 | | 审 核 | | 比 例 | 1:50 | 日 期 | |

附图 3.27 门窗表、门窗详图（一）

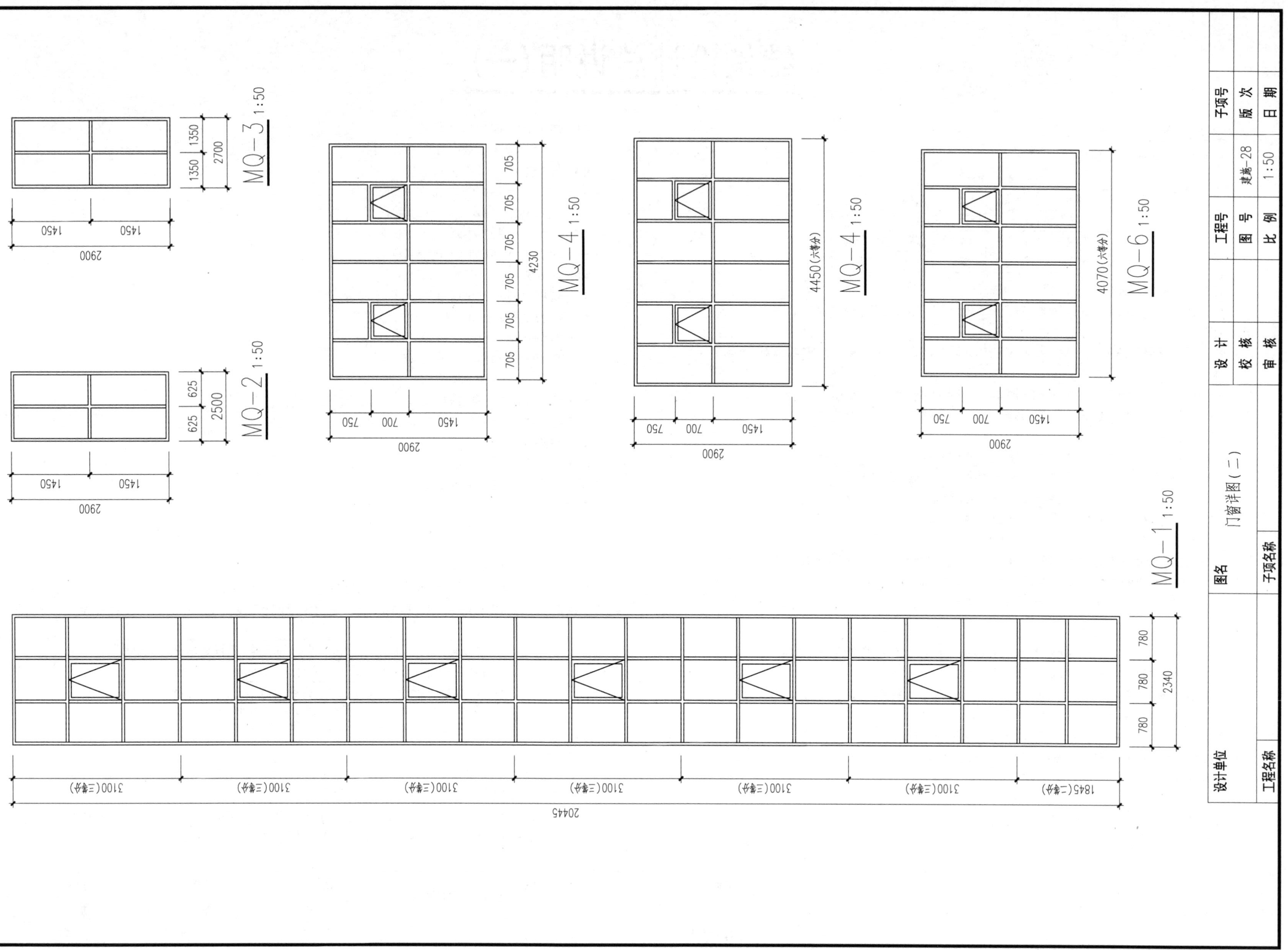
MQ-1 1:50
MQ-2 1:50
MQ-3 1:50
MQ-4 1:50
MQ-4 1:50
MQ-6 1:50
20445
1845(二等分)
3100(三等分)
2340
780
4230
705
4450(六等分)
4070(六等分)
2900
1450
700
750
2500
625
2700
1350
设计单位
工程名称
图名
门窗详图（二）
子项名称
设 计
校 核
审 核
工程号
图 号
建施-28
比 例
1:50
子项号
版 次
日 期
附图 3.28 门窗详图（二）

# 结构设计总说明(一)

## 一、工程概况和总则

1. 该项目位于××××××，其概况见表1。

表1

| 楼号 | 层数 | 层高 | | |
|---|---|---|---|---|
| 1#~2#宿舍楼 | 6 | 架空层：2.19m；一~六层：3.1m | | |
| 檐口高度 | 结构类型 | 抗震等级 | 基础类型 | 嵌固端 |
| 21.09m | 框架结构 | 四级 | 桩基础 | 基础 |

2. 计量单位(除注明外)：a.长度：mm；b.角度：度；c.标高：m；d.强度：N/mm。
3. 本工程在设计考虑的环境类别时，钢筋混凝土结构设计使用年限为50年，设计基准周期为50年；钢结构设计使用年限为25年，设计基准周期为25年。
4. 施工中应严格遵照国家现行各项施工验收规范及施工有关规定进行。本设计中未考虑冬季、雨季的施工措施，施工单位应据有关施工验收规范采取相应措施。
5. 本建筑物应按建筑图中注明的使用功能，未经技术鉴定或设计许可，不得改变结构的用途和使用环境。
6. 凡预留洞、预埋件应严格按照结构图并配合其他工种图纸进行施工，未经结构专业许可，严禁擅自留洞或事后凿洞。
7. 本工程平面整体表示方法采用以下图集。
《混凝土结构施工图平面整体表示方法制图规则和构造详图(现浇混凝土框架、剪力墙、梁、板)》(16G101-1)；
《混凝土结构施工图平面整体表示方法制图规则和构造详图(现浇混凝土板式楼梯)》(16G101-2)；
《混凝土结构施工图平面整体表示方法制图规则和构造详图(独立基础、条形基础、筏形基础及桩基承台)》(16G101-3)。
8. 本工程结构安全等级为二级，结构重要性系数为1.0；砌体结构施工质量控制等级为B级。
9. 建筑物耐火等级为二级。
10. 本工程的混凝土结构的环境类别：a.室内正常环境为一类；b.室内潮湿(如室内水池、水箱、卫生间)为二a类。
11. 结构施工图中除特别注明外，均以本总说明为准。
12. 本说明未能详尽的部分，应按照国家及本省现行的有关施工和验收规范、规程执行。

## 二、设计依据

1. 50年一遇的基本风压：0.45kN/m²；地面粗糙度：B类，风荷载体形系数：1.3；50年一遇的基本雪压：0.45kN/m²。
2. 本工程所在地区的抗震设防烈度为6度，按抗震设计，场地类别为Ⅱ类。
3. 本工程根据××研究院有限公司××××年××月提供的《××扩建(一期)岩土工程勘察报告(详勘)》(工程编号：××××)进行设计。
4. 建设单位提出的与结构有关的符合有关标准、法规的书面要求。
5. 本工程施工图按初步设计审查、批复文件及现行国家有关规范规程、规定及主管部门批文进行设计。
6. 结构整体分析采用中国建筑科学研究院PKPM系列软件SATWE、JCCAD计算。
7. 本专业设计执行以下现行国家和地方标准、规范和规程。
《工程结构可靠度设计统一标准》(GB 50153-2008)；
《建筑工程抗震设防分类标准》(GB 50223-2008)；
《建筑结构荷载规范》(GB 50009-2012)；
《建筑桩基技术规范》(JGJ 94-2008)；
《砌体结构设计规范》(GB 50003-2011)；
《建筑设计防火规范》(GB 50016-2006)；
《混凝土结构耐久性设计规范》(GB/T 50476-2008)；
《全国民用建筑工程设计技术措施：结构(2009年版)》；
《天津市预应力混凝土管桩技术规程》(DB29-110-2010)；
《建筑结构可靠度设计统一标准》(GB 50068-2001)；
《混凝土结构设计规范》(GB 50010-2010)；
《建筑地基基础设计规范》(GB 50007-2011)；
《地下工程防水技术规范》(GB 50108-2012)；
《多孔砖砌体结构技术规范》(JGJ 137-2001)；
《混凝土异形柱结构技术规程》(JGJ 194-2006)；
《浙江省建筑地基基础设计规范》(DB 33/1001-2003)；
《浙江省蒸压粉煤灰加气混凝土砌块应用技术规程》(DB33/T1027-2006)；
其他国家及浙江省规范、设计条例、规定。
8. 本专业工程质量验收主要依据：
《建筑地基基础工程施工质量验收规范》(GB 50202-2002)；
《地下防水工程质量验收规范》(GB 50208-2002)；
《建筑变形测量规范》(JGJ 8-2016)；
《混凝土结构工程施工质量验收规范》(GB 50204-2015)；
其他现行国家和地方有关施工标准、验收规范。
9. 本工程主要部位使用活荷载及楼面附加荷载(除自重外)：
按《建筑结构荷载规范》取值，具体数值(标准值)如表2所示；屋面有可能积水时，按积水的可能深度确定屋面活荷载；卫生间活载包括蹲式卫生间垫高部分的荷载。楼层房间应按照建筑图中注明内容使用，未经设计单位同意，不得任意更改使用用途，不得在楼层梁和板上增设建筑图中未标注的隔墙和垫层。

表2

| 楼面用途 | 宿舍 | 阳台 | 走廊 | 门厅 | 卫生间 | 公共卫生间(带蹲便) | 办公用房 | 上人屋面 |
|---|---|---|---|---|---|---|---|---|
| 活荷载/(kN/m²) | 2.0 | 2.5 | 2.0 | 2.0 | 2.5 | 4.0 | 2.0 | 2.0 |

注：1. 钢筋混凝土雨篷、挑檐的施工或检修集中荷载为1.0kN，楼梯、阳台和上人屋面等栏杆顶部水平荷载为1.0kN/m。
2. 下沉楼板上回填(≤300mm)采用填充用轻质混凝土填充(容重<14kN/m)。
3. 当下层楼板混凝土未达到设计强度时，上层梁、板的支撑不得直接支撑于本层楼面。

## 三、地基及基础工程

1. 本工程地基基础设计等级为丙级；建筑桩基设计等级为丙级；本工程所在地地下水质：该地下水对混凝土结构有微腐蚀性；对钢筋混凝土中的钢筋在长期浸水情况下有微腐蚀性，在干湿交替情况下对钢筋混凝土中的钢筋有弱腐蚀性。
2. 本工程采用桩基，在桩基正式施工前应进行试桩，若试桩尚未完成，桩基础图不得用于实际施工。桩的设计、施工、测试等具体要求及参数详见基础设计说明。桩基施工单位应做好施工组织设计，合理安排流程，减少挖桩挤土对邻近建筑及地下管线的不利影响。挖桩前应做好安全措施。

| 设计单位 | 图名 结构设计总说明(一) | 设 计 | | 工程号 | | 子项号 | |
|---|---|---|---|---|---|---|---|
| | | 校 核 | | 图 号 | 结施-01 | 版 次 | |
| 工程名称 | 子项名称 | 审 核 | | 比 例 | | 日 期 | |

附图 3.29 结构设计总说明(一)

# 结构设计总说明(二)

3. 本工程在施工期间和使用期间进行建筑物的长期沉降观测。施工单位应配合做好设标工作，创造观测条件，及时向设计单位提供信息。施工一层观测一层，并应以实测资料作为工程验收的依据之一。沉降观测控制的要求按相关规范执行。沉降观测结果在工程竣工验收时交设计单位一份存档。建筑物最终沉降量≤100mm（具体施工图纸另有说明的，从其说明）。

四、材料选用及要求

1. 混凝土：

a. 本工程承重结构混凝土强度等级详见各单体。

b. 混凝土对砂石料、掺合料和外加剂的选用应严格把关，确保混凝土的强度、耐久性和施工要求的工作性。根据结构混凝土所处位置按本说明第一.10条确定的结构环境类别，结构混凝土耐久性应满足第四.1.f条规定。

c. 大梁上部可以采用蓄水模板进行保温保湿养护。模板拆除时间宜不少于7$d$，模板拆除后继续养护至14$d$。

d. 构造柱、过梁、压顶梁、栏板及卫生间防水翻边，特别注明者外均采用C20混凝土（随楼层施工时同相应楼层梁板混凝土）。

e. 基础、基础梁垫层：100mm厚砂石垫层，再在其上浇捣100mm厚C15混凝土垫层。周边从构件外侧放出100mm，施工前必须保证其强度达到75%以上，并应充分湿润。

f. 耐久性要求：结构混凝土材料的耐久性基本要求应符合表3的规定。

表3

| 环境类别 | 最大水胶比 | 混凝土最低强度等级 | 最大氯离子含量/(%) | 最大碱含量/(kg/m³) |
|---|---|---|---|---|
| 一 | 0.60 | C20 | 0.3 | 不限制 |
| 二a | 0.55 | C25 | 0.3 | 3.0 |
| 二b | 0.50 | C30 | 0.15 | 3.0 |

注：1. 氯离子含量系指其占胶凝材料总量的百分比。
2. 预应力构件混凝土中的最大氯离子含量为0.06%；最低混凝土强度等级应按表中规定提高两个等级。
3. 当使用非碱活性骨料时，对混凝土中的碱含量可不作限制。

g. 梁柱（含剪力墙暗柱与连梁、转换层大梁）等节点钢筋过密的部位，须采用同强度等级的细石混凝土振捣密实。

h. C35和C35以上混凝土，应采用碎石级配，不许采用碎卵石代替，也不许用海沙和海石子代替。

i. 除了施工单位提供试块实验报告外，亦应满足用随机无损检验要求，以确认混凝土的施工质量及强度等级是否满足设计要求。

2. 钢材：

（1）框架柱受力钢筋、剪力墙竖向及水平分布钢筋接头等构造要求详见标准图集16G101－1要求执行。除注明者外，受力钢筋d≥25时，宜采用机械连接。用于电气接地的柱纵筋从柱顶至基础全部焊接。

a. 受力钢筋的接头应设置在受力较小处。受力钢筋的接头位置应避开梁端、柱端箍筋加密区。

b. 受力钢筋接头的位置应相互错开，当采用搭接接头时，从任一接头中心至1.3倍搭接长度的区段范围内，有接头的钢筋面积不应大于钢筋总面积的25%（受拉区）和50%（受压区）。当采用焊接接头时，在任一焊接接头中心至长度为钢筋直径的35倍且不小于500mm的区段范围内，有接头的钢筋面积不应大于钢筋总面积的50%，且同一根钢筋不得有两个接头。当采用机械连接接头时在任一机械连接接头中心至长度为钢筋直径的35倍区段范围内，有接头的钢筋面积不应大于钢筋总面积的50%，且同一根钢筋不得有两个接头。

c. 在纵向受力钢筋搭接接头长度范围内箍筋间距不大于100mm和5倍的纵筋直径，其直径不应小于搭接钢筋较大直径的0.25倍。

d. 粗细钢筋搭接时，按粗钢筋截面积计算接头面积百分率，按细钢筋直径计算搭接长度。

f. 梁主筋连接位置：下部钢筋在支座处连接，上部钢筋在跨中1/3范围内连接。

g. 现浇钢筋混凝土楼板板底钢筋不得在跨中搭接，应在支座处搭接，板顶钢筋为通长钢筋时不得在支座处搭接，应在跨中1/3范围内搭接。

h. 板与梁（墙）整浇或连续板板底钢筋伸入支座的锚固长度：一般为1/2梁宽或墙宽，且不应小于5$d$。板与边梁（墙）整浇（边跨）板上部钢筋伸入支座的锚固长度为梁宽或墙宽减去保护层厚度，且不小于锚固长度$l_a$。

i. 所有梁、柱、剪力墙箍筋和拉筋的末端应做成不小于135°弯钩，弯钩端头平直段长度不应小于10$d$。详见16G101－1。

（2）施工中任何钢筋替换应满足钢筋总承载力设计值相等，并应满足最小配筋率、最大配筋率和钢筋间距等是否满足构造要求，并经设计同意后方可替换。

（3）严禁采用改制钢材。

（4）轴心受拉及小偏心受拉杆件（如桁架和拱的拉杆）的纵向受力钢筋不得采用绑扎搭接接头。当受拉钢筋的直径$d$>25mm及受压钢筋的直径$d$>28mm时，不应采用绑扎搭接接头。

（5）基础梁钢筋接头等构造要求按标准图集16G101－3要求执行。

（6）纵向受力的普通钢筋及预应力钢筋，其混凝土保护层厚度（钢筋外边缘至混凝土表面的距离）不应小于钢筋的公称直径，且应符合表4规定。当梁、柱中纵向受力钢筋的混凝土保护层厚度大于40mm时，在保护层中间增配细钢筋网片防裂，规格结合施工经验现场商定。

表4 纵向受力钢筋混凝土保护层最小厚度　　单位：mm

| 环境类别 | 板、墙、壳 | | | 梁 | | | 柱 | | |
|---|---|---|---|---|---|---|---|---|---|
| | C25 | C30~C45 | ≥C50 | C25 | C30~C45 | ≥C50 | C25 | C30~C45 | ≥C50 |
| 一 | 20 | 15 | 15 | 25 | 20 | 20 | 25 | 20 | 20 |
| 二a | － | 20 | 20 | － | 25 | 25 | － | 25 | 25 |
| 二b | － | 25 | 25 | － | 35 | 35 | － | 35 | 35 |
| 三 | － | 30 | 30 | － | 40 | 40 | － | 40 | 40 |

注：1. 基础中纵向受力钢筋的保护层厚度不应小于40mm；当无垫层时不应小于70mm。
2. a.室内正常环境为一类。b.室内潮湿（如室内水池、水箱、卫生间）为二a；地下部分为二b类。
3. 地下室承台：下部为50mm，上部为20mm；基础梁：上部为25mm，下部、侧面为40mm（当为桩基的承台底部时，保护层由桩顶伸入承台深度决定）。
地下室墙：外墙外侧为35mm，外墙内侧及内墙为20mm（地下室墙外侧建筑采用柔性防水，墙体与土壤不直接接触）；
地下室顶板有覆土时：下部15mm，上部30mm。

（7）焊条：电弧焊所采用的焊条，其性能应符合《非合金钢及细晶粒钢焊条》(GB/T 5117-2012)或《热强钢焊条》(GB/T 5118-2012)的规定，其型号应根据设计确定，若设计无规定时，可按表5选用（当不同强度钢材连接时，可采用与低强度钢材相适应的焊接材料）。

表5 电弧焊接头型式

| 钢筋级别 | 帮条焊、搭接焊 | 坡口焊、熔槽帮条焊、预埋件穿孔塞焊 | 窄间隙焊 | 钢筋与钢板搭接焊、预埋件T型角焊 |
|---|---|---|---|---|
| Φ | E4303 | E4303 | E4316、E4315 | E4303 |
| Φ | E4303 | E5003 | E5016、E5015 | E4303 |
| Φ | E5003 | E5503 | E6016、E6015 | E5003 |

（8）楼梯梯板板底筋应通长设置，不允许出现接头（搭接或焊接）。

| 设计单位 | | 图名 | 结构设计总说明(二) | 设 计 | | 工程号 | | 子项号 | |
|---|---|---|---|---|---|---|---|---|---|
| | | | | 校 核 | | 图 号 | 结施-02 | 版 次 | |
| 工程名称 | | 子项名称 | | 审 核 | | 比 例 | | 日 期 | |

附图 3.30　结构设计总说明（二）

# 结构设计总说明(三)

3. 填充墙体：

(1) a. 外墙(防潮层以下)地下室内分隔墙：

采用240mm厚强度等级MU10蒸压灰砂砖，M10水泥砂浆砌筑，容重不大于18kN/m(不含双面普通粉刷层各20mm)；

b. 外墙(防潮层以上)：

采用烧结页岩多孔砖，M7.5混合砂浆砌筑，砖容重不大于14kN/m(不含双面普通粉刷层各20mm及外墙保温和干挂)。

c. 内隔墙(卫生间、厨房、楼梯间墙)：

采用烧结页岩多孔砖，M7.5混合砂浆砌筑，砖容重不大于14kN/m(不含双面普通粉刷层各20mm及外墙保温和干挂)。

d. 内隔墙(卫生间、厨房、楼梯间墙除外)：

轻质砂加气混凝土砌块，强度级别A3.5，密度级别B05。砌筑采用专用粘结剂，砌块容重不大于7kN/m。

(2) 砌体材料应有检验合格证明，其出釜停放期，不应小于28$d$，不宜小于45$d$。

(3) 砌体施工质量控制等级为B级。

(4) 填充墙应按照《砌体填充墙结构构造》(12G614-1)构造要求施工。

4. 节能：

保温材料与主体结构的连接应保证其安全性、耐久性。连接要求应符合《全国民用建筑工程设计技术措施—节能专篇：结构(2007年版)》中的相关规定。

## 五、现浇板结构

1. 双向板的板底筋中，短向筋放在底层，长向筋置于短向筋上；双向板的板面筋中短向筋放在上层，长向筋置于短向筋下。楼、屋面板板面支座负筋应每隔1000mm加设10mm骑马凳或成品马凳，施工时严禁踩踏，以确保板面负筋的有效高度。板配筋图中，平面图中标示的支座面筋长度为钢筋的水平投影长度；坡屋面板面钢筋在平面图中所标示长度值为水平投影长度，钢筋开料长度须按坡度换算，板面筋的表示方法如图一所示。
2. 浴厕、阳台及外廊走道的结构面标高比相邻楼板结构面标高低30mm及以上，且此处梁为框架梁(编号：KL××)时，按图二构造大样施工；当此处梁为楼面次梁时，按图三构造大样施工。当两侧房间高差小于30mm时板面钢筋不断，板筋可弯折后伸入另一侧板上部，如图三所示。

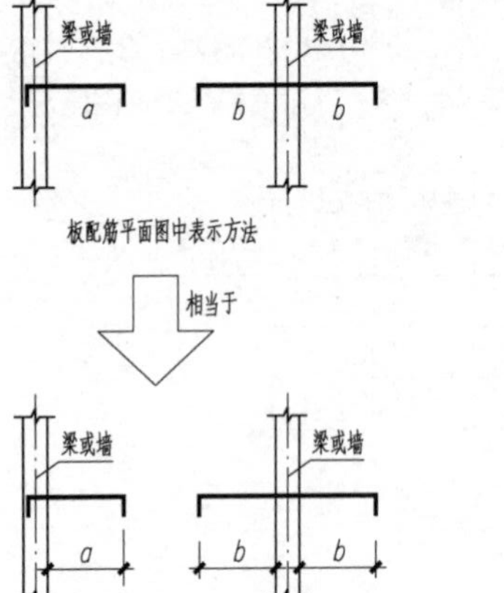


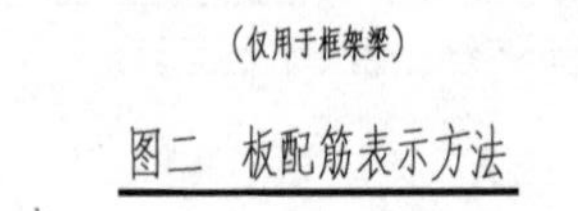

图一 板配筋表示方法

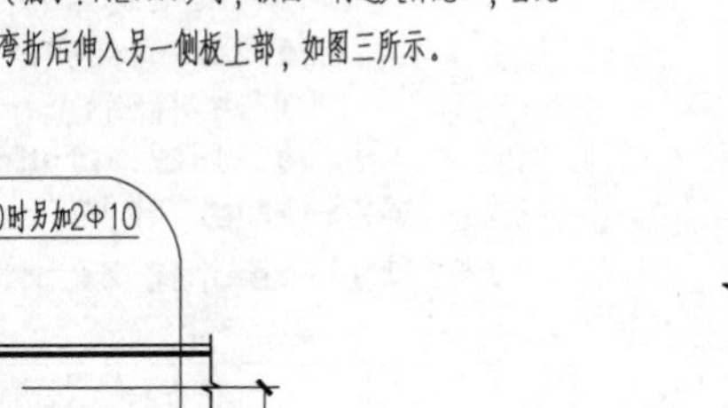


图二 板配筋表示方法

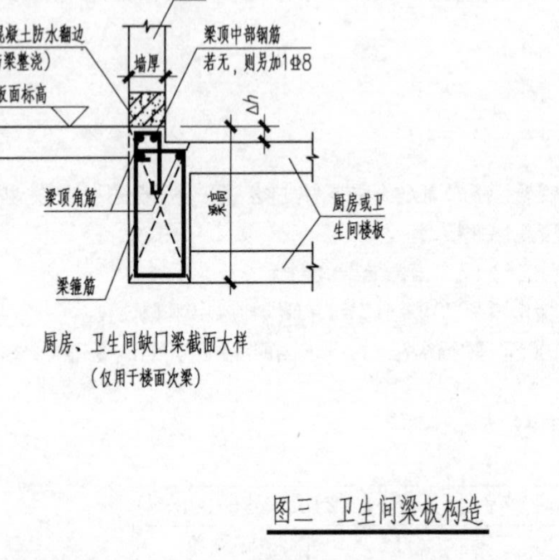

图三 卫生间梁板构造

3. 楼层外挑板(包括屋檐外挑板、建筑饰线压顶外挑板)外转角处若无注明配筋构造时须附加面钢筋，如图四、图五所示。

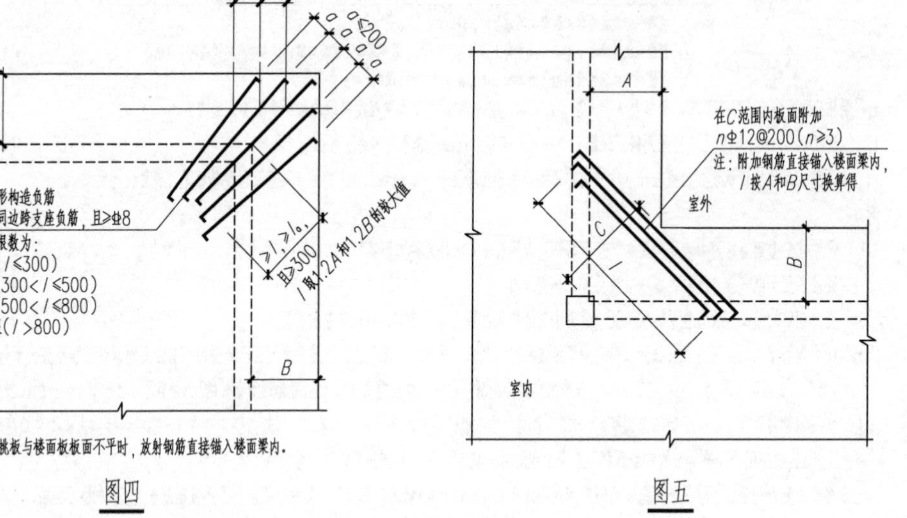


图四

图五

4. 现浇板支座面筋的分布钢筋及单向板的分布钢筋，除图中注明者外，楼面、屋面及外露构件均为Φ6@200。
5. 其他框架和剪力墙的抗震及施工要求详见图集(16G101-1)。

| 设计单位 | 图名 结构设计总说明(三) | 设 计 | | 工程号 | | 子项号 | |
|---|---|---|---|---|---|---|---|
| | | 校 核 | | 图 号 | 结施-03 | 版 次 | |
| 工程名称 | 子项名称 | 审 核 | | 比 例 | | 日 期 | |

附图 3.31 结构设计总说明 (三)

# 结构设计总说明(四)

六、施工要求

1. 施工前应会审各专业图纸，做好施工组织设计，若各专业之间有矛盾，请通知设计院。结构施工图应与各专业施工图配合使用，及时预埋管线和套管，及时验校预留洞和预埋件位置及大小，避免日后凿打而损坏结构。
2. 严格控制现浇板的厚度及现浇板中钢筋保护层的厚度。阳台、雨篷、空调台等悬挑现浇板的负弯矩钢筋的下面，应设置间距不大于500mm的钢筋保护支架，在浇筑混凝土时，保证钢筋不移位。
3. 在浇筑混凝土前，必须采取搭设可靠的施工平台、走道等有效措施，并且在施工中应派专人护理钢筋，确保钢筋位置符合要求。
4. 施工悬挑构件时，应有可靠措施确保负筋位置的准确，待强度达到100%后方可拆模。
5. 混凝土构件与门窗、吊顶、卫生设备及各类管卡支架的连接固定，施工时应避开柱和梁的主筋，以免影响受力构件的强度。
6. 预留在现浇混凝土楼板中的线管，均应放置在板厚中部；应绑扎牢固定位，不得离板顶或板底太近，交叉管线不得多于两层。
7. 现浇梁、板、柱、墙均应及时有效养护。
8. 在施工中，应采用设计所要求的钢材，不得随意替(代)换。
9. 混凝土施工缝应留置在结构受力较小且便于施工的位置。

七、施工监测

1. 结构主体完工，砌筑砌体之前，应进行中间验收。未经中间验收或验收不合格，不得进行下一道工序施工。结构施工中的缺陷，未经设计单位同意，不得采用水泥砂浆修补。
2. 监测工作必须由具有相应工程监测资质单位承担，并由建设单位委托进行。
3. 监测内容：
   a. 建筑物垂直度观测(剪力墙、柱、电梯井、模板等)。
   b. 建筑物沉降观测：沉降观测点的位置设置详见各单体底层柱平面图。施工前应预埋沉降水准基点，并按设计要求及《建筑地基基础设计规范》的规定进行施工期间的沉降观测。水准基点必须稳定可靠，在一个观测区内，水准基点不应少于三个。测量精度采用Ⅱ级水准测量。水准测量应采用闭合法。应采精密仪器和铟钢尺、固定测量工具，测量人员观测前应严格校验仪器。沉降观测点的埋设见图六。沉降观测点设置在标高0.500m处。本工程采同用明装式沉降观测点。第一次观测待观测点安置稳妥后及时进行，施工期每上一层观装式沉降观测点。第一次观测待观测点安置稳妥后及时进行，施工期每上一层观测一次，竣工后每一个月观测一次，三个月后每三个月观测一次，一年后每三至四个月观测一次，至沉降稳定为止，两年后每年观测二至三次，三年后每年观测一次。每次沉降观测后应及时计算各沉降点的高程(本次沉降量、累计沉降量和平均沉降量)并及时通知设计院。沉降观测要求依照《建筑变形测量规范》进行。
   c. 监测单位应随工程进展情况，及时向设计等有关单位提供监测情况资料。

八、其他

1. 结构主体完工，砌筑砌体之前，应进行中间验收。未经中间验收或验收不合格，不得进行下一道工序施工。结构施工中的缺陷，未经设计单位同意，不得采用水泥砂浆修补。
2. 提供支点的反力供上部结构的验算。施工准备，及时与土建施工单位密切配合，事先预埋好幕墙或网架与主体结构连接的预埋件。严禁事后凿打，也不许采用膨胀螺栓。
3. 所有钢筋混凝土结构的防雷措施、位置均应按电气专业要求，土建配合施工，在电气专业指定的柱上(详见具体设计)做防雷接地电阻测定点，具体做法参见电气图纸。柱内两根竖向钢筋作为防雷引下线，从上至下焊成通路，并与基础钢筋网(顶层、底层)焊牢，焊接要求除满足双面焊10$d$外，尚不应小于100mm，两根竖向钢筋上端要露出柱顶150mm，与屋顶避雷带连接。
4. 梁上不得随意开洞或穿管，开洞及预埋铁件应严格按设计要求设置，经检验合格后方可浇筑，预留孔洞不得后凿，不得损坏梁内钢筋。
5. 本说明适用于本工程的结构设计施工图，与结构施工图互为补充，施工图中具体要求高于本说明要求的，以施工图为准；低于本说明的以本说明为准，并应同时遵守现行国家施工及验收规范的有关规定。本工程图纸须与其他专业图纸同时对照使用，不得单独使用本专业图纸。
6. 在施工过程中若发现图中有不妥之处，请及时与设计院联系。

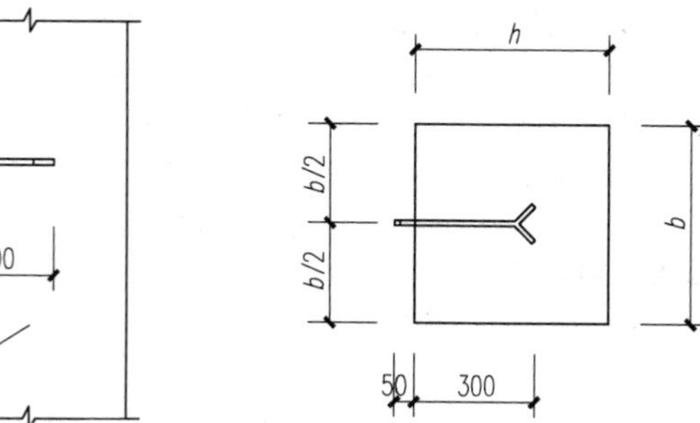

明装式沉降观测点

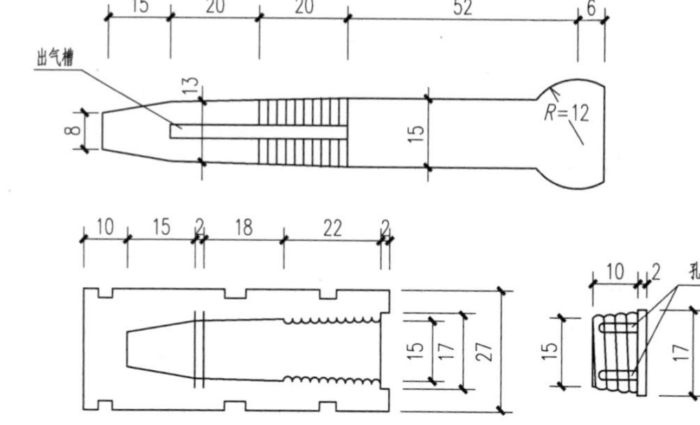

暗埋式沉降观测点
所有零件均为铜质

图六 沉降观测点

| 设计单位 | | 图名 结构设计总说明(四) | 设 计 | | 工程号 | | 子项号 | |
|---|---|---|---|---|---|---|---|---|
| | | | 校 核 | | 图 号 | 结施-04 | 版 次 | |
| 工程名称 | | 子项名称 | 审 核 | | 比 例 | 1:100 | 日 期 | |

附图 3.32 结构设计总说明（四）

# 桩基础设计说明及承台详图

## 钻孔灌注桩说明

1. 本工程根据××研究院有限公司××××年××月提供的《××扩建(一期)岩土工程勘察报告(详勘)》进行设计。
2. 本工程标高±0.000m相当于黄海高程7.6m。
3. 本工程采用钻孔灌注桩，有效桩长$L$约为47m。
   桩基设计等级为丙级。桩顶以下5$d$范围的桩身螺旋式箍筋加密间距250mm改为100mm。
   桩伸入承台内50mm，桩顶纵筋在承台内的锚固长度不小于$l_a$及35$d$。
4. 图中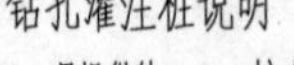表示直径为600mm的钻孔灌注桩，为抗压桩；以9-2层作为桩基持力层。单桩竖向抗压承载力特征值为1900kN，成桩以桩进入持力层深度控制为主，桩端进入持力层不小于2.0m，总数为78根，型号为ZKZ-600-L-L(B2)-C30。
5. 桩身钢筋应采用焊接，桩身钢筋混凝土保护层厚度为50mm，桩底沉渣(桩端锥体1/2高度起算)小于50mm，桩身混凝土灌注充盈系数大于1.13～1.18。
6. 本工程桩在施工前应进行试桩，以确定其施工工艺。
7. 桩施工完成后应做桩身完整性及单桩竖向承载力检测。单桩竖向承载力检测采用单桩竖向抗压静载荷试验，数量为总桩数的1%，且不少于3根。
   静载桩数量：直径$d$=600，3根；直径$d$=800，3根。
   图中◐试桩的竖向抗压极限承载力要求略大于3800kN，桩型号不变。
   图中◐试桩的竖向抗压极限承载力要求略大于5800kN，桩型号不变。
8. 施工时应仔细核对勘察报告。若发现与地质报告情况差异较大时，应及时通知勘察和设计单位进行分析处理。施工应符合当地相关规范或规程的要求。
9. 在试桩钻孔过程中必须经常测定护壁泥浆的相对密度、含砂率、黏度和pH，至少每进入10m深度测定一次。泥浆相对密度应根据穿越的土层控制，泥浆含砂率应小于6%；泥浆黏度为18～20s，pH为7～9。
10. 在钻孔深度达到设计要求后，应进行反循环清底，孔底沉渣厚度不得大于50mm。在测得孔底沉渣厚度符合要求后半小时内必须灌注水下混凝土。
12. 施工具体要求见相关规范和《钻孔灌注桩》(2004浙G23)。未尽事宜须遵守本工程采用图集和相关规范或规程。
13. 桩基承台底部筋的构造按图集16G101-3施工。

CT1

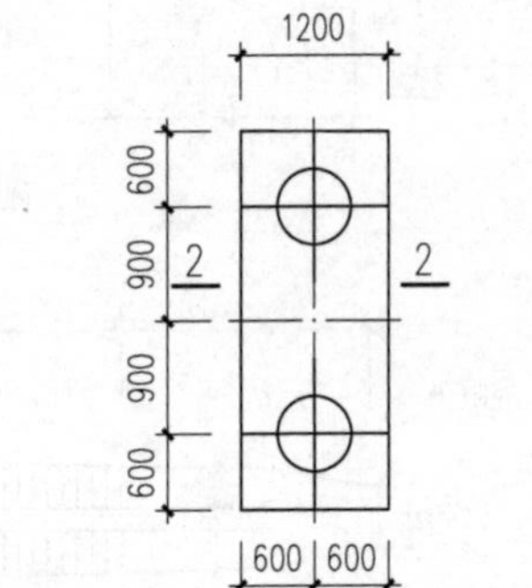
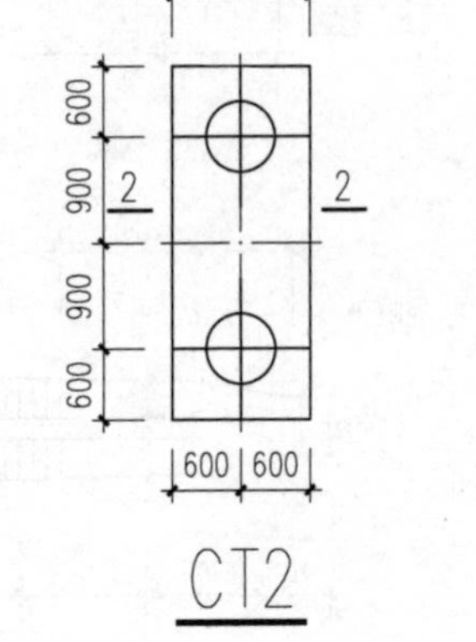

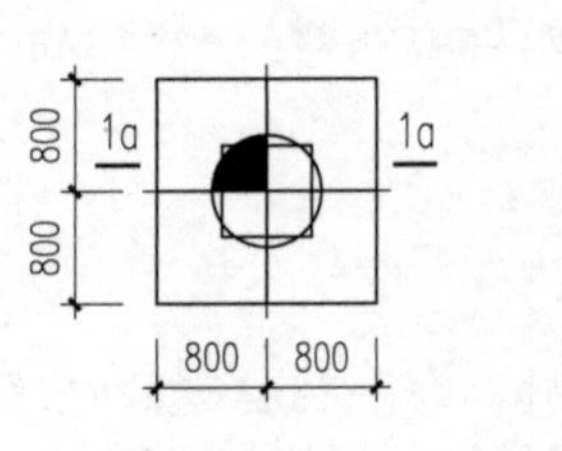

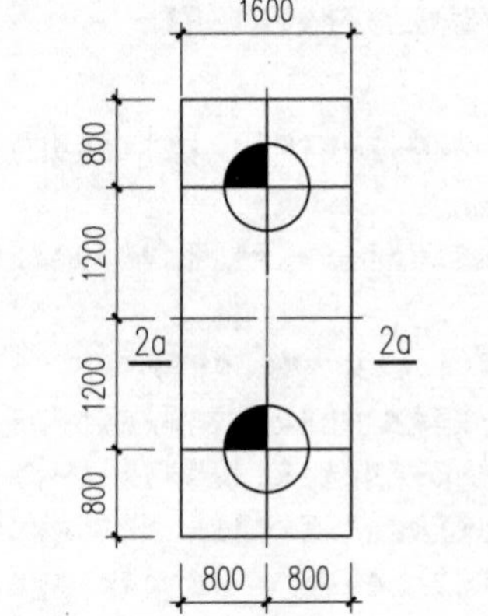

1-1

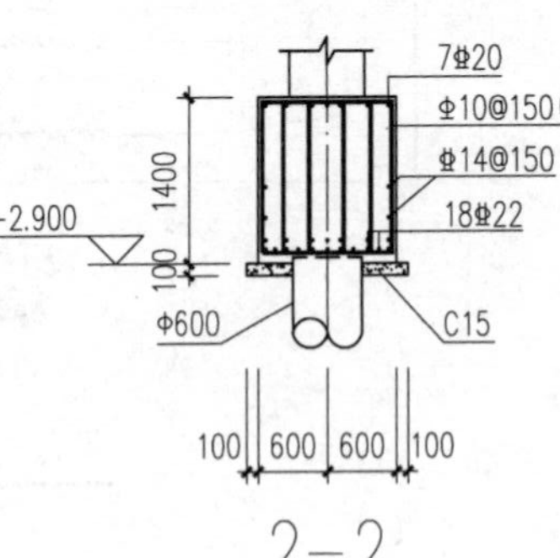

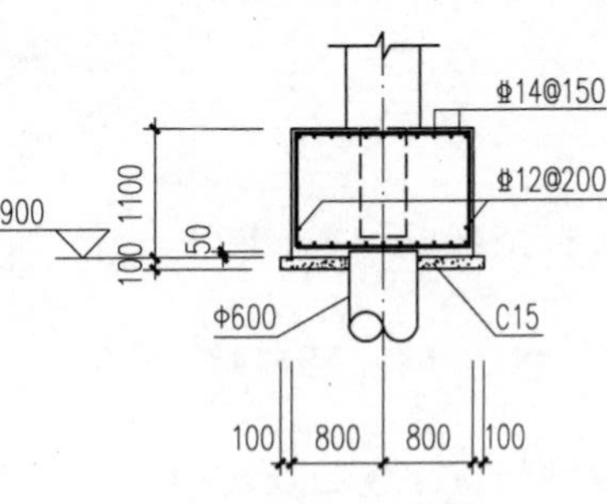

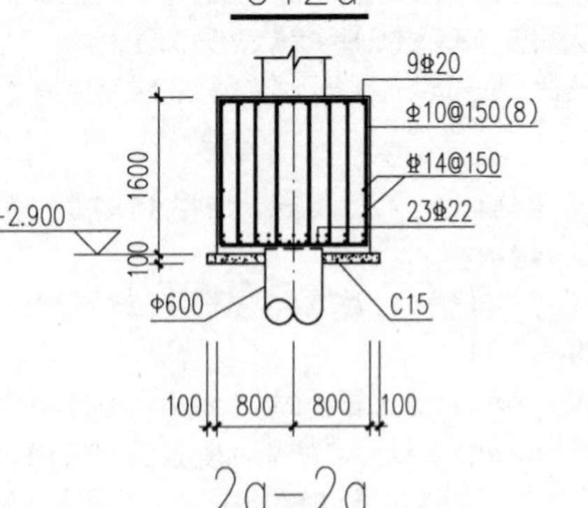

| 设计单位 | 图名 桩基础设计说明及承台详图 | 设 计 | | 工程号 | | 子项号 | |
|---|---|---|---|---|---|---|---|
| | | 校 核 | | 图 号 | 结施-05 | 版 次 | |
| 工程名称 | 子项名称 | 审 核 | | 比 例 | | 日 期 | |

附图 3.33 桩基础设计说明及承台详图

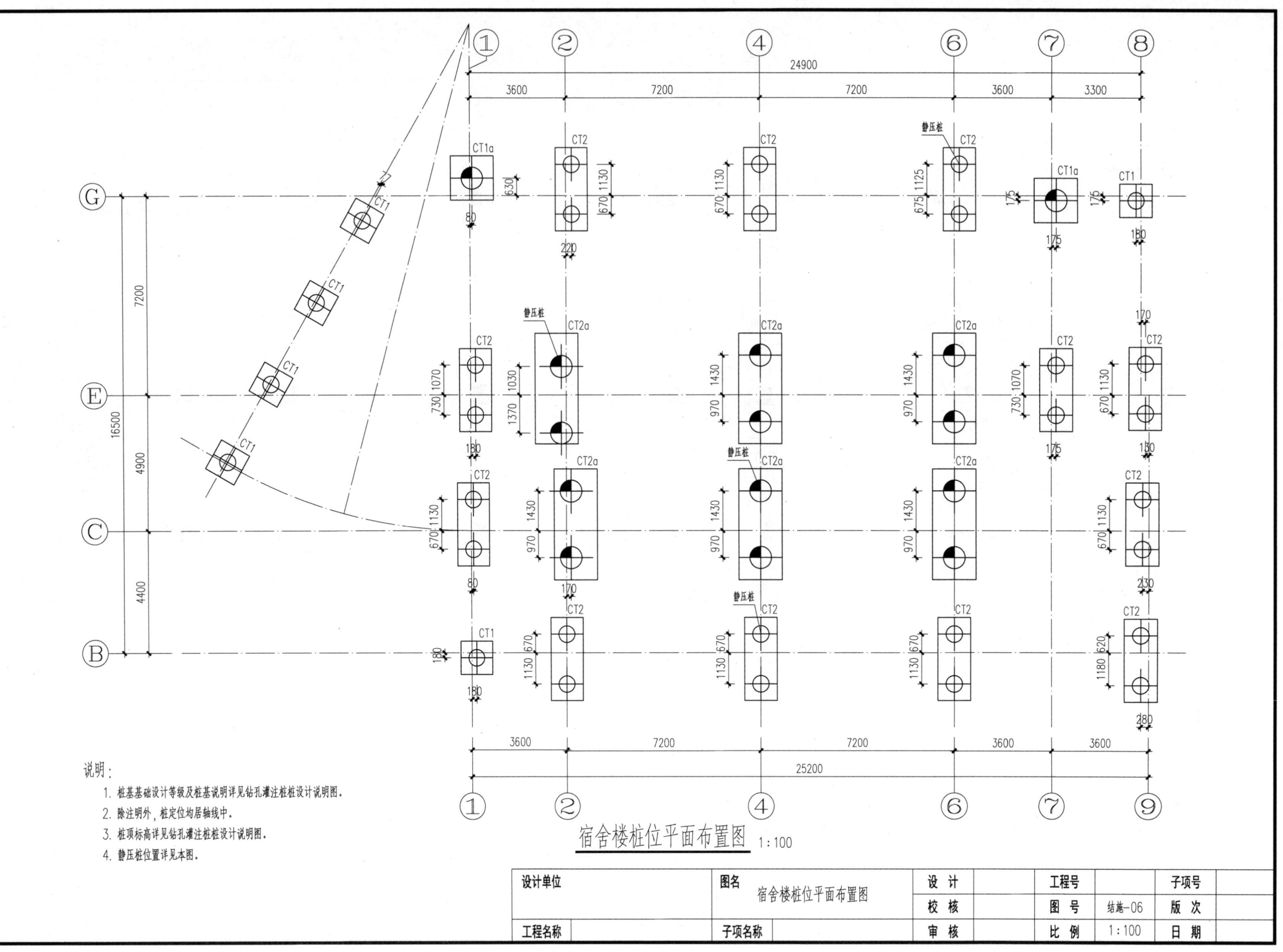


附图 3.34 宿舍楼桩位平面布置图

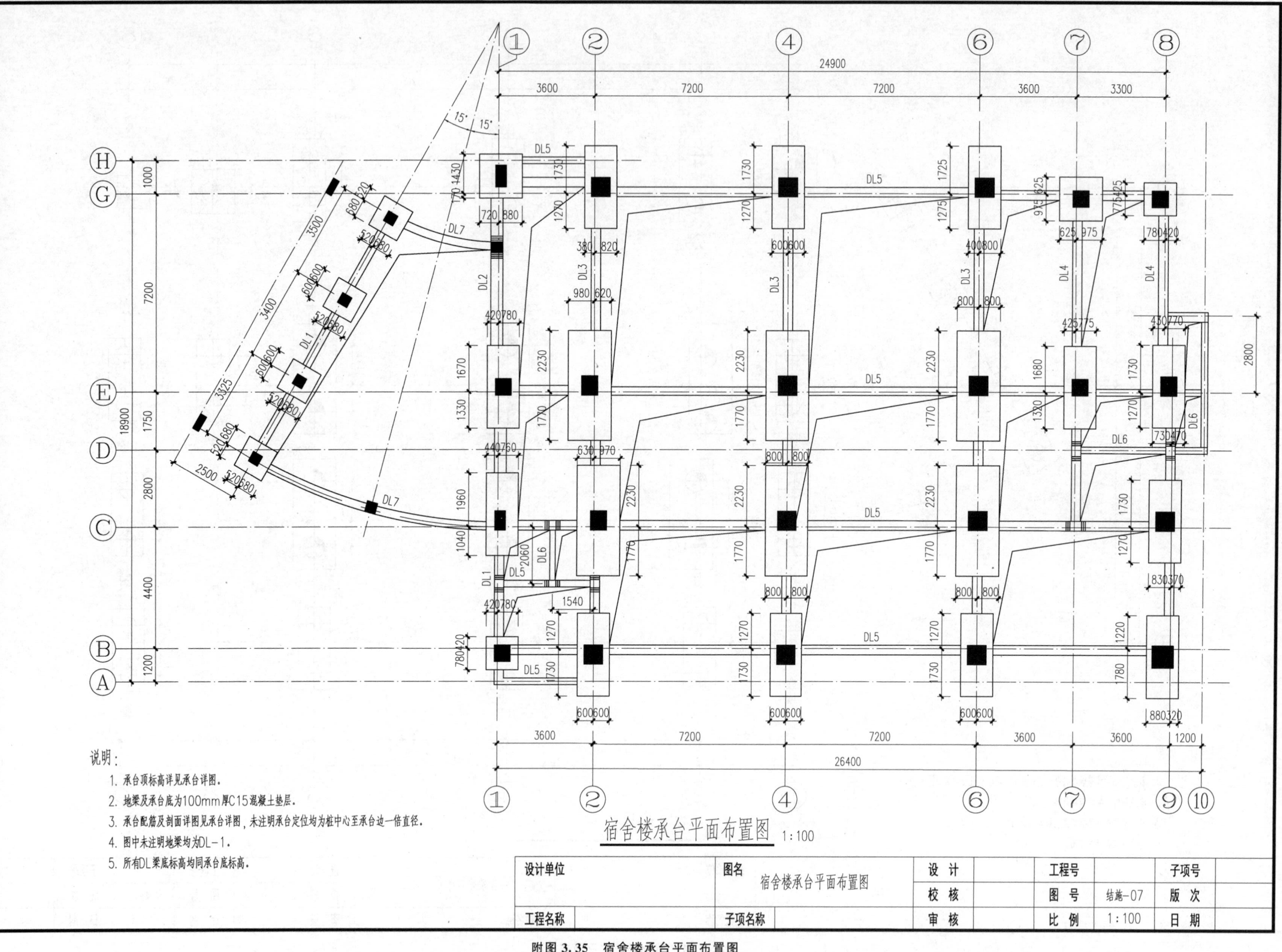


附图 3.35 宿舍楼承台平面布置图

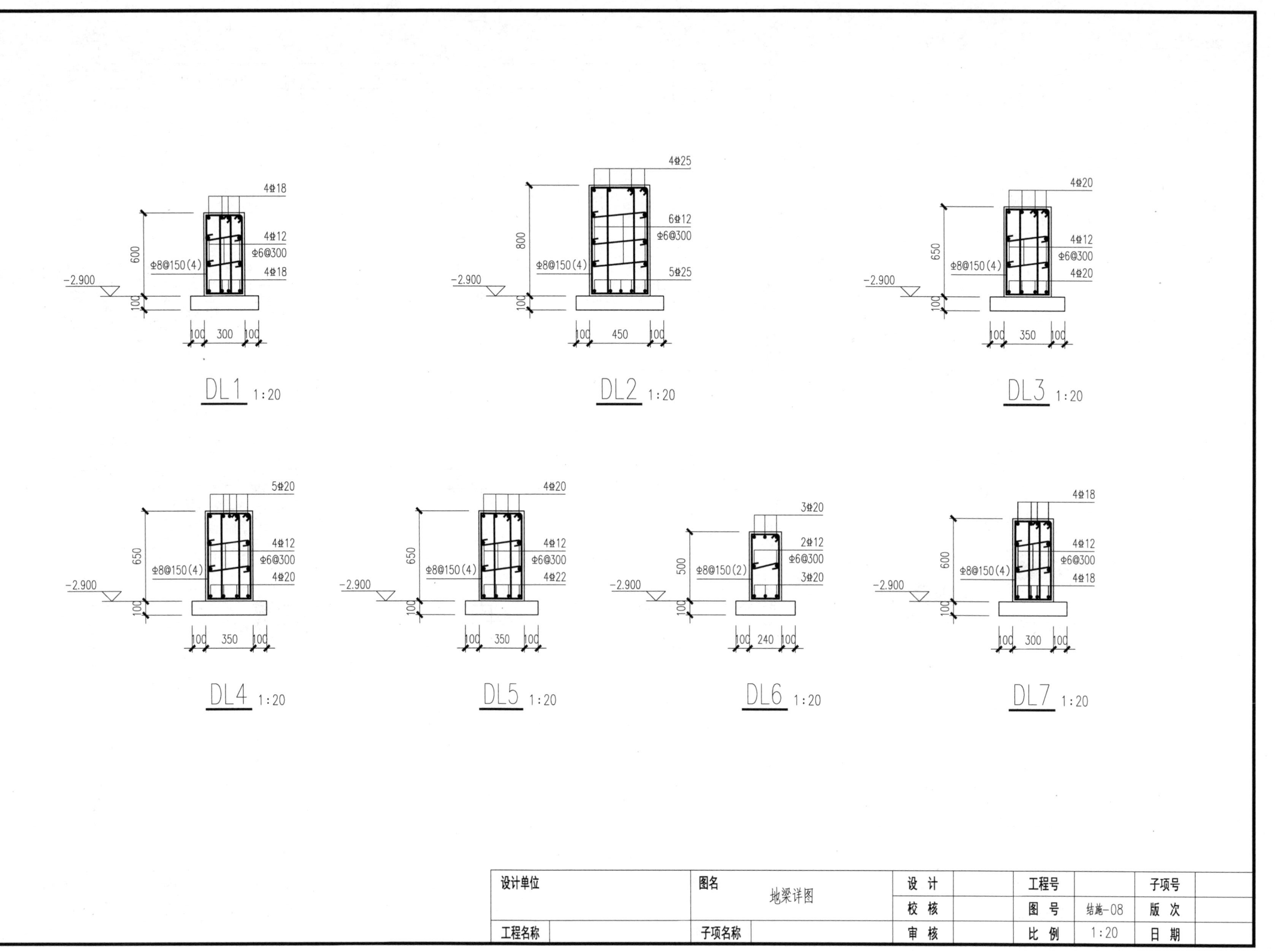


| 设计单位 | 图名 地梁详图 | 设 计 | | 工程号 | | 子项号 | |
|---|---|---|---|---|---|---|---|
| | | 校 核 | | 图 号 | 结施-08 | 版 次 | |
| 工程名称 | 子项名称 | 审 核 | | 比 例 | 1:20 | 日 期 | |

附图 3.36 地梁详图

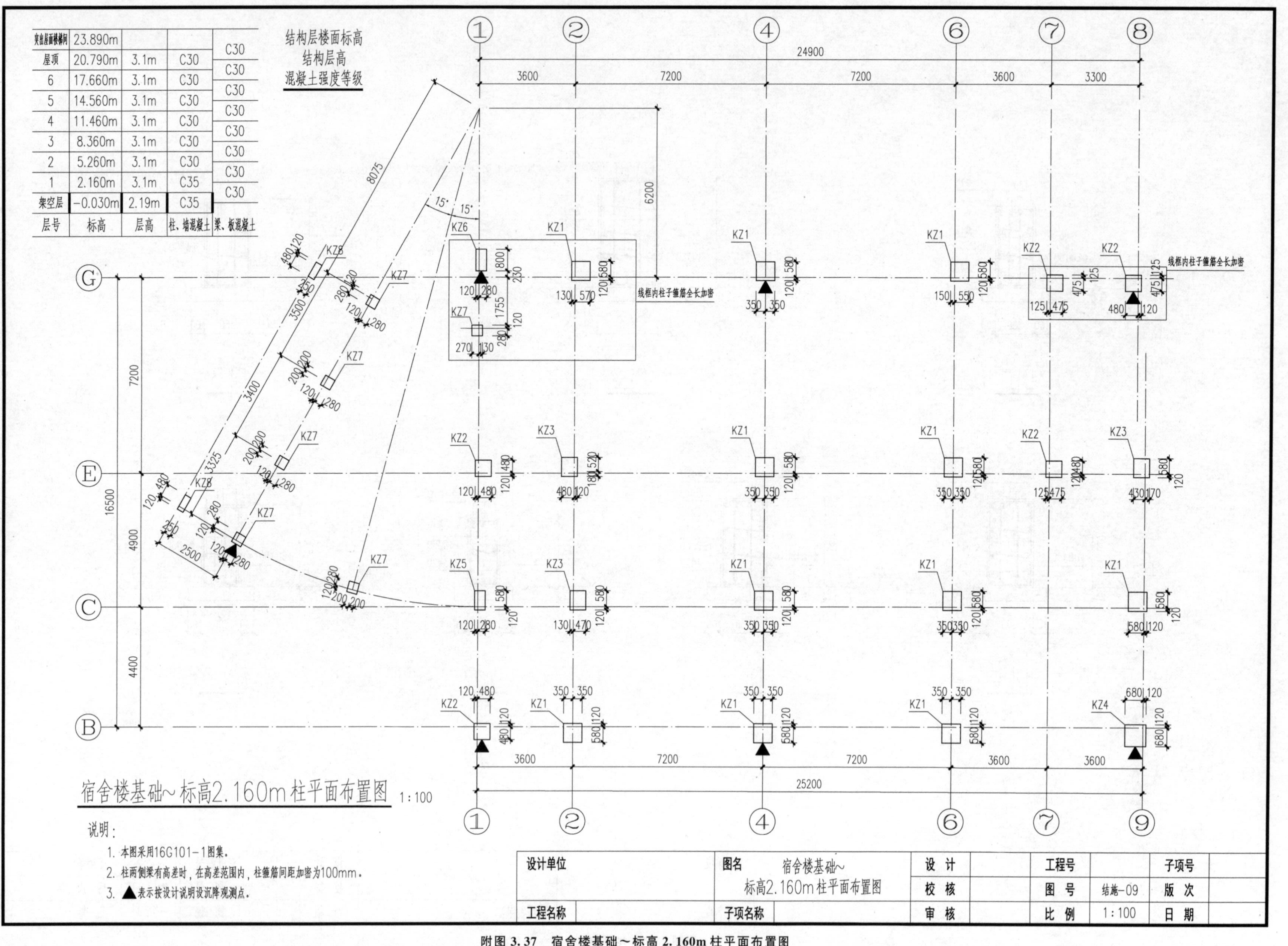

| 突出屋面楼梯间 | 23.890m | | | C30 |
|---|---|---|---|---|
| 屋顶 | 20.790m | 3.1m | C30 | C30 |
| 6 | 17.660m | 3.1m | C30 | C30 |
| 5 | 14.560m | 3.1m | C30 | C30 |
| 4 | 11.460m | 3.1m | C30 | C30 |
| 3 | 8.360m | 3.1m | C30 | C30 |
| 2 | 5.260m | 3.1m | C30 | C30 |
| 1 | 2.160m | 3.1m | C35 | C30 |
| 架空层 | -0.030m | 2.19m | C35 | C30 |
| 层号 | 标高 | 层高 | 柱、墙混凝土 | 梁、板混凝土 |



附图 3.37 宿舍楼基础～标高 2.160m 柱平面布置图

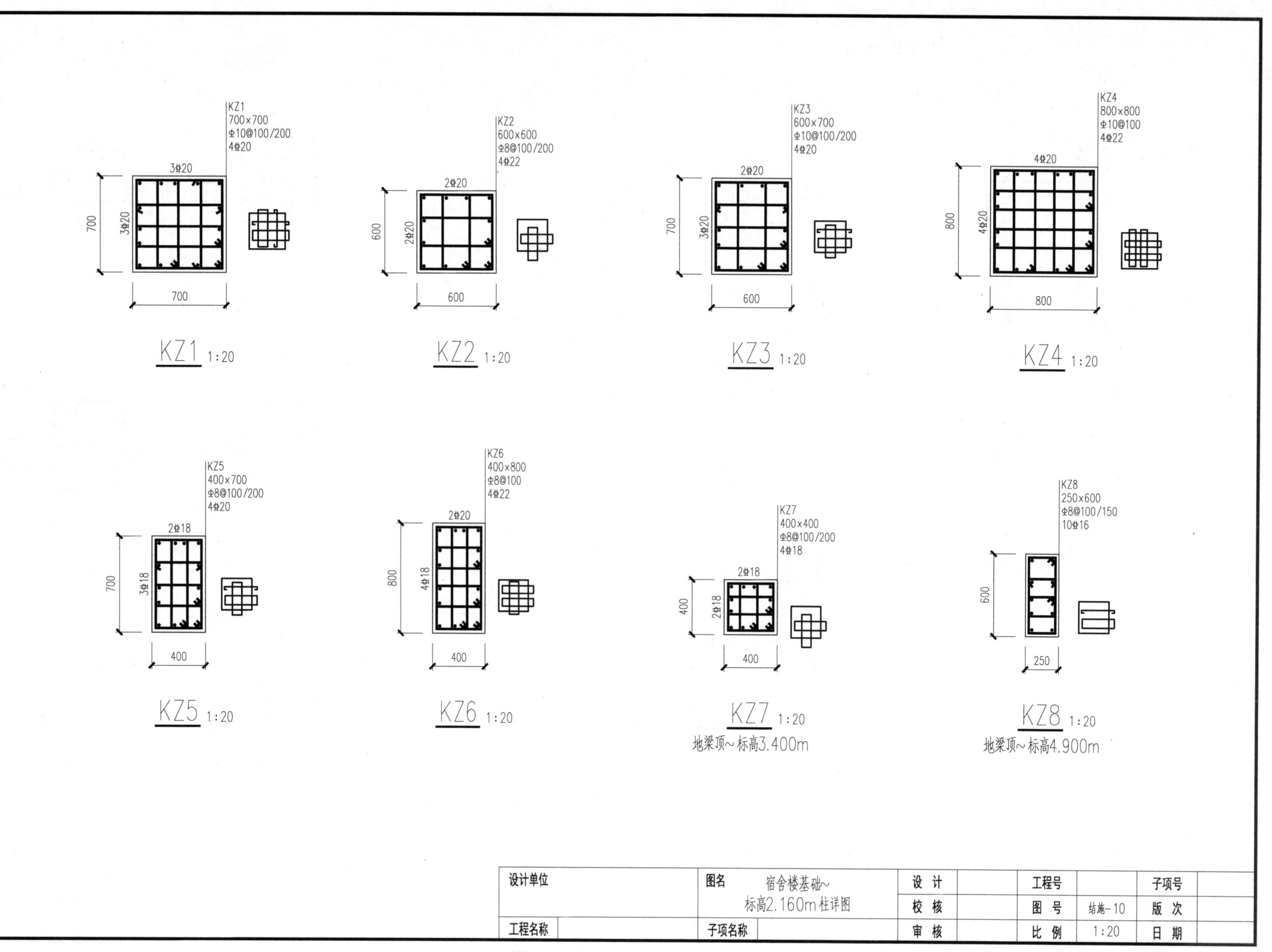


附图 3.38 基础～标高 2.160m 柱详图

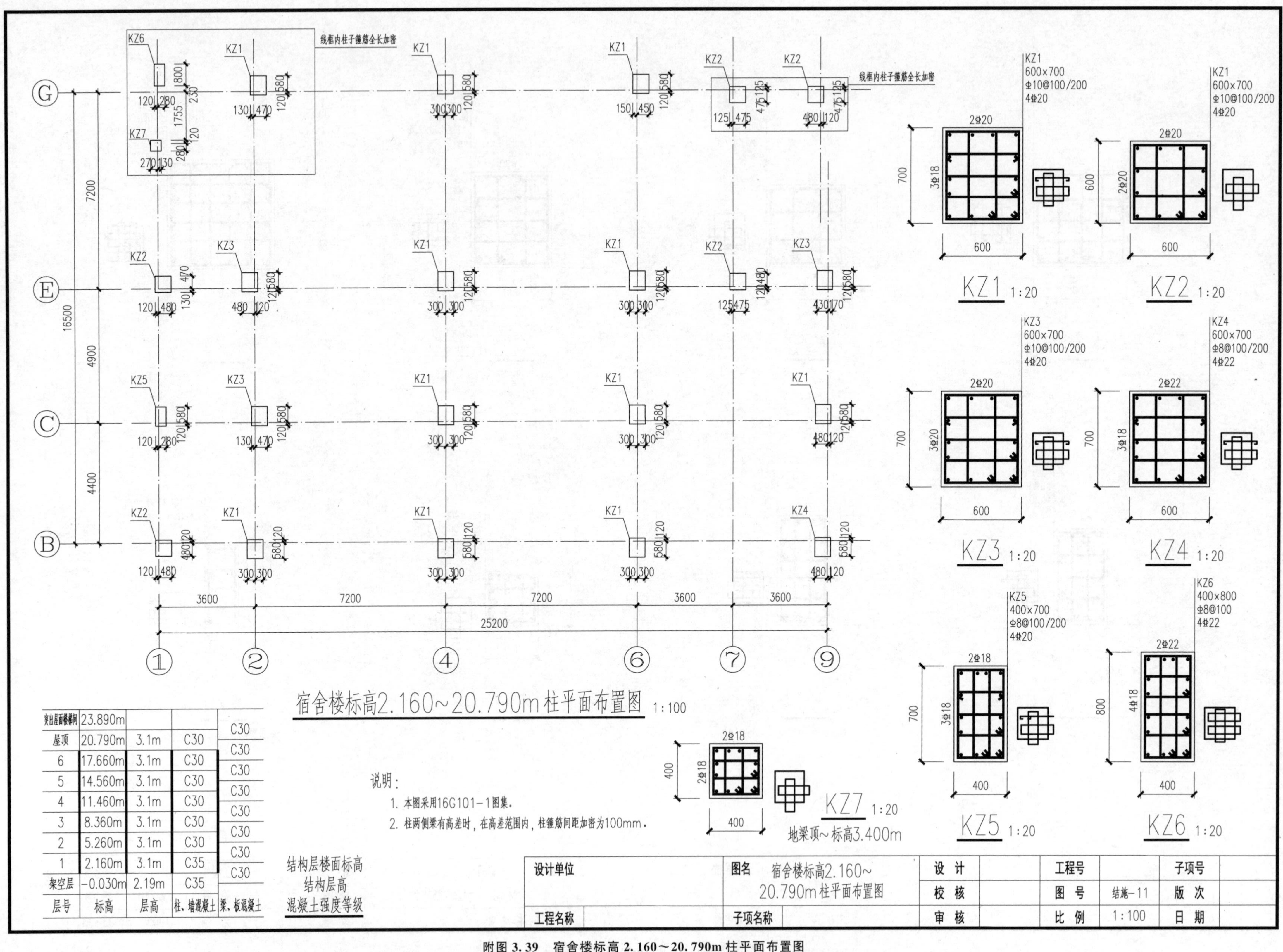


附图 3.39 宿舍楼标高 2.160～20.790m 柱平面布置图

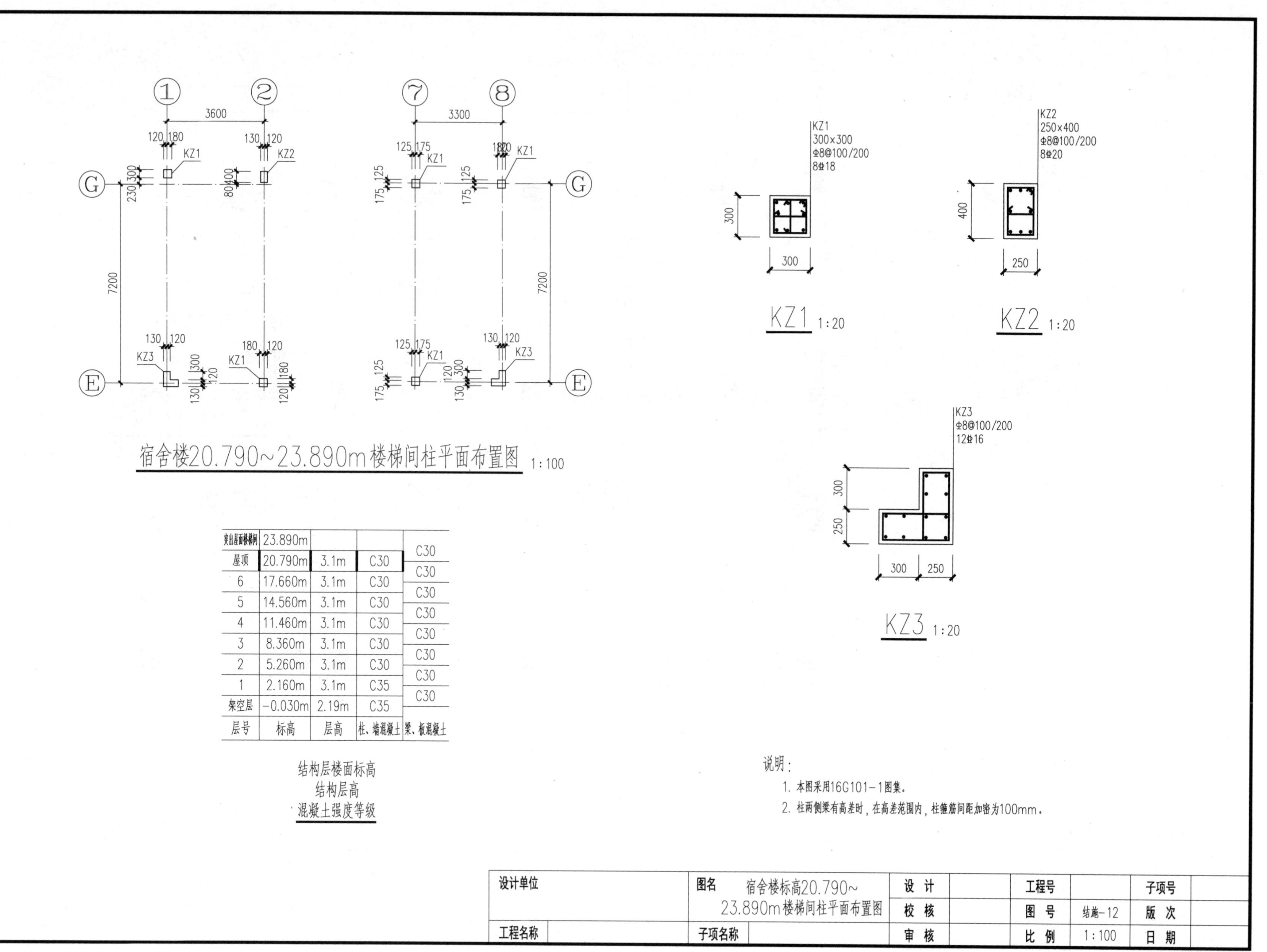


附图 3.40　宿舍楼标高 20.790～23.890m 楼梯间柱平面布置图

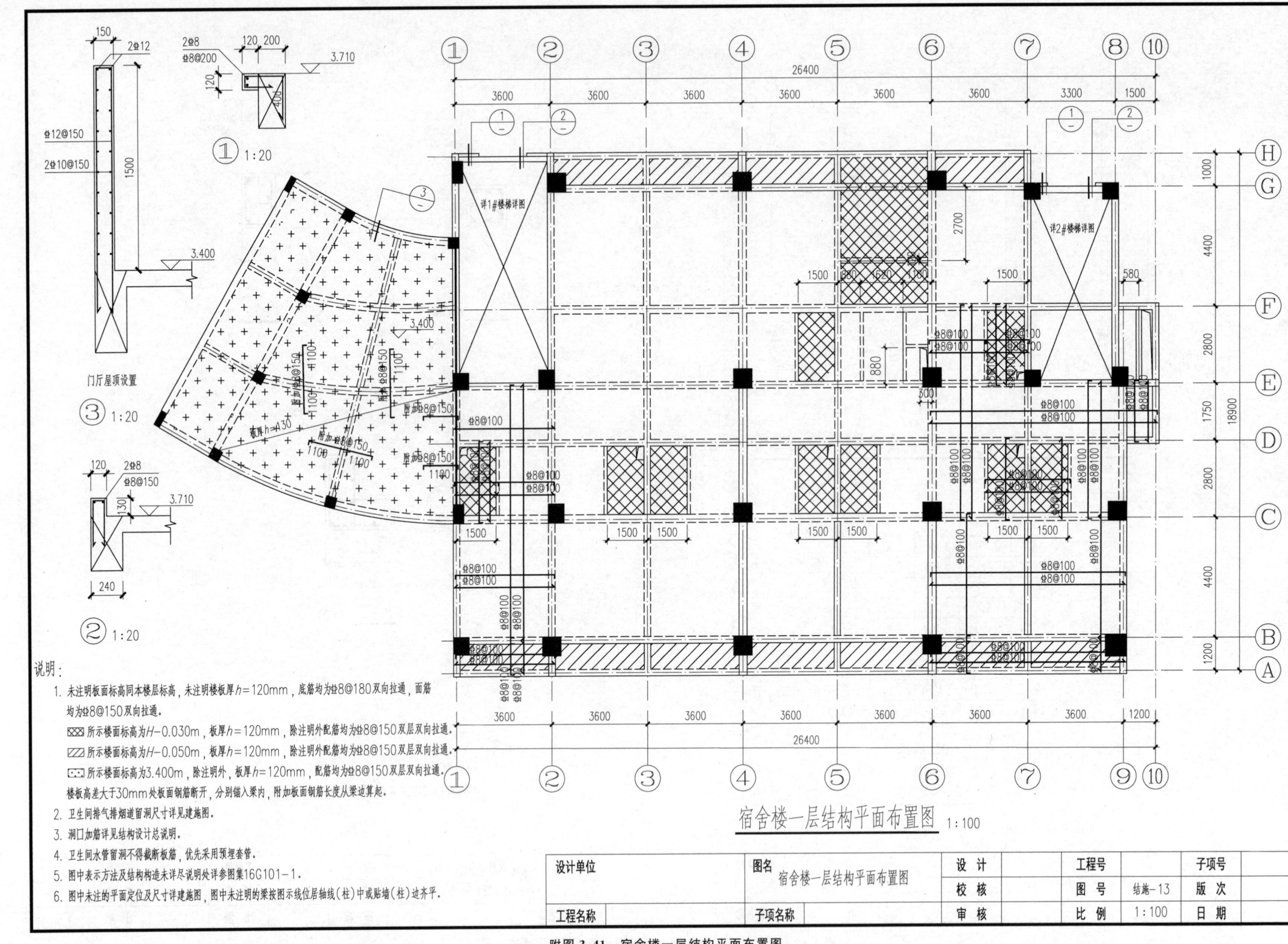


附图 3.41 宿舍楼一层结构平面布置图

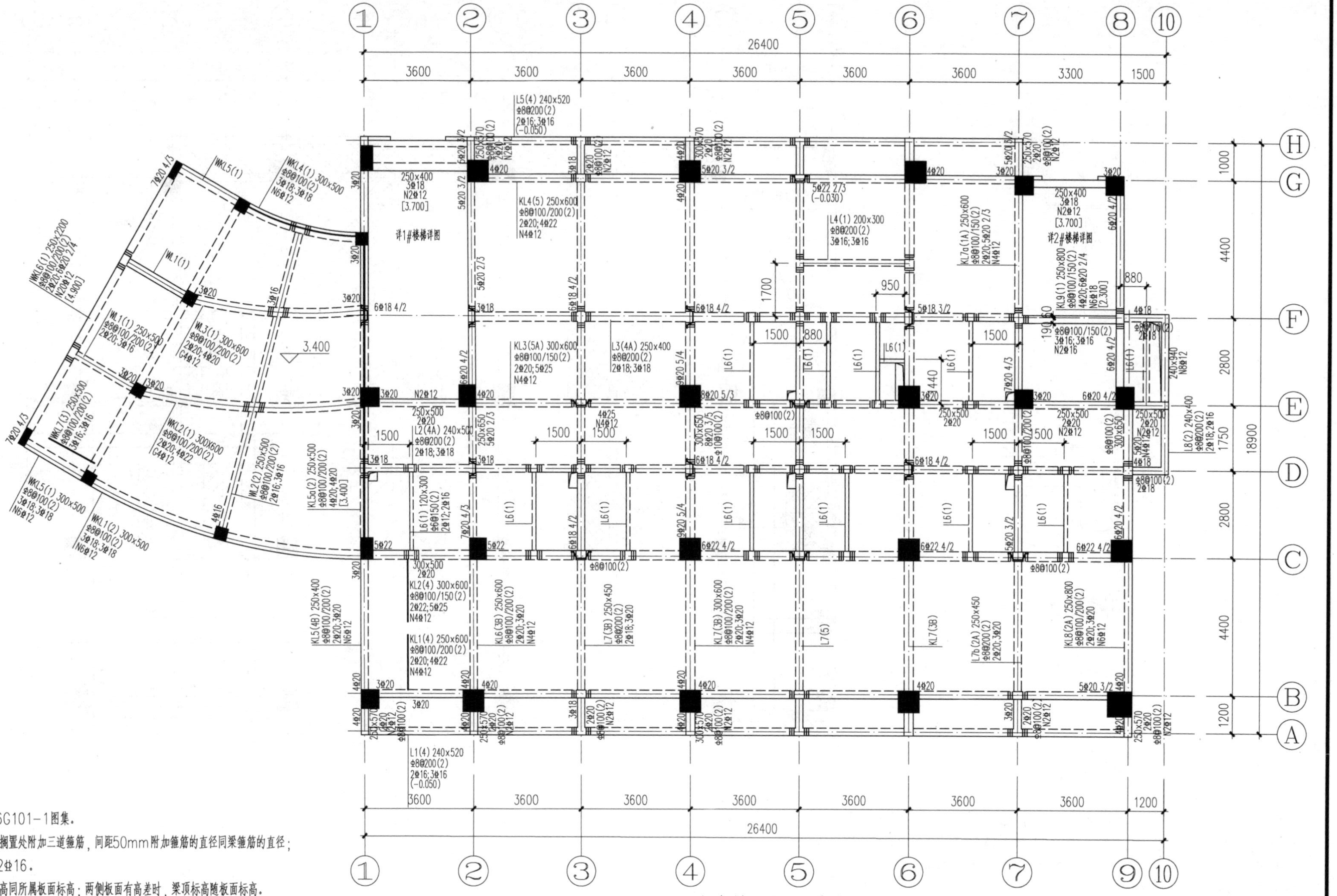

## 宿舍楼一层梁平法施工图 1:100

说明：

1. 本图采用16G101-1图集。
2. 主梁在次梁搁置处附加三道箍筋，间距50mm附加箍筋的直径同梁箍筋的直径；未注吊筋为2⌀16。
3. 未注梁顶标高同所属板面标高；两侧板面有高差时，梁顶标高随板面标高。
4. [ ]内值为梁顶相对±0.000m标高；( )内值为梁顶相对楼层结构标高。
5. 未注小梁截面尺寸为200mm×300mm，上下两根2⌀16，箍筋为⌀6@150。

| 设计单位 | | 图名 | 宿舍楼一层梁平法施工图 | 设 计 | | 工程号 | | 子项号 | |
|---|---|---|---|---|---|---|---|---|---|
| | | | | 校 核 | | 图 号 | 结施-14 | 版 次 | |
| 工程名称 | | 子项名称 | | 审 核 | | 比 例 | 1:100 | 日 期 | |

附图 3.42　宿舍楼一层梁平法施工图

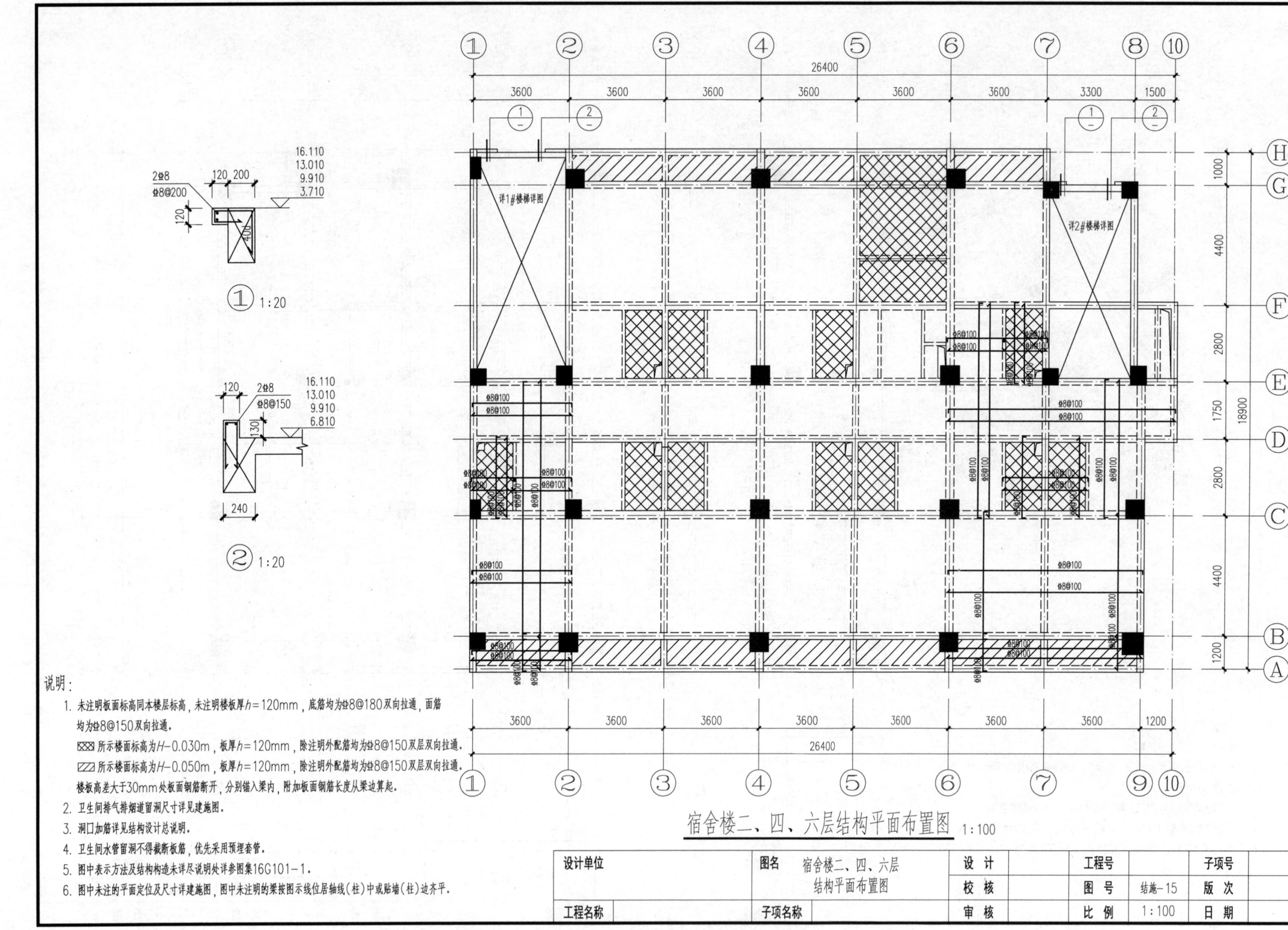


附图 3.43 宿舍楼二、四、六层结构平面布置图

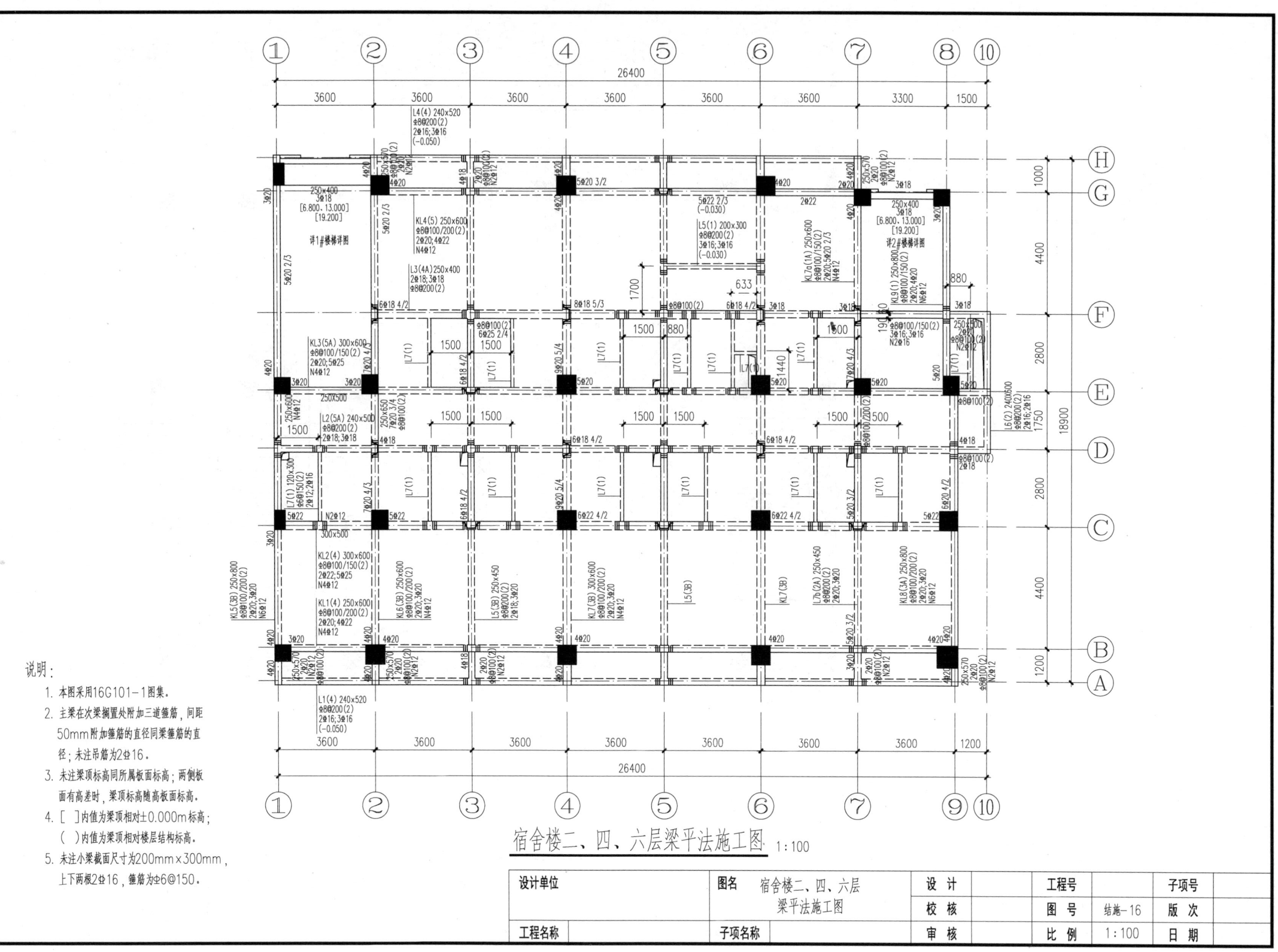


附图 3.44 宿舍楼二、四、六层梁平法施工图

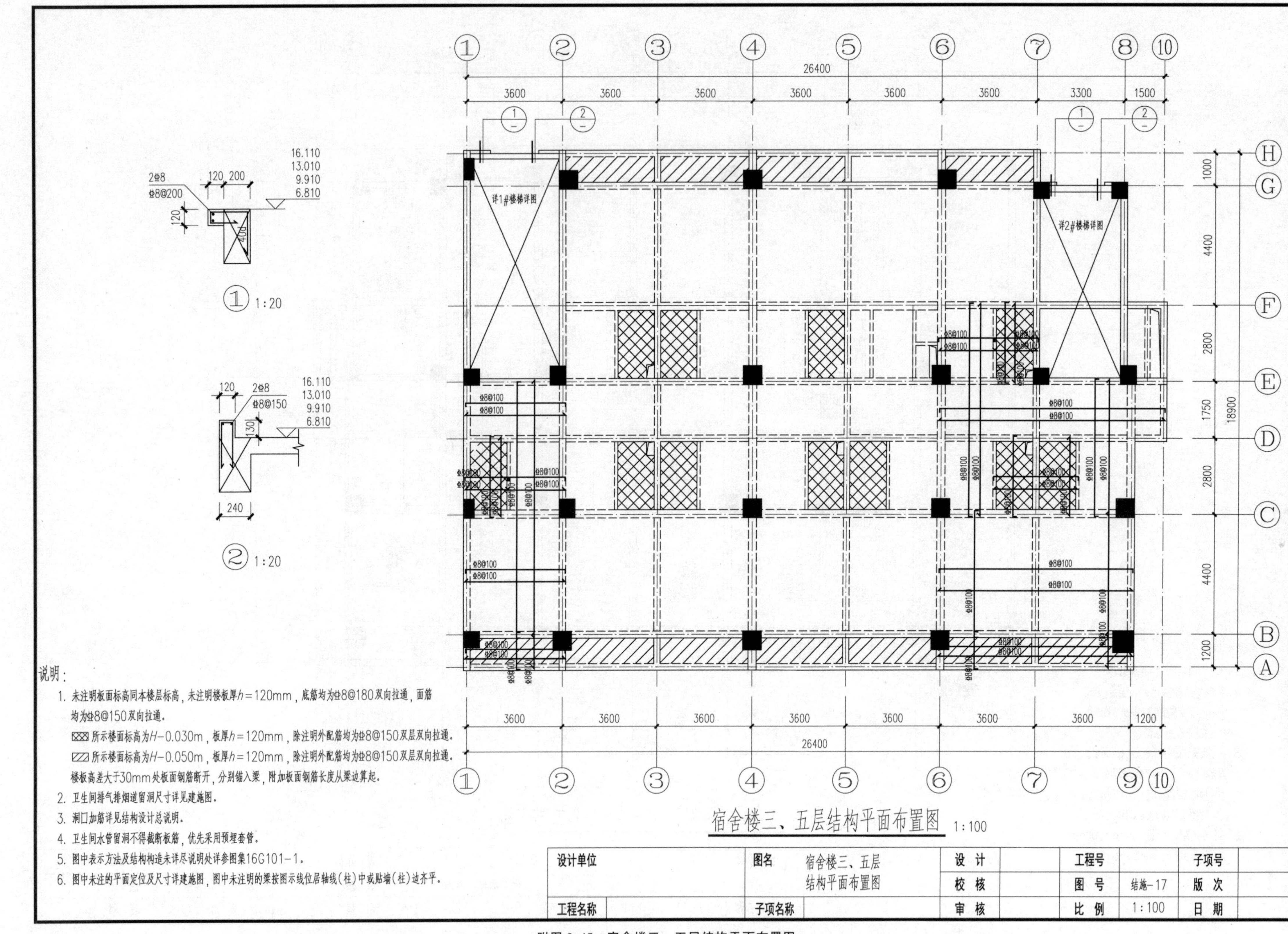


附图 3.45 宿舍楼三、五层结构平面布置图

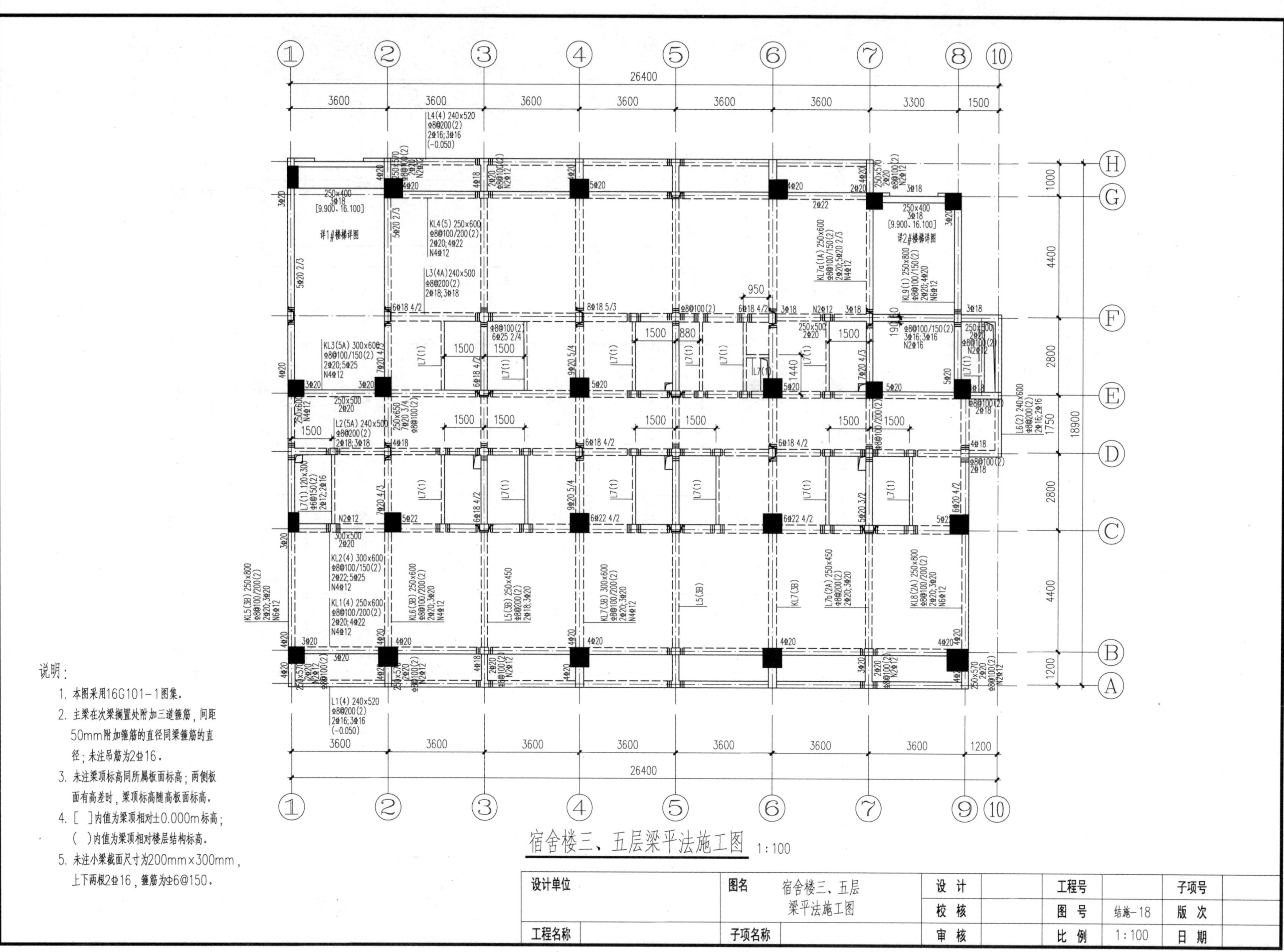


附图 3.46 宿舍楼三、五层梁平法施工图

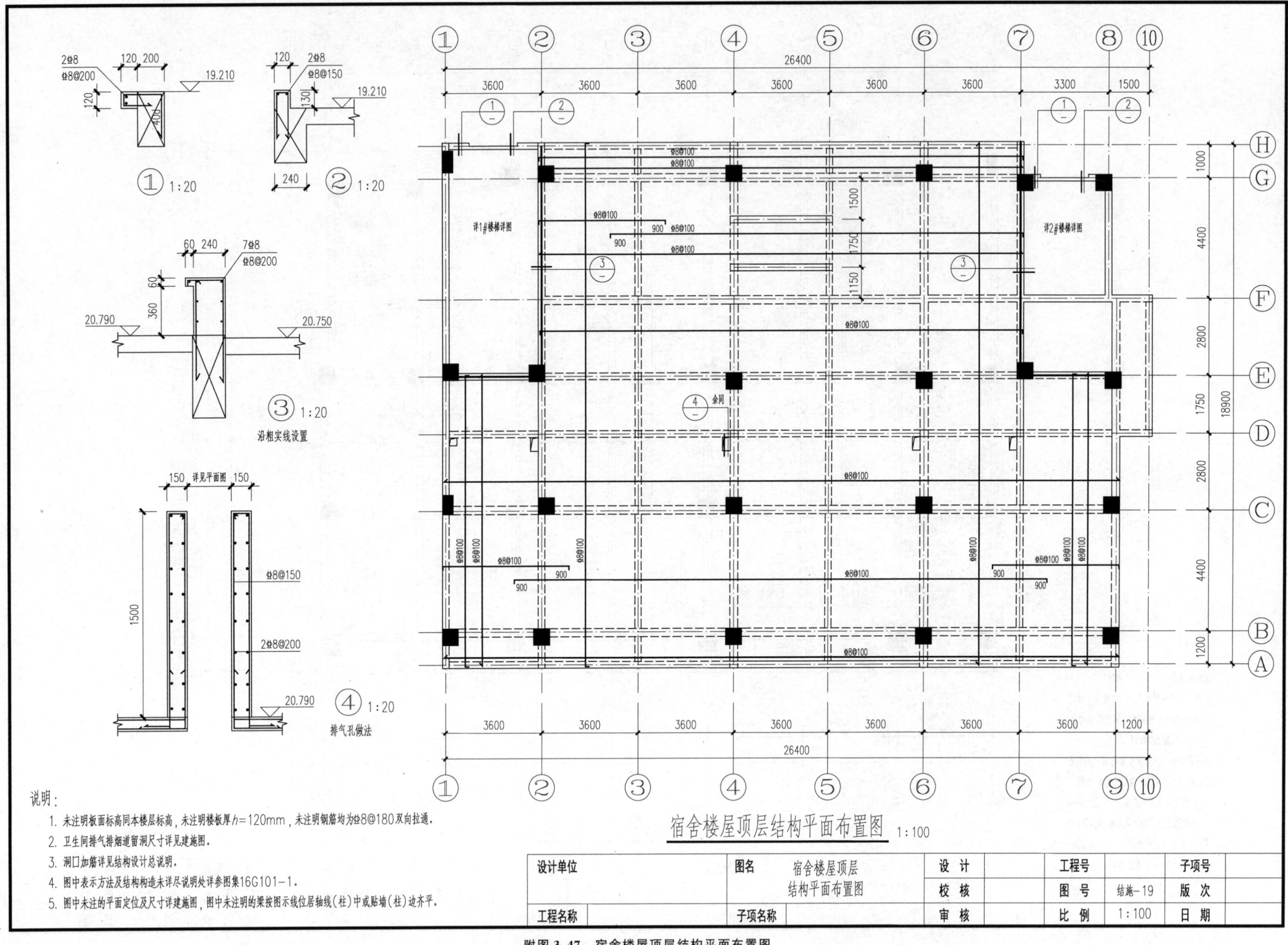


说明：

1. 未注明板面标高同本楼层标高，未注明楼板厚$h$=120mm，未注明钢筋均为ф8@180双向拉通。
2. 卫生间排气排烟道留洞尺寸详见建施图。
3. 洞口加筋详见结构设计总说明。
4. 图中表示方法及结构构造未详尽说明处详参图集16G101-1。
5. 图中未注的平面定位及尺寸详建施图，图中未注明的梁按图示线位居轴线(柱)中或贴墙(柱)边齐平。

| 设计单位 | | 图名 | 宿舍楼屋顶层结构平面布置图 | 设 计 | | 工程号 | | 子项号 | |
|---|---|---|---|---|---|---|---|---|---|
| | | | | 校 核 | | 图 号 | 结施-19 | 版 次 | |
| 工程名称 | | 子项名称 | | 审 核 | | 比 例 | 1:100 | 日 期 | |

附图 3.47 宿舍楼屋顶层结构平面布置图

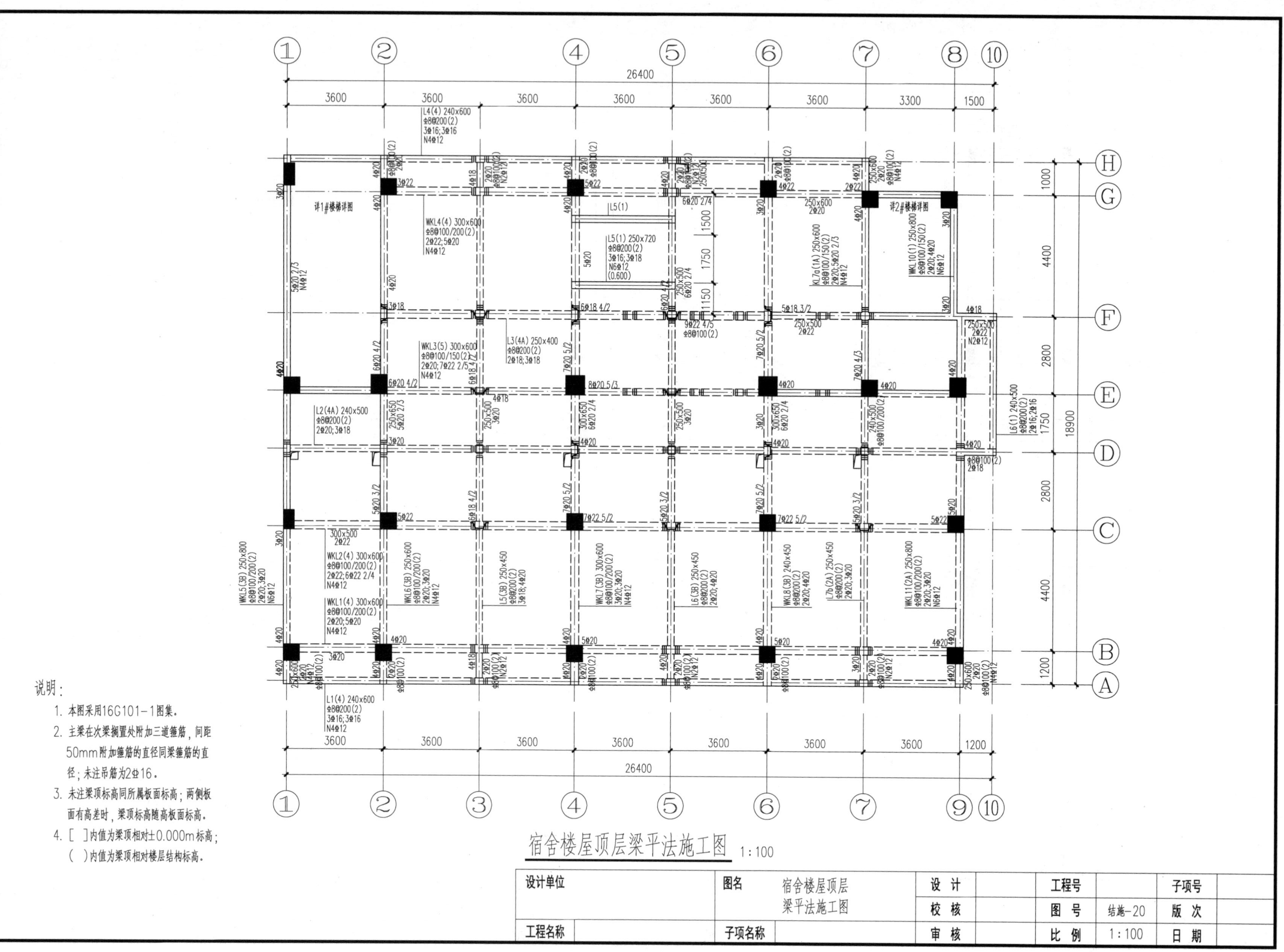


说明：

1. 本图采用16G101－1图集。
2. 主梁在次梁搁置处附加三道箍筋，间距50mm附加箍筋的直径同梁箍筋的直径；未注吊筋为2⌀16。
3. 未注梁顶标高同所属板面标高；两侧板面有高差时，梁顶标高随高板面标高。
4. [ ]内值为梁顶相对±0.000m标高；( )内值为梁顶相对楼层结构标高。

| 设计单位 | | 图名 | 宿舍楼屋顶层梁平法施工图 | 设 计 | | 工程号 | | 子项号 | |
|---|---|---|---|---|---|---|---|---|---|
| | | | | 校 核 | | 图 号 | 结施-20 | 版 次 | |
| 工程名称 | | 子项名称 | | 审 核 | | 比 例 | 1:100 | 日 期 | |

附图 3.48 宿舍楼屋顶层梁平法施工图

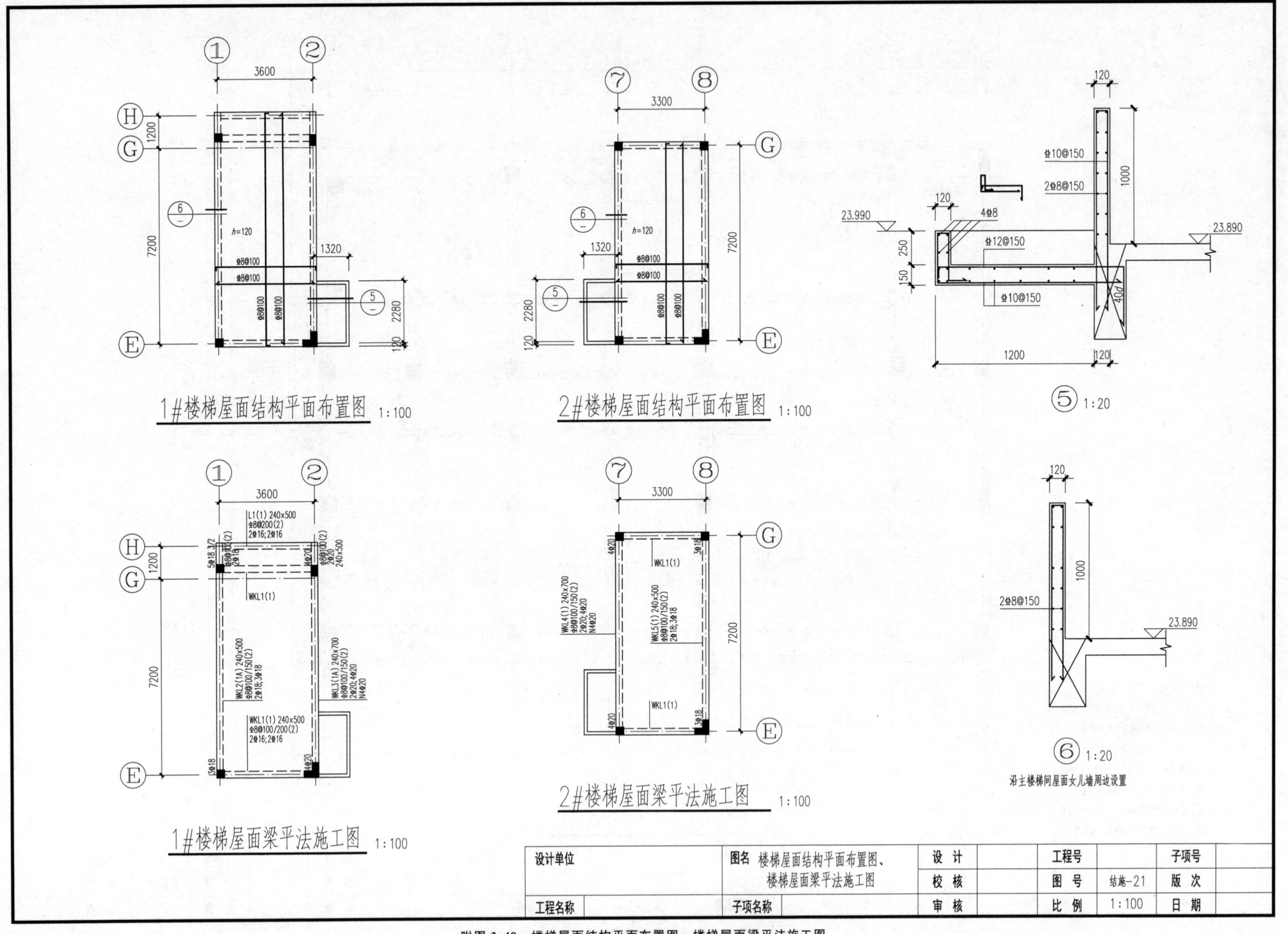


附图 3.49 楼梯屋面结构平面布置图、楼梯屋面梁平法施工图

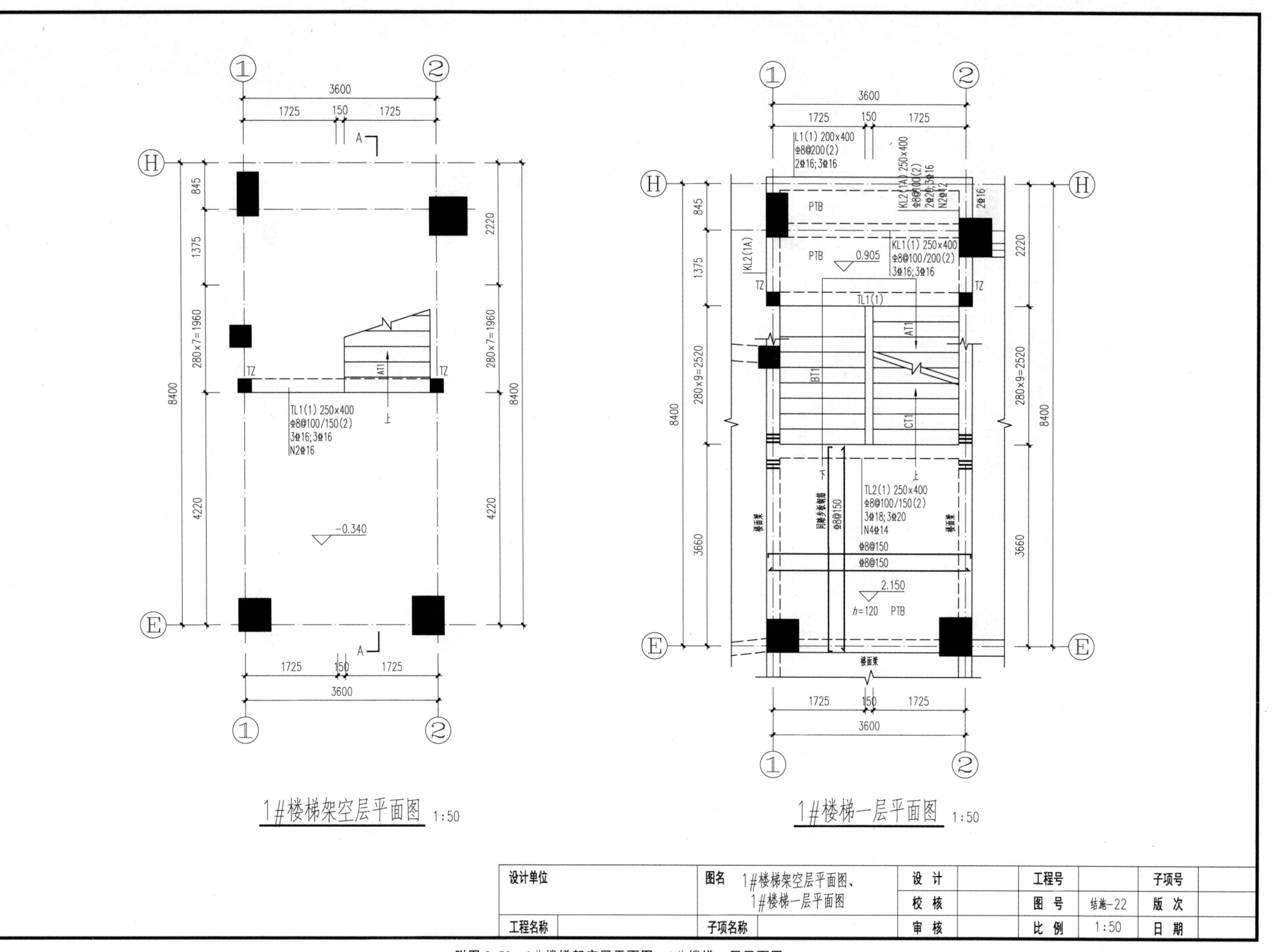


| 设计单位 | | 图名 | 1#楼梯架空层平面图、1#楼梯一层平面图 | 设 计 | | 工程号 | | 子项号 | |
|---|---|---|---|---|---|---|---|---|---|
| | | | | 校 核 | | 图 号 | 结施-22 | 版 次 | |
| 工程名称 | | 子项名称 | | 审 核 | | 比 例 | 1:50 | 日 期 | |

附图 3.50　1#楼梯架空层平面图、1#楼梯一层平面图

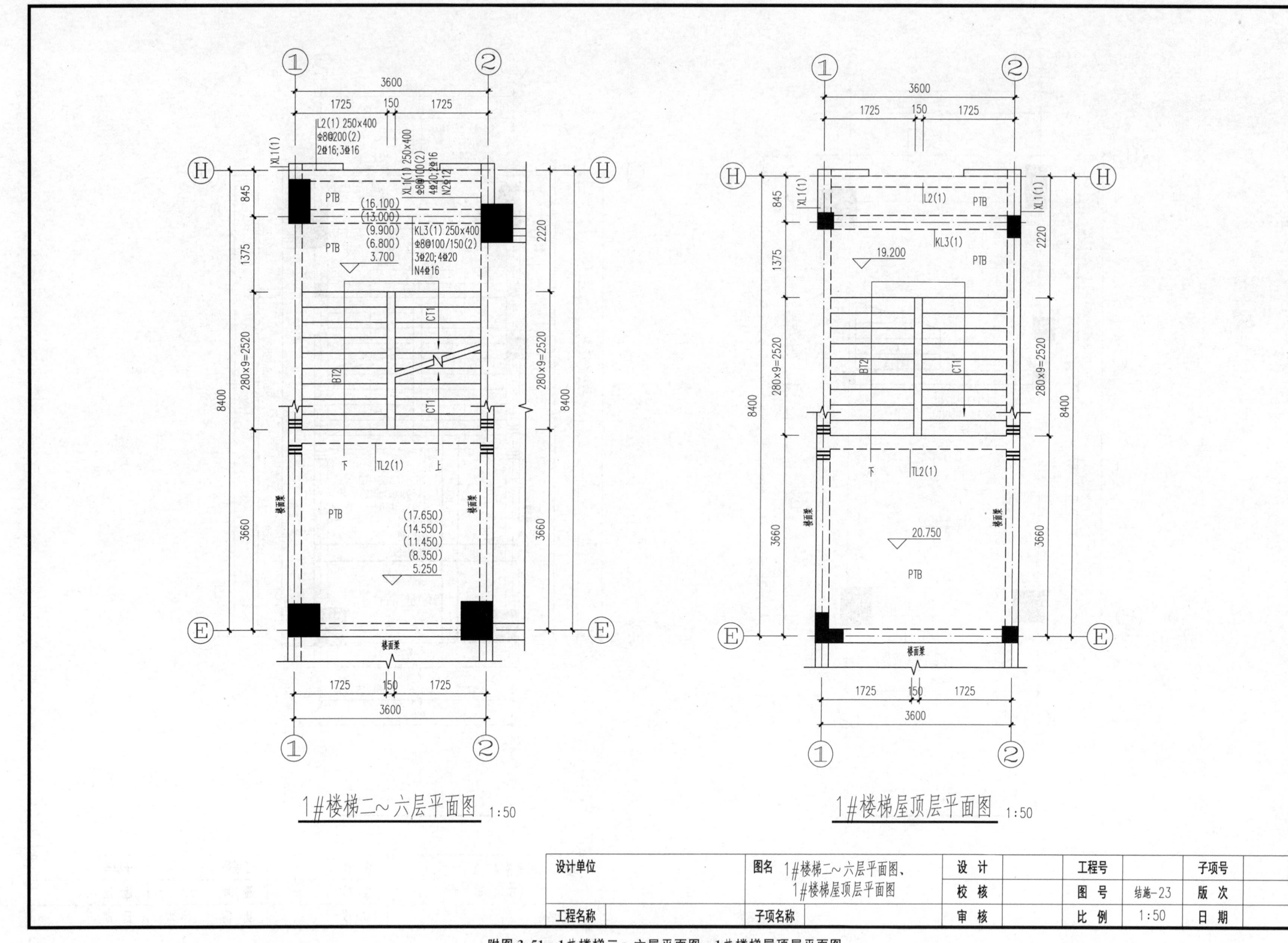


| 设计单位 | | 图名 | 1#楼梯二～六层平面图、1#楼梯屋顶层平面图 | 设　计 | | 工程号 | | 子项号 | |
|---|---|---|---|---|---|---|---|---|---|
| | | | | 校　核 | | 图　号 | 结施-23 | 版　次 | |
| 工程名称 | | 子项名称 | | 审　核 | | 比　例 | 1:50 | 日　期 | |

附图 3.51　1＃楼梯二～六层平面图、1＃楼梯屋顶层平面图

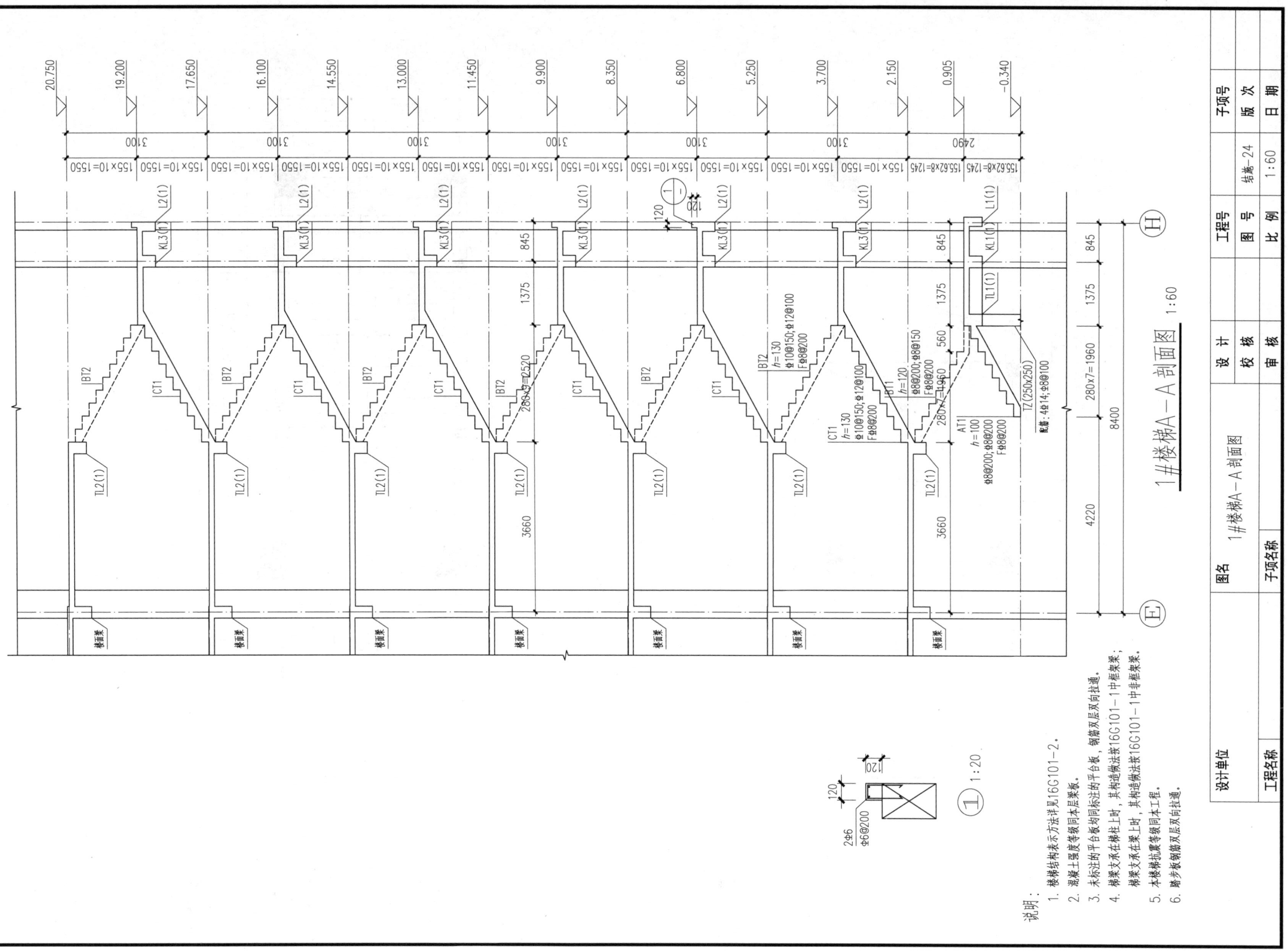


附图 3.52 1#楼梯 A—A 剖面图

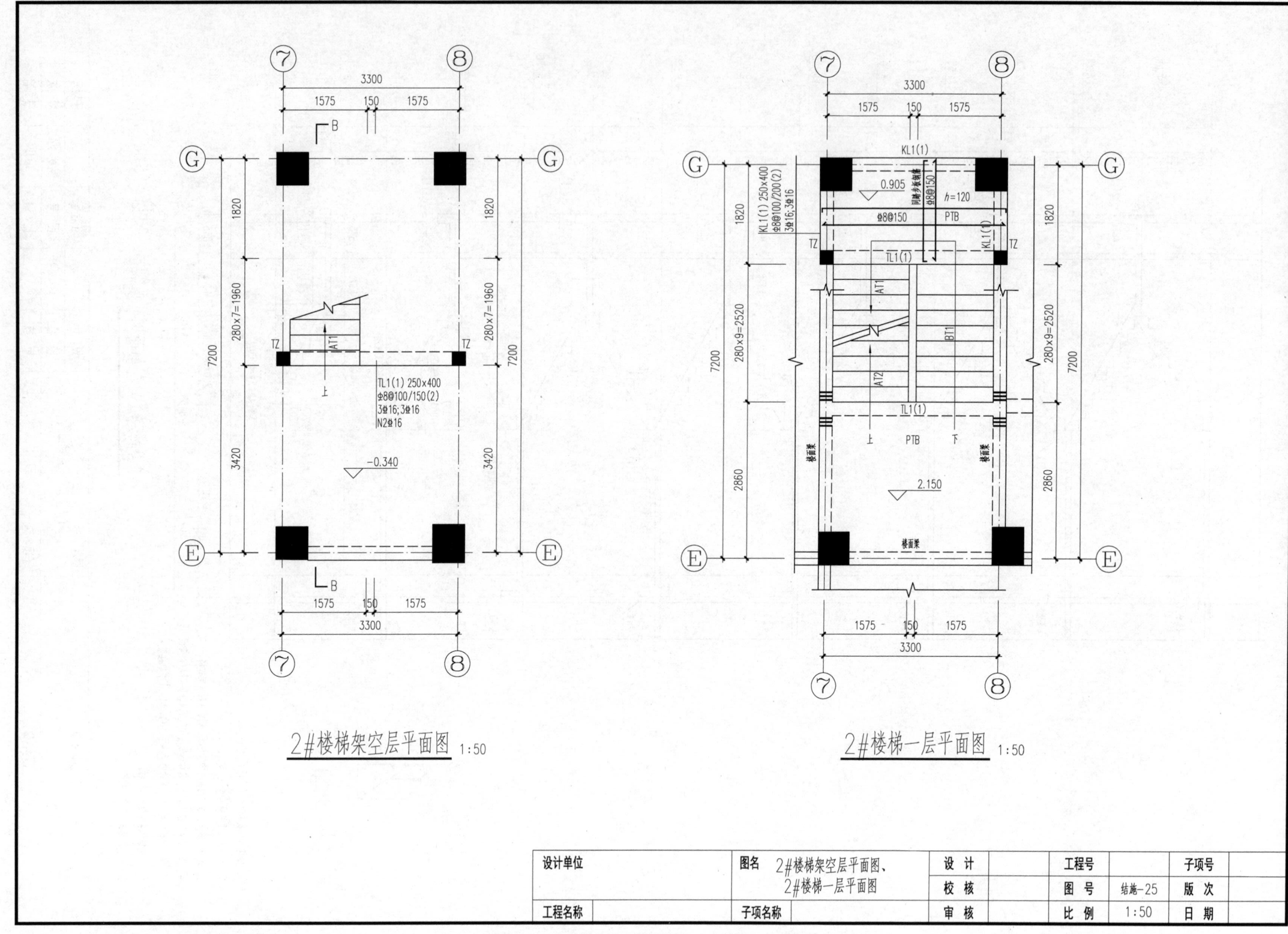


附图 3.53　2＃楼梯架空层平面图、2＃楼梯一层平面图

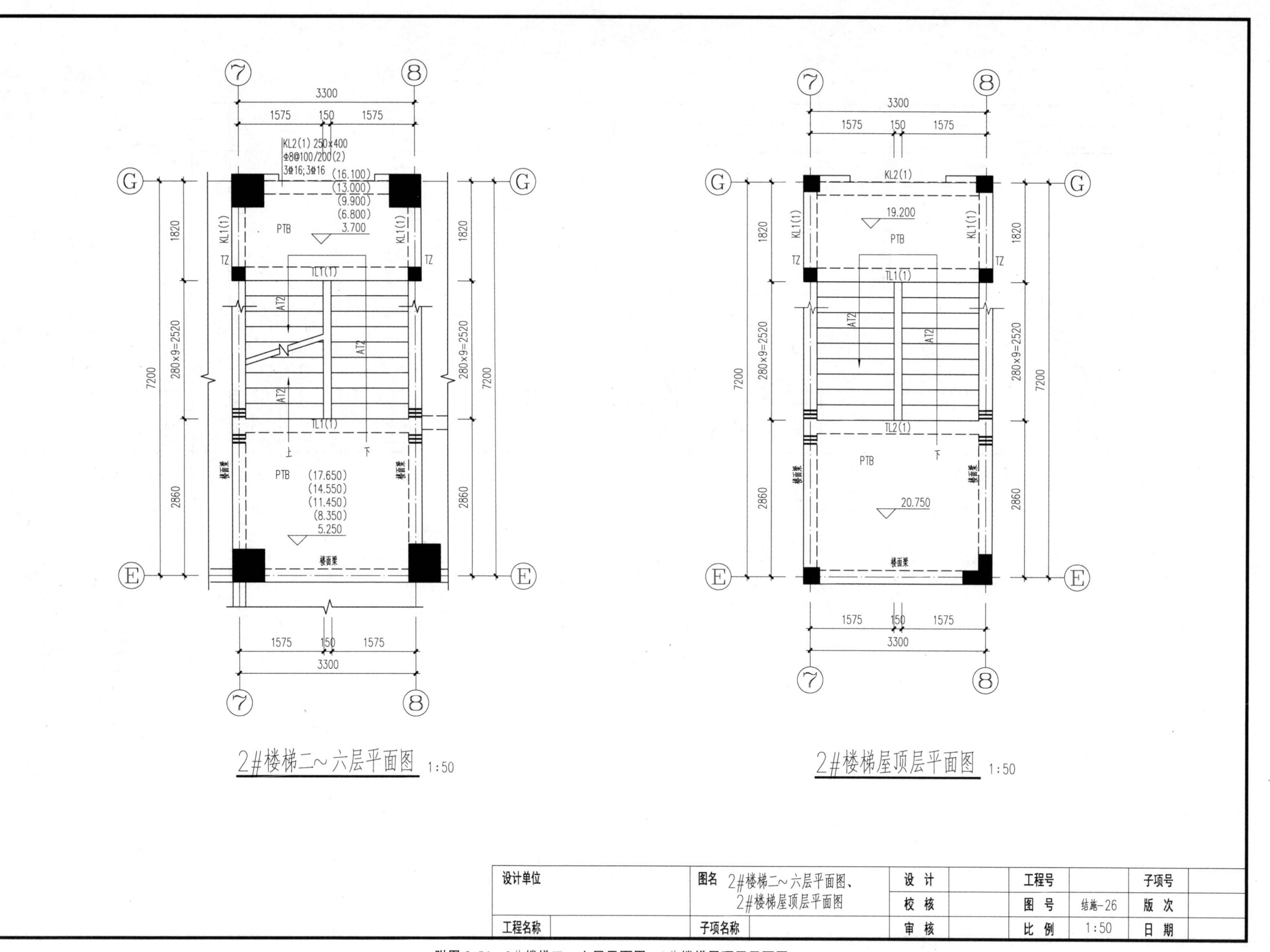


附图 3.54　2#楼梯二～六层平面图、2#楼梯屋顶层平面图

附图 3.55 2#楼梯 B—B 剖面图

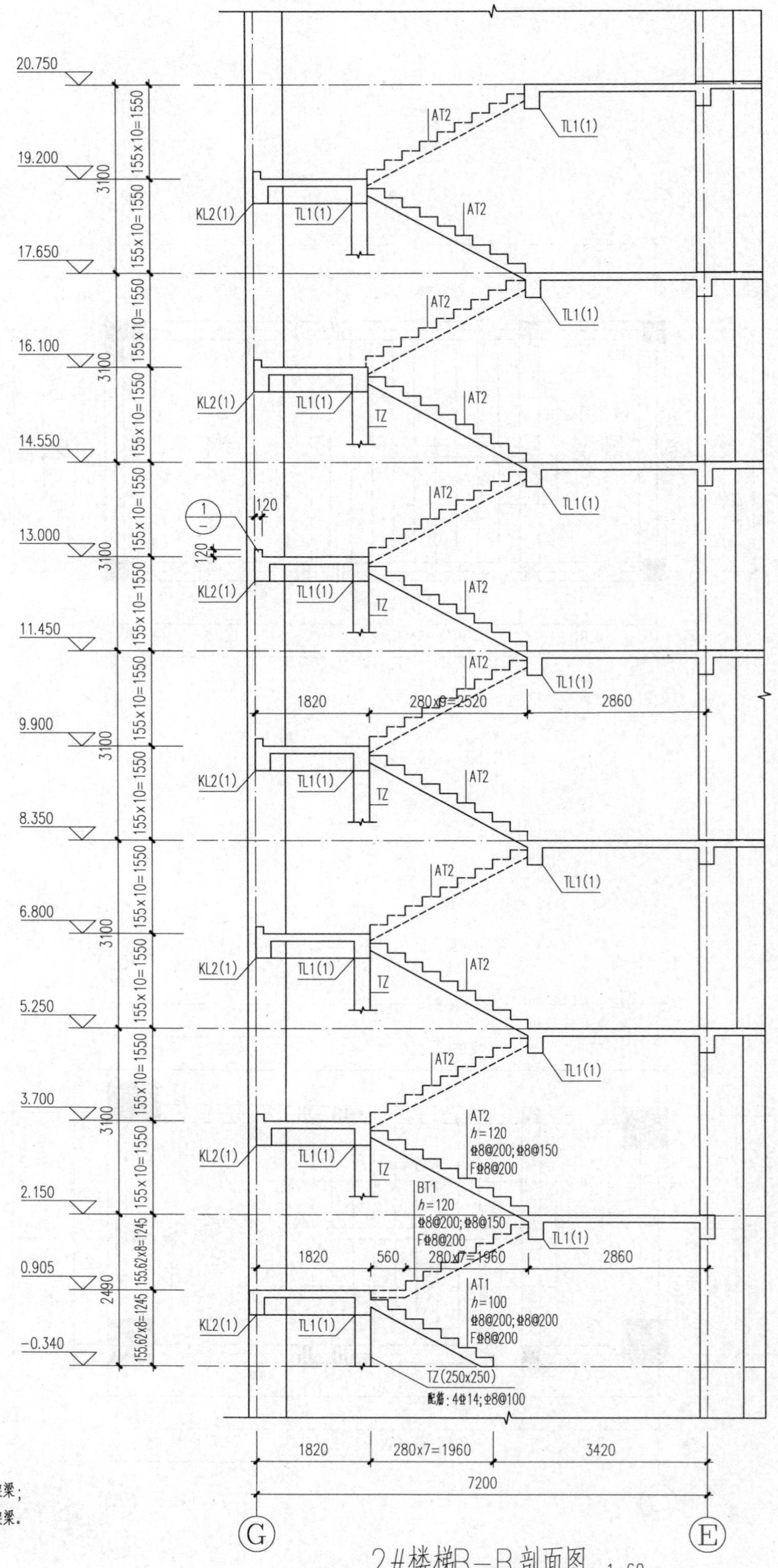


2#楼梯B－B剖面图 1:60

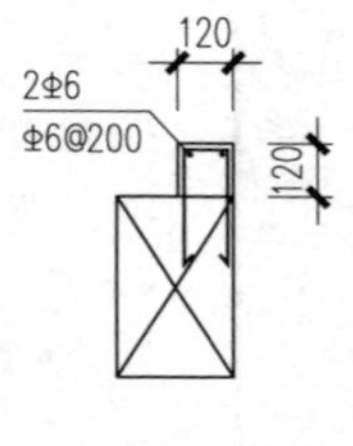


① 1:20

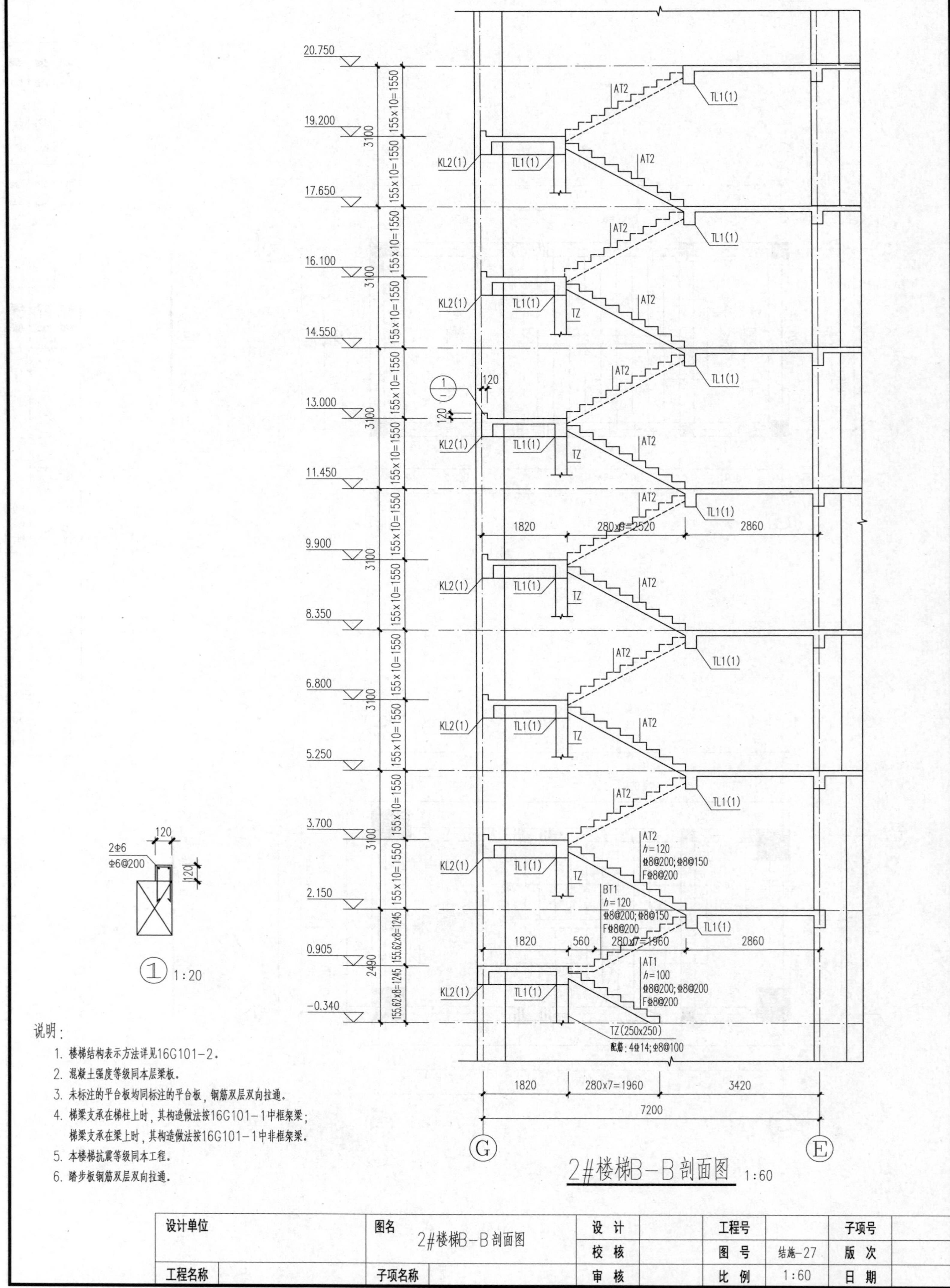

说明：

1. 楼梯结构表示方法详见16G101－2。
2. 混凝土强度等级同本层梁板。
3. 未标注的平台板均同标注的平台板，钢筋双层双向拉通。
4. 梯梁支承在梯柱上时，其构造做法按16G101－1中框架梁；
   梯梁支承在梁上时，其构造做法按16G101－1中非框架梁。
5. 本楼梯抗震等级同本工程。
6. 踏步板钢筋双层双向拉通。

| 设计单位 | 图名 2#楼梯B－B剖面图 | 设计 | | 工程号 | | 子项号 | |
|---|---|---|---|---|---|---|---|
| | | 校核 | | 图号 | 结施-27 | 版次 | |
| 工程名称 | 子项名称 | 审核 | | 比例 | 1:60 | 日期 | |

# 项目 4 附图　高层住宅建筑和结构施工图

# 建筑设计施工说明(一)

一、设计依据

1. 本工程方案设计批复：关于核准建设x x项目的批复。
2. 本工程用地红线图及规划设计要求：x x有限公司提供的红线图及规划条件。
3. 本公司与x x有限公司合作编制完成的方案。
4. 国家及地方现行工程建设规范、标准：
《工程建设标准强制性条文：房屋建筑部分(2013年版)》；
《建筑设计防火规范》(GB 50016-2014)；
《民用建筑设计通则》(GB 50352-2005)；
《住宅设计规范》(GB 50096-2011)；
《城市道路和建筑物无障碍设计规范》(JGJ 50-2001)；
主管部门的相关规定、技术措施与制图标准。

二、工程概况

1. 本项目总建筑面积：21655.58m²。
2. 建筑占地总面积：718.81m²。
3. 建筑高度：98.8m。
4. 建筑层数：地上32层+地下1层。
5. 建设地点：x x号地块项目位于x x市x x区，东至x x路，南至x x路，西至现有农居，北至x x项目用地。
6. 建筑工程等级：一级；消防类别：一类高层。
7. 抗震设防烈度：6度。
8. 结构类型：剪力墙。
9. 设计使用年限：50年。
10. 建筑耐火等级：一级。
11. 屋面防水等级：Ⅱ级；屋面防水使用年限：15年；地下室防水等级：二级。

三、设计总则

1. 图中所注尺寸以毫米为单位，标高以米为单位。
2. 凡施工及验收规范已对建筑物各部位(如屋面、砌体、地面、门窗等)所用材料、规格、施工及验收要求等有规定者，本说明不再重复，均按有关现行规范执行。
3. 设计中采用的标准图、通用图，均应按照该图集的图纸和说明等要求进行施工。
4. 所有与给排水、建筑电气、空调通风、煤气动力等专业有关的预埋件、预留孔洞、施工时必须与相关专业的图纸密切配合施工。
5. 凡本说明所规定各项，在设计图中另有说明时，应按具体设计图的说明要求施工。
6. 工程采用玻璃幕墙、金属幕墙、石材饰面、轻钢雨篷、装饰构架时，应由具备相应专业资质的单位承担设计、制作与安装，并应得到本公司认可，方能实施。该单位应负责所承担部分的结构安全，并满足防水、密闭、耐火、耐腐蚀等各项性能要求。

四、建筑物位置及设计标高

1. 本建筑物所在用地范围内的位置按总平面布置图中所示坐标位置定位施工。
2. 本工程所注标高±0.000m，相当于绝对标高8.000m(国家标准高程)。
3. 本图纸除注明外所注地面、楼面、楼梯平台均为建筑完成面标高。屋面标高为结构板面标高(不包括找平层、保温层、防水层等)。门顶及窗洞口标高为结构留洞口标高。

五、墙体

1. 除钢筋混凝土地下室外，防潮层以下外砖墙均用MU10烧结页岩多孔砖，M10水泥砂浆砌筑，厚度除注明外为200mm。
2. 地下室内隔墙采用B06级蒸压砂加气混凝土砌块，厚度除注明外为200mm。
3. 室内地面以上的墙体(除注明者外)：
a. 外墙及除厨房、卫生间、虚线墙体外的内隔墙均采用B06级蒸压砂加气混凝土砌块，砂加气砌块砌筑专用黏结剂砌筑，厚度除注明外为200mm。
b. 厨房、卫生间内隔墙根据墙厚采用MU10烧结页岩多孔砖，M5混合砂浆砌筑，厚度为200mm。
c. 虚线墙体为预留蒸压轻质砂加气混凝土砌块墙体位置，预留容重为不大于700kg/m³，墙体质量(含粉刷)不超过140kg/m³。
d. 管道井均用MU10烧结页岩多孔砖，M10水泥砂浆砌筑，厚度除注明外为200mm。
e. 轻质砂加气混凝土砌块按产品说明书及参照《蒸压轻质砂加气混凝土(AAC)砌块和板材建筑构造》(06CJ05)施工。
4. 底层地面标高-0.050m处除混凝土墙体外的所有墙体均在室内地面-0.050m处设防水层，做法为20mm厚1:2水泥砂浆(加5%防水剂)防潮层。
5. 底层室内相邻地坪有高差时，应在高差处墙身的侧面加设防潮层。当墙身一侧设有花坛和覆土时，相邻外侧应设防潮层。防潮层做法同上。
6. 半砖墙直接砌在地面上时，局部混凝土垫层加厚加宽至300mm，底部向上按45°放坡，详见 1/— 半砖墙每隔500mm配置2ø6钢筋，并与相邻砖墙拉结，且每边伸入墙内长度应不小于且每边伸入墙内长度应不小于1000mm。
7. 不同墙体材料的连接处均应按结构构造配置拉墙筋，详见结构图，砌筑时应相互搭接，不能留通缝。凡外墙墙体采用不同墙体材料，其相接处做粉刷时应加设不小于300mm宽的钢丝网。
8. 凡墙内预埋木砖均经防腐处理，预埋铁件均需除锈处理，刷防锈漆两道。
9. 凡高度超过3000mm以上的半砖墙或砌块墙，均在距楼(地)面2400mm高度或门顶高度做同墙厚高C20混凝土圈梁(内配4ø10通长钢筋，箍筋ø6@200)，并与相应的柱或混凝土墙连接。

六、管道井及预留洞

1. 所有管道井墙体厚度除注明外均为200mm，待设备管道安装完毕和检验合格后再砌筑。
2. 凡砖墙或轻质墙上留洞详见建筑图，钢筋混凝土墙或楼板留洞详见结构图。
3. 墙体上设计要求预留的洞、管道、沟槽等均应在砌筑时正确留出。
4. 配电箱、消火栓、水表墙面留洞，一般洞深与墙厚相等，背面均做钢板网粉刷，钢板网四周应大于孔洞200mm，特殊情况另见详图。
5. 凡采用砌体砌筑的各类烟道、风道砌筑时，应确保砂浆饱满，其内侧采用1:2水泥砂浆随砌随抹光，做到光滑、平整、密实。其他管井内壁要做到随砌随刮平砌筑砂浆。
6. 与电梯井道相临的客厅或卧室墙体采用100系列轻钢龙骨隔墙，墙，内填50mm厚吸音棉做隔声处理，外覆石膏板，饰面同周边墙体。

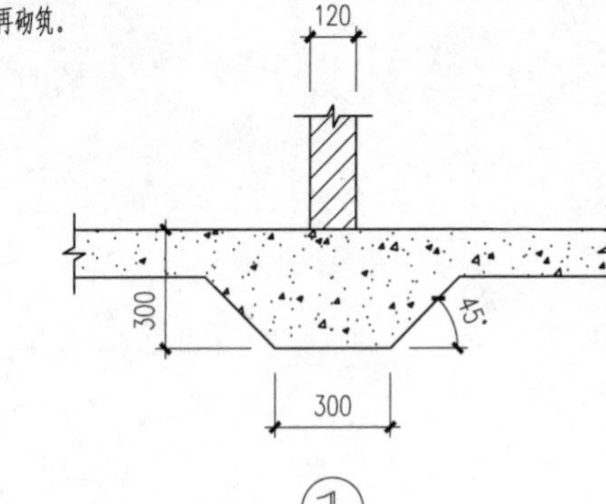


| 设计单位 | | 图名 建筑设计施工说明(一) | | 设 计 | | 工程号 | | 子项号 | |
|---|---|---|---|---|---|---|---|---|---|
| | | | | 校 核 | | 图 号 | 建施-01 | 版 次 | |
| 工程名称 | | 子项名称 | | 审 核 | | 比 例 | | 日 期 | |

附图 4.1 建筑设计施工说明（一）

# 建筑设计施工说明(二)

## 七、屋面

1. 卷材防水屋面基层与突出的屋面结构(如女儿墙、立墙等)的连接处以及基层的阳角、阴角形状变化处(如檐沟等)，均应增设一层干铺卷材增强层，并做成圆弧。
2. 高低跨卷材屋面若高跨屋面为无组织排水时，低跨屋面受水冲刷的部位，应加铺一层整幅卷材，再铺设300~500mm宽石棉瓦或30mm厚C20细石混凝土板(内配Ø4@200双向钢筋网)。当有组织排水时水管落下应增设钢筋混凝土水簸箕。
3. 出屋面管道泛水和屋面人孔，分别详见《平屋面》(99浙J14)第29页和第33页。屋顶天沟纵向排水坡度为1%。
4. 刚性屋面按《屋面工程质量验收规范》(GB 50207-2012)要求设置分仓缝。刚性屋面与山墙、女儿墙以及突出屋面的交接处，均用柔性密封材料密封。
5. 所有屋顶的临空栏杆的高度在最后的完成面起的最低高度不应小于1100mm。

## 八、楼地面

1. 楼地面做法详见室内外装修一览表。
2. 凡有积水的房间和部位(如卫生间等)，其楼地面标高均应比周围房间楼地面低30mm，厨所、阳台、空调机搁板楼面均坡向地漏，坡度 $i=0.5\%$。
3. 凡上述有积水的房间，楼板上四周墙体下部均设同墙宽，200mm高、同标号的混凝土翻边，与楼板一起浇捣(除门处)。
4. 凡室外有积水的部位(如阳台、雨篷、空调机搁板等)沿各部位板面以上外墙体内，均应设同墙宽，200mm高、同板面、同标号的混凝土翻边，并与各部位楼板一起浇捣。
5. 凡屋面与墙体交接处应设同墙宽，300mm高与屋面相同标号的混凝土翻边。
6. 所有楼地面最后完成面标高(包括二次装修)不得高于楼层建筑标高。如有超过，须对结构荷载、防护栏杆高度按规范要求复核，并经设计单位认可。

## 九、内外装修

1. 内外装修做法详见室内外装修一览表。
2. 室内粉刷墙面的阳角均加1:2水泥砂浆护角线或其他材料护角，护角宽度30mm，高度到顶。
3. 外墙所有檐口，女儿墙压顶、雨篷、窗台、窗顶线、空调机搁板、线脚等挑出墙面部分均需做滴水线，滴水线的宽度和深度均为10mm，并要求平直、整齐光洁。
4. 凡外挑檐沟、阳台、雨篷、挑廊、空调机搁板等，板底均刷10mm厚1:2水泥砂浆粉刷，白色外墙涂料二度。
5. 外墙、屋面、栏杆等装饰装修所采用的材料、色彩，在定货前需经设计、建设、施工三方共同协商确定。

## 十、门窗

1. 门窗立樘：除注明者外，一般木门及木质防火门与开启方向墙面平，铝合金门窗、塑料门窗、弹簧门均居墙中。
2. 除注明者外，所有内门均距墙(柱)边100mm立樘；在钢筋混凝土(构造)柱边时用同标号混凝土与钢筋混凝土柱一起浇捣。
3. 所有门窗洞口两侧均设钢筋混凝土构造柱，窗台设钢筋混凝土压顶。
4. 门窗油漆：a. 木门窗为一底二度醇酸调和漆。
   b. 所有金属制品除注明者外，均用防锈漆打底，刷与门窗同色醇酸调和漆一底二度。
5. 除注明者外，铝合金外门窗型材为古铜色断热铝合金并由专业单位设计安装(住宅外窗带纱窗)。
6. 门窗表及门窗立面图中，所示洞口尺寸均未考虑墙体饰面厚度，制作前必须根据实测洞口尺寸加工制作。
7. 门窗玻璃：详见节能设计说明。最终玻璃厚度须经专业厂家计算核实确定，同时玻璃的选用需要满足《建筑玻璃应用技术规程》(JGJ 113-2015)。
8. 门窗装修：五金零件除注明者外，均按预算定额配齐。
9. 凡非标门窗尺寸超过标准图要求者，须经生产厂家核算后，采取加强措施才能制作安装。
10. 凡图中异形门窗均须按施工实际尺寸制作安装。门窗立面图中门窗立面分格尺寸均未考虑构件及施工安装尺寸。
11. 凡通风百叶窗有效通风面积须达到70%以上。
12. 本项目外开平开窗相关连接件须经专家论证并报相关职能部门批准后方可实施。

## 十一、节能及安全防护

1. 本工程采用的外窗及敞开式阳台门的气密性等级，应符合现行国家标准《建筑外门窗气密、水密、抗风压性能分级及检测方法》(GB/T 7106-2008)中规定的6级。幕墙气密性等级应符合现行国家标准《建筑幕墙》(GB/T 21086-2007)中规定的3级。
2. 本设计采取的节能措施详见节能专篇。
3. 工程中所有凸窗，上下窗台板均做保温处理，处理方法参见《外墙外保温构造详图(一)(无机轻集料聚合物保温砂浆系统)》(2009浙J54)(2/26)(4/26)。
4. 外窗窗台距楼地面的净高住宅低于0.9m、均设900mm高安全防护栏杆。做法参见(4/26)。
5. 楼梯平台、外廊、内天井及上人屋面等临空处栏杆净高从可踏面起算不应低于1100mm，且下部100mm高处不应留空。
6. 所有金属栏杆、玻璃栏杆等做法须经厂家和设计单位商定后方可施工，栏杆承受的荷载应符合《建筑结构荷载规范》(GB 50009-2012)有关规定。

## 十二、消防设计

1. 本工程采用的防火门、防火卷帘均应向有消防部门颁发许可证的厂家定货。
2. 墙体应砌至梁、板底，不得留有缝隙。防火卷帘与墙体、楼板、梁间的缝隙以及管道穿过墙体、梁、楼板留下的缝隙应用防火封堵材料填实。墙体与窗户之间的缝隙用防火封堵材料填实。建筑幕墙与每层楼板、隔墙处的缝隙，应采用防火封堵材料封堵。
3. 除暖通风井以外的管道竖井每层楼板处用厚度不小于80mm的与楼板同标号的细石混凝土紧密填实分隔(可在该处楼板处事先预留钢筋，然后沿四周焊L30×30角钢，再将Ø6@100双向钢筋网片焊于角钢上，其上铺双层钢板网并浇筑混凝土)。
4. 钢结构部分及有关结构金属构件外露部分，必须加设防火保护层，其耐火极限不低于《建筑设计防火规范》规定的相应建筑构件的耐火等级。
5. 防火门在关闭后应能在任何一侧手动开启，用于疏散的走道、楼梯间和前室的门应具有自行关闭的功能。
6. 防止外部人员随意进入的疏散用门，应设置火灾时不需使用钥匙等任何器具即能迅速开启的装置，并应在明显位置设置使用提示。

## 十三、电梯选型

1. 本工程每个单元采用两台有机房乘客电梯，其中一台为消防电梯，电梯井道均按井道净尺寸2200mm(宽)×2200mm(深)，底坑深度按2200mm设计，无障碍电梯轿厢按无障碍设计规范配置按钮、镜子及扶手。
2. 电梯载重量为1050kg，速度为2.5m/s。
3. 电梯井道底坑内均根据电梯厂家资料设计。
4. 所有电梯施工时应按照电梯厂提供的正式电梯安装图纸和设计院图纸配合施工。

## 十四、其他

1. 架空层平面图中除通向入户门厅的出入口外，均由景观设计公司通过绿化布置或设置栏杆，阻止人员从上部无防坠落雨篷的阳台下方架空层出入。
2. 门口踏步及斜坡与道路路面衔接处，施工时应与道路面同高。
3. 图中虚线墙仅为示意墙，不予考虑施工。
4. 所有建筑结构的沟坑、预留孔洞、预埋件等均应与有关工种图纸密切配合施工。
5. 金属构件均需刷防锈漆二度。木构件防腐处理。凡外露立管刷与周边墙体同色油漆。
6. 凡图中符号"○ □ △ ▽ ◇ ▱"内有编号者，为本工程采用的做法，未编号者本工程不采用。
7. 本工程施工及验收均按国家现行规范执行。
8. 凡设计图纸中说明与本施工说明不符合者，须经设计人员确认后才能施工。
9. 住宅套型内部厨房卫生间的设备为示意布置，不代表提供设备。
10. 栏杆及外窗分格形式，当立面图与大样图不一致时以大样图为准。

| 设计单位 | 图名 建筑设计施工说明(二) | 设　计 | | 工程号 | | 子项号 | |
|---|---|---|---|---|---|---|---|
| | | 校　核 | | 图　号 | 建施-02 | 版　次 | |
| 工程名称 | 子项名称 | 审　核 | | 比　例 | | 日　期 | |

附图 4.2　建筑设计施工说明（二）

## 楼地面做法表

单位：mm

| 编号 | 名称 | 做法说明 | 厚度 | 备注 |
|---|---|---|---|---|
| 1 | 细石混凝土楼面1 | 8厚面层（二次装修）<br>30厚细石混凝土随捣随抹平<br>12厚胶粉聚苯颗粒保温浆料<br>现浇钢筋混凝土楼板，表面修补平整并清理干净 | 50 | |
| 2 | 防水砂浆楼面（阳台、设备平台） | 30厚（最薄处）C20细石混凝土找坡0.5%坡向排水口<br>1.2厚JS防水涂料三道（宽度300，外墙面卷起300或到门框下口）<br>现浇钢筋混凝土楼板，表面修补平整并清理干净 | 50 | |
| 3 | 防滑地砖楼面（卫生间） | 防滑地砖（二次装修）<br>20厚1：2.5水泥砂浆<br>1.5厚JS防水层（至少三道），门口向外刷出250<br>1.2厚JS防水涂料（三道）在阴阳角、管道周围涂刷加强层，宽度至少250，卷起至少300<br>12厚（最薄处）岩棉保温浆料找平找坡，0.5%坡向地漏<br>现浇钢筋混凝土楼板随捣随抹，四周设置与墙体同厚的200高C20素混凝土导墙 | 50 | |
| 4 | 花岗岩楼面1 | 20厚花岗岩面层<br>30厚1：2干硬性水泥砂浆找平兼结合层<br>现浇钢筋混凝土板 | 50 | |
| 5 | 防滑地砖楼面 | 防滑地砖（二次装修）<br>20厚1：3水泥砂浆面层（掺水泥质量5%的防水剂）<br>12厚胶粉聚苯颗粒保温浆料<br>现浇钢筋混凝土楼板，表面修补平整并清理干净 | 50 | |
| 6 | 花岗岩楼面2（二层室外走道） | 花岗岩铺面，胶泥勾缝<br>20厚（最薄处）1：3干硬性水泥砂浆结合层，找坡0.5%坡向排水口<br>1.2厚JS防水涂料三道（宽度300，外墙面卷起300或到门框下口）<br>现浇钢筋混凝土楼板，表面修补平整并清理干净 | 50 | |
| 7 | 细石混凝土楼面2（室内楼梯） | 面层（二次装修）<br>30厚细石混凝土随捣随抹平<br>素水泥浆结合层一道<br>现浇钢筋混凝土楼板，表面修补平整并清理干净 | 50 | |
| 8 | 细石混凝土楼面3 | 面层（二次装修）<br>40厚细石混凝土随捣随抹平<br>1：10水泥焦渣混凝土垫层<br>现浇钢筋混凝土楼板，表面修补平整并清理干净 | 详见图纸 | |
| 9 | 架空层地面 | 面层（二次装修）<br>30厚干硬性水泥砂浆<br>1.5厚JS防水层（至少三道），门口向外刷出250<br>1.2厚JS防水涂料（三道）在阴阳角、管道周围涂刷加强层，宽度至少250，卷起至少300<br>12厚（最薄处）胶粉聚苯颗粒保温浆料找平找坡，0.3%坡向室外<br>白色乳胶漆一底二面现浇钢筋混凝土板 | 100 | |

## 墙裙、踢脚做法表

单位：mm

| 编号 | 名称 | 做法说明 | 厚度 | 备注 |
|---|---|---|---|---|
| 1 | 花岗岩踢脚板 | 10厚1：3水泥砂浆打底<br>5~8厚1：2水泥砂浆结合层<br>20厚花岗岩踢脚板，高150 | 35 | |
| 2 | 水泥砂浆踢脚板 | 12厚1：3水泥砂浆打底，扫毛或划出纹道<br>8厚1：2水泥砂浆面层，压实赶光 | 20 | |

## 外墙面装修表

单位：mm

| 编号 | 名称 | 做法说明 | 备注 |
|---|---|---|---|
| 1 | 干挂石材（铝板）墙面 | 墙面清理<br>墙面刷基底漆一道<br>钢骨架主龙骨<br>60厚防火岩棉板保温层，外喷涂3厚柔性水泥砂浆保护层一道<br>石材、铝板面层，表面离缝打胶 | 石材、铝板选型由甲方、施工、设计三方共同确认 |
| 2 | 涂料墙面 | 砌块墙体上涂抹专用界面剂一度<br>25厚无机保温砂浆<br>5厚抗裂砂浆，内置耐碱纤维网格布<br>柔性耐水腻子+弹性底涂<br>刷高级外墙弹性涂料一底二度 | 涂料色彩由甲方、施工、设计三方共同确认 |

## 内墙面装修表

单位：mm

| 编号 | 名称 | 做法说明 | 厚度 | 备注 |
|---|---|---|---|---|
| 1 | 混合砂浆墙面（内墙涂料） | 12厚1：1：6水泥石灰砂浆打底<br>8厚1：0.5：3水泥石灰砂浆粉平并拉毛<br>白色内墙涂料一底二度 | 20 | 面层具体做法以装修设计为准 |
| 2 | 水泥砂浆墙面（卫生间） | 12厚1：2水泥砂浆打底（掺水泥质量5%的防水剂）<br>JS防水涂膜（1.2厚）刷至1800高<br>8厚1：2水泥砂浆木蟹拉毛 | 20 | |
| 3 | 水泥砂浆墙面（厨房） | 12厚1：2水泥砂浆打底<br>8厚1：2水泥砂浆木蟹拉毛 | 20 | 面层具体做法以装修设计为准 |
| 4 | 水泥砂浆墙面（设备井） | 12厚1：1：6水泥砂浆打底<br>8厚1：2水泥砂浆抹光 | 20 | |
| 5 | 乳胶漆墙面 | 界面剂<br>腻子两度批平<br>刷白色乳胶漆二度 | 20 | |

| 设计单位 | 图名 | 设计 | | 工程号 | | 子项号 | |
|---|---|---|---|---|---|---|---|
| | 室内外装修一览表（一） | 校核 | | 图号 | 建施-03 | 版次 | |
| 工程名称 | 子项名称 | 审核 | | 比例 | | 日期 | |

附图 4.3　室内外装修一览表（一）

## 屋面防水做法表

单位：mm

| 编号 | 名称 | 做法说明 | 备注 |
|---|---|---|---|
| △1 | 上人屋面 | 50厚C30防水细石混凝土（内配双向Ø4@150钢筋网），按6m×6m设分仓缝，缝内嵌防水油膏 | |
| | | 110厚泡沫混凝土 | |
| | | 1.5厚BS-P单面自粘防水卷材 | |
| | | 素水泥浆 | |
| | | 3厚BAC双面自粘防水卷材 | |
| | | 20厚1：3水泥砂浆 | |
| | | 1：10水泥焦渣混凝土找坡层找2%坡度（最薄处60厚） | |
| | | 现浇防水钢筋混凝土板 | |
| △2 | 不上人屋面 | 20厚1：2水泥砂浆保护层（编织钢丝网片一层） | |
| | | 110厚泡沫混凝土 | |
| | | 1.5厚BS-P单面自粘防水卷材 | |
| | | 素水泥浆 | |
| | | 3厚BAC双面自粘防水卷材 | |
| | | 20厚1：3水泥砂浆 | |
| | | 1：10水泥焦渣混凝土找坡层找2%坡度（最薄处60厚） | |
| | | 现浇防水钢筋混凝土板 | |
| △3 | 防水水泥砂浆屋面（空调机搁板面、挑窗屋面） | 20厚1：2水泥砂浆（掺水泥质量5%的防水剂）抹光 | |
| | | JS防水涂料二度（1.5厚） | |
| | | 20厚1：3水泥砂浆找平 | |
| | | 现浇钢筋混凝土板 | |

## 顶棚装修表

单位：mm

| 编号 | 名称 | 做法说明 | 备注 |
|---|---|---|---|
| 1 | 内墙涂料顶棚 | 钢筋混凝土板底 | |
| | | 界面剂 | |
| | | 腻子两度批平（厨房、卫生间采用防水腻子） | |
| | | 白色内墙涂料一底二度 | |
| 2 | 内墙乳胶漆顶棚 | 钢筋混凝土板底 | |
| | | 界面剂 | |
| | | 腻子两度批平 | |
| | | 白色乳胶漆一底二度 | |
| 3 | 铝板吊顶 | 钢筋混凝土板底 | 用于阳台吊顶 |
| | | 轻钢龙骨铝板 | |
| 4 | 保温顶棚 | 钢筋混凝土板底 | 用于架空层 |
| | | 胶粘剂 | |
| | | 无机保温砂浆 | |
| | | 4厚抗裂砂浆复合耐碱玻纤网 | |
| | | 白色外墙涂料一底两度 | |
| 5 | 腻子批平批白 | 钢筋混凝土板底 | |
| | | 界面剂 | |
| | | 腻子批平批白 | |
| 6 | 石膏板吊顶 | 钢筋混凝土板底 | 用于电梯厅吊顶 |
| | | 轻钢龙骨石膏板 | |

## 室内装修一览表

| 房间名称 | | 设计编号 | | | | 备注 |
|---|---|---|---|---|---|---|
| | | 墙面 | 顶棚 | 墙裙、踢脚 | 楼地面 | |
| 楼层 | 客厅、卧室、餐厅 | ①<br>白色内墙涂料 | 1<br>白色内墙涂料 | ▽2<br>水泥砂浆踢脚 | ▱1<br>细石混凝土面层 | |
| | 厨房 | ③<br>水泥砂浆拉毛 | 5<br>腻子批平 | ▽2<br>水泥砂浆踢脚 | ▱5<br>防滑地砖楼面 | |
| | 卫生间 | ②<br>防水水泥砂浆 | 5<br>腻子批平 | | ▱3<br>防滑地砖楼面 | |
| | 住宅阳台 | ◇2<br>按外墙做法 | 3 | | ▱2<br>防水砂浆面层 | |
| | 电梯厅、公共走道 | ⑤<br>白色内墙乳胶漆 | 6<br>石膏板吊顶 | ▽1<br>花岗岩踢脚 | ▱4<br>花岗岩 | |
| | 设备井、电梯井道 | ④<br>水泥砂浆墙面 | 5<br>腻子批平 | | ▱7<br>50mm厚细石混凝土面层 | |
| | 架空层 | ◇1 ◇2<br>按外墙做法 | 4<br>保温顶棚 | 见景观设计 | ▱9 | |
| | 楼梯间 | ⑤<br>白色内墙乳胶漆 | 2<br>白色乳胶漆 | ▽2<br>水泥砂浆踢脚 | ▱7<br>细石混凝土面层 | |
| | 机房 | ④<br>水泥砂浆墙面 | 5<br>腻子批平 | ▽2<br>水泥砂浆踢脚 | ▱1<br>细石混凝土面层 | |

| 设计单位 | | 图名 | 室内外装修一览表（二） | 设 计 | | 工程号 | | 子项号 | |
|---|---|---|---|---|---|---|---|---|---|
| | | | | 校 核 | | 图 号 | 建施-04 | 版 次 | |
| 工程名称 | | 子项名称 | | 审 核 | | 比 例 | | 日 期 | |

附图 4.4　室内外装修一览表（二）

# 建筑节能设计说明

## 节能设计表

| 项目名称：3#楼住宅部分 | | | 结构类型：剪力墙结构 | | 层数：32层 | | 节能建筑总面积：21144.07m² | | 体形系数：0.27 |
|---|---|---|---|---|---|---|---|---|---|
| 住宅 | | | | | | | | | |
| 部位 | | 参照建筑 | | | 设计建筑 | | | | 保温材料，构造做法/mm |
| | | 传热系数限值$K$/[W/(m²·K)] | 热惰性指标$D$ | 遮阳系数$SW$ | 热惰性指标$D$ | 平均窗墙面积比 | 传热系数(平均值)$K$/[W/(m²·K)] | 遮阳系数$SW$ | |
| 屋顶 | 平屋面 | ≤1.0 | ≥2.5 | -- | 3.51 | -- | 0.70 | -- | 110厚泡沫混凝土 |
| 窗(含阳台门透明部分) | 东 窗墙面积比≤0.20 | ≤4.7 | -- | -- | -- | 0.08 | 2.50 | -- | 断热铝合金单框低辐射中空玻璃窗(6+12A+6) |
| | 南 0.45<窗墙面积比≤0.60 | ≤2.8 | -- | 夏季0.40 | -- | 0.45 | 2.50 | 夏季0.41<br>冬季0.41 | 断热铝合金单框低辐射中空玻璃窗(6+12A+6) |
| | 西 窗墙面积比≤0.20 | ≤4.7 | -- | -- | -- | 0.08 | 2.50 | -- | 断热铝合金单框低辐射中空玻璃窗(6+12A+6) |
| | 北 0.40<窗墙面积比≤0.45 | ≤3.2 | -- | -- | -- | 0.32 | 2.50 | 夏季0.43<br>冬季0.43 | 断热铝合金单框低辐射中空玻璃窗(6+12A+6) |
| 外墙 | | ≤1.5 | ≥3.0 | -- | 4.16 | -- | 0.95 | -- | 幕墙部分采用40厚防火岩棉，涂料部分为25厚聚无机砂浆外保温 |
| 户门 | | ≤3.0 | -- | -- | -- | -- | 2.00 | -- | 成品防盗节能户门 |
| 分户墙 | | ≤2.0 | -- | -- | -- | -- | 0.75 | -- | 20厚水泥砂浆+200厚砂加气制品(B06级)+20厚水泥砂浆 |
| 楼板 | | ≤2.0 | -- | -- | -- | -- | 1.99 | -- | 12厚胶粉聚苯颗粒浆料 |
| 架空楼板 | | ≤1.5 | -- | -- | -- | -- | 1.47 | -- | 30厚矿(岩)棉毡 |
| 建筑物的节能综合指标分析("对比评定法") | | | | | | | | | |
| 参照建筑的空调及采暖年耗电量$EC_{ref}$ | | | | 31.03kW·h/m² | | | | | |
| 设计建筑的空调及采暖耗电量$EC$ | | | | 31.30kW·h/m² | | | | | |
| 结论 | | | | 住宅部分的全年能耗小于参照建筑能耗，且小于规定的限值。根据《夏热冬冷地区居住建筑节能设计标准》该建筑的节能设计已经达到节能要求。 | | | | | |

一、设计依据

1.《民用建筑热工设计规范》(GB 50176-2016)。
2.《夏热冬冷地区居住建筑节能设计标准》(JGJ 134-2010)。
3.《住宅建筑围护结构节能应用技术规程》(DG/TJ08-206-2002)。
4.《建筑外门窗气密、水密、抗风压性能分级及检测方法》(GB/T 7106-2008)。
5.《外墙外保温工程技术规程》(JGJ 144-2004)。

二、节能技术措施(具体详见节能设计表)

1. 屋面保温：
住宅部分屋顶采用110mm厚泡沫混凝土(沿女儿墙设置500mm宽、50mm厚泡沫玻璃防火隔离带)具体构造做法详见施工图设计装修表J2屋面做法表。
2. 墙体保温：
a. 外墙干挂石材部位采用60mm厚防火岩棉(燃烧性能A级)，外喷涂3mm厚柔性水泥砂浆保护层一道，石材与保温之间的空隙每层用防火岩棉封堵严实(燃烧性能A级)涂料部位，采用25mm厚岩棉(燃烧性能A级)保温。
b. 施工图设计装修表J2外墙做法 ① ②。
外墙外保温构造详图参见《外墙外保温构造详图(一)(无机轻集料聚合物保温砂浆系统)》(2006浙J54)中的LWB-1型聚合物保温砂浆外墙外保温系统第15~26页各墙体部位的构造及做法。
c. 分户墙：20mm厚水泥砂浆+200mm厚砂加气制品(B06级)+20mm厚水泥砂浆。
3. 门窗节能：
a. 住宅部分采用断热铝合金单框低辐射中空玻璃窗(6+12A+6)，遮阳系数0.57，传热系数2.5W/(m²·K)。
b. 外窗及阳台门的气密性等级，应不低于《建筑外门窗气密、水密、抗风压性能分级及检测方法》(GB/T 7106-2008)中规定的6级。
c. 透明幕墙的气密性等级，应不低于《建筑幕墙气密、水密、抗风压性能检测方法》(GB/T 15227-2007)中规定的3级。
d. 铝合金玻璃门的型材及玻璃的节能指标应与同层窗户的指标一致。

| 设计单位 | | 图名 | 建筑节能设计说明 | 设 计 | | 工程号 | | 子项号 | |
|---|---|---|---|---|---|---|---|---|---|
| | | | | 校 核 | | 图 号 | 建施-05 | 版 次 | |
| 工程名称 | | 子项名称 | | 审 核 | | 比 例 | | 日 期 | |

附图 4.5 建筑节能设计说明

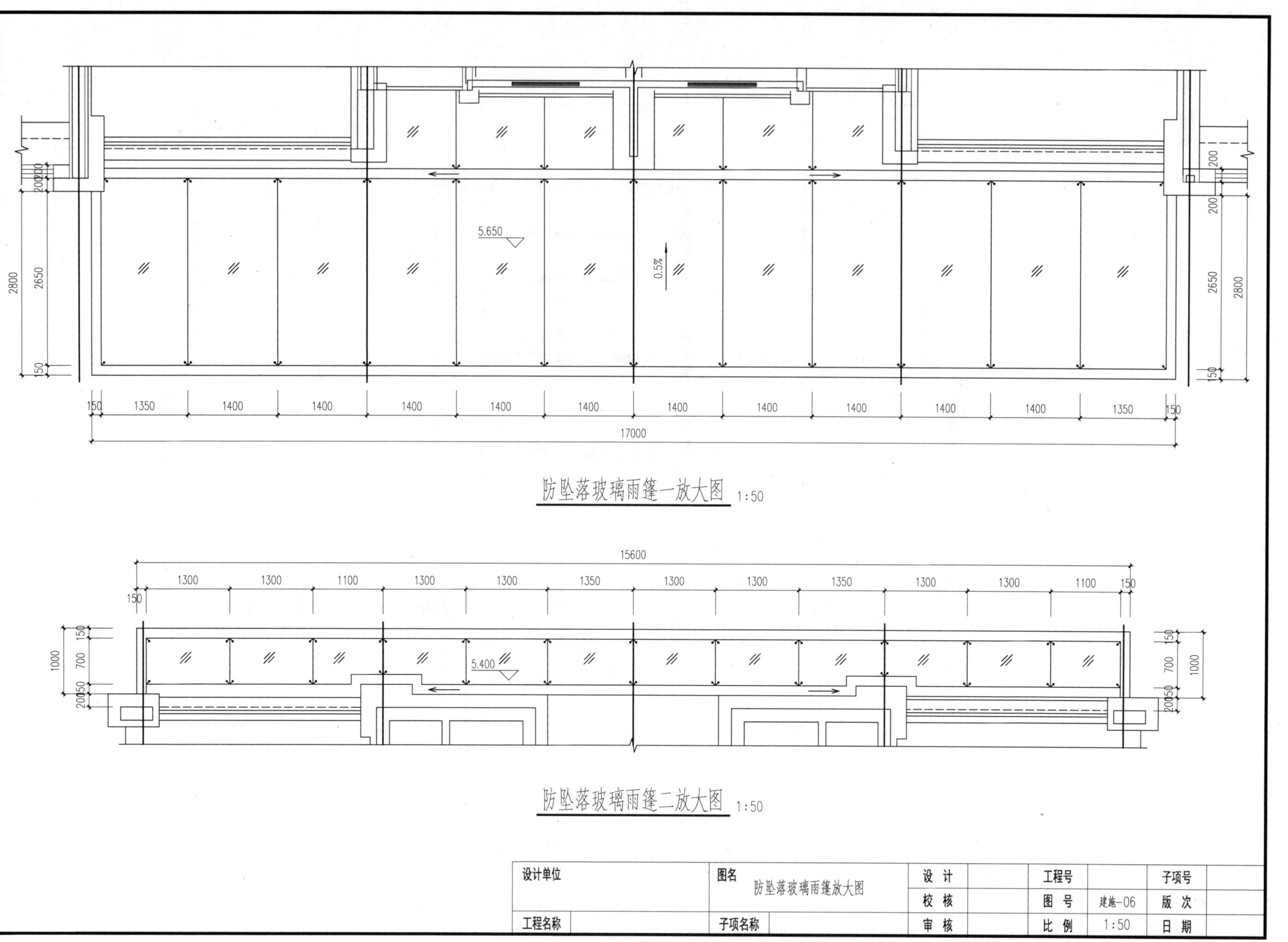


附图 4.6　防坠落玻璃雨篷放大图

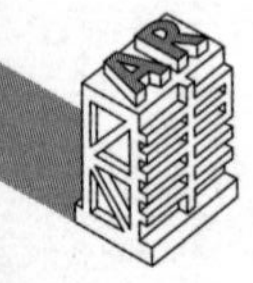

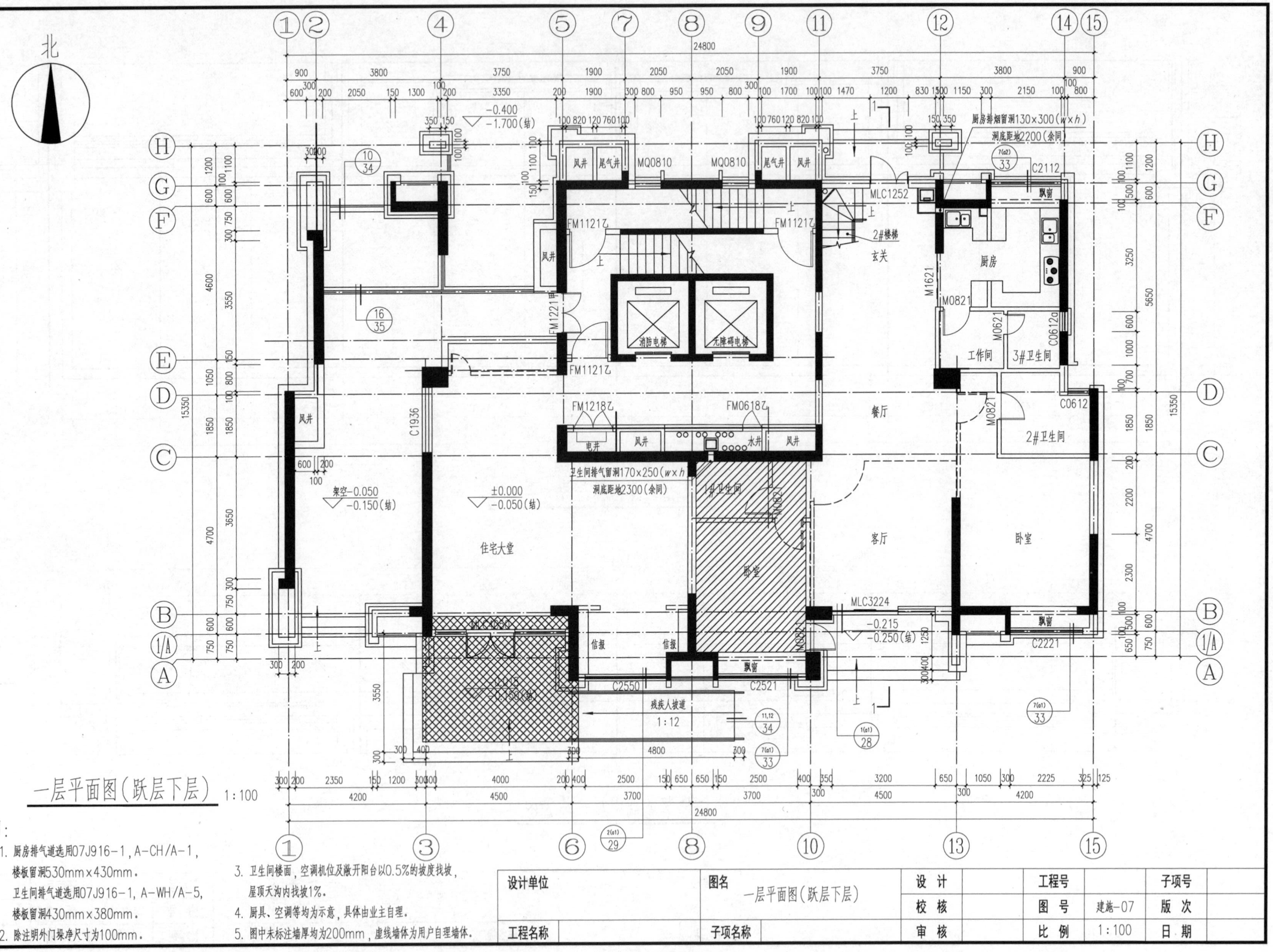

## 一层平面图（跃层下层） 1:100

说明：

1. 厨房排气道选用07J916-1，A-CH/A-1，楼板留洞530mm×430mm。卫生间排气道选用07J916-1，A-WH/A-5，楼板留洞430mm×380mm。
2. 除注明外门垛净尺寸为100mm。
3. 卫生间楼面，空调机位及敞开阳台以0.5%的坡度找坡，屋顶天沟内找坡1%。
4. 厨具、空调等均为示意，具体由业主自理。
5. 图中未标注墙厚均为200mm，虚线墙体为用户自理墙体。

| 设计单位 | 图名 一层平面图（跃层下层） | 设 计 | | 工程号 | | 子项号 |
|---|---|---|---|---|---|---|
| | | 校 核 | | 图 号 | 建施-07 | 版 次 |
| 工程名称 | 子项名称 | 审 核 | | 比 例 | 1:100 | 日 期 |

附图 4.7　一层平面图（跃层下层）

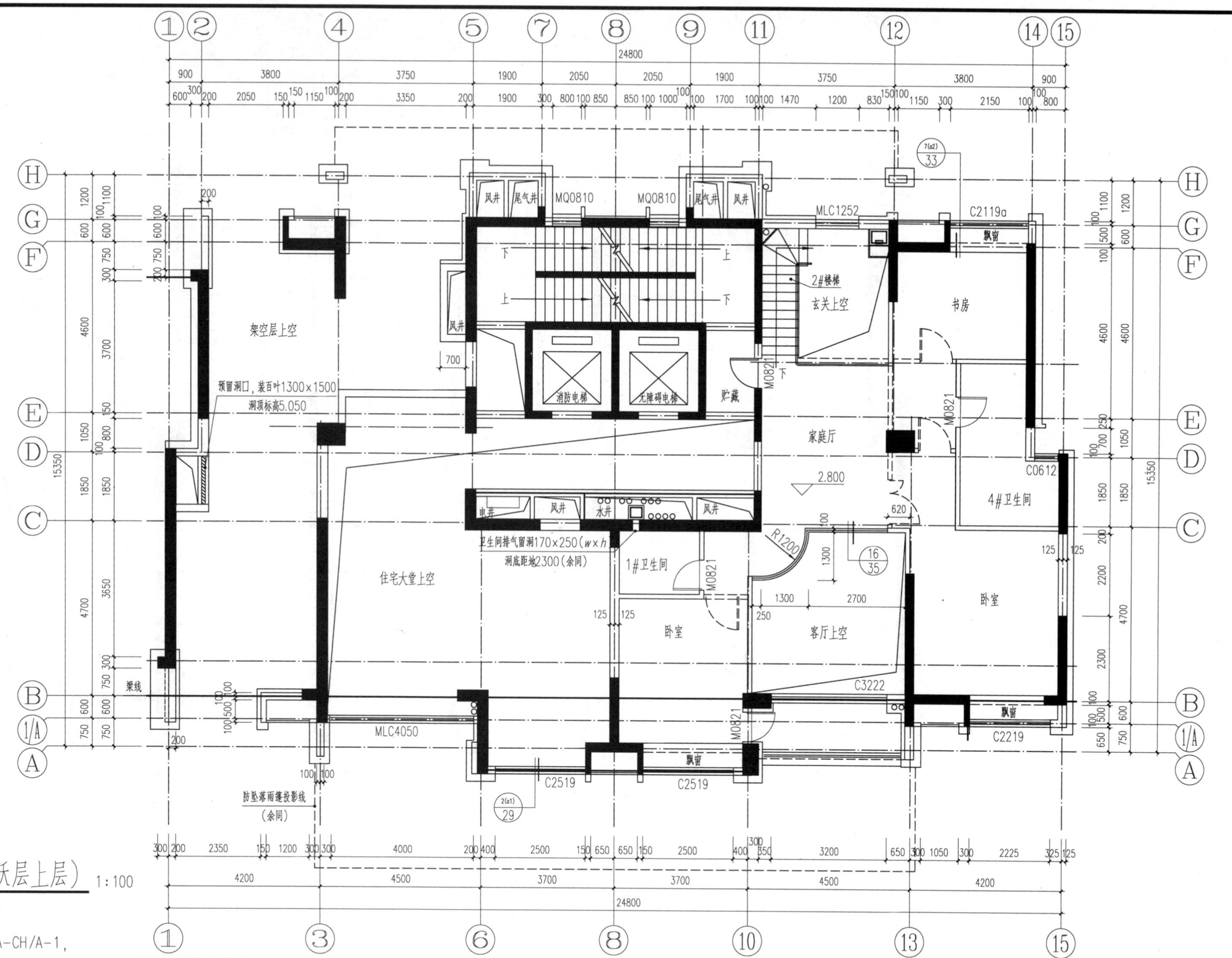

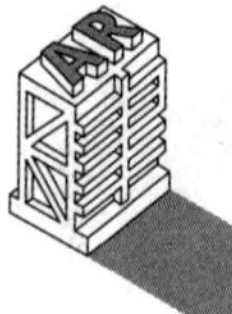

## 夹层平面图（跃层上层） 1:100

说明：

1. 厨房排气道选用07J916-1，A-CH/A-1，楼板留洞530mm×430mm。
   卫生间排气道选用07J916-1，A-WH/A-5，楼板留洞430mm×380mm。
2. 除注明外门垛净尺寸为100mm。
3. 卫生间楼面，空调机位及敞开阳台以0.5%的坡度找坡，屋顶天沟内找坡1%。
4. 厨具、空调等均为示意，具体由业主自理。
5. 图中未标注墙厚均为200mm，虚线墙体为用户自理墙体。

| 设计单位 | | 图名 | 夹层平面图（跃层上层） | 设 计 | | 工程号 | | 子项号 | |
|---|---|---|---|---|---|---|---|---|---|
| | | | | 校 核 | | 图 号 | 建施-08 | 版 次 | |
| 工程名称 | | 子项名称 | | 审 核 | | 比 例 | 1:100 | 日 期 | |

附图 4.8 夹层平面图（跃层上层）

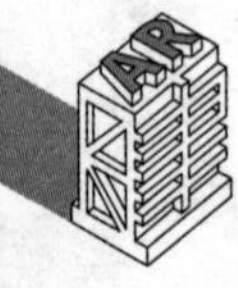

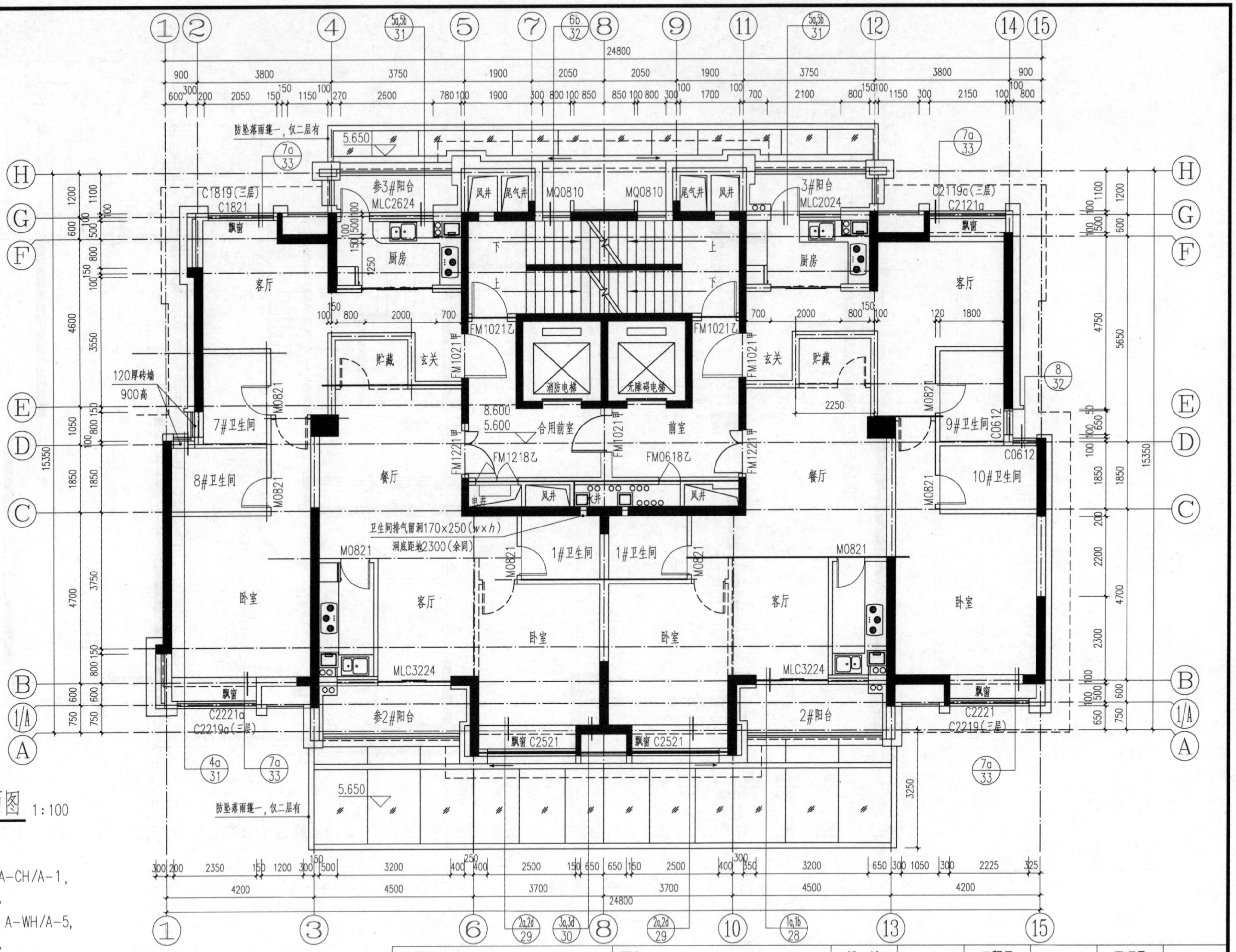

## 二～三层平面图 1:100

说明：

1. 厨房排气道选用07J916-1，A-CH/A-1，楼板留洞530mm×430mm。
   卫生间排气道选用07J916-1，A-WH/A-5，楼板留洞430mm×380mm。
2. 除注明外门垛净尺寸为100mm。
3. 卫生间楼面，空调机位及敞开阳台以0.5%的坡度找坡，屋顶天沟内找坡1%。
4. 厨具、空调等均为示意，具体由业主自理。
5. 图中未标注墙厚均为200mm，虚线墙体为用户自理墙体。

| 设计单位 | 图名 | 设 计 | | 工程号 | | 子项号 | |
|---|---|---|---|---|---|---|---|
| | 二～三层平面图 | 校 核 | | 图 号 | 建施-09 | 版 次 | |
| 工程名称 | 子项名称 | 审 核 | | 比 例 | 1:100 | 日 期 | |

附图 4.9　二～三层平面图

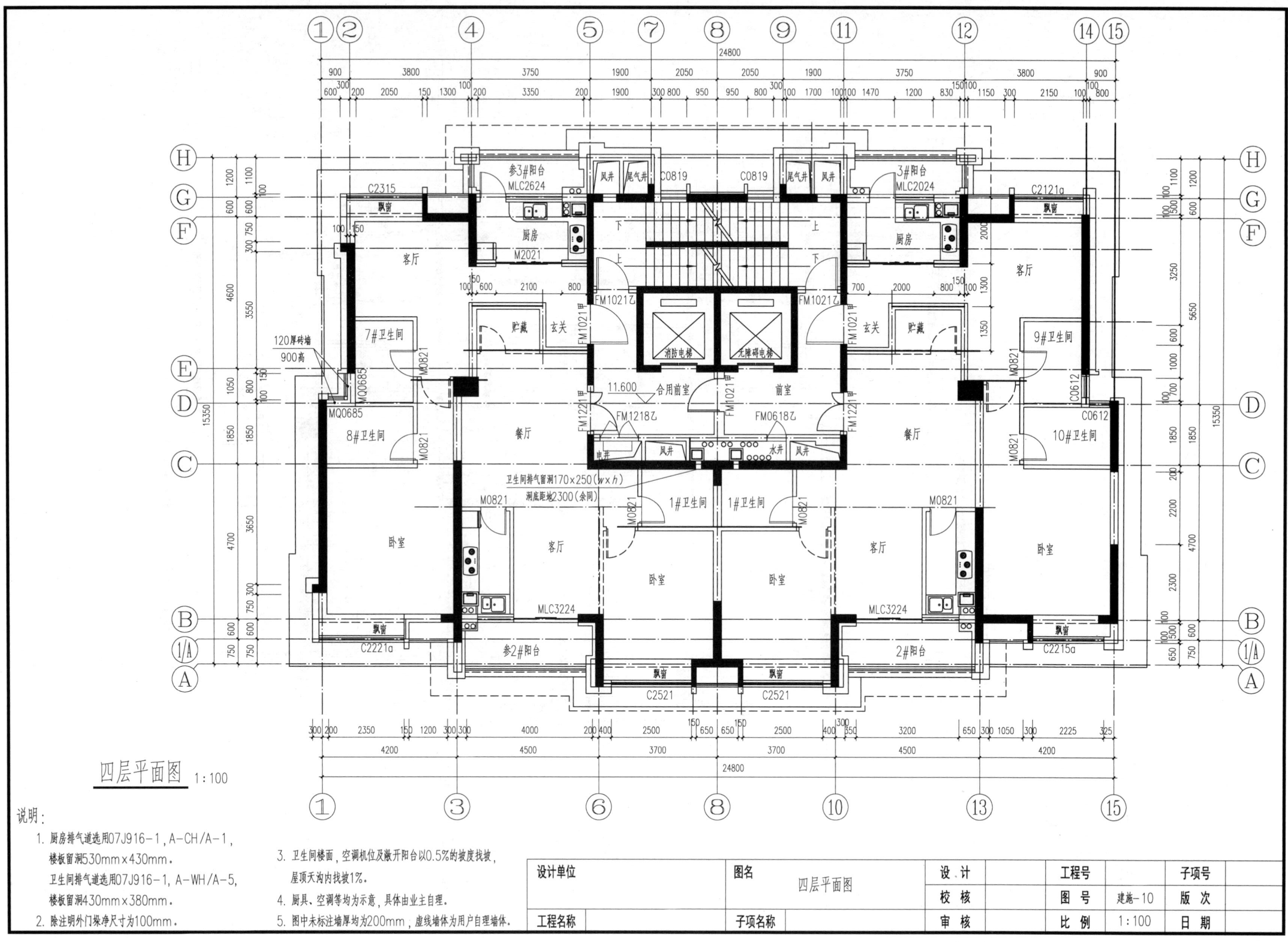


说明：

1. 厨房排气道选用07J916-1，A-CH/A-1，楼板留洞530mm×430mm。
   卫生间排气道选用07J916-1，A-WH/A-5，楼板留洞430mm×380mm。
2. 除注明外门垛净尺寸为100mm。
3. 卫生间楼面，空调机位及敞开阳台以0.5%的坡度找坡，屋顶天沟内找坡1%。
4. 厨具、空调等均为示意，具体由业主自理。
5. 图中未标注墙厚均为200mm，虚线墙体为用户自理墙体。

| 设计单位 | 图名 四层平面图 | 设 计 | | 工程号 | | 子项号 | |
|---|---|---|---|---|---|---|---|
| | | 校 核 | | 图 号 | 建施-10 | 版 次 | |
| 工程名称 | 子项名称 | 审 核 | | 比 例 | 1:100 | 日 期 | |

附图 4.10 四层平面图

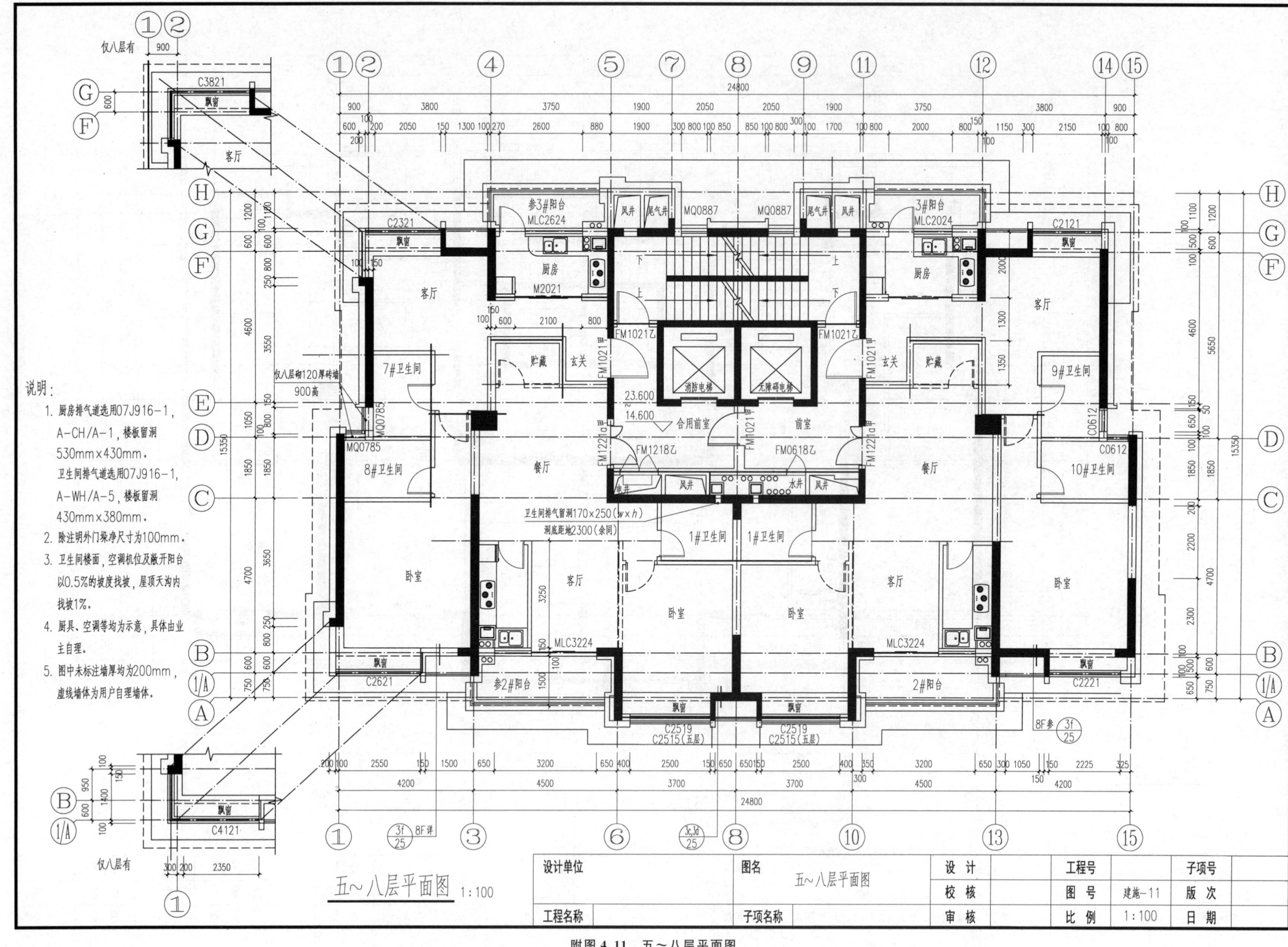


附图 4.11 五～八层平面图

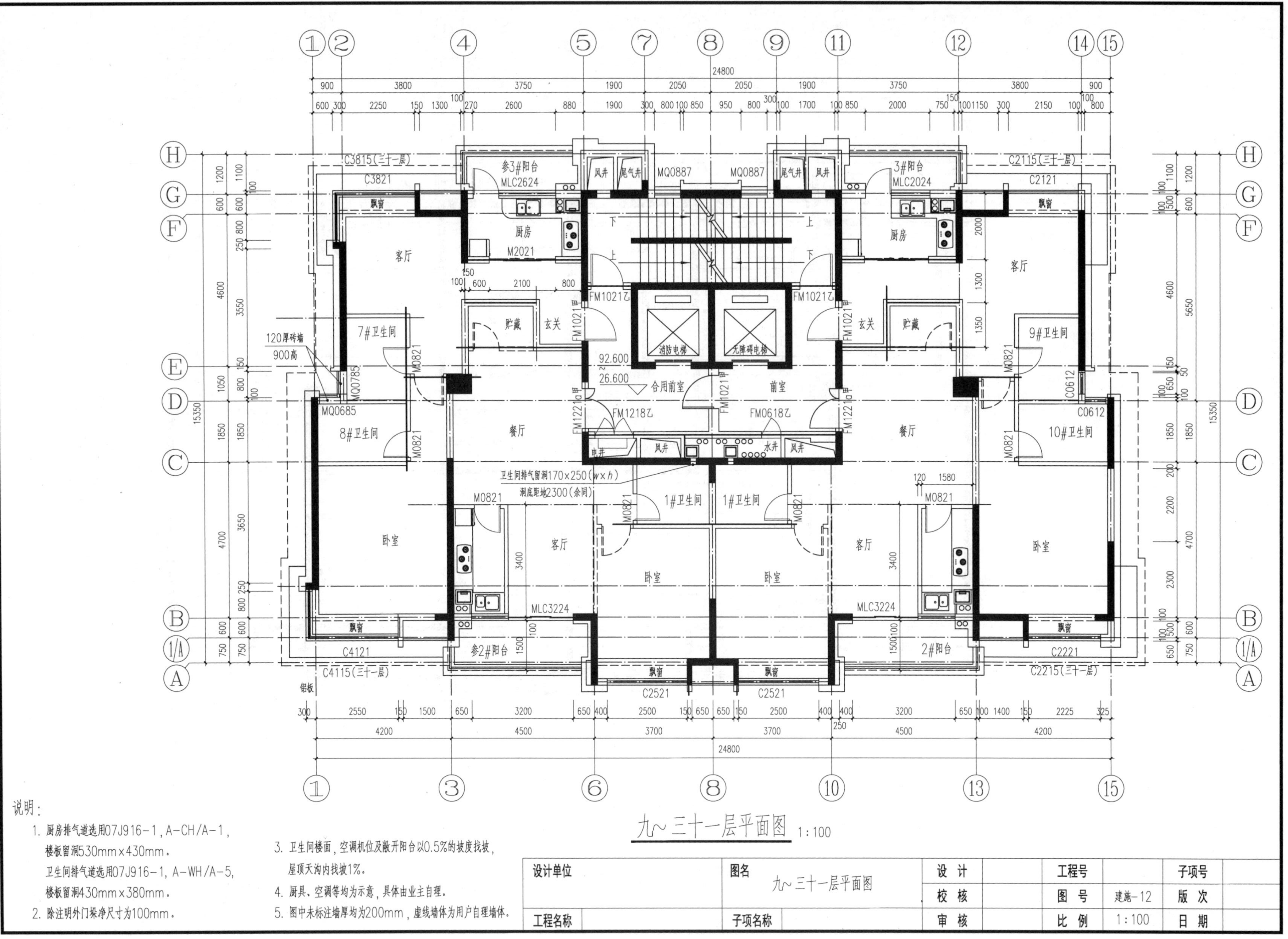


附图 4.12 九～三十一层平面图

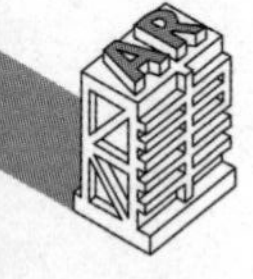

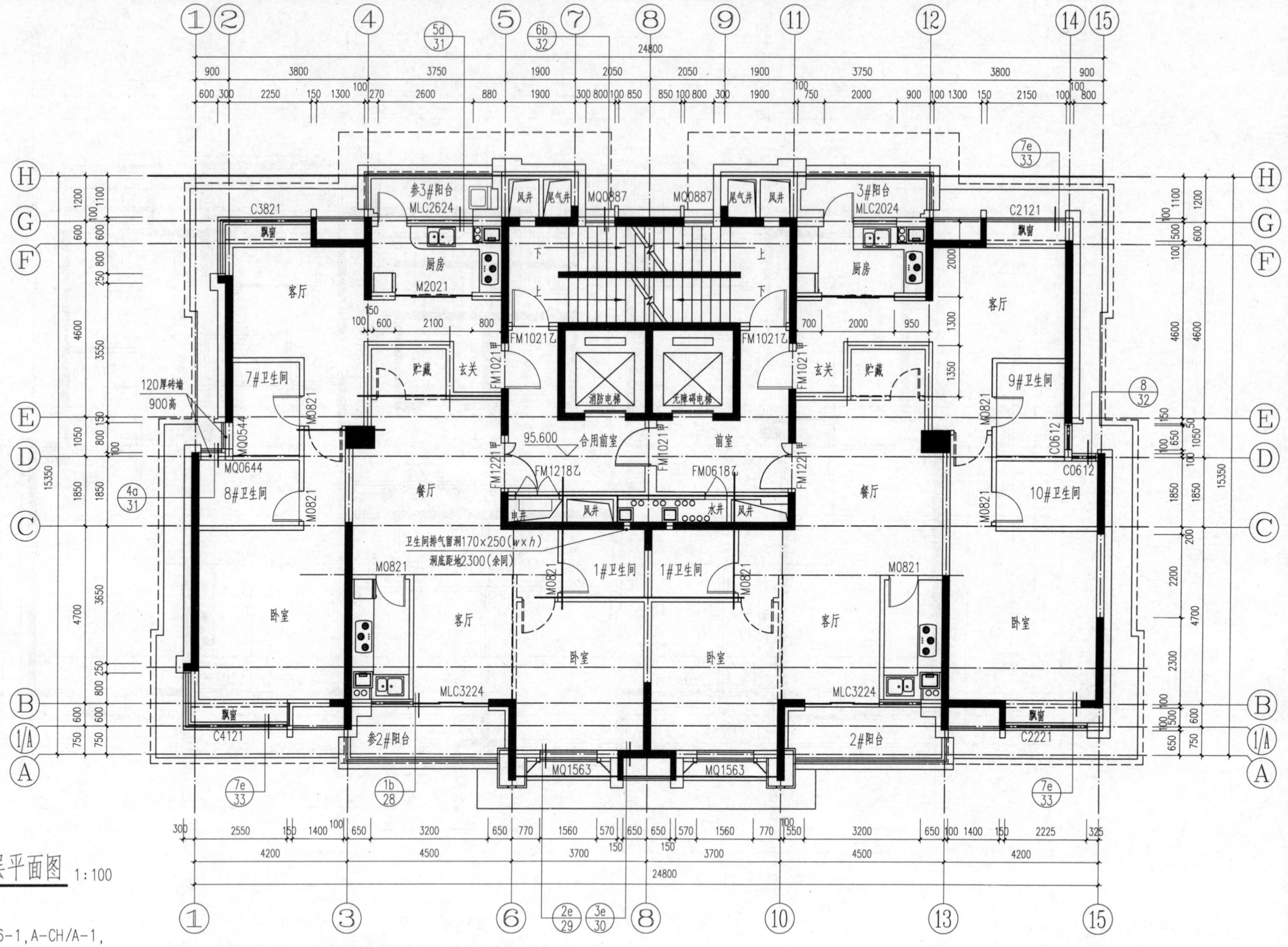

## 三十二层平面图 1:100

说明：

1. 厨房排气道选用07J916-1，A-CH/A-1，楼板留洞530mm×430mm。
   卫生间排气道选用07J916-1，A-WH/A-5，楼板留洞430mm×380mm。
2. 除注明外门垛净尺寸为100mm。
3. 卫生间楼面，空调机位及敞开阳台以0.5%的坡度找坡，屋顶天沟内找坡1%。
4. 厨具、空调等均为示意，具体由业主自理。
5. 图中未标注墙厚均为200mm，虚线墙体为用户自理墙体。

| 设计单位 | | 图名 | 三十二层平面图 | 设 计 | | 工程号 | | 子项号 | |
|---|---|---|---|---|---|---|---|---|---|
| | | | | 校 核 | | 图 号 | 建施-13 | 版 次 | |
| 工程名称 | | 子项名称 | | 审 核 | | 比 例 | 1:100 | 日 期 | |

附图 4.13 三十二层平面图

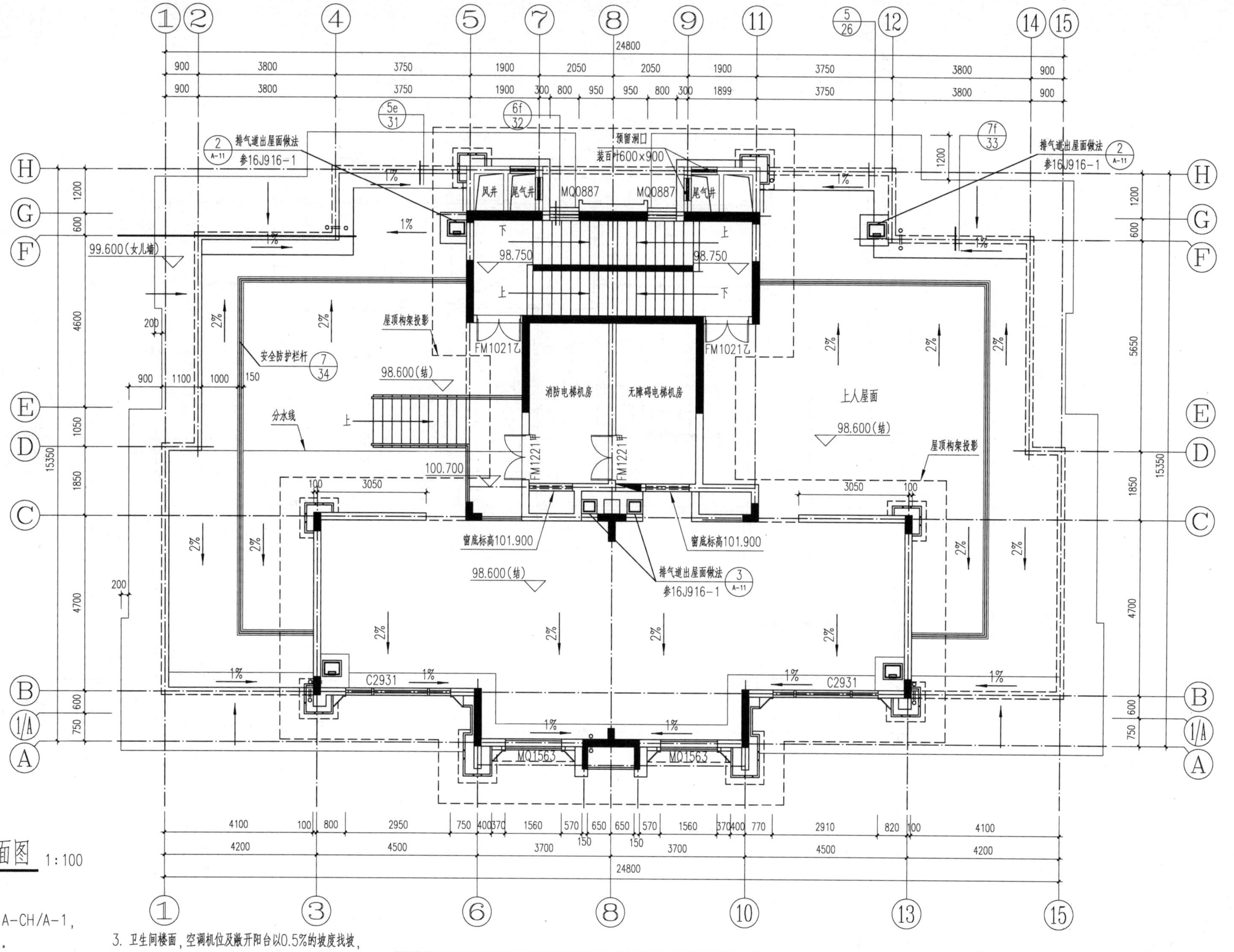

## 机房层平面图 1:100

说明：

1. 厨房排气道选用07J916-1，A-CH/A-1，楼板留洞530mm×430mm。
   卫生间排气道选用07J916-1，A-WH/A-5，楼板留洞430mm×380mm。
2. 除注明外门垛净尺寸为100mm。
3. 卫生间楼面，空调机位及敞开阳台以0.5%的坡度找坡，屋顶天沟内找坡1%。
4. 厨具、空调等均为示意，具体由业主自理。
5. 图中未标注墙厚均为200mm，虚线墙体为用户自理墙体。

| 设计单位 | 图名 机房层平面图 | 设 计 | | 工程号 | | 子项号 | |
|---|---|---|---|---|---|---|---|
| | | 校 核 | | 图 号 | 建施-14 | 版 次 | |
| 工程名称 | 子项名称 | 审 核 | | 比 例 | 1:100 | 日 期 | |

附图 4.14 机房层平面图

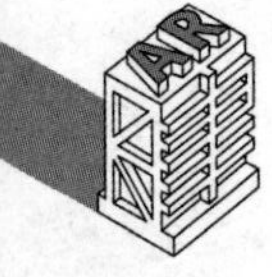

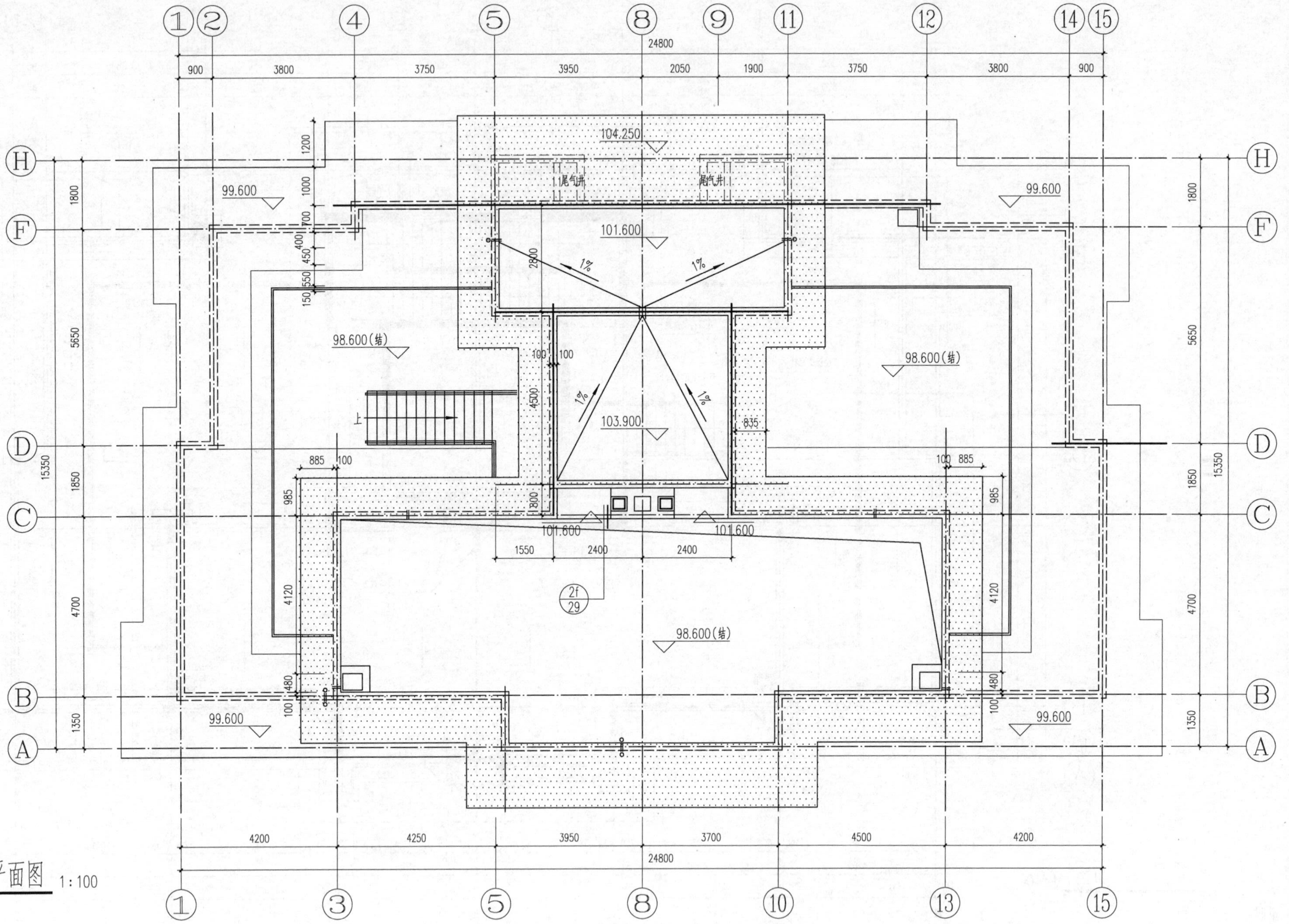

## 屋顶层平面图 1:100

说明：

1. 厨房排气道选用07J916-1，A-CH/A-1，楼板留洞530mm×430mm。
   卫生间排气道选用07J916-1，A-WH/A-5，楼板留洞430mm×380mm。
2. 除注明外门垛净尺寸为100mm。
3. 卫生间楼面，空调机位及敞开阳台以0.5%的坡度找坡，屋顶天沟内找坡1%。
4. 厨具、空调等均为示意，具体由业主自理。
5. 图中未标注墙厚均为200mm，虚线墙体为用户自理墙体。

| 设计单位 | | 图名 | 屋顶层平面图 | 设 计 | | 工程号 | | 子项号 | |
|---|---|---|---|---|---|---|---|---|---|
| | | | | 校 核 | | 图 号 | 建施-15 | 版 次 | |
| 工程名称 | | 子项名称 | | 审 核 | | 比 例 | 1:100 | 日 期 | |

附图 4.15 屋顶层平面图

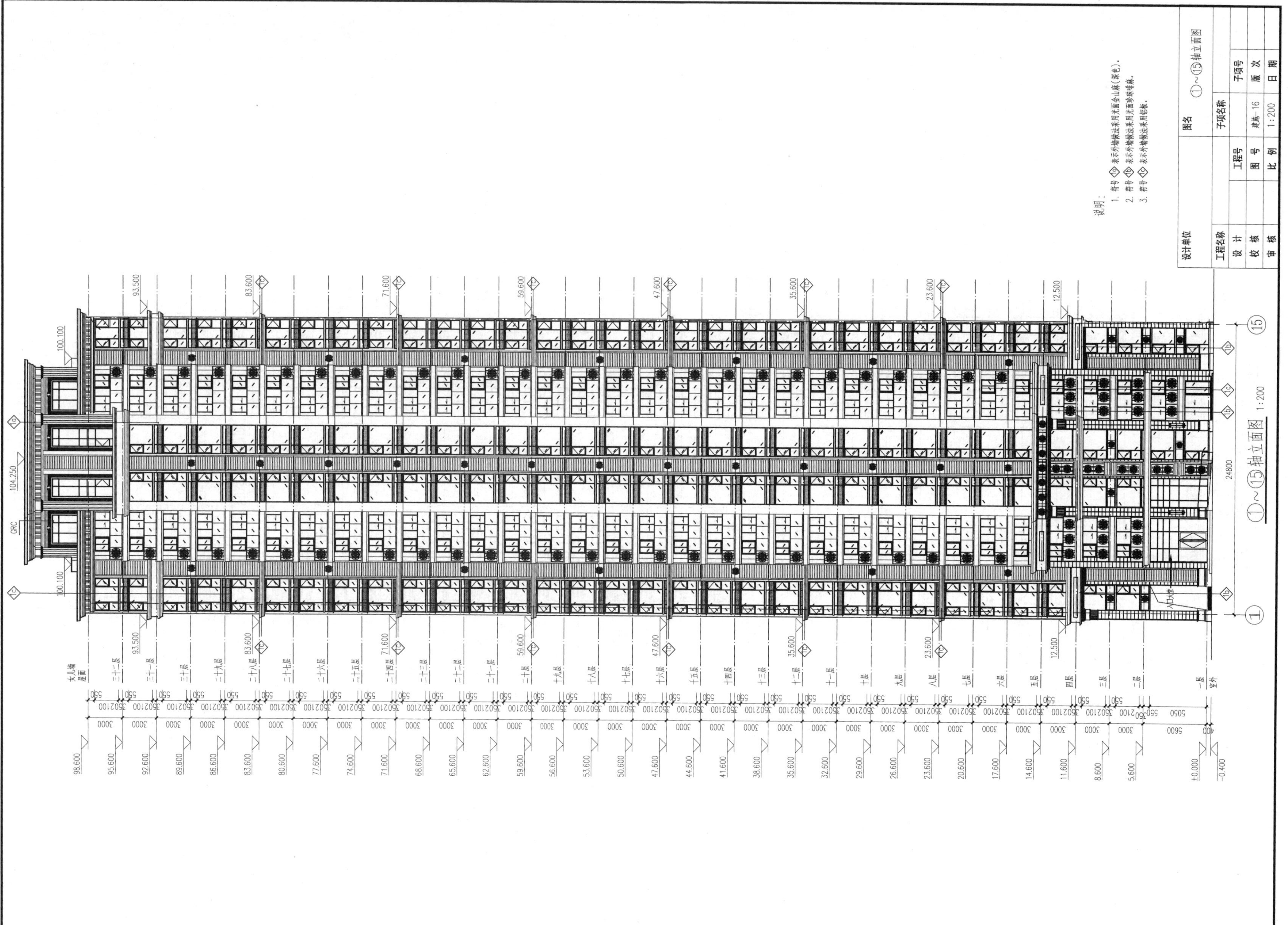

附图 4.16 ①～⑮轴立面图

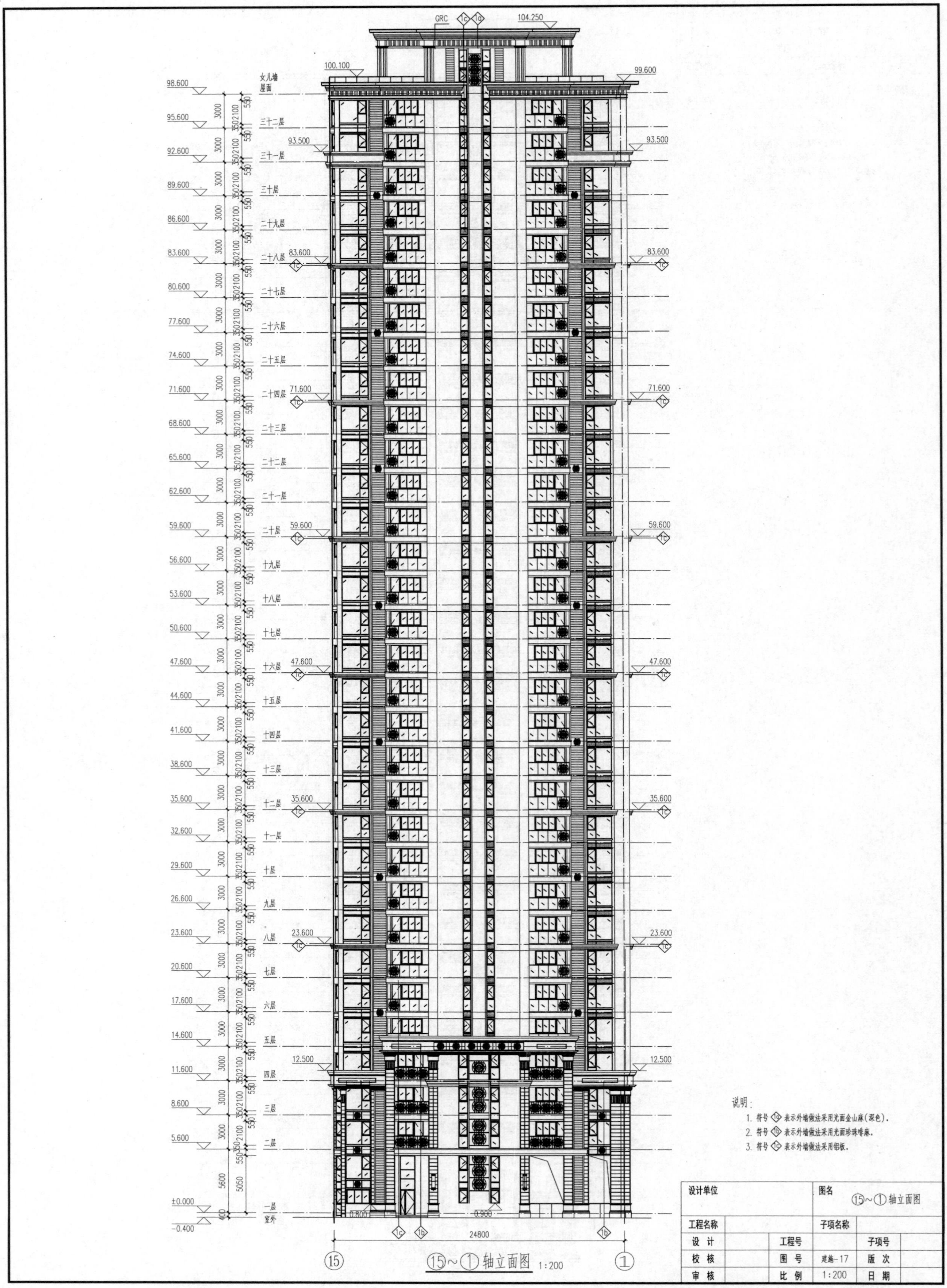

说明：
1. 符号 1a 表示外墙做法采用光面金山麻(深色)。
2. 符号 1b 表示外墙做法采用光面珍珠啡麻。
3. 符号 1c 表示外墙做法采用铝板。
设计单位
图名 ⑮~①轴立面图
工程名称
子项名称
设 计
工程号
子项号
校 核
图 号
建施-17
版 次
审 核
比 例
1:200
日 期
⑮~①轴立面图 1:200
24800
104.250
100.100
99.600
98.600
93.500
女儿墙
屋面
±0.000
-0.400
室外
GRC


附图 4.17 ⑮~①轴立面图

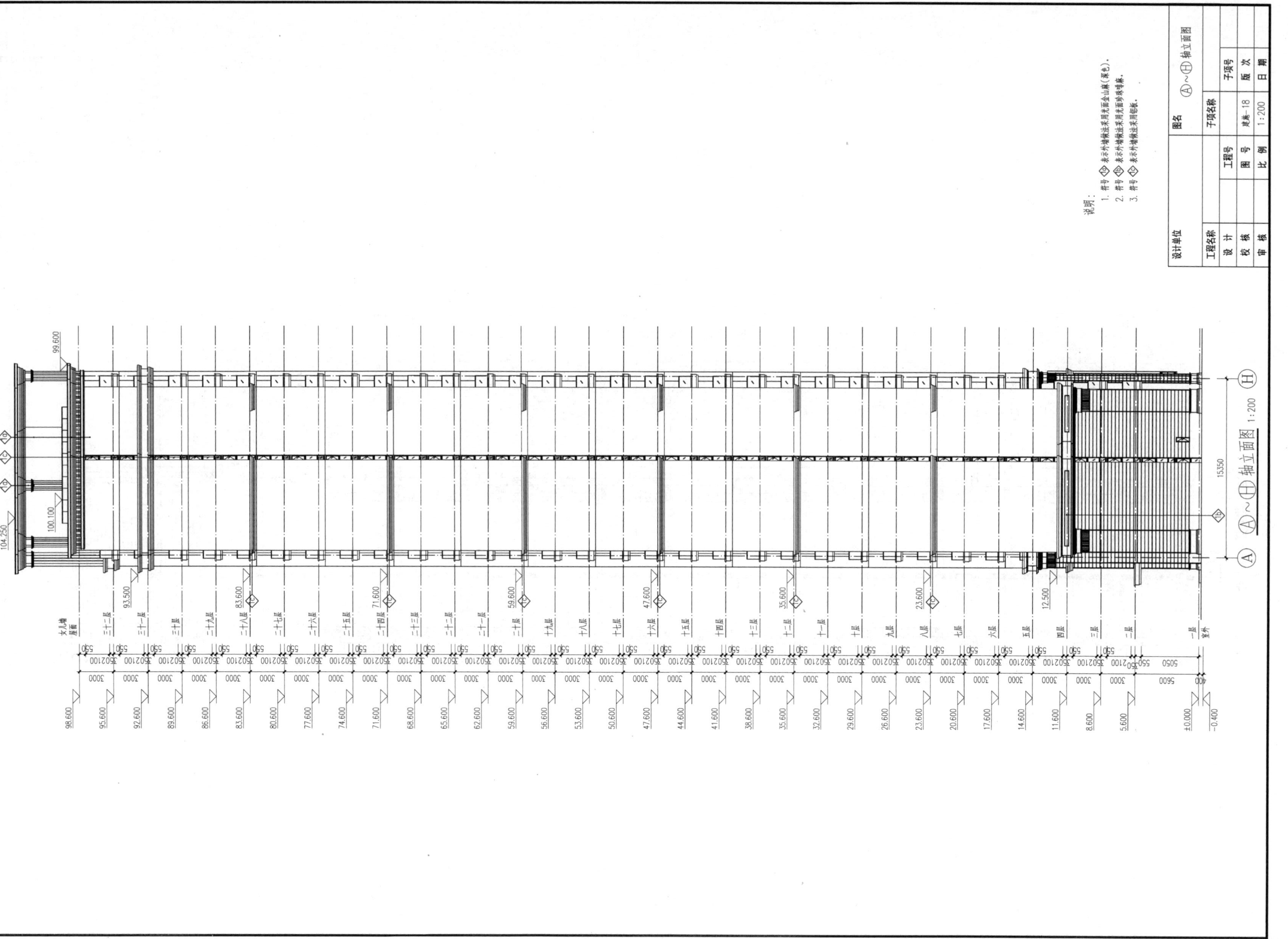
Ⓐ~Ⓗ轴立面图 1:200
设计单位
图名
Ⓐ~Ⓗ轴立面图
工程名称
子项名称
设 计
工程号
子项号
校 核
图 号
建施-18
版 次
审 核
比 例
1:200
日 期

附图 4.18 Ⓐ~Ⓗ轴立面图

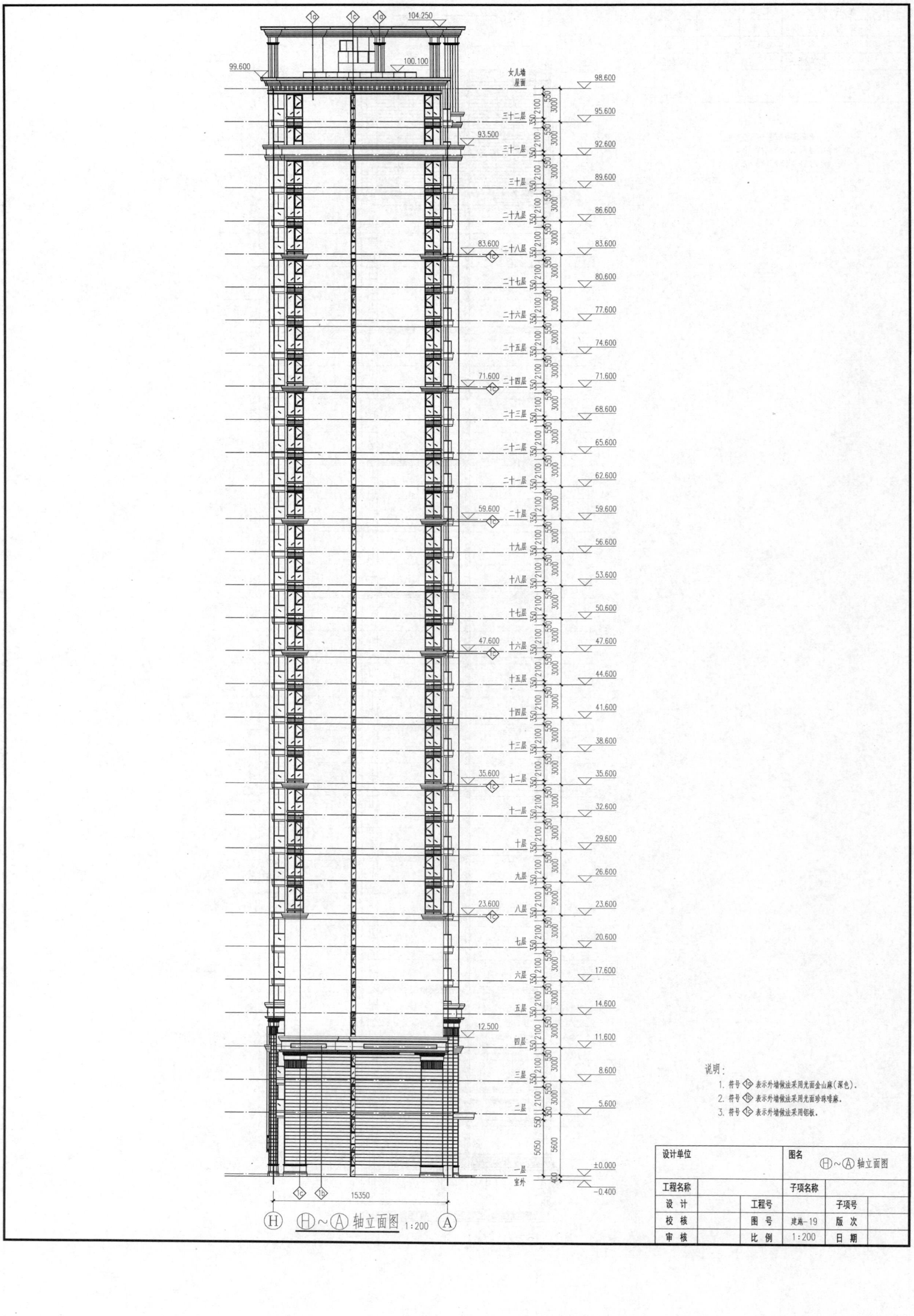

Ⓗ~Ⓐ轴立面图 1:200

说明：

1. 符号 ⟨1a⟩ 表示外墙做法采用光面金山麻(深色)。
2. 符号 ⟨1b⟩ 表示外墙做法采用光面珍珠啡麻。
3. 符号 ⟨1c⟩ 表示外墙做法采用铝板。

| 设计单位 | | | 图名 | Ⓗ~Ⓐ轴立面图 | |
|---|---|---|---|---|---|
| 工程名称 | | | 子项名称 | | |
| 设 计 | | 工程号 | | 子项号 | |
| 校 核 | | 图 号 | 建施-19 | 版 次 | |
| 审 核 | | 比 例 | 1:200 | 日 期 | |

附图 4.19 Ⓗ~Ⓐ轴立面图

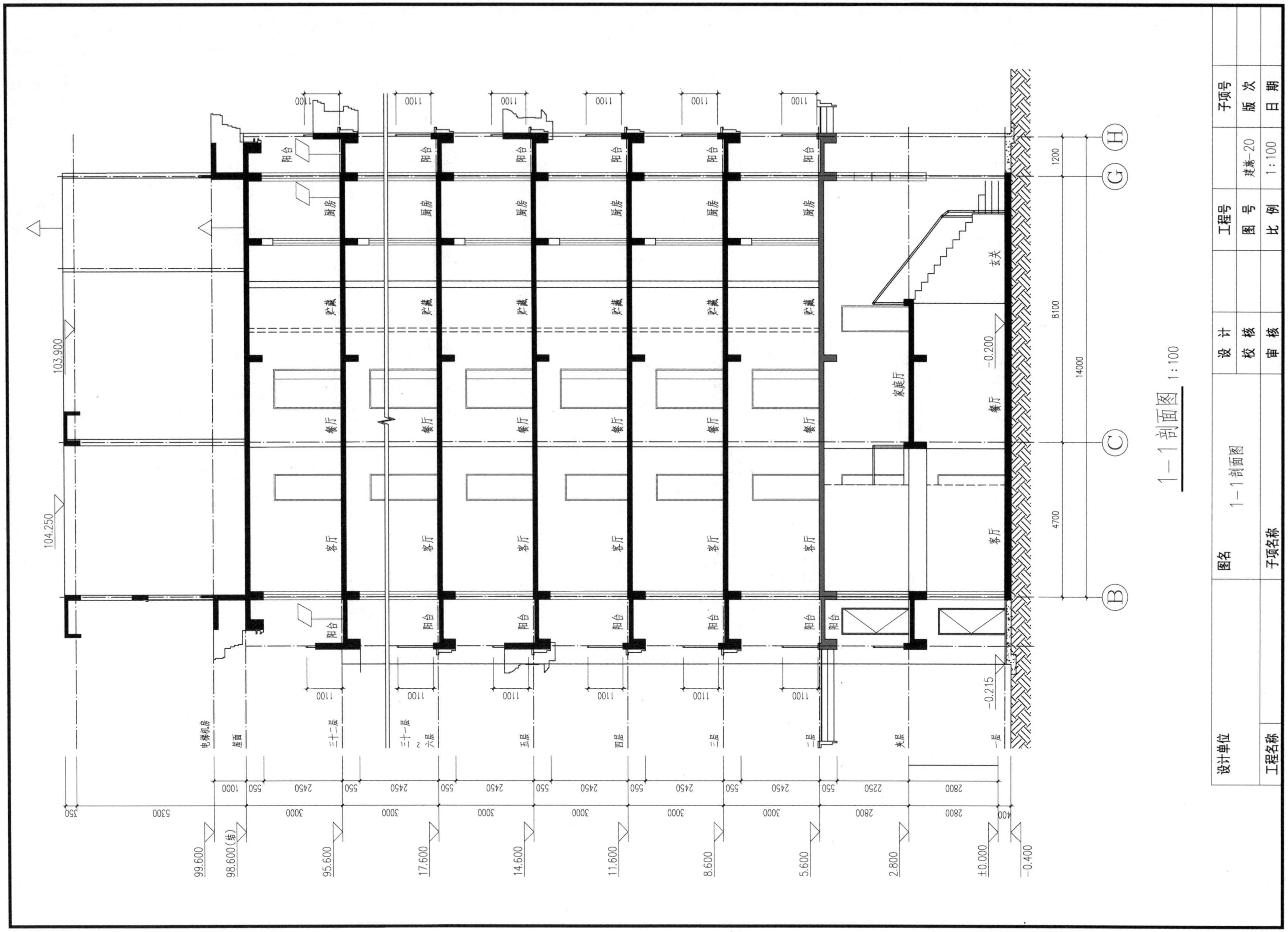

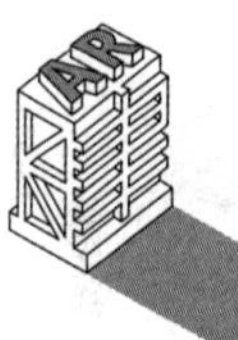

1—1剖面图 1:100
设计单位
工程名称
图名
1—1剖面图
子项名称
设 计
校 核
审 核
工程号
图 号
建施—20
比 例
1:100
子项号
版 次
日 期
玄关
家庭厅
餐厅
客厅
阳台
厨房
贮藏
一层
夹层
二层
三层
四层
五层
六层～二十一层
三十二层
屋面
电梯机房
-0.400
±0.000
2.800
5.600
8.600
11.600
14.600
17.600
95.600
98.600(结)
99.600
103.900
104.250
-0.200
-0.215
14000
8100
4700
1200

附图 4.20　1—1 剖面图

附图 4.21　核心筒放大图（一）

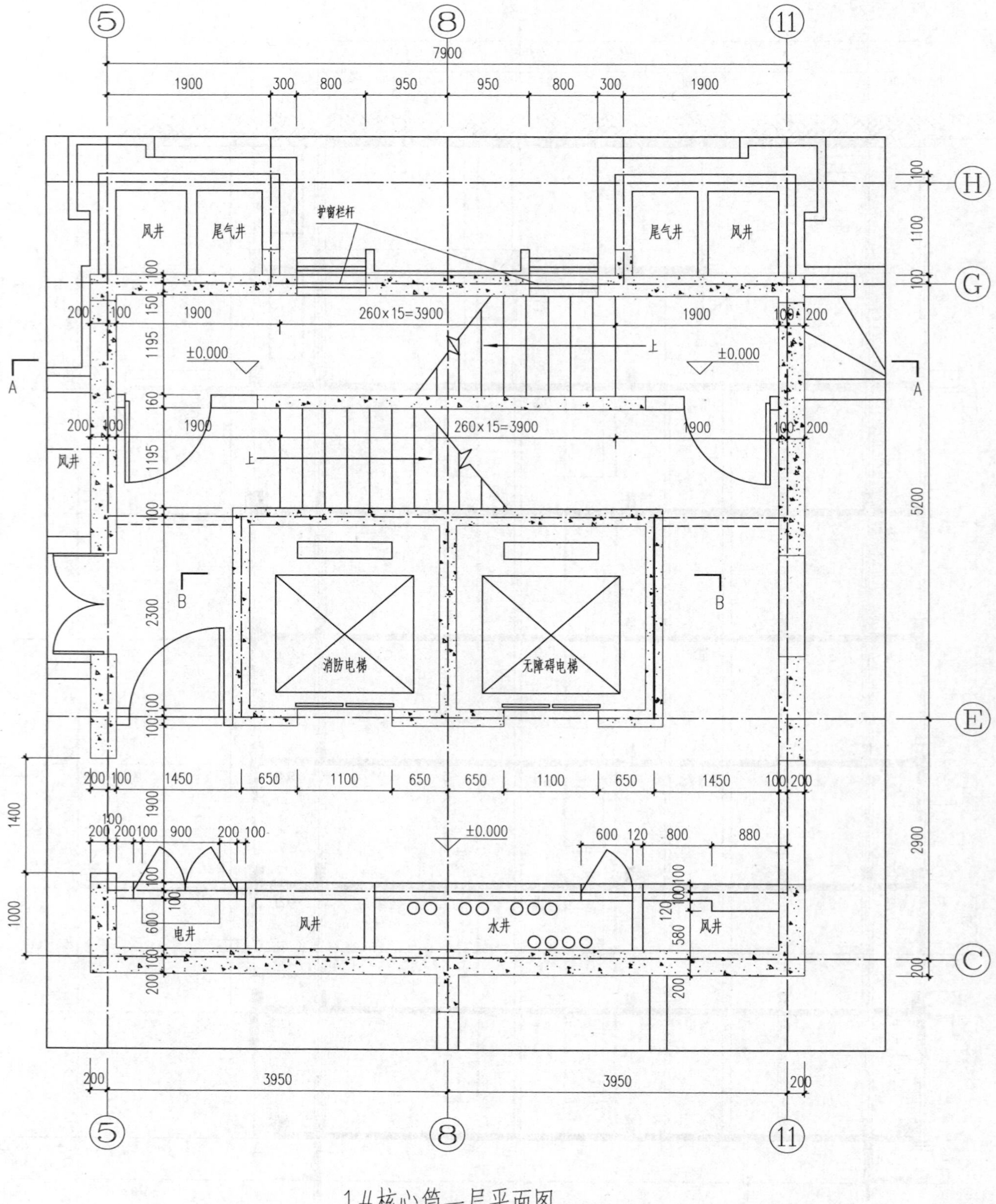

⑤ ⑧ ⑪

7900

1900 300 800 950 950 800 300 1900

护窗栏杆

风井　尾气井　尾气井　风井

260×15=3900　上　±0.000　±0.000

260×15=3900　上

A　A

风井

B　B

消防电梯　无障碍电梯

H　G　E　C

100 1100 100 5200 2900 200

200 100 1450 650 1100 650 650 1100 650 1450 100 200

±0.000

200 200 100 900 200 100　600 120 800 880

1400 1000

电井　风井　水井　风井

200 3950 3950 200

⑤ ⑧ ⑪

1#核心筒一层平面图 1:50

| 设计单位 | 图名<br>核心筒放大图(一) | 设　计 | | 工程号 | | 子项号 | |
|---|---|---|---|---|---|---|---|
| | | 校　核 | | 图　号 | 建施-21 | 版　次 | |
| 工程名称 | 子项名称 | 审　核 | | 比　例 | 1:50 | 日　期 | |

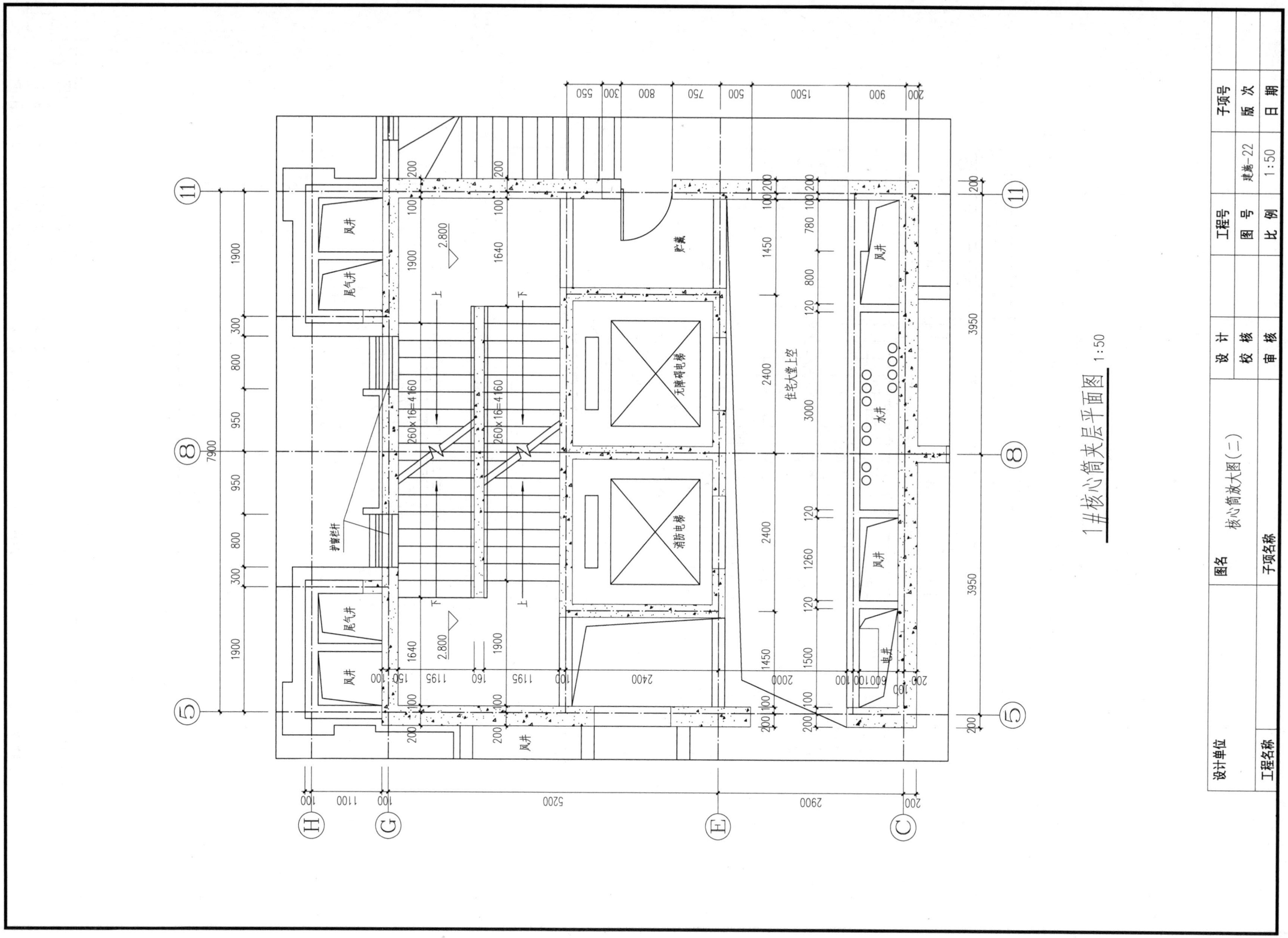

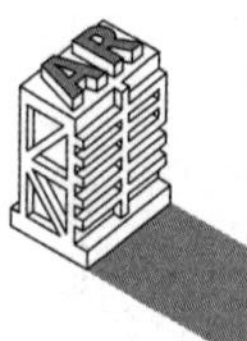

1#核心筒夹层平面图 1:50

| 设计单位 | | 图名 | 核心筒放大图(二) | 设 计 | | 工程号 | | 子项号 | |
|---|---|---|---|---|---|---|---|---|---|
| | | | | 校 核 | | 图 号 | 建施-22 | 版 次 | |
| 工程名称 | | 子项名称 | | 审 核 | | 比 例 | 1:50 | 日 期 | |

附图 4.22　核心筒放大图（二）

附图 4.23　核心筒放大图（三）

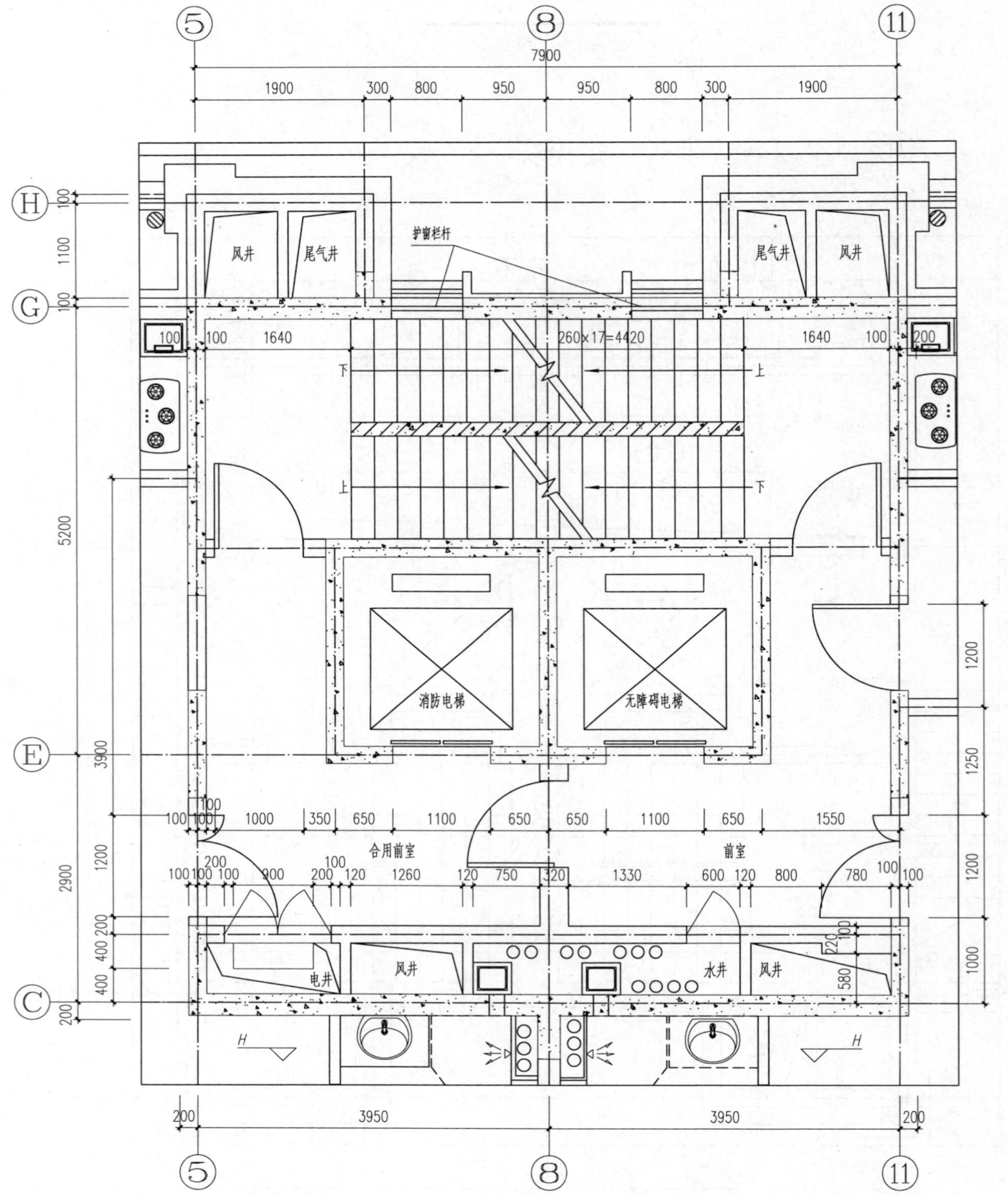


1#核心筒二～三十二层平面图 1:50

| | | | | | | | |
|---|---|---|---|---|---|---|---|
| 设计单位 | 图名 核心筒放大图(三) | 设　计 | | 工程号 | | 子项号 | |
| | | 校　核 | | 图　号 | 建施-23 | 版　次 | |
| 工程名称 | 子项名称 | 审　核 | | 比　例 | 1:50 | 日　期 | |

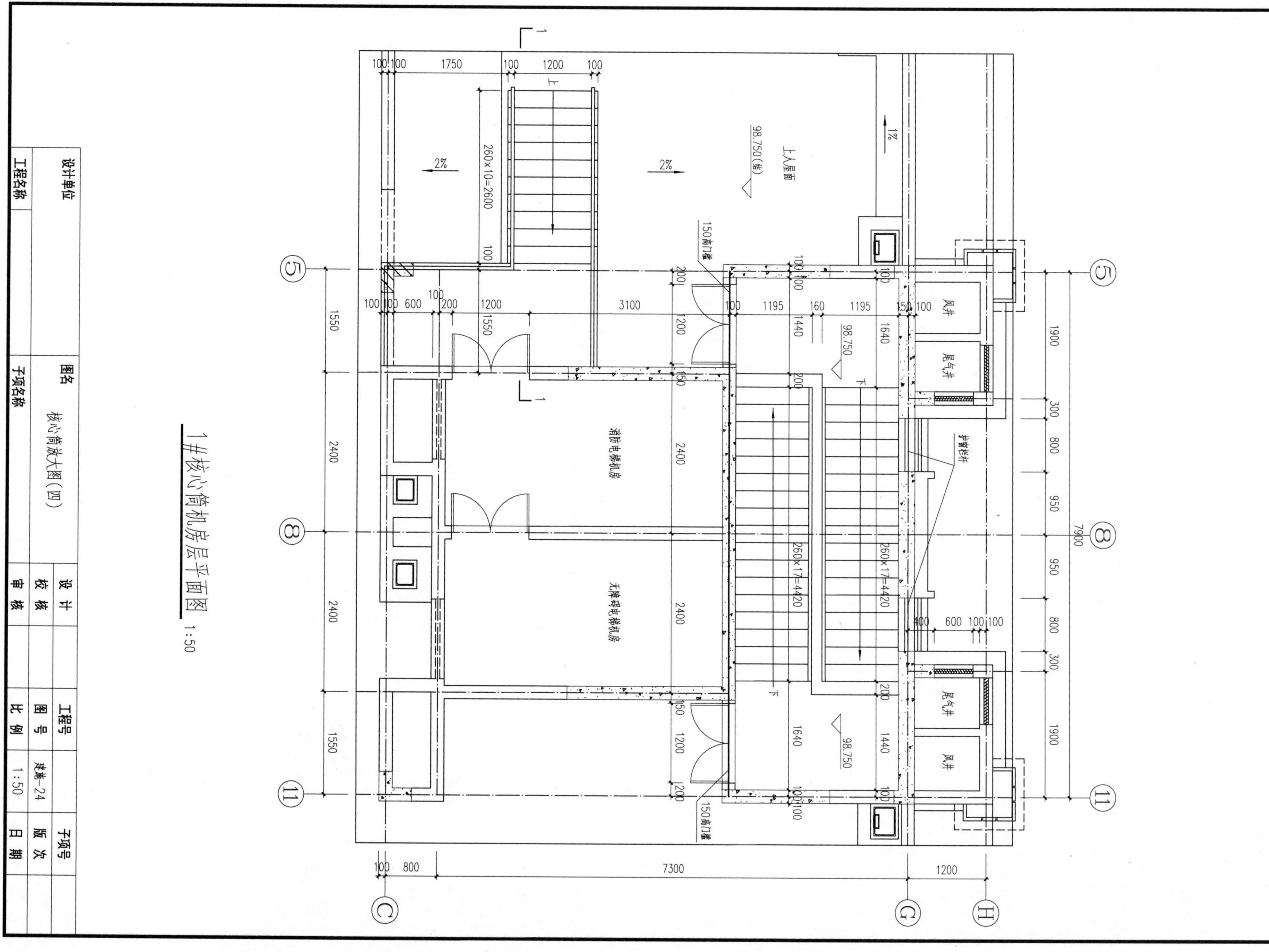


附图 4.24　核心筒放大图（四）

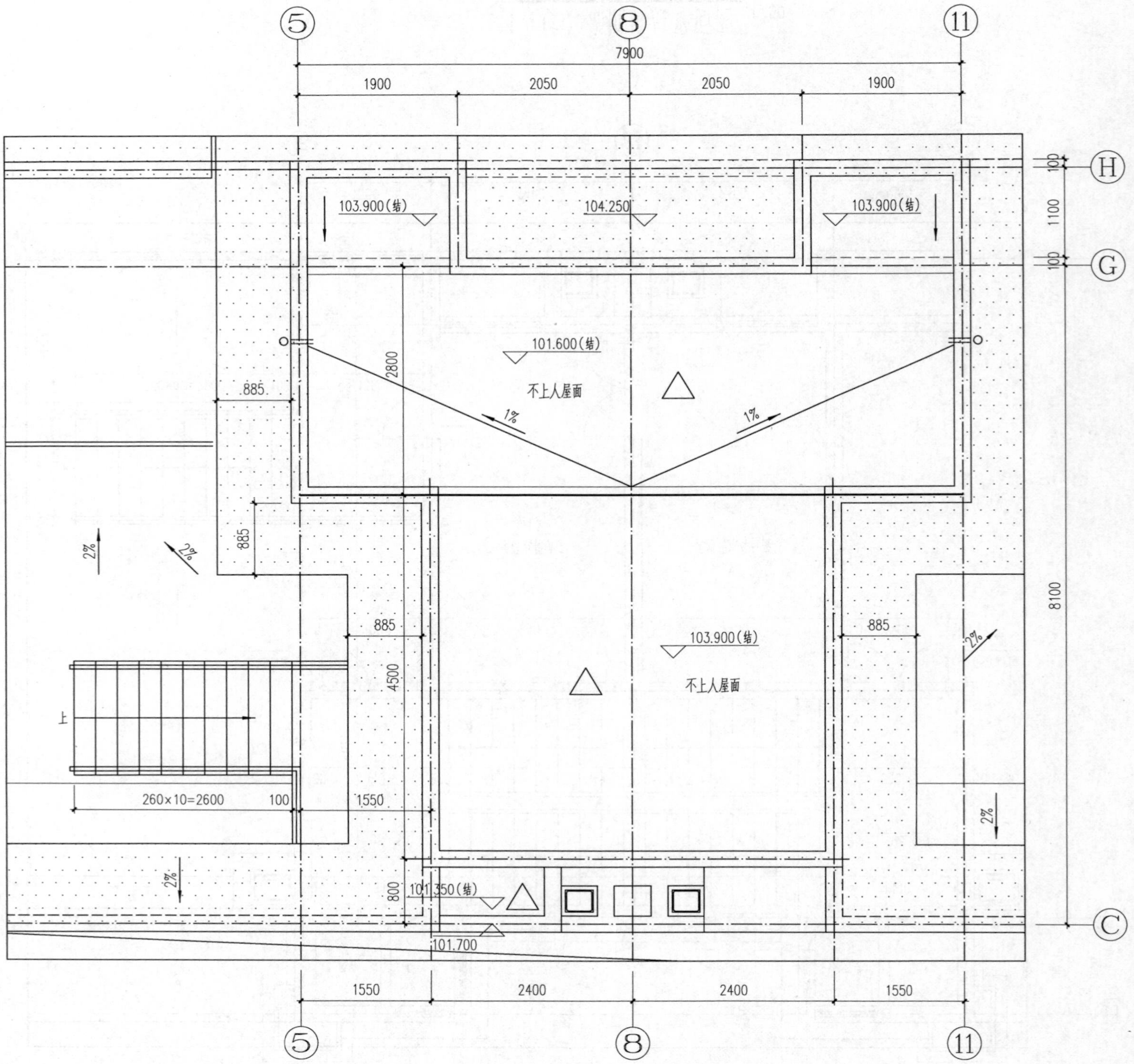


1#核心筒屋顶层平面图 1:50

| | | | | | | | |
|---|---|---|---|---|---|---|---|
| 设计单位 | 图名 核心筒放大图（五） | 设 计 | | 工程号 | | 子项号 | |
| | | 校 核 | | 图 号 | 建施-25 | 版 次 | |
| 工程名称 | 子项名称 | 审 核 | | 比 例 | 1:50 | 日 期 | |

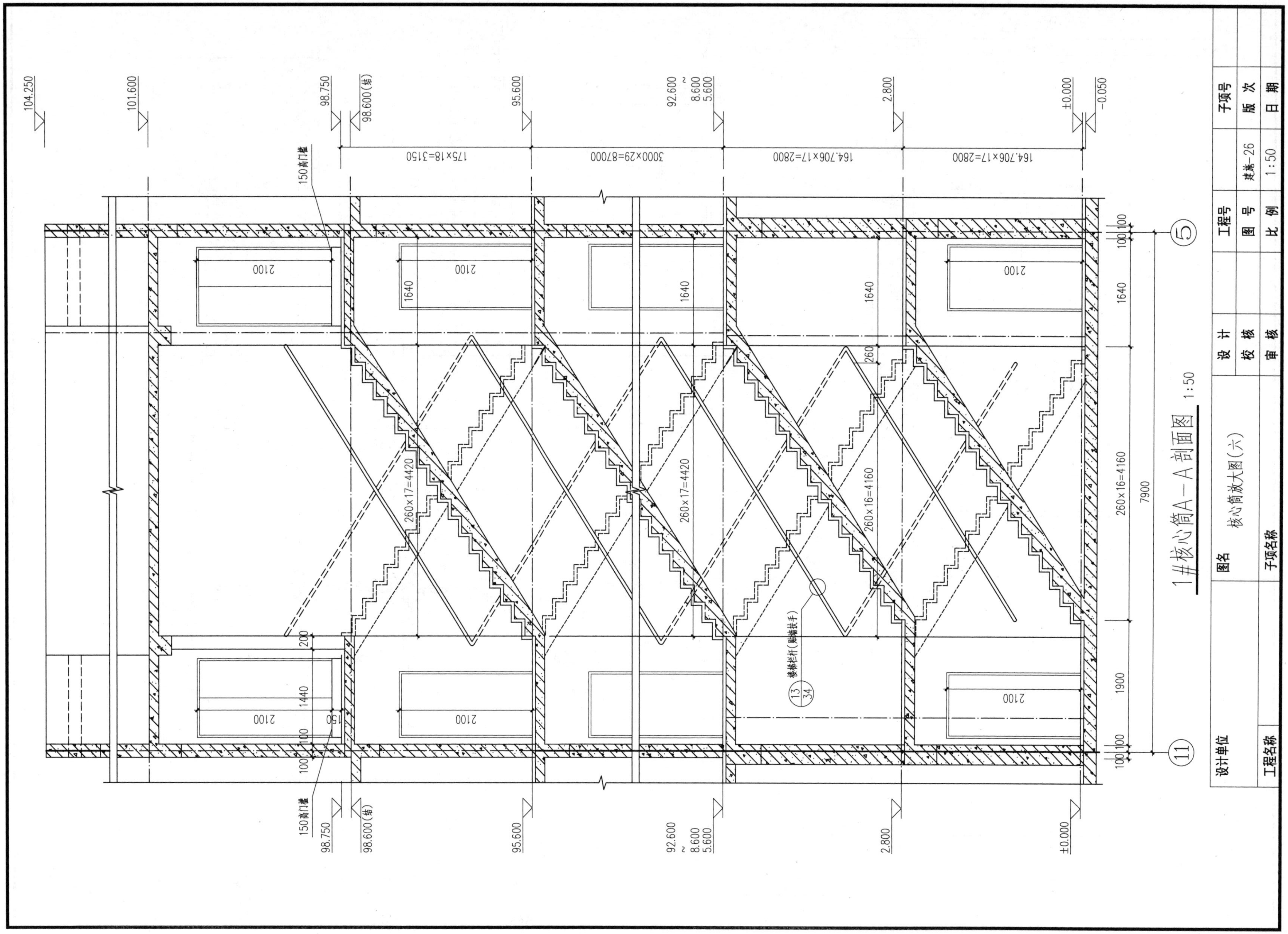

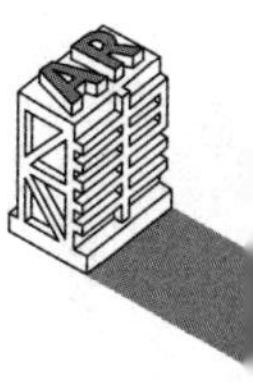

1#核心筒A—A剖面图 1:50

| 设计单位 | | 图名 | 核心筒放大图(六) | 设计 | | 工程号 | | 子项号 | |
|---|---|---|---|---|---|---|---|---|---|
| | | | | 校核 | | 图号 | 建施-26 | 版次 | |
| 工程名称 | | 子项名称 | | 审核 | | 比例 | 1:50 | 日期 | |

附图 4.26 核心筒放大图（六）

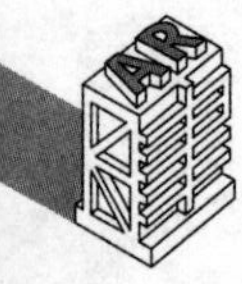

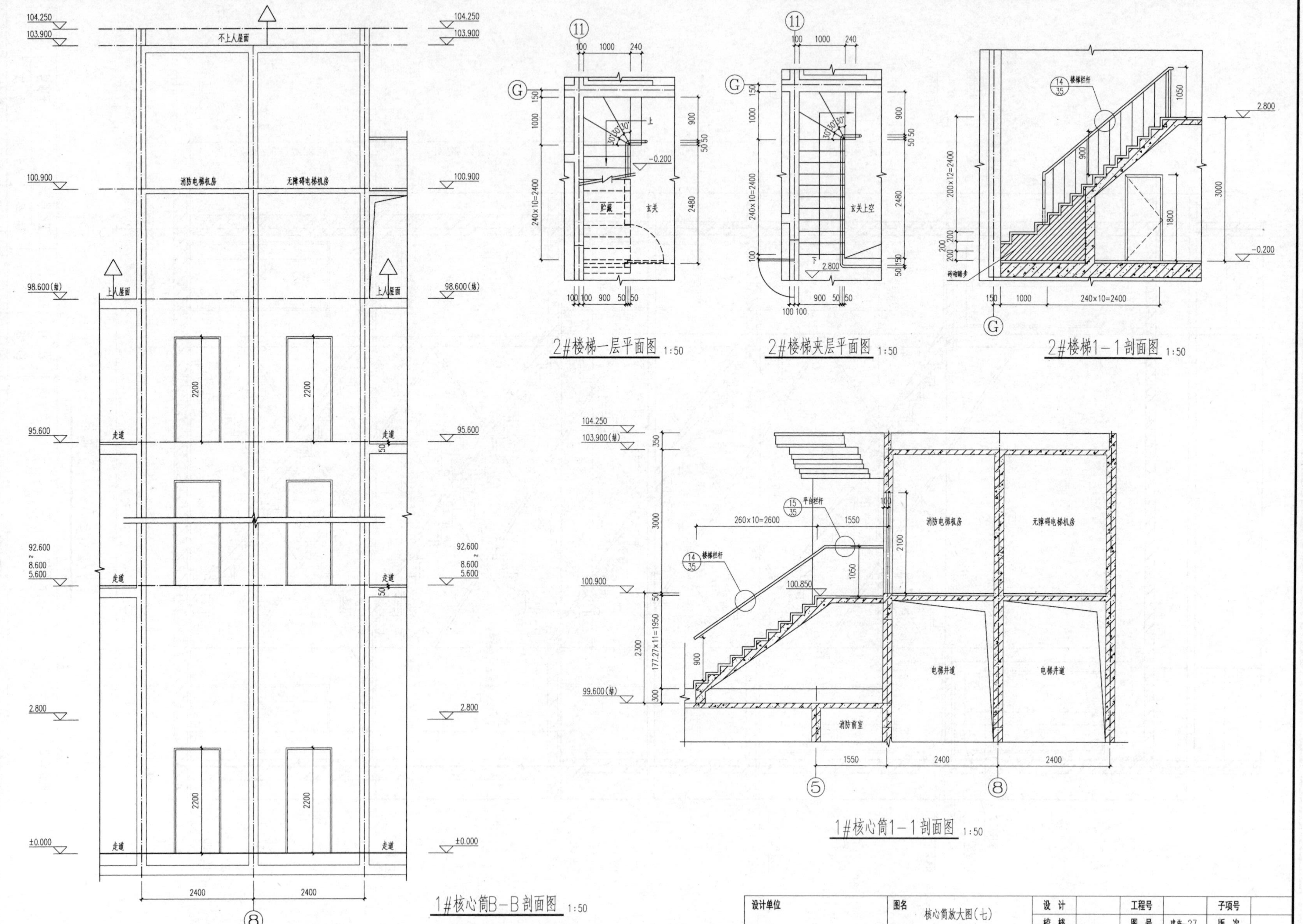

1#核心筒B-B剖面图 1:50

2#楼梯一层平面图 1:50

2#楼梯夹层平面图 1:50

2#楼梯1-1剖面图 1:50

1#核心筒1-1剖面图 1:50

| 设计单位 | | 图名 | 核心筒放大图(七) | 设计 | | 工程号 | | 子项号 | |
|---|---|---|---|---|---|---|---|---|---|
| | | | | 校核 | | 图号 | 建施-27 | 版次 | |
| 工程名称 | | 子项名称 | | 审核 | | 比例 | 1:50 | 日期 | |

附图 4.27 核心筒放大图（七）

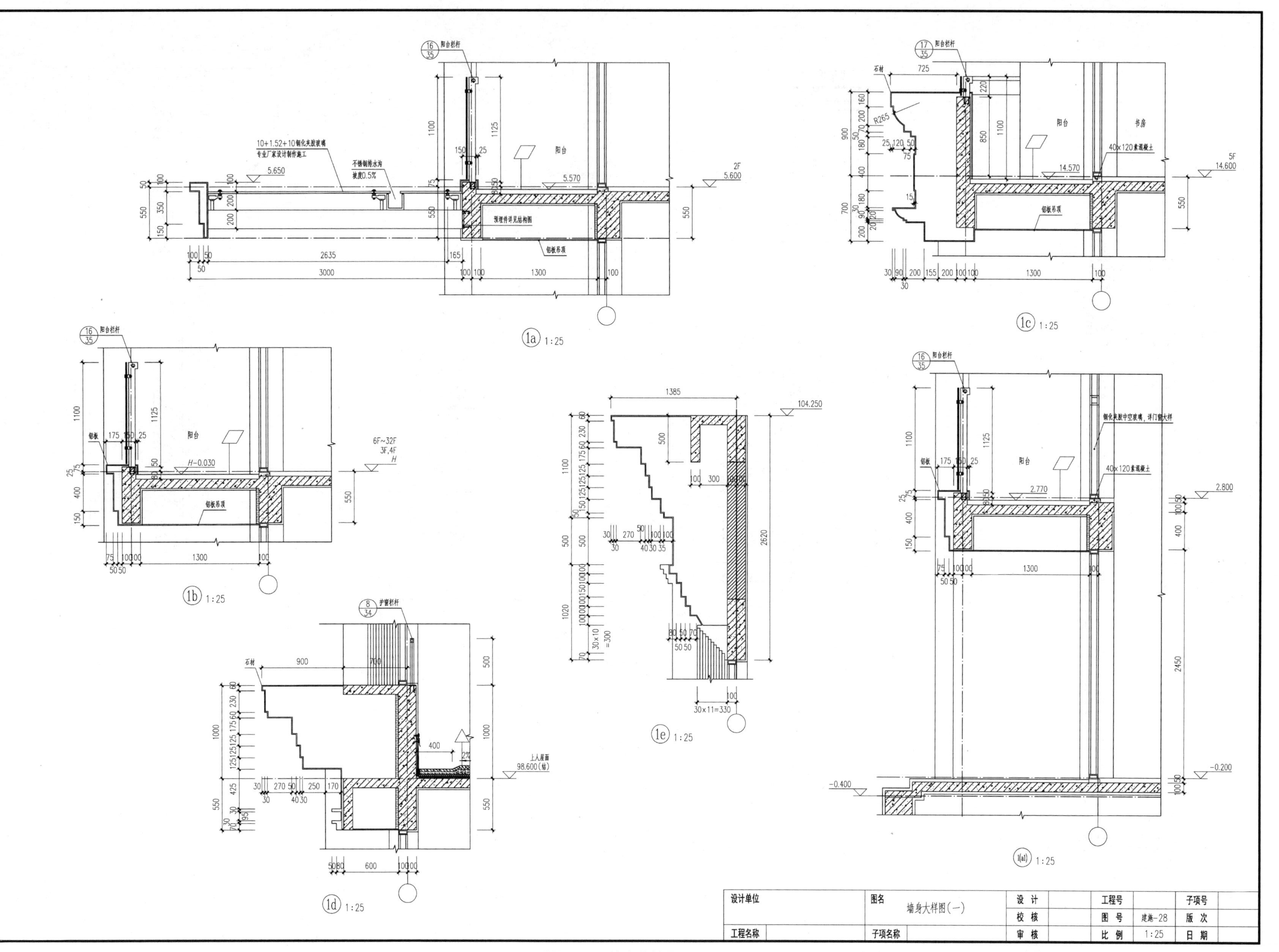


附图 4.28　墙身大样图（一）

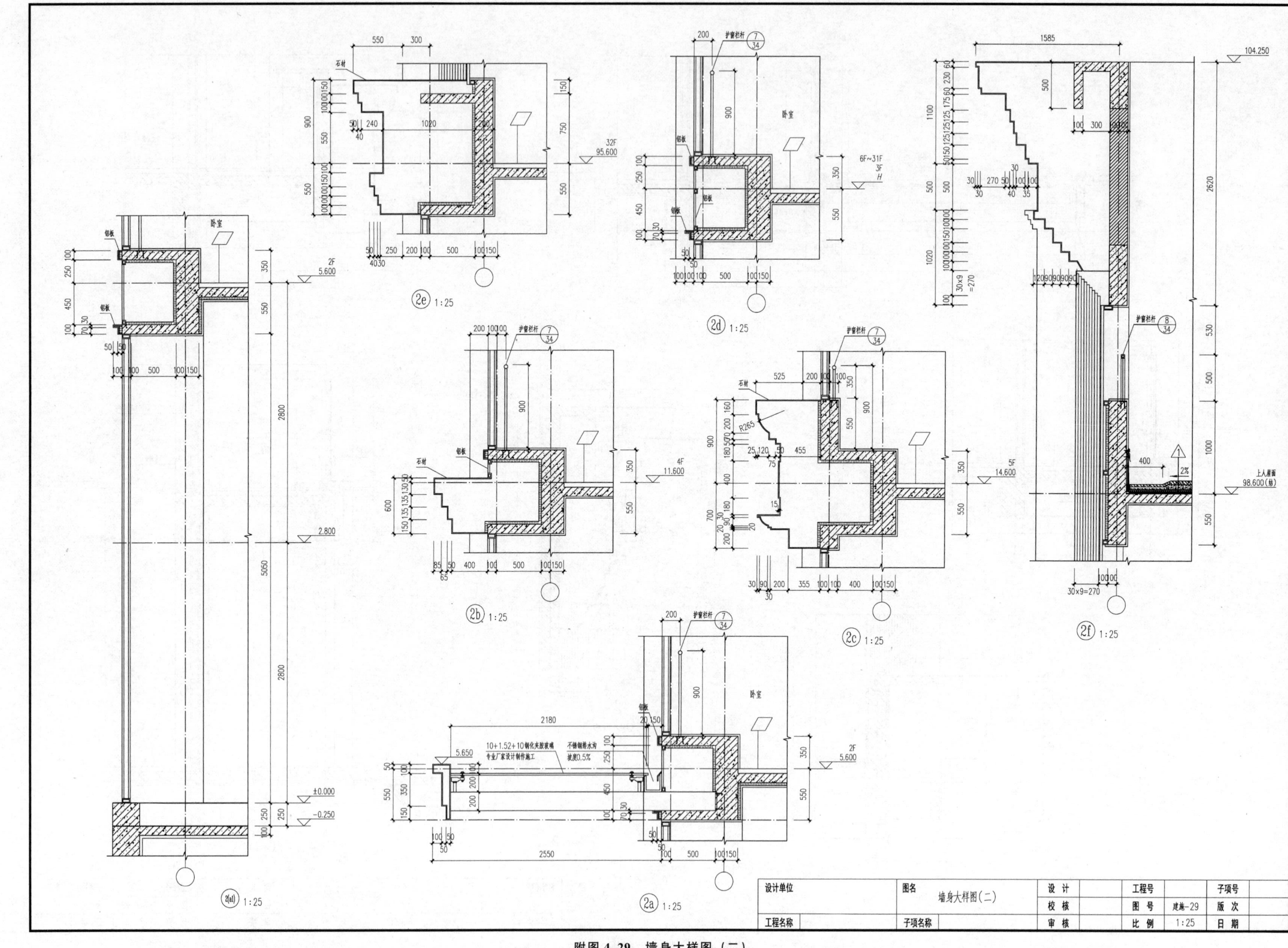


附图 4.29　墙身大样图（二）

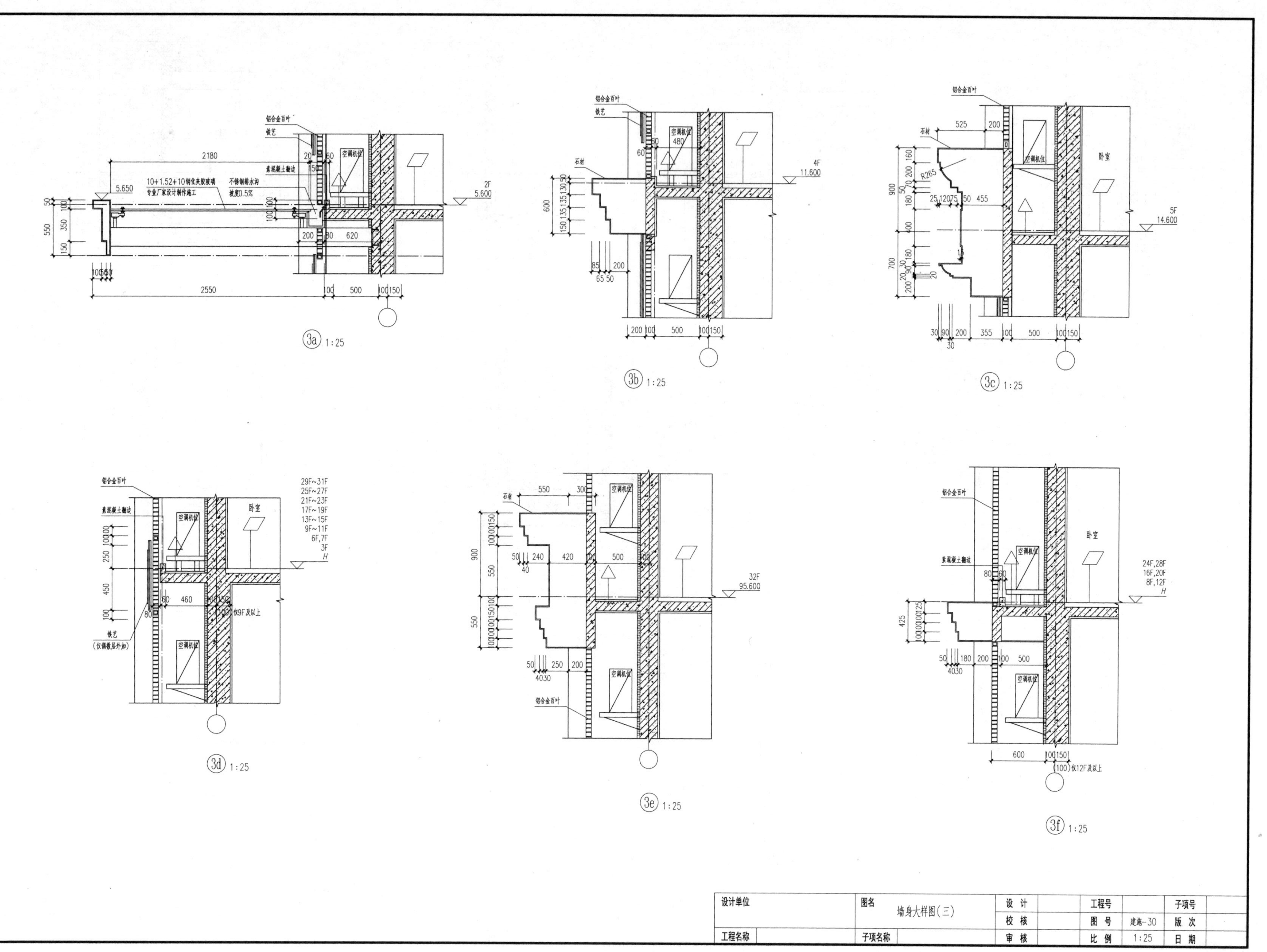


附图 4.30　墙身大样图（三）

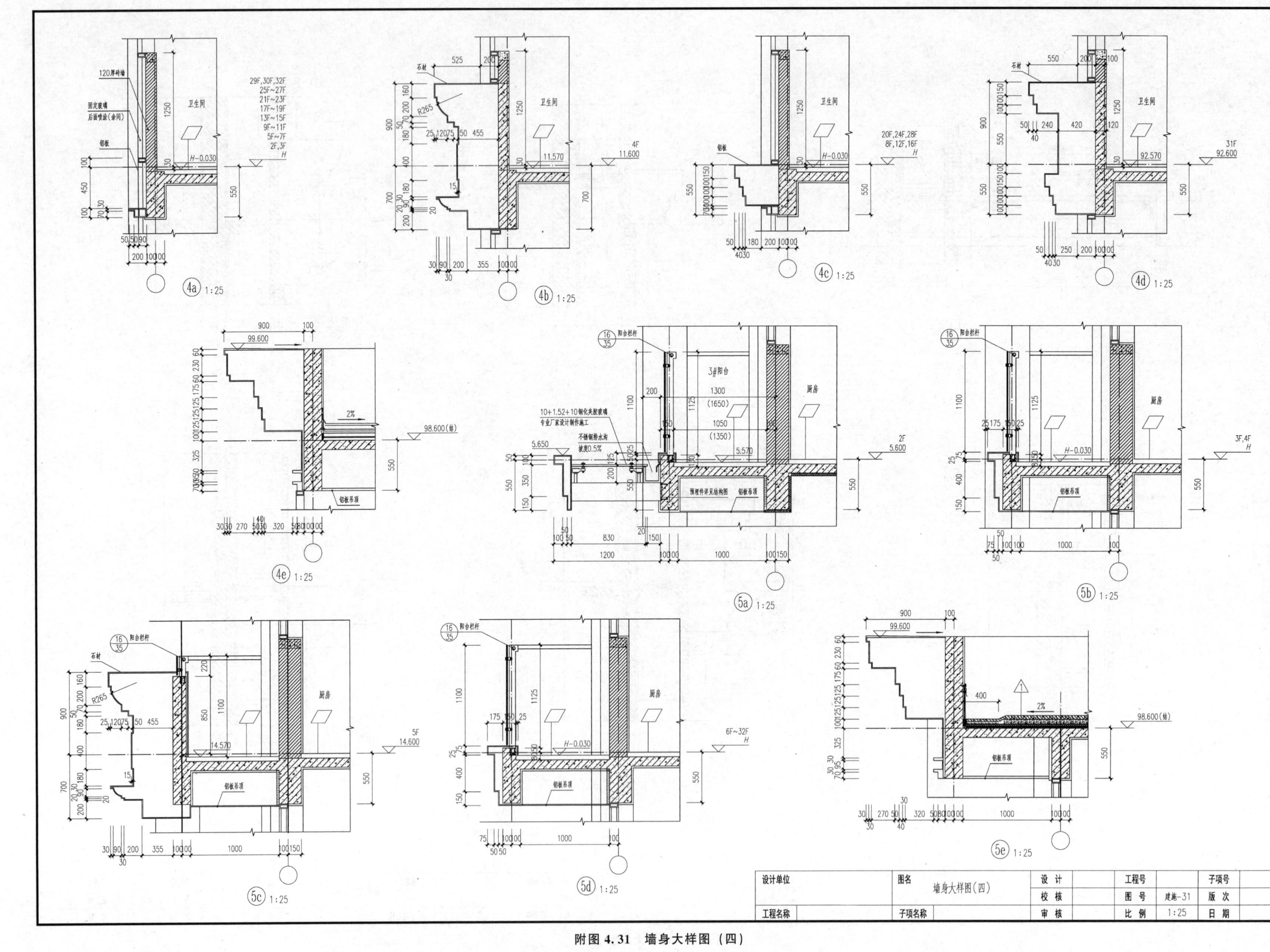


附图 4.31 墙身大样图（四）

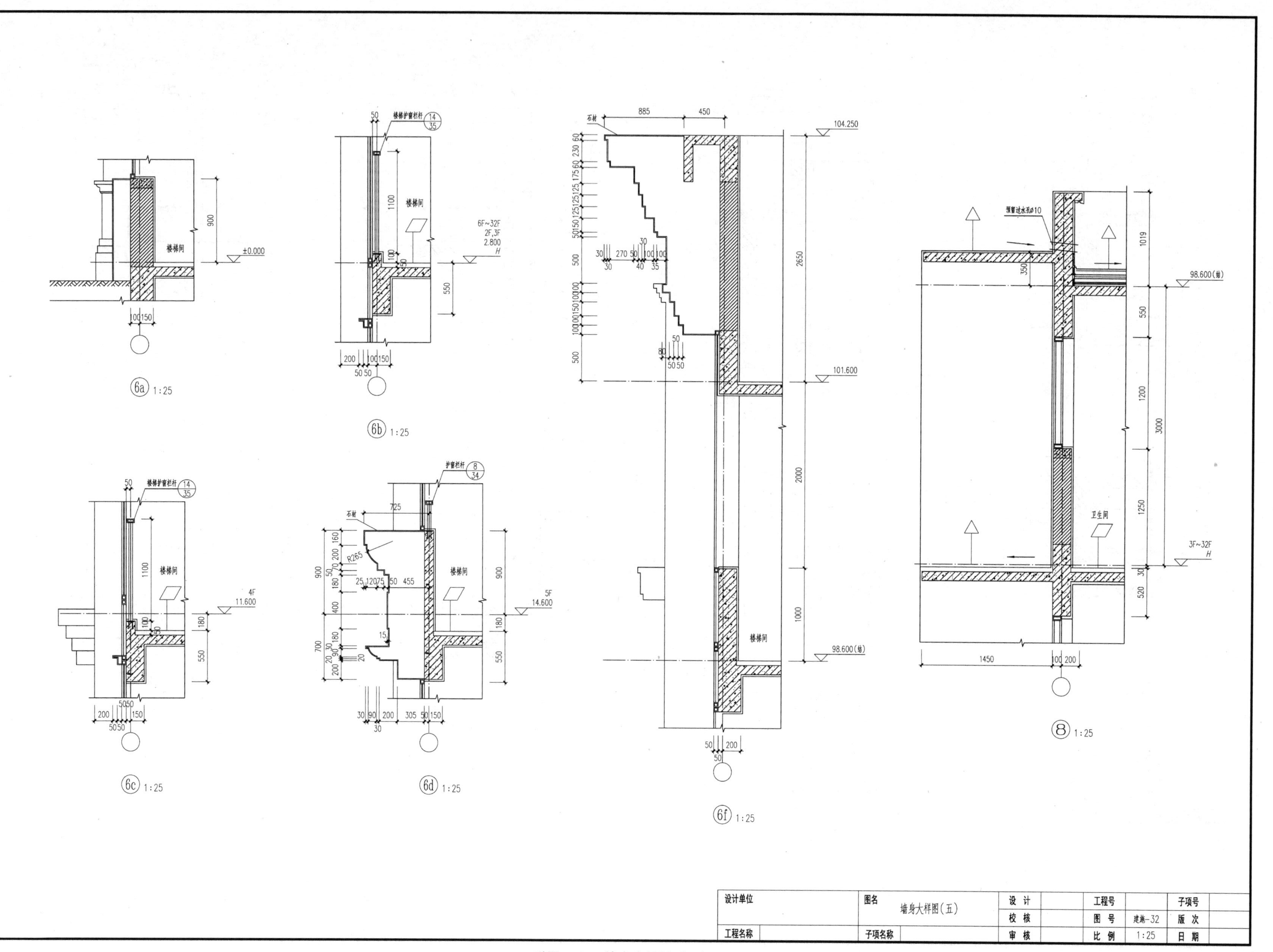


附图 4.32 墙身大样图（五）

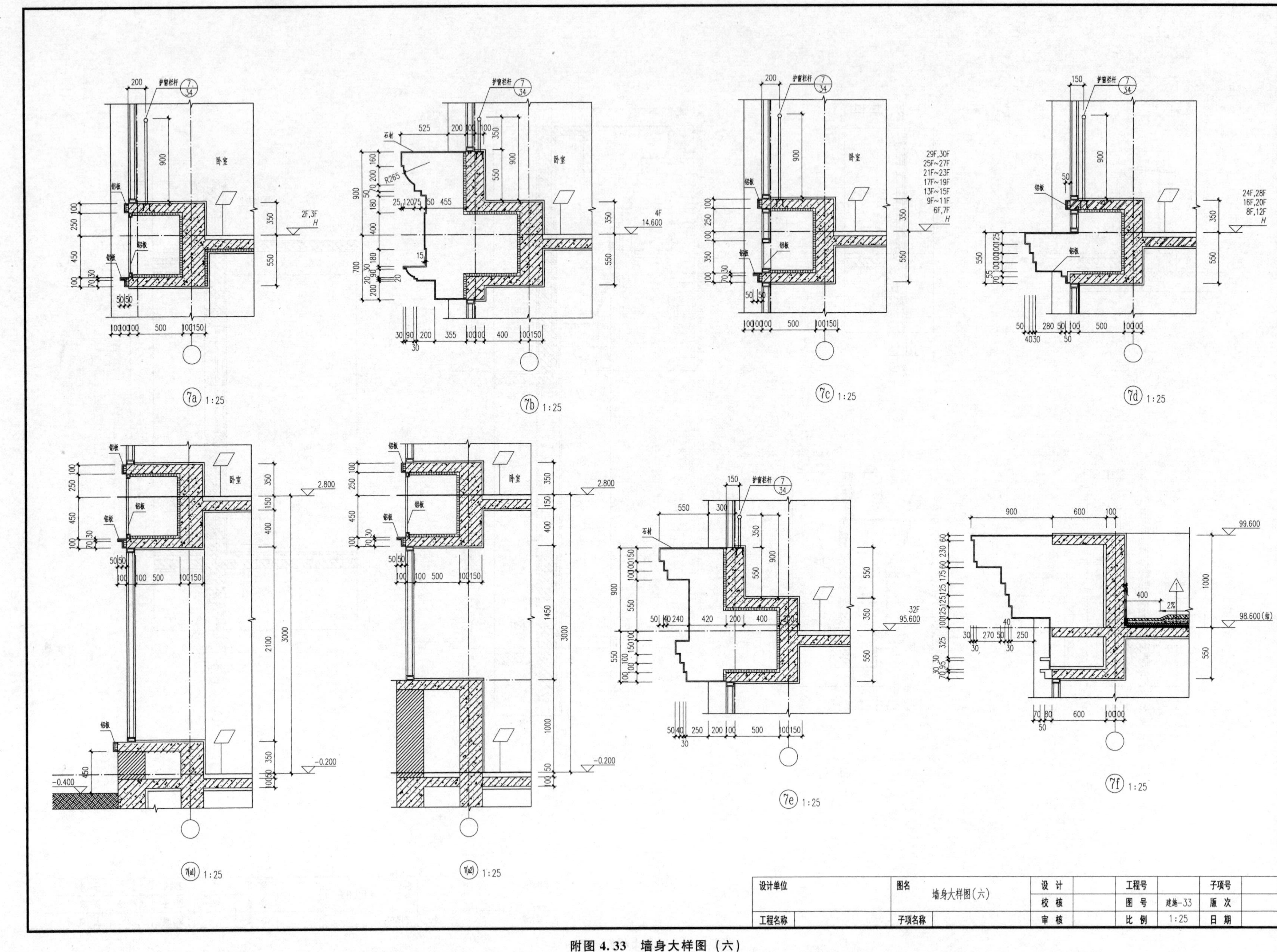


附图 4.33 墙身大样图（六）

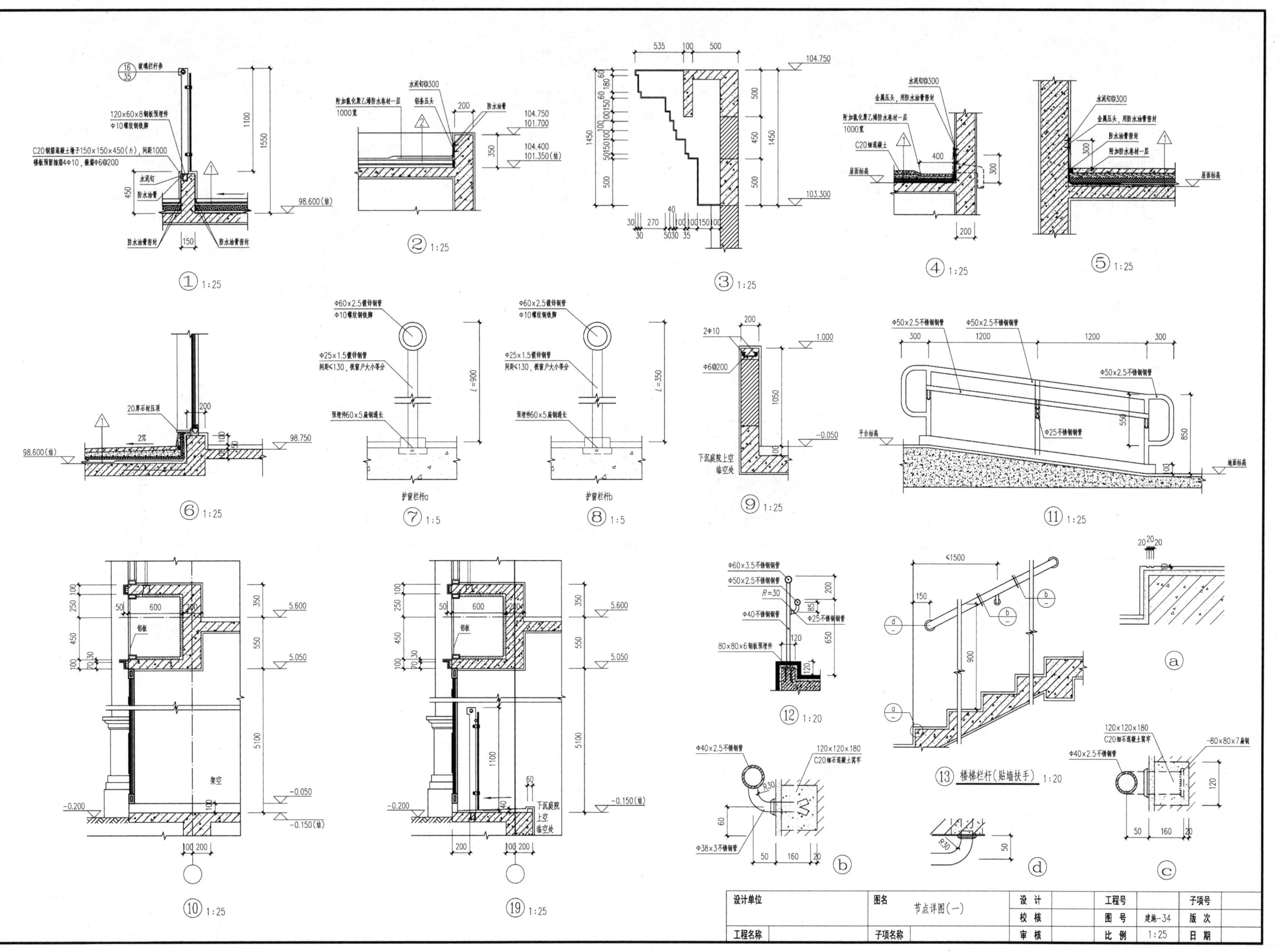
① 1:25
② 1:25
③ 1:25
④ 1:25
⑤ 1:25
⑥ 1:25
⑦ 1:5
⑧ 1:5
⑨ 1:25
⑪ 1:25
⑫ 1:20
⑬ 楼梯栏杆(贴墙扶手) 1:20
⑩ 1:25
⑲ 1:25
护窗栏杆a
护窗栏杆b
Φ60×2.5镀锌钢管
Φ10螺纹钢铁脚
Φ25×1.5镀锌钢管
间距<130，视窗户大小等分
预埋件60×5扁钢通长
Φ50×2.5不锈钢钢管
Φ25不锈钢钢管
平台标高
地面标高
下沉庭院上空临空处
架空
铝板
Φ60×3.5不锈钢钢管
Φ50×2.5不锈钢钢管
Φ40不锈钢钢管
Φ25不锈钢钢管
80×80×6钢板预埋件
Φ40×2.5不锈钢钢管
Φ38×3不锈钢钢管
120×120×180
C20细石混凝土窝牢
-80×80×7扁钢
设计单位
图名
节点详图(一)
设 计
校 核
审 核
工程号
图 号
建施-34
比 例
1:25
子项号
版 次
日 期
工程名称
子项名称

附图 4.34 节点详图（一）

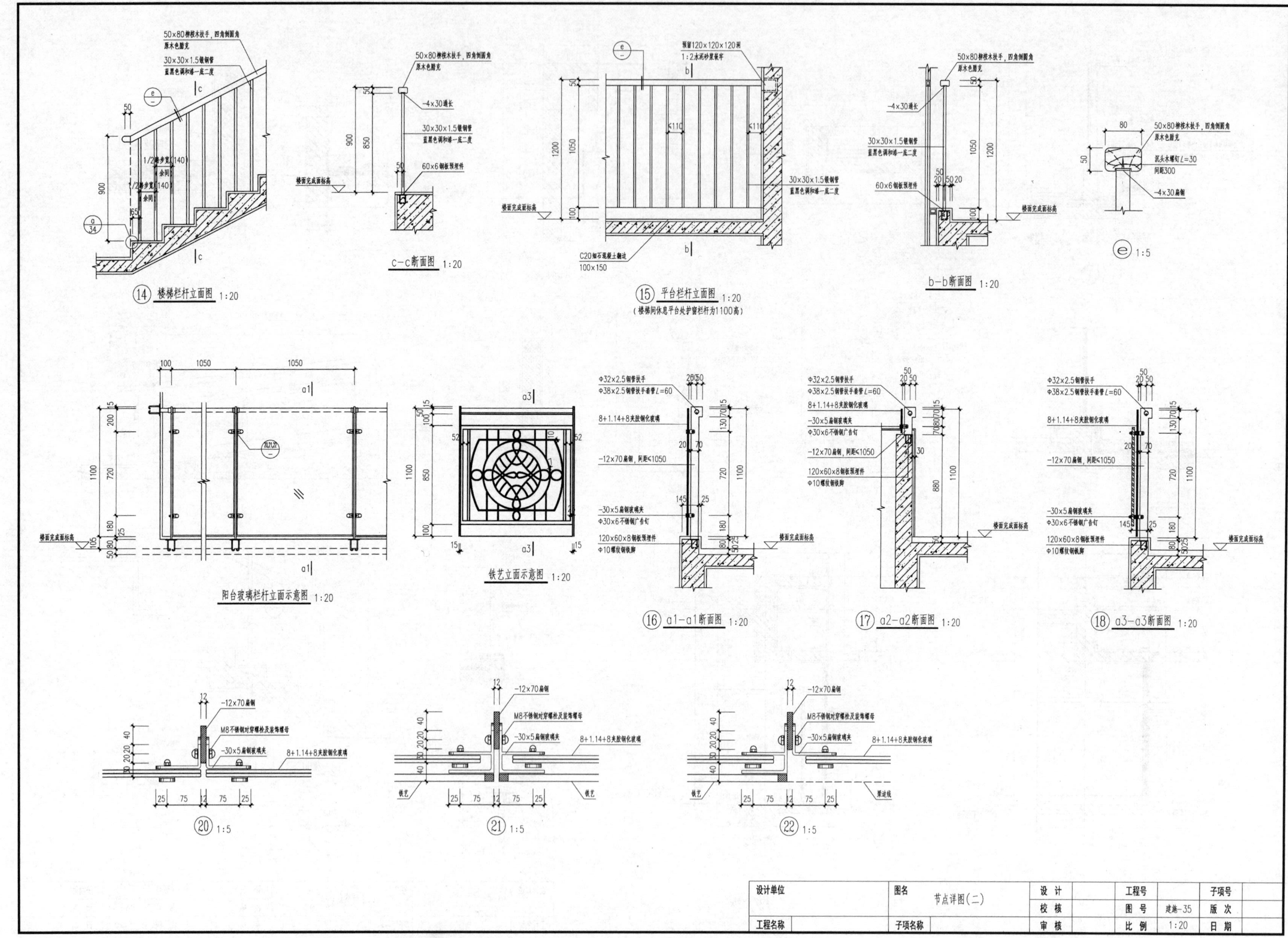


| 设计单位 | | 图名 | 节点详图(二) | 设计 | | 工程号 | | 子项号 | |
|---|---|---|---|---|---|---|---|---|---|
| | | | | 校核 | | 图号 | 建施-35 | 版次 | |
| 工程名称 | | 子项名称 | | 审核 | | 比例 | 1:20 | 日期 | |

附图 4.35 节点详图（二）

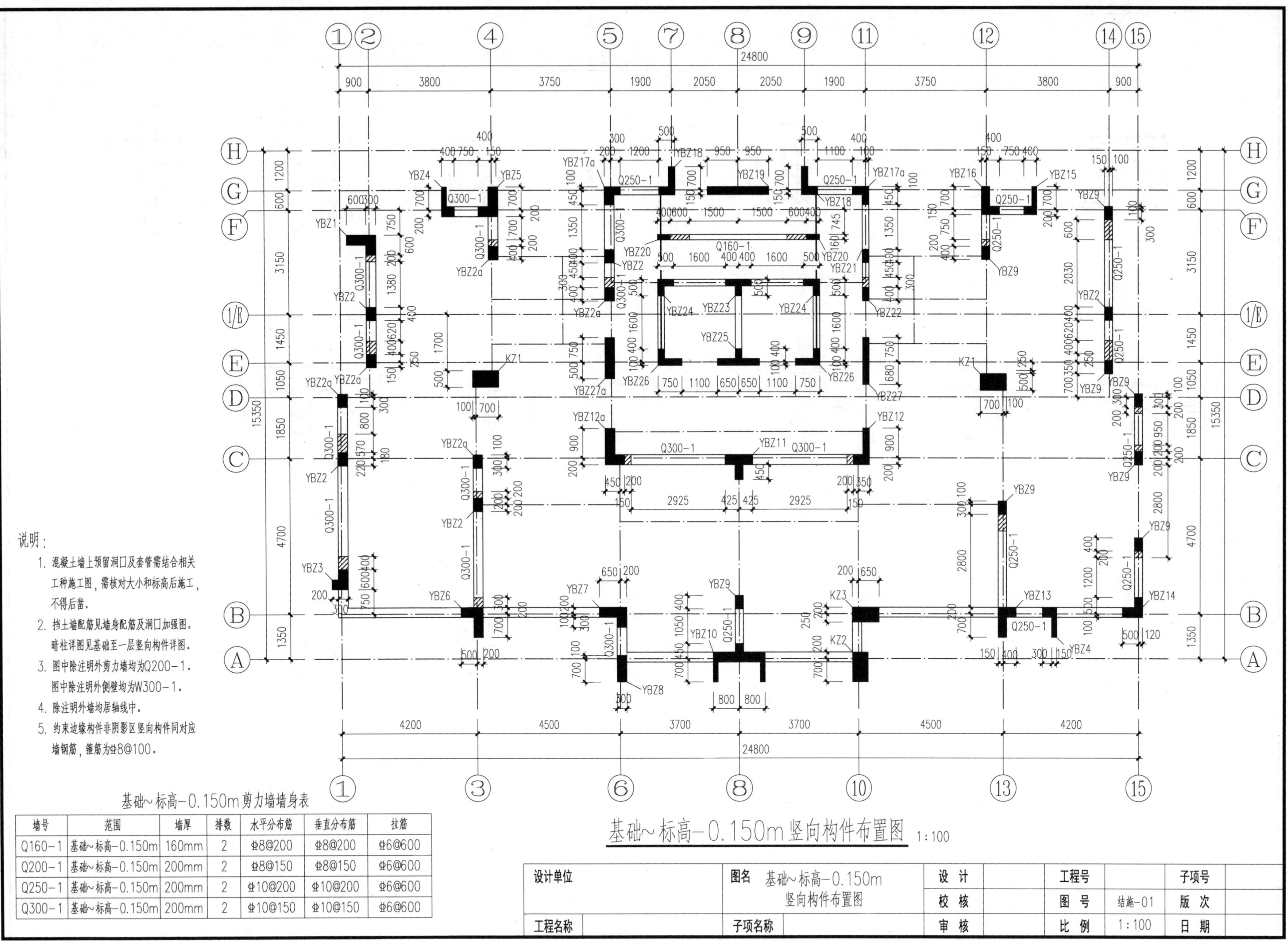


说明：

1. 混凝土墙上预留洞口及套管需结合相关工种施工图，需核对大小和标高后施工，不得后凿。
2. 挡土墙配筋见墙身配筋及洞口加强图。暗柱详图见基础至一层竖向构件详图。
3. 图中除注明外剪力墙均为Q200-1。图中除注明外侧壁均为W300-1。
4. 除注明外墙均居轴线中。
5. 约束边缘构件非阴影区竖向构件同对应墙钢筋，箍筋为⌀8@100。

基础~标高-0.150m剪力墙墙身表

| 墙号 | 范围 | 墙厚 | 排数 | 水平分布筋 | 垂直分布筋 | 拉筋 |
|---|---|---|---|---|---|---|
| Q160-1 | 基础~标高-0.150m | 160mm | 2 | ⌀8@200 | ⌀8@200 | ⌀6@600 |
| Q200-1 | 基础~标高-0.150m | 200mm | 2 | ⌀8@150 | ⌀8@150 | ⌀6@600 |
| Q250-1 | 基础~标高-0.150m | 200mm | 2 | ⌀10@200 | ⌀10@200 | ⌀6@600 |
| Q300-1 | 基础~标高-0.150m | 200mm | 2 | ⌀10@150 | ⌀10@150 | ⌀6@600 |

| 设计单位 | 图名 基础~标高-0.150m 竖向构件布置图 | 设 计 | | 工程号 | | 子项号 | |
|---|---|---|---|---|---|---|---|
| | | 校 核 | | 图 号 | 结施-01 | 版 次 | |
| 工程名称 | 子项名称 | 审 核 | | 比 例 | 1:100 | 日 期 | |

附图 4.36 基础～标高－0.150m 竖向构件布置图

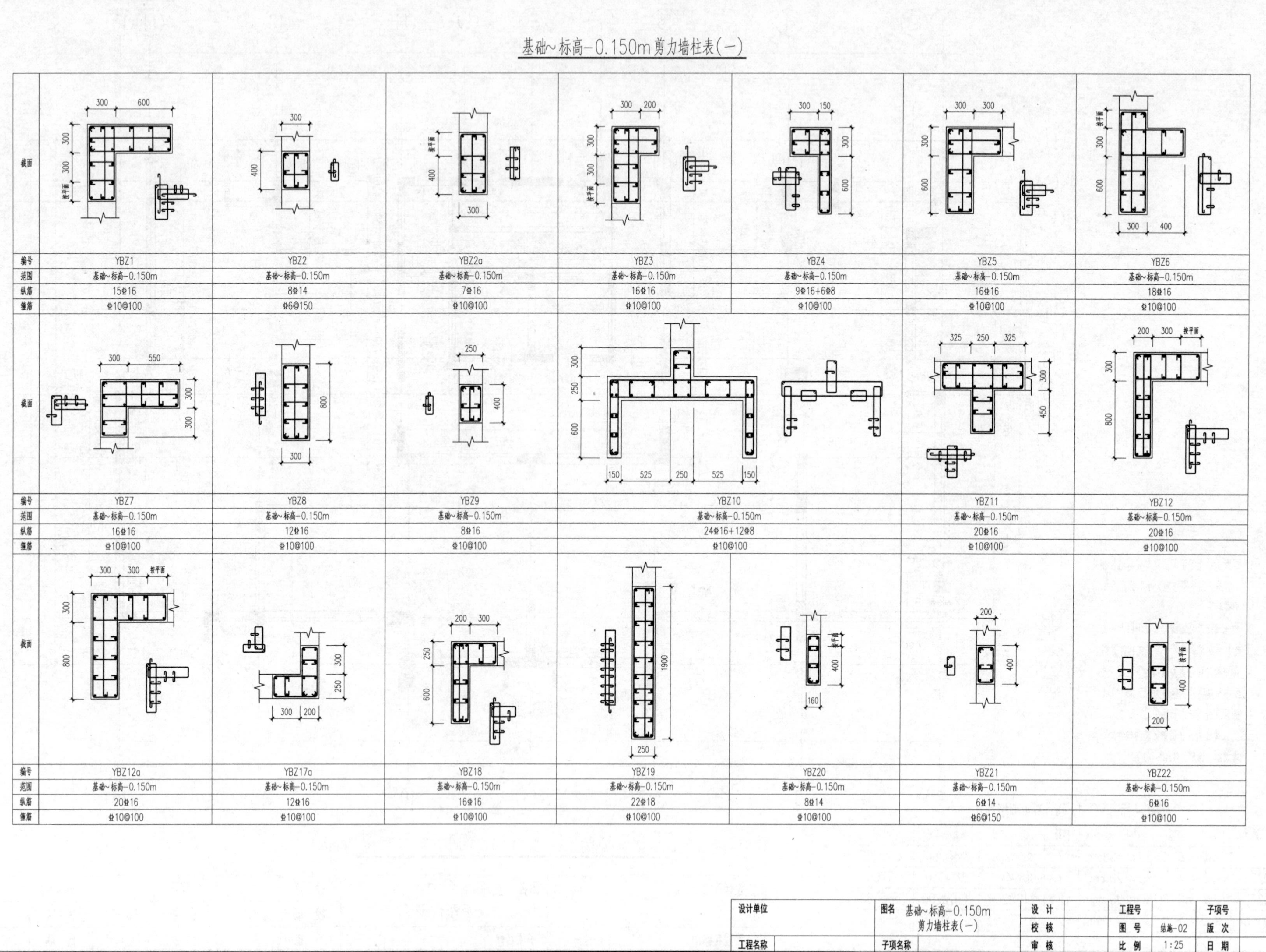

## 基础~标高-0.150m剪力墙柱表(一)

| 编号 | YBZ1 | YBZ2 | YBZ2a | YBZ3 | YBZ4 | YBZ5 | YBZ6 |
|---|---|---|---|---|---|---|---|
| 范围 | 基础~标高-0.150m | 基础~标高-0.150m | 基础~标高-0.150m | 基础~标高-0.150m | 基础~标高-0.150m | 基础~标高-0.150m | 基础~标高-0.150m |
| 纵筋 | 15Φ16 | 8Φ14 | 7Φ16 | 16Φ16 | 9Φ16+6Φ8 | 16Φ16 | 18Φ16 |
| 箍筋 | Φ10@100 | Φ6@150 | Φ10@100 | Φ10@100 | Φ10@100 | Φ10@100 | Φ10@100 |

| 编号 | YBZ7 | YBZ8 | YBZ9 | YBZ10 | YBZ11 | YBZ12 |
|---|---|---|---|---|---|---|
| 范围 | 基础~标高-0.150m | 基础~标高-0.150m | 基础~标高-0.150m | 基础~标高-0.150m | 基础~标高-0.150m | 基础~标高-0.150m |
| 纵筋 | 16Φ16 | 12Φ16 | 8Φ16 | 24Φ16+12Φ8 | 20Φ16 | 20Φ16 |
| 箍筋 | Φ10@100 | Φ10@100 | Φ10@100 | Φ10@100 | Φ10@100 | Φ10@100 |

| 编号 | YBZ12a | YBZ17a | YBZ18 | YBZ19 | YBZ20 | YBZ21 | YBZ22 |
|---|---|---|---|---|---|---|---|
| 范围 | 基础~标高-0.150m | 基础~标高-0.150m | 基础~标高-0.150m | 基础~标高-0.150m | 基础~标高-0.150m | 基础~标高-0.150m | 基础~标高-0.150m |
| 纵筋 | 20Φ16 | 12Φ16 | 16Φ16 | 22Φ18 | 8Φ14 | 6Φ14 | 6Φ16 |
| 箍筋 | Φ10@100 | Φ10@100 | Φ10@100 | Φ10@100 | Φ10@100 | Φ6@150 | Φ10@100 |

| 设计单位 | 图名 基础~标高-0.150m 剪力墙柱表(一) | 设计 | | 工程号 | | 子项号 | |
|---|---|---|---|---|---|---|---|
| | | 校核 | | 图号 | 结施-02 | 版次 | |
| 工程名称 | 子项名称 | 审核 | | 比例 | 1:25 | 日期 | |

附图 4.37　基础～标高－0.150m 剪力墙柱表（一）

## 基础~标高-0.150m剪力墙柱表(二)

| 截面 | 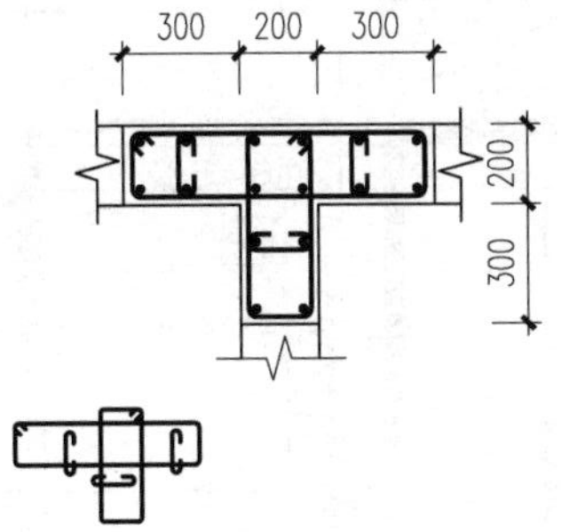 300 200 300 / 200 300 | 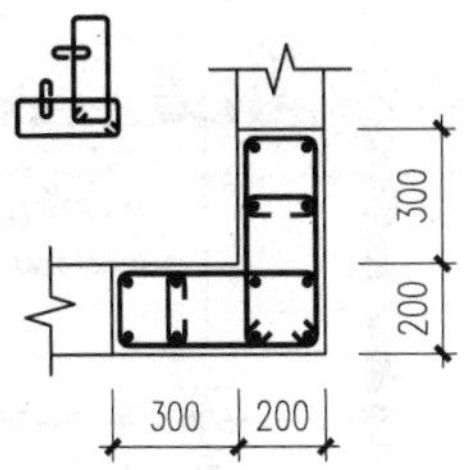 300 200 / 300 200 | 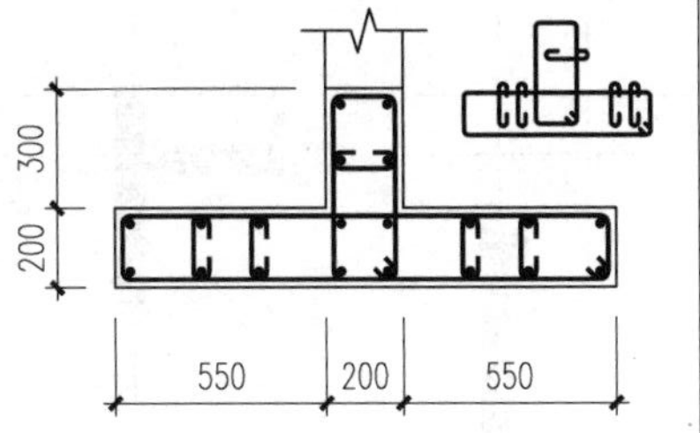 550 200 550 / 300 200 | 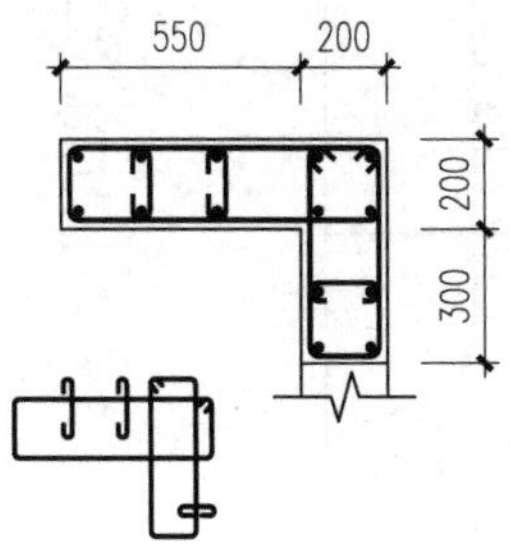 550 200 / 200 300 |
|---|---|---|---|---|
| 编号 | YBZ23 | YBZ24 | YBZ25 | YBZ26 |
| 范围 | 基础~标高-0.150m | 基础~标高-0.150m | 基础~标高-0.150m | 基础~标高-0.150m |
| 纵筋 | 16⌀14 | 12⌀14 | 20⌀14 | 14⌀14 |
| 箍筋 | ⌀10@100 | ⌀10@100 | ⌀10@100 | ⌀10@100 |
| 截面 | 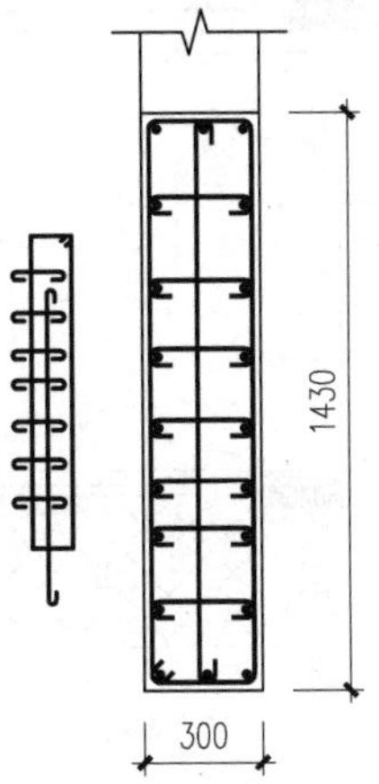 1430 / 300 | 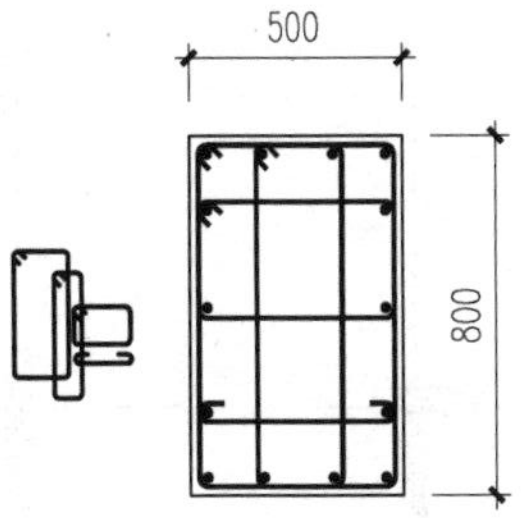 500 / 800 | 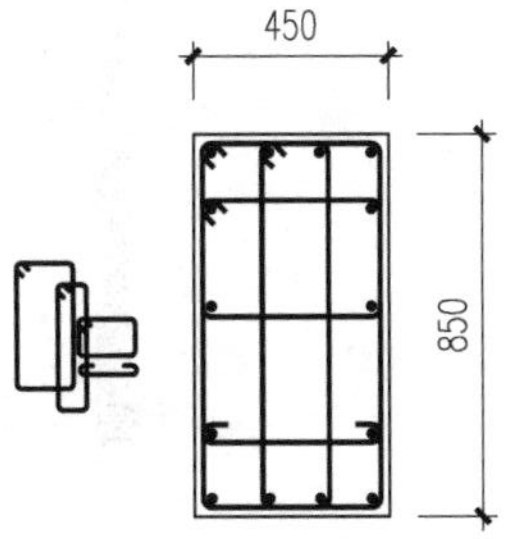 450 / 850 | 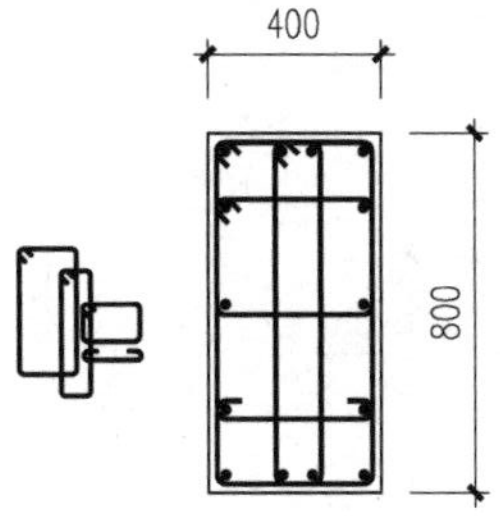 400 / 800 |
| 编号 | YBZ27 | KZ1 | KZ2 | KZ3 |
| 范围 | 基础~标高-0.150m | 基础~标高-0.150m | 基础~标高-0.150m | 基础~标高-0.150m |
| 纵筋 | 20⌀18 | 14⌀22 | 14⌀22 | 14⌀22 |
| 箍筋 | ⌀10@100 | ⌀10@100 | ⌀10@100 | ⌀10@100 |

| 设计单位 | 图名 基础~标高-0.150m 剪力墙柱表(二) | 设计 | | 工程号 | | 子项号 | |
|---|---|---|---|---|---|---|---|
| | | 校核 | | 图号 | 结施-03 | 版次 | |
| 工程名称 | 子项名称 | 审核 | | 比例 | 1:25 | 日期 | |

附图 4.38 基础~标高-0.150m 剪力墙柱表（二）

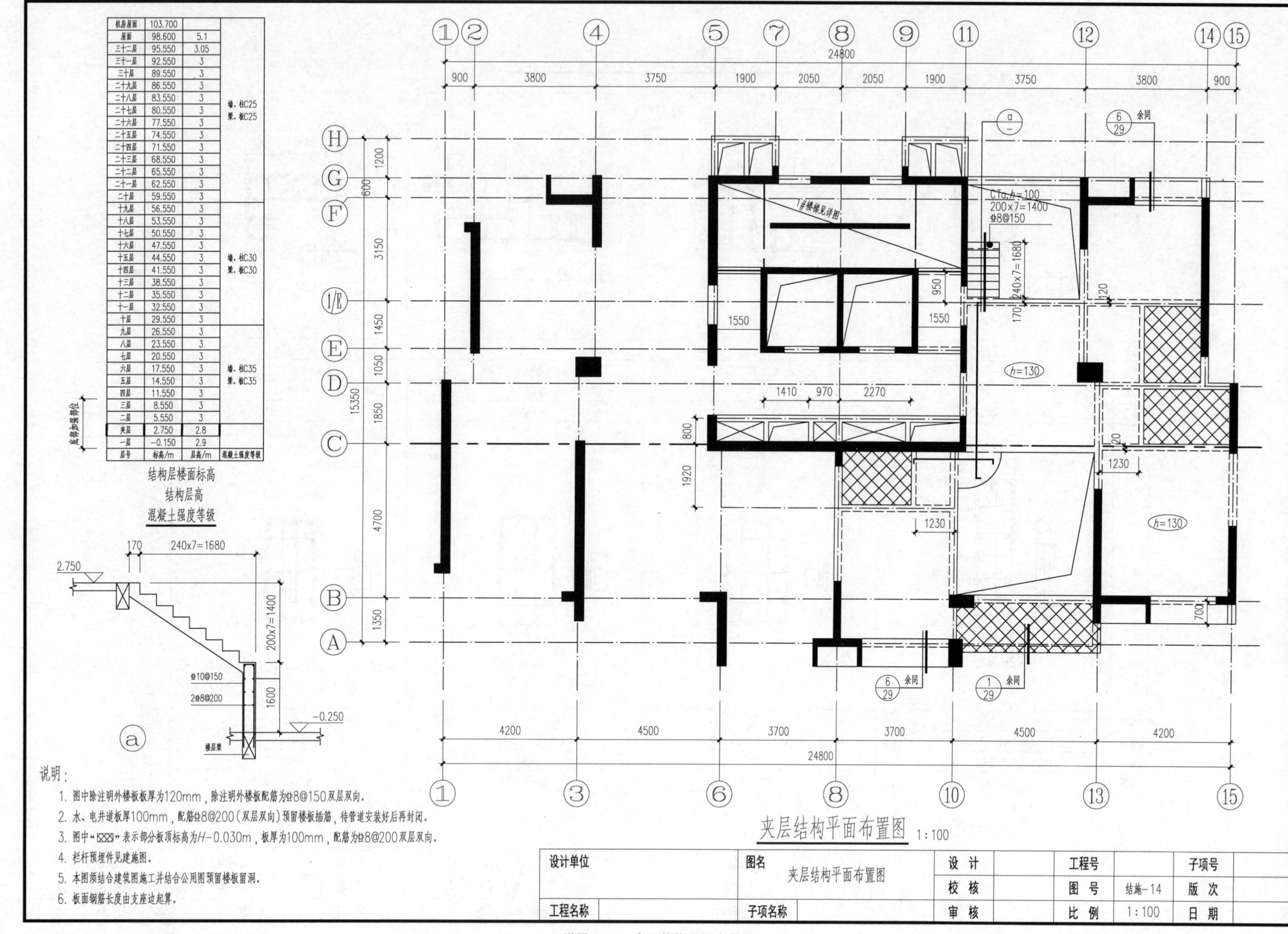


| 层号 | 标高/m | 层高/m | 混凝土强度等级 |
|---|---|---|---|
| 机房屋面 | 103.700 | | |
| 屋面 | 98.600 | 5.1 | |
| 三十二层 | 95.550 | 3.05 | |
| 三十一层 | 92.550 | 3 | |
| 三十层 | 89.550 | 3 | |
| 二十九层 | 86.550 | 3 | |
| 二十八层 | 83.550 | 3 | 墙、柱C25 梁、板C25 |
| 二十七层 | 80.550 | 3 | |
| 二十六层 | 77.550 | 3 | |
| 二十五层 | 74.550 | 3 | |
| 二十四层 | 71.550 | 3 | |
| 二十三层 | 68.550 | 3 | |
| 二十二层 | 65.550 | 3 | |
| 二十一层 | 62.550 | 3 | |
| 二十层 | 59.550 | 3 | |
| 十九层 | 56.550 | 3 | |
| 十八层 | 53.550 | 3 | |
| 十七层 | 50.550 | 3 | |
| 十六层 | 47.550 | 3 | |
| 十五层 | 44.550 | 3 | 墙、柱C30 梁、板C30 |
| 十四层 | 41.550 | 3 | |
| 十三层 | 38.550 | 3 | |
| 十二层 | 35.550 | 3 | |
| 十一层 | 32.550 | 3 | |
| 十层 | 29.550 | 3 | |
| 九层 | 26.550 | 3 | |
| 八层 | 23.550 | 3 | |
| 七层 | 20.550 | 3 | |
| 六层 | 17.550 | 3 | 墙、柱C35 梁、板C35 |
| 五层 | 14.550 | 3 | |
| 四层 | 11.550 | 3 | |
| 三层 | 8.550 | 3 | |
| 二层 | 5.550 | 3 | |
| 夹层 | 2.750 | 2.8 | |
| 一层 | −0.150 | 2.9 | |

底部加强部位

结构层楼面标高
结构层高
混凝土强度等级

附图 4.39 夹层结构平面布置图

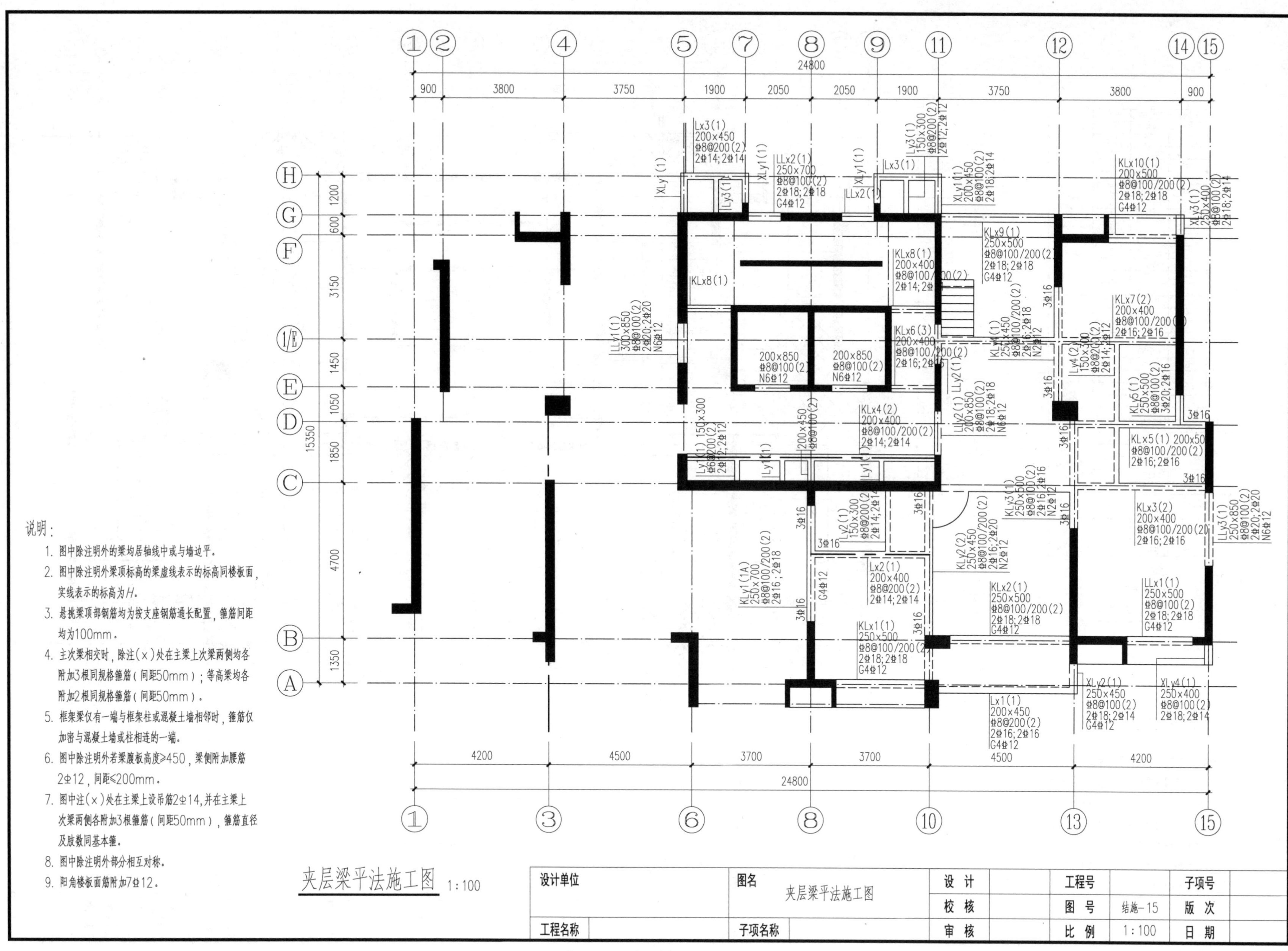


附图 4.40　夹层梁平法施工图

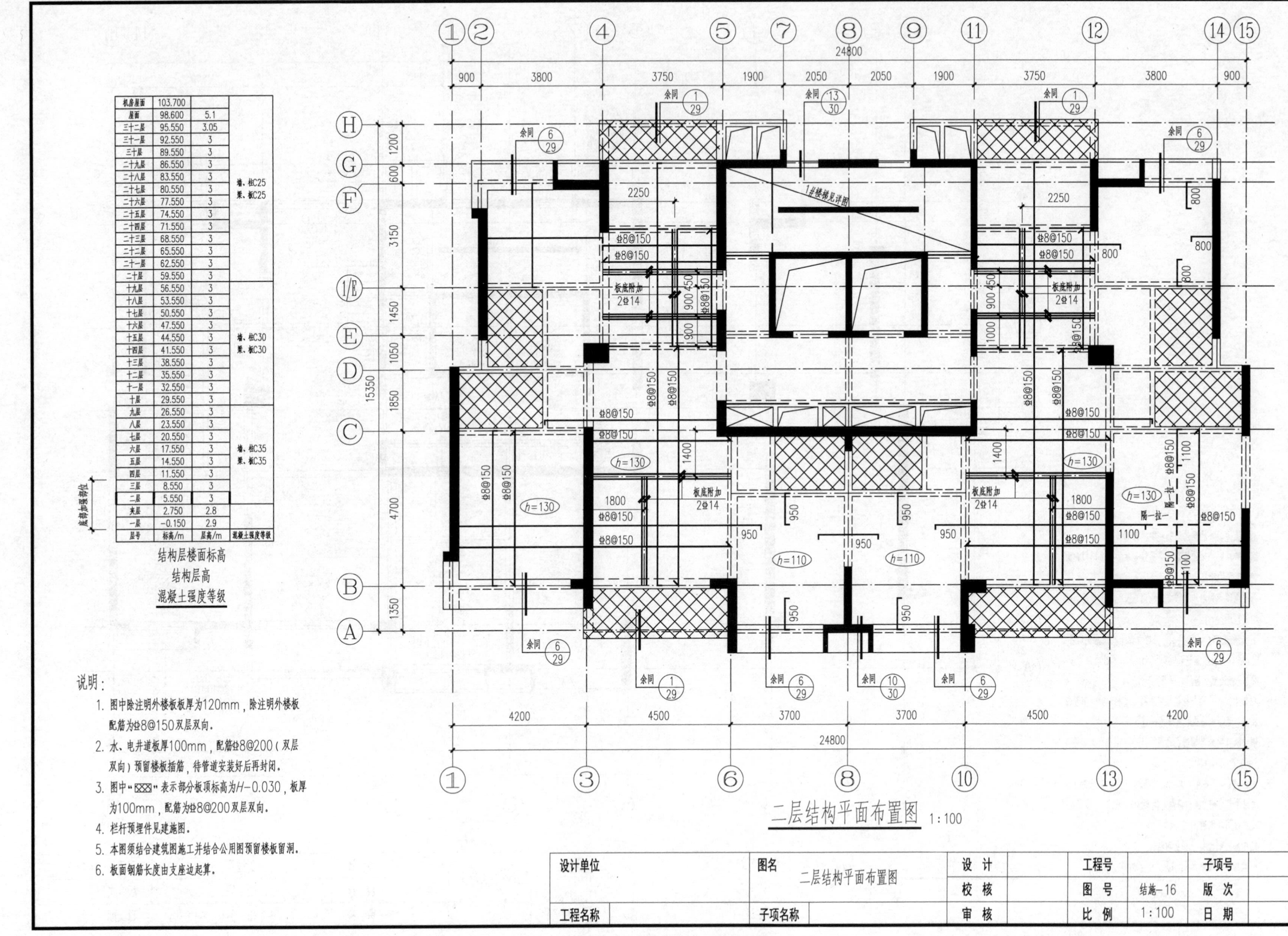


| 层号 | 标高/m | 层高/m | 混凝土强度等级 |
|---|---|---|---|
| 机房屋面 | 103.700 | | |
| 屋面 | 98.600 | 5.1 | |
| 三十二层 | 95.550 | 3.05 | |
| 三十一层 | 92.550 | 3 | |
| 三十层 | 89.550 | 3 | |
| 二十九层 | 86.550 | 3 | |
| 二十八层 | 83.550 | 3 | |
| 二十七层 | 80.550 | 3 | 墙、柱C25 梁、板C25 |
| 二十六层 | 77.550 | 3 | |
| 二十五层 | 74.550 | 3 | |
| 二十四层 | 71.550 | 3 | |
| 二十三层 | 68.550 | 3 | |
| 二十二层 | 65.550 | 3 | |
| 二十一层 | 62.550 | 3 | |
| 二十层 | 59.550 | 3 | |
| 十九层 | 56.550 | 3 | |
| 十八层 | 53.550 | 3 | |
| 十七层 | 50.550 | 3 | |
| 十六层 | 47.550 | 3 | |
| 十五层 | 44.550 | 3 | 墙、柱C30 梁、板C30 |
| 十四层 | 41.550 | 3 | |
| 十三层 | 38.550 | 3 | |
| 十二层 | 35.550 | 3 | |
| 十一层 | 32.550 | 3 | |
| 十层 | 29.550 | 3 | |
| 九层 | 26.550 | 3 | |
| 八层 | 23.550 | 3 | |
| 七层 | 20.550 | 3 | |
| 六层 | 17.550 | 3 | 墙、柱C35 梁、板C35 |
| 五层 | 14.550 | 3 | |
| 四层 | 11.550 | 3 | |
| 三层 | 8.550 | 3 | |
| 二层 | 5.550 | 3 | |
| 夹层 | 2.750 | 2.8 | |
| 一层 | -0.150 | 2.9 | |

附图 4.41 二层结构平面布置图

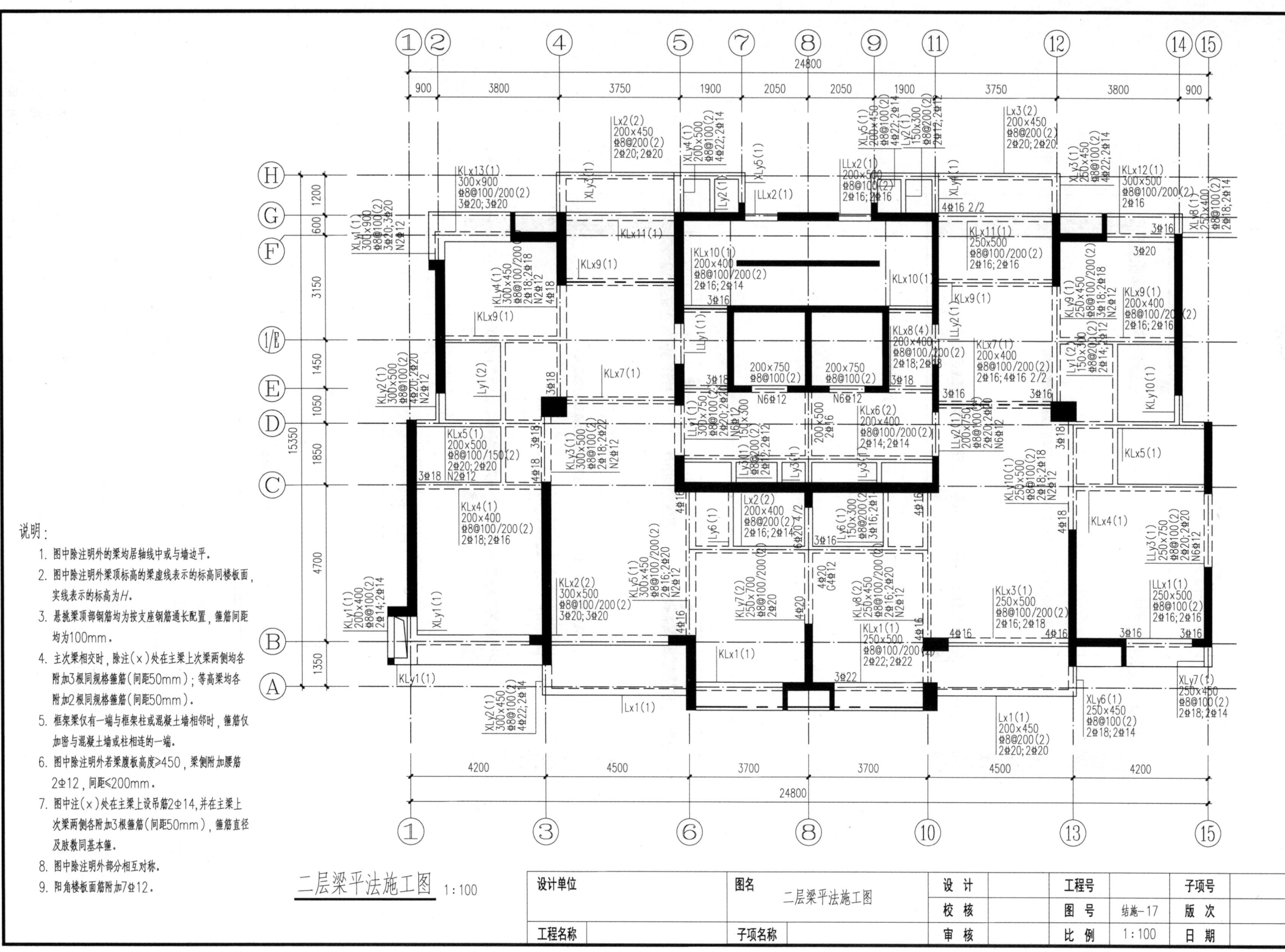


附图 4.42 二层梁平法施工图

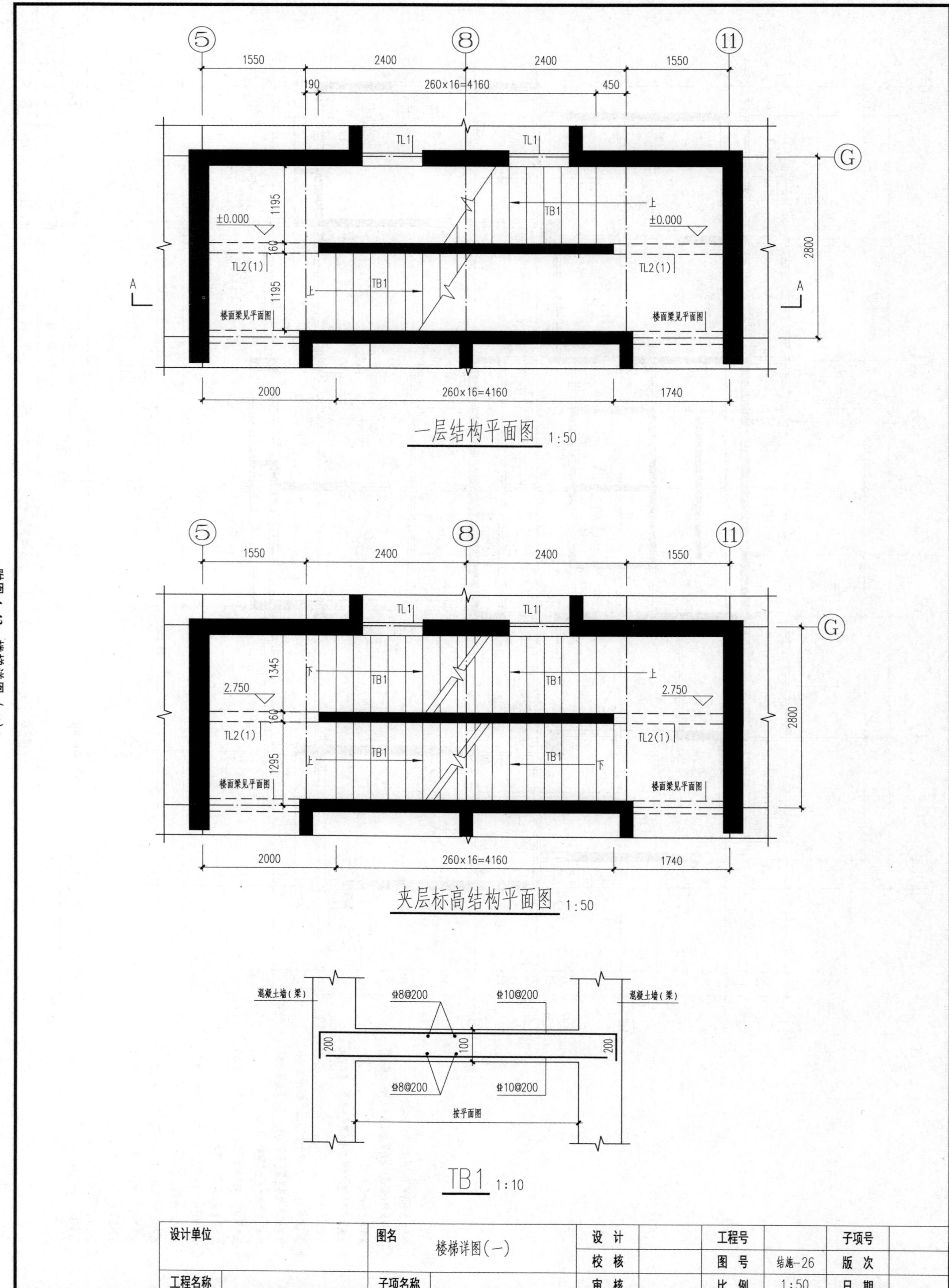
一层结构平面图 1:50
5
8
11
1550
2400
2400
1550
190
260×16=4160
450
TL1
TL1
TB1
上
±0.000
±0.000
1195
160
1195
TL2(1)
TL2(1)
TB1
上
A
A
G
2800
楼面梁见平面图
楼面梁见平面图
2000
260×16=4160
1740
夹层标高结构平面图 1:50
1345
1295
2.750
2.750
下
TB1 1:10
混凝土墙(梁)
混凝土墙(梁)
ϕ8@200
ϕ10@200
ϕ8@200
ϕ10@200
200
100
200
按平面图
设计单位
图名
楼梯详图(一)
设 计
校 核
审 核
工程号
图 号
结施-26
比 例
1:50
子项号
版 次
日 期
工程名称
子项名称

附图 4.43 楼梯详图(一)

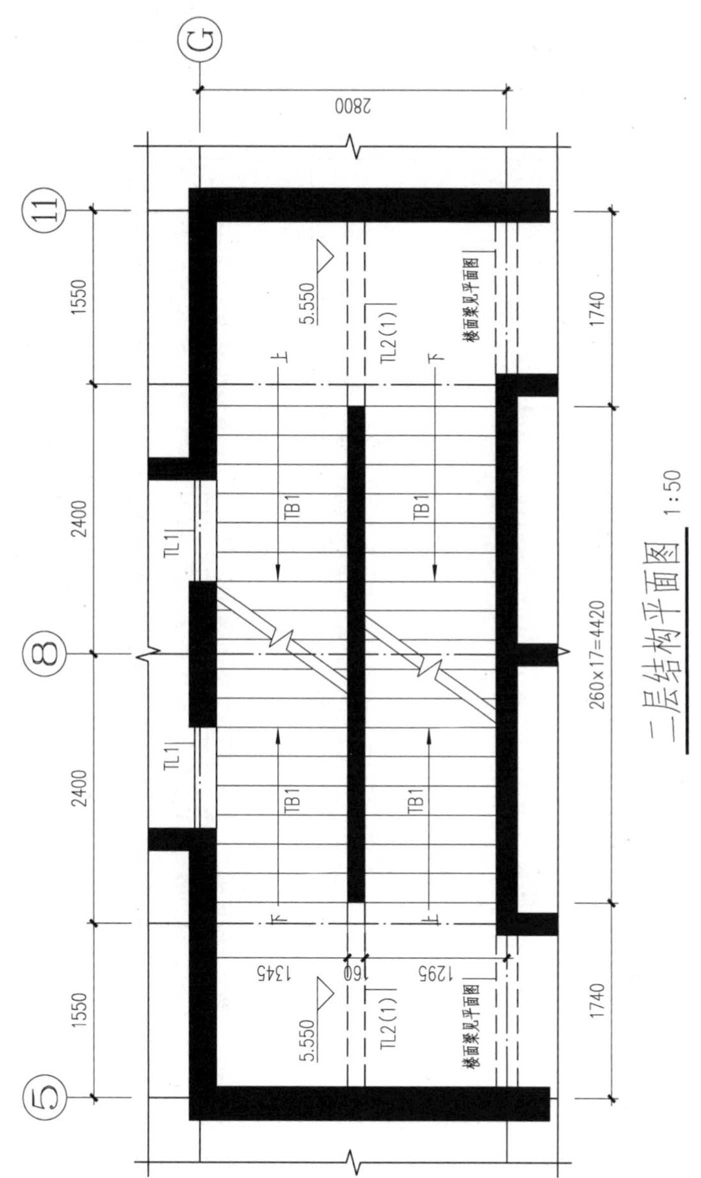


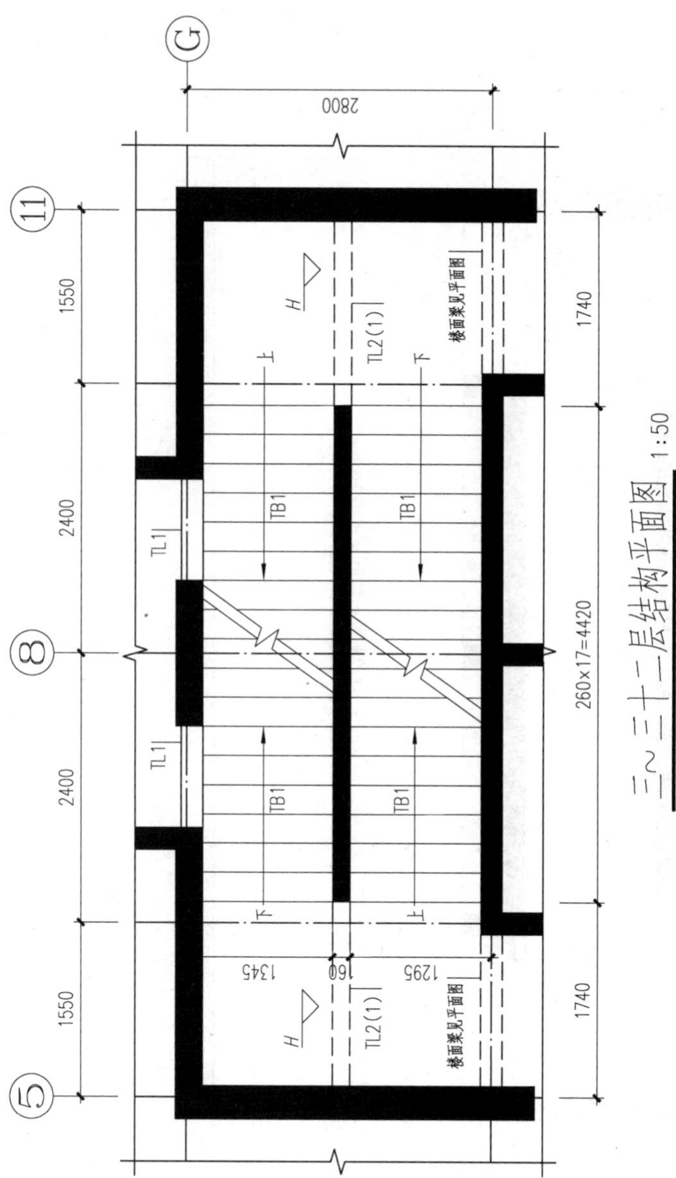


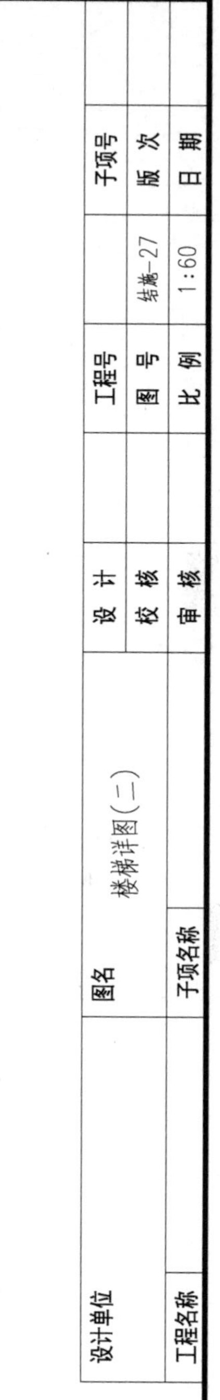

| 设计单位 | | 图名 | 楼梯详图(二) | 设 计 | | 工程号 | | 子项号 | |
|---|---|---|---|---|---|---|---|---|---|
| | | | | 校 核 | | 图 号 | 结施-27 | 版 次 | |
| 工程名称 | | 子项名称 | | 审 核 | | 比 例 | 1:60 | 日 期 | |

附图 4.44 楼梯详图（二）

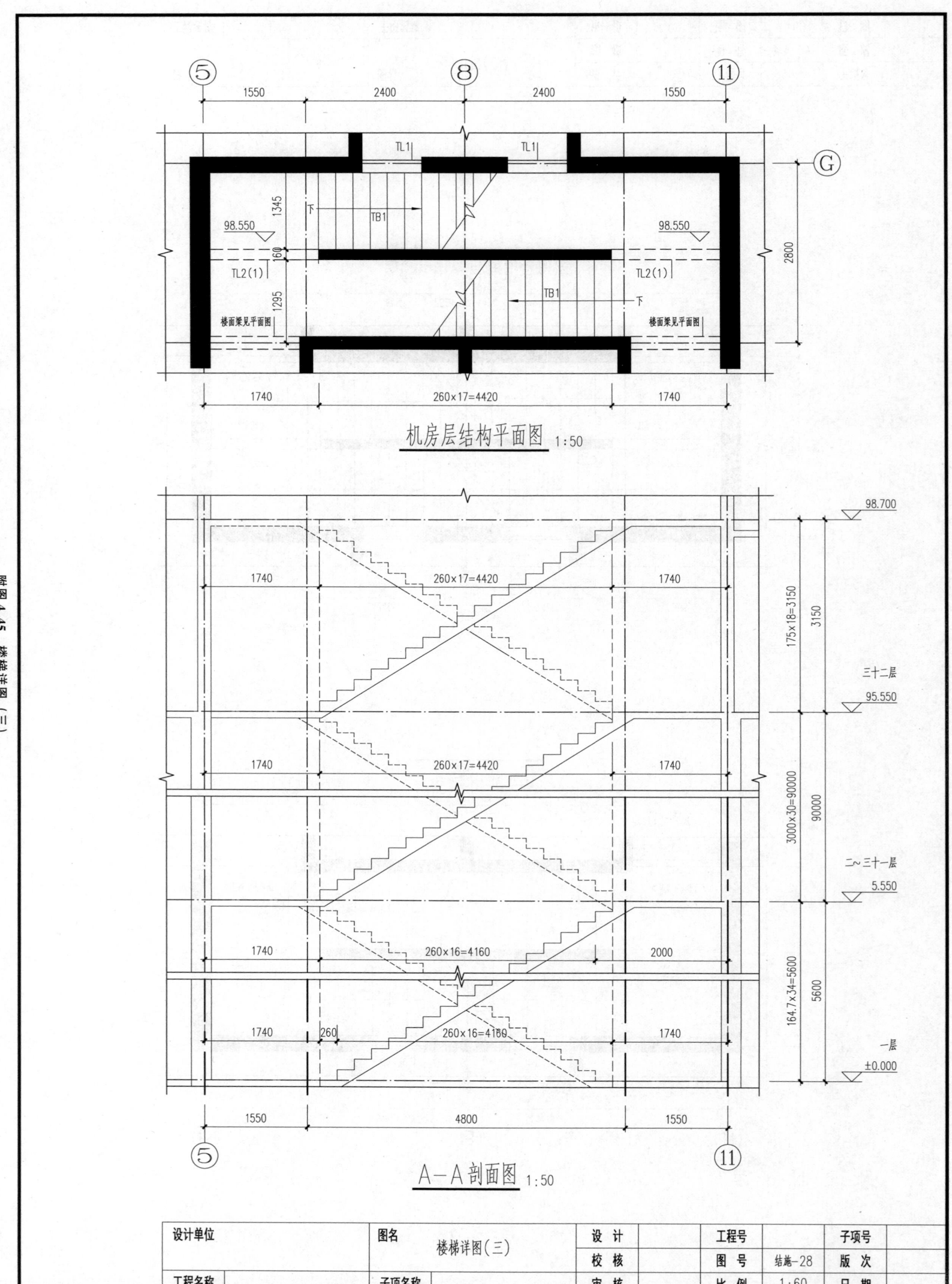

⑤
⑧
⑪
Ⓖ
1550
2400
2400
1550
TL1
TL1
1345
下
TB1
98.550
98.550
160
TL2(1)
TL2(1)
1295
TB1
下
楼面梁见平面图
楼面梁见平面图
2800
1740
260×17=4420
1740
机房层结构平面图 1:50
98.700
1740
260×17=4420
1740
175×18=3150
3150
三十二层
95.550
1740
260×17=4420
1740
3000×30=90000
90000
二~三十一层
5.550
1740
260×16=4160
2000
164.7×34=5600
5600
1740
260
260×16=4160
1740
一层
±0.000
1550
4800
1550
A—A 剖面图 1:50
设计单位
图名
楼梯详图(三)
设 计
工程号
子项号
校 核
图 号
结施-28
版 次
工程名称
子项名称
审 核
比 例
1:60
日 期


附图 4.45 楼梯详图（三）

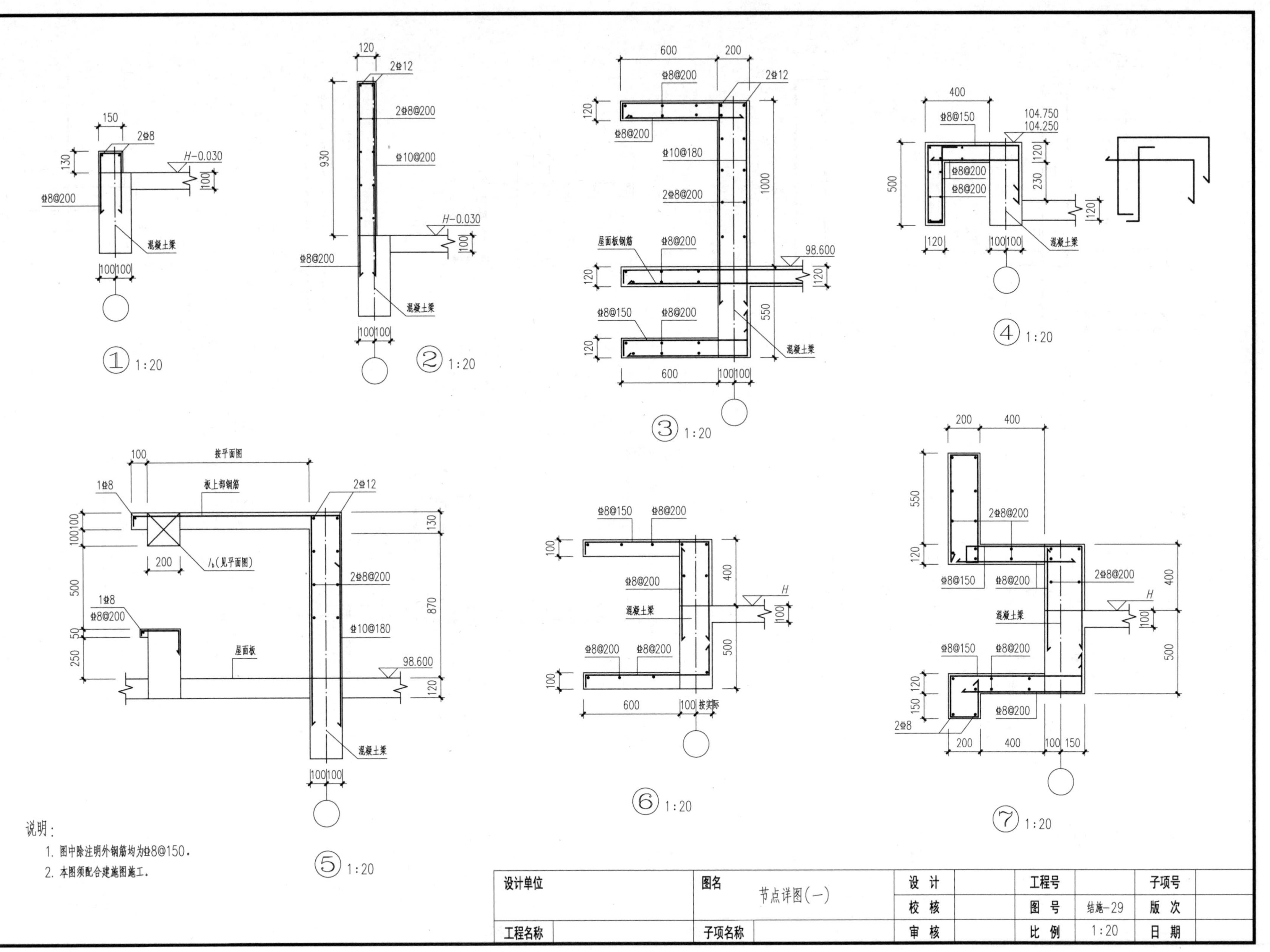

① 1:20
② 1:20
③ 1:20
④ 1:20
⑤ 1:20
⑥ 1:20
⑦ 1:20
混凝土梁
屋面板钢筋
板上部钢筋
屋面板
按平面图
$l_b$(见平面图)
按实际
H-0.030
98.600
104.750
104.250
说明：
1. 图中除注明外钢筋均为⌀8@150。
2. 本图须配合建施图施工。
设计单位
图名
节点详图(一)
设 计
校 核
审 核
工程号
图 号
结施-29
比 例
1:20
子项号
版 次
日 期
工程名称
子项名称


附图 4.46 节点详图（一）

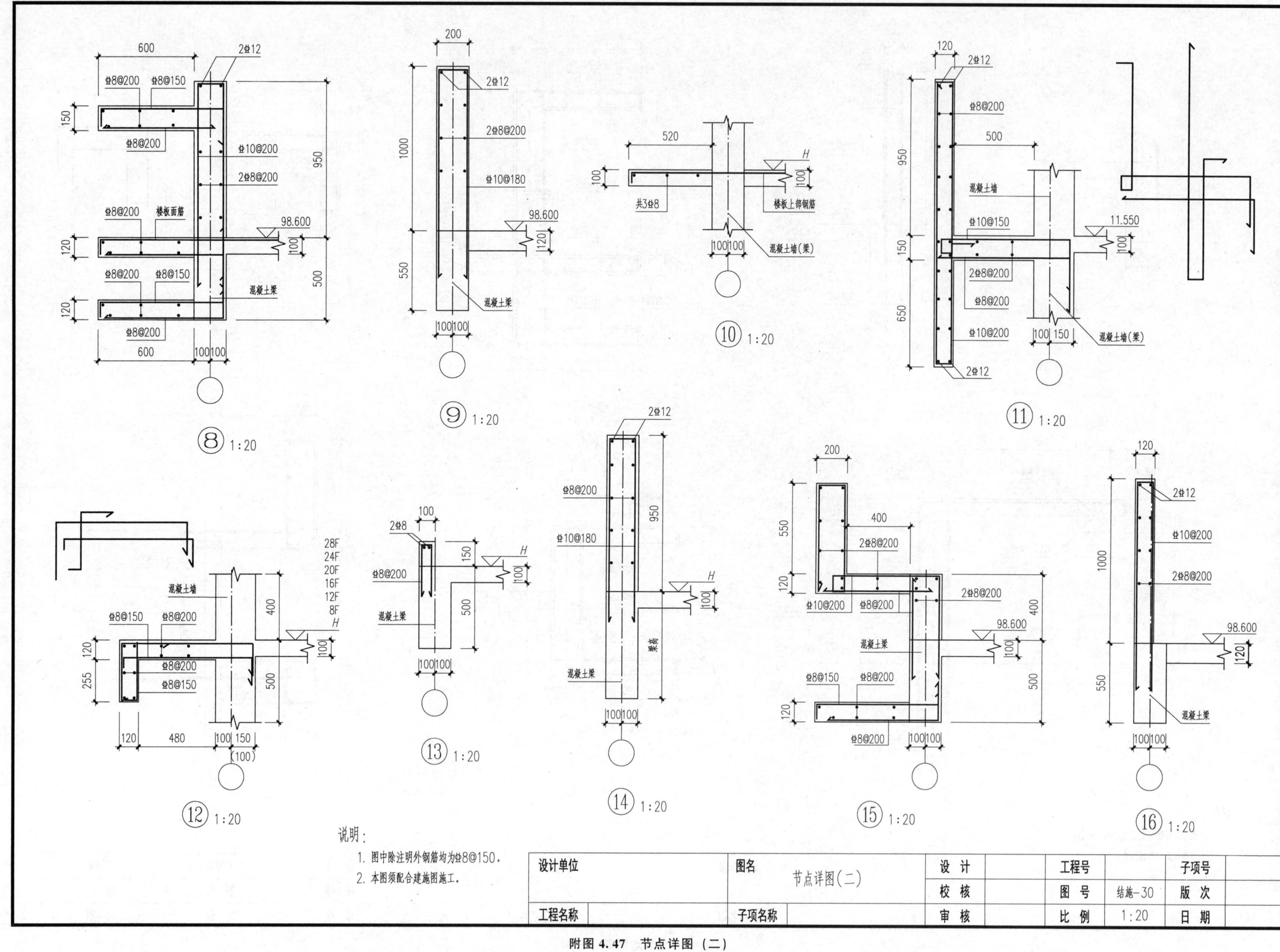

⑧ 1:20
⑨ 1:20
⑩ 1:20
⑪ 1:20
⑫ 1:20
⑬ 1:20
⑭ 1:20
⑮ 1:20
⑯ 1:20
2⌀12
⌀8@200
⌀8@150
⌀10@200
2⌀8@200
楼板面筋
98.600
混凝土梁
⌀10@180
共3⌀8
楼板上部钢筋
混凝土墙(梁)
混凝土墙
⌀10@150
11.550
28F
24F
20F
16F
12F
8F
H
2⌀8
梁高
说明：
1. 图中除注明外钢筋均为⌀8@150.
2. 本图须配合建施图施工.
设计单位
图名
节点详图(二)
工程名称
子项名称
设 计
校 核
审 核
工程号
图 号
结施—30
比 例
1:20
子项号
版 次
日 期

附图 4.47　节点详图（二）